超高压跨海联网输变电工程
关键技术与应用

国网浙江省电力有限公司　组编

中国电力出版社
CHINA ELECTRIC POWER PRESS

内 容 提 要

本书依托我国电网史上 500kV 电压等级建设规模最大、技术难度最高的跨海联网工程——舟山 500kV 联网输电工程建设成果，全面介绍了超高压海洋输电技术。本书分为 4 篇，共 15 章，包括跨海联网工程概况和特高塔、滩涂变电站、超高压海缆等超高压海洋输电关键技术的设计、制造、施工、运维等专项技术，理论与工程实践相结合，图表等工程技术资料翔实。

本书可供从事超高压跨海联网输变电工程设计、施工、科研及管理工程技术人员参考，也可供土木工程、电气工程专业高等院校师生参考。

图书在版编目（CIP）数据

超高压跨海联网输变电工程关键技术与应用 / 国网浙江省电力有限公司组编. —北京：中国电力出版社，2022.11

ISBN 978-7-5198-6908-3

Ⅰ. ①超…　Ⅱ. ①国…　Ⅲ. ①超高压–输电–电力工程②超高压–变电所–电力工程　Ⅳ. ①TM7 ②TM63

中国版本图书馆 CIP 数据核字（2022）第 121517 号

出版发行：中国电力出版社
地　　址：北京市东城区北京站西街 19 号（邮政编码 100005）
网　　址：http://www.cepp.sgcc.com.cn
责任编辑：崔素媛（010-63412392）
责任校对：黄　蓓　常燕昆
装帧设计：郝晓燕
责任印制：杨晓东

印　　刷：三河市航远印刷有限公司
版　　次：2022 年 11 月第一版
印　　次：2022 年 11 月北京第一次印刷
开　　本：787 毫米×1092 毫米　16 开本
印　　张：25.75
字　　数：525 千字
定　　价：128.00 元

编 写 组

编写组组长　黄晓尧

编写组副组长　王立忠　赵健康

主　编　徐剑佩

副主编　郭　勇　沈海军　沈国辉　夏　峰　刘　提

参　编　陈　哲　叶建云　商善泽　李玲玲　林立波
李　特　周峥栋　段福平　马　勋　段溢剑
项　锋　王文超　周锋增　卢建序　梅狄克
丁鹏杰　袁舟龙　王轶文　国　振　龚　飞
葛晓峰　胡伟东　潘矗直　李捍平　洪　义
邢月龙　魏　强　周志超　陈文翰　郑益民
邹忠明　王少华　谭勇锋　曹俊平　徐　斌
陶瑞祥　陈倩男　郑　琳　王作民　杨　昊
郭　华　王亦昌　潘建明　武丙洋　陶耀东
吴　将　许照宇　王世彦　田效军　但汉波

主审人　胡列翔　郑　海　朱天浩

前言

我国海岸线绵长、岛屿众多，海岛与大陆主电网往往缺乏连接通道，电能输送成本高，而且易受极端海洋环境影响，可靠性和稳定性差。截至目前，仍有部分海岛用电只能依靠自备柴油发电机组或较低电压等级的输电线路，采用小容量、近距离的供电方式，无法获得稳定可靠的电能，极大影响了海岛居民正常生产、生活，严重制约了海岛经济的长远、高质量发展。如何实现大容量、远距离海上能源输送和安全可靠并网，是制约我国岛礁海岛电网互联互通、海上清洁能源大规模送出、国家海洋战略高质量发展的关键技术难题。

为了响应国家海洋开发与建设的重大战略需求，更好地培养超高压跨海联网输变电工程领域的专业人才，现依托多项国家自然科学基金项目，国网浙江省电力有限公司建设分公司在国网浙江省电力有限公司、浙江大学和多家科研院所（中国电力科学技术研究院、浙江省电力设计研究院、华东电力设计院等）的多位专家学者的帮助下，组织编写了国内第一本关于超高压跨海联网输变电工程的书籍。

本书共4篇，其中第1篇跨海联网工程概况，介绍了跨海联网工程的重要性、发展历史、典型工程案例和超高压海洋输电技术体系的形成及发展；第2篇特高塔关键技术，介绍了特高塔设计、制造、施工、运维等关键技术；第3篇滩涂变电站关键技术，介绍了滩涂软土地基处理技术和滩涂变电站施工关键技术；第4篇超高压海缆关键技术，介绍了海底电缆设计、制造、施工、运维等关键技术；本书最后介绍了超高压海洋输电技术体系的创立与应用展望。

该书注重结合超高压跨海联网输变电工程的特点，介绍了跨海输电工程的发展现状和前沿技术，突出工程特点，注重案例分析，对于读者认识、了解和应用超高压跨海联网输变电关键技术具有重要的指导意义。该书可供从事超高压跨海联网输变电工程设计、建设、制造、施工、科研等相关工程技术人员参考，也可供土木工程、电气工程类高等院校师生参考。

限于时间和编写水平，疏漏在所难免，恳请广大读者批评指正。

作　者

2022年6月

目 录

前言

第1篇 跨海联网工程概况

第1章 跨海联网工程建设历史……2
1.1 国外跨海联网工程……2
1.2 国内跨海联网工程……8

第2章 舟山500kV联网输变电工程……11
2.1 大跨越工程……12
2.2 海底电缆工程……12
2.3 滩涂变电站工程……13

第3章 超高压海洋输电技术体系的形成及发展……14
3.1 超高压跨海联网工程建设短板……14
3.2 海洋输电模式及关键技术……15

第2篇 特高塔关键技术

第4章 特高塔大跨越设计……18
4.1 气象条件……18
4.2 导地线选型……19
4.3 导地线防振、防舞技术……23
4.4 绝缘配合和防雷接地技术……24
4.5 绝缘子串和金具……25
4.6 塔高及塔头布置……31
4.7 杆塔设计……32
4.8 基础设计……40

4.9 附属设施设计……43

第 5 章 特高塔制造关键技术……45

5.1 原材料采购……45
5.2 关键、复杂节点的放样……46
5.3 钢管相贯线下料……46
5.4 特大钢管制作……46
5.5 装配定位焊……48
5.6 焊接……52
5.7 试组装……56
5.8 镀锌……59
5.9 包装……60

第 6 章 特高塔施工关键技术……61

6.1 施工准备……61
6.2 基础施工……62
6.3 铁塔组立……74
6.4 架线施工……103

第 7 章 特高塔运维检修技术……132

7.1 大跨越特高塔生产准备管理……132
7.2 大跨越特高塔日常运检管理……133
7.3 大跨越特高塔数智化自主巡检管理……141

第 3 篇 滩涂变电站关键技术

第 8 章 滩涂软土特性与地基处理……150

8.1 滩涂变电站建设背景……150
8.2 滩涂软土特性……155
8.3 桩网复合地基处理深厚软土地基机理……170

第 9 章 滩涂变电站施工关键技术……182

9.1 桩网复合地基施工技术……182

9.2 桩网复合地基实施效果监测……196

第4篇 超高压海缆关键技术

第10章 超高压海缆工程设计……217
10.1 超高压海缆路由选择……217
10.2 超高压海缆导体截面积选择和输送容量计算……223
10.3 超高压海缆热控设计……228
10.4 超高压海缆金属套接地方式选择……234
10.5 敷设后超高压海缆的在位稳定性……239

第11章 超高压海缆保护技术……261
11.1 海缆敷设保护措施……261
11.2 国内外海缆保护工程经验……264
11.3 舟联工程500kV海缆保护方案设计……266

第12章 超高压海缆制造……268
12.1 海缆制造关键设备……268
12.2 海缆制造工艺……275
12.3 海缆工厂接头制造关键设备……285
12.4 工厂接头制造工艺……288
12.5 试验验证……297
12.6 海缆监造……303

第13章 超高压海缆施工关键技术……309
13.1 超高压海缆敷设施工装备……309
13.2 超高压海缆拖曳锚安装控制及施工关键技术……315
13.3 超高压海缆线路敷设工法及施工关键技术……330
13.4 超高压海缆敷设技术要求与分析理论……360

第14章 超高压海缆运维检修……370
14.1 超高压海缆生产准备管理……370
14.2 超高压海缆日常运维管理……377

14.3 超高压海缆智能监控管理…………………………………………………… 383

第 15 章 超高压海洋输电关键技术体系的创立与应用展望 ………………… 388
15.1 超高压海洋输电关键技术体系………………………………………… 388
15.2 超高压海洋输电技术的成功案例……………………………………… 388
15.3 超高压海洋输电关键技术体系应用展望……………………………… 389

参考文献…………………………………………………………………………… 392

第1篇
跨海联网工程概况

第1章
跨海联网工程建设历史

跨海联网工程是指区域之间打破海水的天然阻隔，完成电网的互联互通，从而实现电力资源的输送和调配的重要输变电工程。跨海联网工程的意义主要在于以下四点：

1）消除电力孤岛，大幅提升能源配置能力和电网安全供电水平。

2）促进能源变革创新，推动能源转型发展，推动以绿色和清洁方式满足电力需求，减少化石能源直接燃烧，提高社会综合能效。

3）满足各类用户多样化、智能化用电需求，提高电能在终端能源消费中的比重，提升经济和社会效益。

4）推进与周边国家电网互联互通，促进跨国能源电力贸易，构建全球能源互联网，打造安全、低碳、高效、先进的现代能源供应体系。

为了跨越海水的天然屏障，跨海联网工程中常见的输电方式有大跨越塔架线和海底电缆两种。以下分别针对这两种输电形式介绍国内外的跨海联网工程建设历史。

1.1 国外跨海联网工程

1.1.1 大跨越塔架线

世界上最早的大跨越工程，是靠近美国西雅图的塔科马（Tacoma）跨越工程，建造于1925年，电压仅20kV，跨越档距1920m，塔高96m。不久之后，世界各国纷纷开始建造大跨越工程。随着电力输送网络的迅速发展，大跨越线路的跨越档距越来越大，铁塔高度越来越高，截至2019年底，跨越档距最长的是格陵兰（Greenland）的阿梅拉利克峡湾（Ameralik Fjord）大跨越线路（见图1－1），跨越档距长达5374m，建于1993年。

表1－1列出了国外20世纪50年代开始典型的跨海联网大跨越工程。大跨越塔的结构型式主要采用了钢筋混凝土塔、组合角钢塔、钢管塔和拉线塔。日本是建造大

图 1-1　阿梅拉里克峡湾，丹麦（111m）

跨越工程较多的国家，早在 1965 年就建成了高达 226m 的 220kV 输电跨越塔。日本跨越塔主要采用钢管、型钢混合结构，其中跨海线路工程普遍采用钢管结构，钢管有圆形和方形两种，主要用于主材和塔身斜材，型钢包括角钢和槽钢，主要用作横担和塔头斜材；欧美国家基本采用组合角钢跨越塔。典型代表如日本的 500kV 大崎海峡跨越（塔高 223m）和德国的 380kV 易北河跨越（塔高 227m）。

表 1-1　国外典型的大跨越工程

序号	国家	跨越工程名称	电压（kV）	塔高（m）	跨越档距（m）	建成时间（年）
1	挪威	松恩峡湾	66	—	5012	1955
2	意大利	墨西那	220	223.7	3646	1955
3	土耳其	博斯普鲁斯海峡	154	113	1599	1960
4	西班牙	加的斯湾	220	146.16	1639	1960
5	日本	鸣门海峡	187	146	1716	1961
6	日本	Chusi 跨越	220	226	2357	1962
7	挪威	松恩峡湾 I	300	—	4552	1967
8	挪威	朗峡湾	132	—	3973	1968
9	挪威	森达尔斯峡湾	132	—	3800	1971
10	挪威	森达尔斯峡湾 I	300	—	3785	1972
11	挪威	松恩峡湾 II	300	—	4735	1975
12	挪威	松恩峡湾	132	68	4600	1985

续表

序号	国家	跨越工程名称	电压（kV）	塔高（m）	跨越档距（m）	建成时间（年）
13	丹麦	阿梅拉利克峡湾	132	18	5374	1993
14	日本	大户之濑户海峡	500	214.5	1463	1993
15	日本	大崎海峡	220	223	2145	1997
16	土耳其	博斯普鲁斯海峡	420	160	1884	1999
17	比利时	安特卫普港	—	178	—	2000

1.1.2 海底电缆

海底电缆是敷设在海底及河流水下的电缆线路，简称海缆，用于电力传输及通信、监测等信号传输。按传输的电能类别，海缆可分为交流海缆和直流海缆。按海缆中绝缘线芯的根数可将海缆分为单芯海缆和多芯海缆。海缆按绝缘类型可分为充油海缆、黏性浸渍纸绝缘海缆、挤出绝缘海缆。黏性浸渍纸绝缘海缆受水深与敷设落差限制，不适用于高落差路由环境。高落差条件对充油电缆的供油系统要求苛刻，维护难度大。随着高分子材料的发展，交联聚乙烯（crosslinked polythylene，XLPE）绝缘电缆的应用成为新的方向。

海缆研发、生产、敷设已有近 170 年历史，世界上已经敷设了相当数量的海缆。1954 年世界上第一条商业运行的直流充油海缆敷设于瑞典哥本土与特兰岛之间，电压等级 100kV，电缆长度 98km。1973 年，世界上第一条 400kV 交流充油海缆诞生于丹麦与瑞典的厄勒海峡（称松德海峡），输送容量为 870MW；1983 年，在加拿大大陆西海岸和温哥华岛之间敷设并投运了双回路 500kV 交流充油海缆，电缆由意大利普瑞斯曼和挪威的 SKT 公司生产。

近年来，随着国内外输变电技术的发展，在经济一体化、能源优化配置、减少环境影响等因素的推动下，跨海域输电技术、海缆制造技术、海缆工程技术不断提升，海缆工程建设也进一步得到发展。表 1－2 中汇总了世界各国（地区）部分典型交直流海缆工程。

表 1－2　　国外典型交直流海缆工程汇总表

序号	所在区域	海缆工程名称	电缆类型	电压等级（kV）	海缆长度（km）	投运时间（年）
1	欧洲大陆地区	英国—法国 1 期 英国—法国 2 期	充油海缆 充油海缆	±100 ±270	64 68	1961 1984
2	北欧地区	瑞典—丹麦 Konti—Skan	充油海缆	±250	85	1965

续表

序号	所在区域	海缆工程名称	电缆类型	电压等级（kV）	海缆长度（km）	投运时间（年）
3	北美地区	温哥华岛	充油海缆	±260	33	1968
4	北欧地区	瑞典—芬兰	充油海缆	400	200	1989
5	北欧地区	挪威—丹麦	充油海缆	±350	130	1993
6	波罗的海沿岸地区	德国—瑞典	充油海缆	450	250	1994
7	北欧地区	瑞典	挤出绝缘海缆	400	28	1998
8	亚洲地区	日本纪伊海峡	充油海缆	±250	50	2000
9	地中海沿岸地区	意大利—希腊	—	±400	313	2001
10	北美地区	康涅狄格—纽约长岛	挤出绝缘海缆	±150	40	2002
11	波罗的海沿岸地区	爱沙尼亚—芬兰	挤出绝缘海缆	±150	74	2006
12	亚洲地区	菲律宾塞班—吕宋岛	充油海缆	138	18	2006
13	北美地区	美国新泽西—纽约长岛	—	±500	104	2007
14	欧洲大陆地区	荷兰—挪威	充油海缆	±450	580	2008
15	北美地区	美国旧金山—匹兹堡	—	±200	85	2010
16	亚洲地区	韩国	挤出绝缘海缆	±250	120	2012
17	地中海沿岸地区	西班牙—马略卡岛	—	±250	247	2012
18	欧洲大陆地区	德国	挤出绝缘海缆	±300	75	2015
19	欧洲大陆地区	英国	充油海缆	±600	422	2017
20	欧洲大陆地区	英国—荷兰	—	±450	260	2019
21	欧洲大陆地区	英国—比利时	—	±400	140	2019
22	欧洲大陆地区	丹麦—荷兰	—	±320	325	2019
23	欧洲大陆地区	英国—法国	—	±320	204	2020

1. 欧洲地区

欧洲电网主要由欧洲大陆电网即欧洲输电联盟（European transmission union，UCTE）、北欧电网即北欧输电协会（nordic transmission association，NORDEL）组成。欧洲电网所覆盖的国家国土面积普遍较小，工业高度发达，用电负荷密度大，电网结构密集。因而，欧洲各国电网迫切需要实施电能结构的优化配置，以实现电源结构的互补和电量交换。

（1）北欧地区

北欧地区各能源品种发电量构成不均衡，如2015年挪威的总装机容量中，水电占95.73%，而丹麦则是以火电为主。为此，各国电网通过海缆工程联网，实现了能源优化配置、发电成本降低、备用容量减少的目的，同时获得了联网运行的经济效益。

自20世纪90年代以来，北欧各国电网互联的海缆工程项目主要有挪威至丹麦、丹麦至瑞典、丹麦至德国、芬兰至瑞典1期和2期、瑞典至波兰、挪威至荷兰等。工程均采用直流海缆联网，总长度约2140km，设计输送容量为5670MW。海缆跨越的海域有波罗的海、斯卡克拉克海峡、卡特加特海峡、波的尼亚湾和北海。2008年9月，费达（挪威）至伊姆斯劳（荷兰）直流±450kV海缆工程投入商业运行，该工程海缆跨越北海长度580km，海缆路由最大水深410m。

（2）波罗的海沿岸地区

波罗的海沿岸地区电网，由北欧输电协会（NORDEL）成员国组成。发电量构成情况为：水电54%、核电21.8%、火电21.7%、风电7.4%，各国已实现通过海缆输电进行电量交换。

主要的海缆输电工程项目有：瑞典至德国、芬兰至爱沙尼亚1期和2期、丹麦本土至西兰岛、瑞典至立陶宛。工程均采用直流电压±300～±450kV联网，海缆总长度约为958km，设计输送容量2900MW，海缆跨越波罗的海、芬兰湾、大贝尔特海峡。瑞典至立陶宛海缆输电工程设计输送容量700MW，采用直流电压±500kV联网，海缆跨越波罗的海长度为400km，工程于2015年建成投产。

（3）欧洲大陆地区

欧洲大陆电网的海缆输电工程，主要由VCTE成员国之间跨海联网，并跨越北海与北欧电网互联。其中主要海缆工程项目有：英国至法国、英国至荷兰、爱尔兰至英国、挪威至德国。工程均采用直流电压±380～±525kV联网，设计输送容量500～1000MW。

挪威至德国的海缆工程采用高压直流输电技术联网，输送容量1400MW，电压等级±525kV，总长度超过700km。

（4）地中海沿岸地区

欧洲大陆地中海沿岸地区，海缆输电工程建设项目有：意大利至法国、意大利至希腊、意大利本土至撒丁岛、西班牙本土至马略卡岛的电网互联。工程均采用直流电压±250～±500kV联网，设计输送容量2100MW。海缆跨越伊特鲁利亚海、亚得里亚海、巴利阿里海峡。

意大利本土至撒丁岛，为2回直流电压±500kV，背靠背型式互联，输送容量1000MW。海缆跨越伊特鲁利亚海，长度为420km，海缆路由最大水深1600m。

2. 欧洲与北非地区

欧洲与北非电网的海缆工程建设项目有：西班牙至摩洛哥1期和2期、埃及至约旦1期、西班牙至阿尔及利亚、意大利至阿尔及利亚、意大利至突尼斯电网互联。其中，西班牙至阿尔及利亚联网工程，采用直流电压±400kV联网，其他工程均采用交流电压400～500kV联网。海缆跨越直布罗陀海峡、红海阿尔斯湾、地中海。

2011 年投入运行的意大利至突尼斯联网工程，采用交流电压 500kV，设计输送容量 600MW。海缆跨越地中海长度为 200km，海缆路由最大水深 670m。

3. 亚洲地区

亚洲地区各国电网受地理条件的限制，尚未形成各国之间以海缆输电工程互联。但是在各国本土向岛屿供电、各国电网区域互联、陆地向石油钻探平台供电，海缆输电工程发展趋势较快。

亚洲地区各国海缆工程建设项目有：日本北海道至本州，韩国南海郡至济州岛，日本本州至四国，中国广东至海南、舟山至宁波直流输电工程、南澳多端柔性直流输电示范工程、浙江舟山五端柔性直流科技示范工程、厦门双极柔性直流输电工程、台湾陆地至澎湖列岛。亚洲地区各国海缆工程设计输送容量为 4640MW。海缆跨越津轻海峡、济洲海峡、圣贝纳迪诺海峡、纪伊海峡、琼州海峡、台湾海峡。

日本本州至四国联网工程，以 4 回直流电压±500kV 背靠背型式联网，设计输送容量 2800MW。中国广东至海南交流 500kV 联网工程，设计输送容量 600MW。均属亚洲海缆输电工程首创项目。

4. 北美地区

北美联合电网，由美国东部、西部电网和得克萨斯电网、加拿大魁北克电网组成。北美联合电网与墨西哥电网互联。美国本土东部、西部电网通过直流背靠背联网运行。

北美联合电网各区域，跨海域联网工程均为国家本土区域电网的互联。美国本土纽黑文至长岛、美国本土塞尔维尔至莱维顿（美国海王星工程）、美国本土圣佛朗西斯科至匹兹堡以及正在建设中的加拿大温哥华维多利亚岛至美国安吉利斯、加拿大蒙特利尔至美国纽约，均采用电压±230～±550kV 联网。北美联合电网海缆输电工程共有 14 个项目分别跨越佐治亚海峡、马拉斯皮纳海峡、长岛海峡、胡安·德富卡海峡、张伯伦湖与哈德逊河。设计输送容量 5762MW，海缆长度 1718km。

5. 海湾阿拉伯地区

海湾阿拉伯地区的电网互联，以海湾合作委员会（gulf cooperation council，GCC）成员国组成。海湾合作委员会互联电网管理局（gulf cooperation council interconnected grid administration，GCCIA），由七个国家电网互联。

海缆工程建设项目有：沙特阿拉伯至埃及海缆输电工程 1 期和 2 期。1 期工程已于 2012 年投入运行，2 期工程于 2015 年投入运行。工程均采用直流电压±400～±500kV 联网，设计输送容量 1500MW，海缆跨越红海海峡。

6. 大洋洲地区

澳大利亚海缆输电工程，均为国家本土区域电网互联。其中新西兰本土南岛与北岛电网互联工程、澳大利亚本土与塔斯马尼亚岛联网工程，均采用直流电压±250～±400kV 联网，设计输送容量 1600MW。海缆跨越库克海峡、巴斯海峡。

新西兰本土北岛黑瓦兹至南岛班摩尔，采用柔性直流输电技术（HVDC）联网，输送容量500MW。

1.2 国内跨海联网工程

1.2.1 大跨越塔工程

我国大跨越的建设虽然起步较晚，但是发展的速度和建设的数量在世界上一直名列前茅。我国的大跨越塔最早用于跨越江河。20世纪60～90年代初，受当时国内钢材紧张的影响，大跨越输电塔主要采用钢筋混凝土烟囱塔，分布在长江中下游地区。但是，钢管混凝土跨越塔施工工期长、材料用量大，随着时代的发展，逐渐由更高强度的组合角钢跨越塔替代。比较有代表性的如塔高180m的500kV徐上线镇江大跨越、塔高236m的珠江大跨越，均采用了组合角钢断面型式。从20世纪80年代末期开始，钢管结构以其良好的截面特性、简洁的结构、美观的外形而被广泛应用于大跨越工程中，华东电力设计院在1974年设计的长江燕子矶大跨越工程中，第一次将钢管结构用于大型输电塔上，跨越塔高193m，为拉线钢管塔，斜材采用柔性拉条。国内已经建成投运的较大规模大跨越工程中，除了早期采用钢筋混凝土塔以及少量的组合角钢结构外，80%以上的大跨越输电塔均采用了钢管塔结构。

随着跨越塔设计条件（电压等级、跨越档距及导线截面等）的不断提高，跨越塔塔高已经超过了300m，这使得结构构件越来越大型化。受到构件承载性能、加工制造、施工安装能力的限制，钢管单管规格不能无限制地放大，钢管混凝土结构是一种有效的解决方案。在输电塔中采用钢管混凝土构件，最早由瑞士莫托·哥伦布（Motor－Columbus）公司开发，1995年日本关西电力公司引进采用。

由于浙江省地理特征非常丰富，浙北地区水网密集的冲积平原，浙东地区的沿海丘陵，浙南地区的山区，舟山市的海岛地貌，可谓山河湖海无所不有；随着浙江省经济社会的发展，浙江电网建设发展迅猛，跨江、跨海电网建设项目逐年增多，其中不少为大跨越项目；从20世纪90年代起，由国网浙江省电力有限公司建设、浙江省电力设计院设计、浙江省送变电工程有限公司施工的采用钢管混凝土构件大跨越工程就有四处。1993年，塔高159m的220kV瓯江大跨越拉线塔采用了薄壁钢管离心混凝土构件。1996年，220kV椒江大跨越主材采用了薄壁钢管离心混凝土构件，该塔高175m，为自立式输电塔。2010年，370m高螺头水道大跨越输电塔，采用了钢管混凝土构件；2019年，380m高西堠门大跨越输电塔（见图1－2），采用了钢骨钢管混凝土构件。钢管混凝土输电塔的结构型式已经在超大型跨越铁塔设计中占据越来越重要的位置，发展前景广阔。

经过60多年的发展，全国电网建设取得了举世瞩目的成就，最高电压等级从220、500kV逐步发展到当前的1000、±1100kV，电压层级分布日趋完善。截至2020年3月，全国220kV及以上输电线路总长达到83.4万km，多条线路跨越长江、黄河、淮河、珠江等大江大河，相继建造了一批输电线路大跨越工程。据不完全统计，我国220kV以上的输电线路大跨越工程就有200余处，成为世界上输电大跨越最多的国家。本书聚焦于跨海联网工程中的大跨越设计。国内典型500kV跨海联网大跨越工程见表1-3。

表1-3　　国内典型500kV跨海联网大跨越工程

序号	大跨越工程名称	塔高（m）	跨越档距（m）
1	舟山螺头水道大跨越工程	370	2756
2	玉环乐清线乐清湾大跨越工程	254	1984
3	六横电厂送出海上大跨越工程	246.8	1897
4	舟联工程西堠门大跨越工程	380	2656

图1-2　500kV舟山西堠门大跨越工程输电塔

1.2.2　海底电缆工程

由于大跨越工程受地理、地质及跨距的局限，在长距离海洋输电中仍以采用海底电缆为主。在改革开放初期，国内海缆制造、施工、检修工作基本由国外公司垄断；近十年来，随着海洋强国的建设、沿海经济的快速发展，海洋输电工程建设方兴未艾，国内海缆制造厂家异军突起、海缆施工装备跨越式发展、海缆检修运行能力得到大幅度提升，已在诸多领域打破了国外垄断。但海缆工程的建设受地域建设、海洋工程、施工装备等条件的限制，工程建设涉及技术领域广泛，投资规模较大，施工技术复杂，仍需各方持续创新、突破。工程建设期分为两个阶段，施工前期工作主要涉及工程设计、海缆路由选择、海缆制造及运输；工程施工则主要包含海缆路由定位、海缆敷设、海缆保护、陆地设备安装、检测与调试、工程验收。

1986 年的珠江—虎门海缆工程是我国第一条超高压长距离输电工程，输电电压等级 220kV，电缆长度 2.7 km，输送容量 380 MW，由日本住友公司承建。1989 年我国自行研制、建设了浙江舟山海底直流输电工程，选用双极直流系统，电压等级±100kV，输送容量 100 MW。海缆长度共 12km，由红旗电缆厂制造。2009 年广东电网与海南电网联网工程是我国目前最长的 500 kV 交流海缆工程（双回），电缆长度 7 × 32 km，单回输送容量 600 MW。2013 年我国南澳±160 kV 三端柔性直流工程，2014 年舟山±200 kV 五端柔性直流工程以及厦门±320 kV 柔性直流工程投运，实现了我国高压交联聚乙烯绝缘直流海缆在电压等级上的跨越式发展。2015 年三峡响水海上风电项目采用我国自主研发的中国首条三芯 220kV 海缆，海缆总长 12.9km，输送容量 200MW。国内部分典型交直流海缆工程汇总表见表 1–4。

表 1–4　　国内部分典型交直流海缆工程汇总表

序号	海缆工程名称	海缆类型	电压等级（kV）	电缆长度（km）	投运时间（年）
1	广东电网与海南电网联网	充油海缆	500	7 × 32	2009
2	南澳岛	挤出绝缘海缆	±160	32	2013
3	舟山群岛	挤出绝缘海缆	±200	2 × 134	2014
4	舟山群岛	挤出绝缘海缆	±500	18.15	2019

第2章 舟山500kV联网输变电工程

浙江舟山500kV联网工程（简称舟联工程）位于浙江省宁波市、舟山市，其架空输电线路全长33.36km，海底电缆全长18.15km，新建2座变电站，新增变电容量3000MVA。舟山500kV联网输变电工程路径图如图2-1所示。舟联工程作为保障国家战略落地、推动“一带一路”和长三角一体化高质量发展的重要能源支点，也是我国电网史上500kV电压等级建设规模最大、技术难度最高的跨海联网工程，代表了目前超高压海洋输电技术的世界最高水平。工程建成后填补了舟山500kV网架空白，进一步提升了舟山电网抵御自然灾害的能力和电网安全稳定水平，满足了舟山群岛新区和舟山自贸区的经济增长用电需求，为“一带一路”倡议下，舟山成为浙江海洋经济发展先导区、海洋综合开发试验区提供了坚强电力支撑，对服务国家能源战略，促进绿色可持续发展具有重要意义。

图2-1 舟山500kV联网输变电工程路径图

舟联工程主要包含了大跨越线路、海底电缆和两座变电站（其中镇海变电站位于滩涂区域），该工程西堠门大跨越段的建成投产，将跨越塔高度的世界纪录提升到380m，同时研制、敷设了世界首回交流500kV交联聚乙烯绝缘海底电缆并投入商业运行。

2.1 大跨越工程

舟联工程包括4个大跨越，路径长度9.8km，分别为沥港、西堠门、桃夭门、响礁门大跨越，除沥港大跨越为500kV同塔双回路架设外，其他大跨越均为500kV和220kV同塔混压四回路架设。

沥港大跨越采用“耐一耐”跨越方式，跨越档距 1050m；2 基耐张塔全高均为65.5m，主航道通航3000t船舶，最大通航净高35m。

桃夭门大跨越采用“耐一直一耐”跨越方式，跨越档距956～1570m，跨越耐张段全长2526m，跨越塔全高224.4m。主航道通航2000t船舶，通航净高32m。

响礁门大跨越采用“耐一直一直一耐”跨越方式，跨越档距251m－1285m－451m，跨越耐张段全长 1987m。其中，富翅岛耐张塔与桃夭门大跨越共用，全高 145m，2基跨越塔全高均为176.55m。主航道通航500t船舶，通航净高24m。

西堠门大跨越位于舟山市金塘岛和册子岛之间，采用“耐一直一直一耐”的方式一档跨越西堠门航道，2 基跨越塔全高均为 380m，为世界第一高输电铁塔；跨越档距 1016m－2656m－521m，跨越耐张段长度 4193m。主航道通航 30000t 船舶，通航净高49.5m。

2.2 海底电缆工程

浙江舟山500kV联网输变电工程新建镇海—舟山500kV海底电缆。线路自500kV镇海海缆终端站起向东，在镇海新弘口东顺堤南部入海，向东穿过杭甬复线后转向东北，平行镇金水管路由和册镇油管南部走线约 7km，然后转向东至大鹏山西岸中偏北部登陆，接入舟山海缆终端站。

规划海缆路由宽度约300m，设计敷设2回（6根）500kV海缆和1根海底光缆，海缆路由长度约 16.8km。海中段海缆采用深埋敷设，敷设间距为 50m，埋设深度为2.5～3m，潮间带海缆间距逐渐收拢至5m；陆上段采用电缆沟、桥架敷设。

海缆采用国产 500kV 交联聚乙烯绝缘单芯光电复合海底电缆，导体截面为$1800mm^2$，材质为铜；外层保护采用铅合金护套及铜铠装。海缆金属护套和铠装采用三相互连直接接地方式。

2.3　滩涂变电站工程

镇海 500kV 变电站位于宁波市石化经济技术开发区，总占地面积 63 亩，围墙内占地面积 46 亩，主要建筑物区域采用灌注桩基础，其余场地采用桩网复合地基。工程本期装设 1 组 100 万 kVA 主变电站，远期规模为 4 组 100 万 kVA 主变电站；500kV 远期出线 8 回，本期出线 5 回；220kV 远期出线 16 回，本期出线 8 回。

变电站场地为沿海滩涂流塑状淤泥，站区回填土高度约 4m，地基处理及施工难度较大。工程利用 4035 根桩仅用 6 个月完美解决了软土地基沉降问题，节约工期 8 个月；投产两年后沉降值仅为 1mm，为规范允许值的 1/150，无不均匀沉降出现。

通过对桩土荷载分担比、桩土沉降、桩身轴力、格栅拉力等发展规律的研究，揭示了桩网复合地基技术处理输变电工程软土地基的加固作用机理，提出了一套系统、完整的沿海滩涂地区变电站桩网复合地基设计计算方法及处理技术。

基于舟联工程，本书对超高压跨海联网工程建设实践和研究成果进行了全面总结，介绍了超高压跨海联网工程的设计技术、制造加工技术和施工技术，并重点呈现了特大跨越工程和海缆工程、滩涂变电站工程的专项研究成果。

第3章 超高压海洋输电技术体系的形成及发展

目前我国东海及南海众多海岛与大陆主电网缺乏连接通道，用电普遍依靠岛上的自备柴油发电机组，居民无法获得稳定可靠的电能，严重影响海岛居民的生产生活和海岛经济的长远发展，严重制约我国海洋经济高质量发展。近年来，为深入推进我国能源转型、促进大气污染防治、实现“双碳”目标，海上风电、海上光伏、潮汐发电等海洋清洁能源发电逐渐成为重要手段。我国远海风电装机规模在2050年有望达到4000万kW，海上光伏发电装机潜力高达7800万kW，潮汐可开发装机容量高达2179万kW。

海洋经济的不断发展对海岛的能源供给和需求提出了更高的要求，海洋这一特殊地理环境对电力传输的瓶颈也日益凸显。目前，世界上已建成相当多数量的交直流海洋输电工程，见诸报章的就有200余项，这些工程为岛际电力传输、石油平台供电和风电场接入等发挥了重要作用；其中电压等级最高达 500kV，输送容量最高达1000MW，海缆长度最长达400km以上，海缆路由最大水深最深达2600m。而我国在海洋输电技术方面起步较晚，存在标准空白、规范缺位、研究成果缺失等问题，建造的海洋输电工程无论是在电压等级、输送容量、输送距离，还是在设计水平、施工工艺、施工装备、运行维护等方面都同欧洲发达国家有较大差距。为打破国外技术垄断，解决我国海洋输电产业发展的重大关键技术问题，支撑海洋经济发展，亟待开展海洋输电关键技术研究。在国家电网公司的大力支持下，国网浙江省电力公司会同浙江大学、中国电力科学研究院、浙江省电力设计院、浙江省送变电工程有限公司、浙江启明电力集团公司及宁波东方电缆股份有限公司、江苏亨通光电股份有限公司、江苏中天科技股份有限公司等单位，开展了对超高压海洋输电工程建设、制造、运维、试验等方面关键技术的深入研究，经过十余年的奋力攻关，取得了多项创新性成果，实现了国内超高压海洋输电技术的重大突破。

3.1 超高压跨海联网工程建设短板

实现超高压、大容量、远距离海上能源输送和安全可靠并网，我国目前存在以下技术瓶颈：

1）超高压海缆：为满足输送容量要求，需使用超高压海缆，而原有500kV充油海缆制造、敷设技术为国外垄断，同时存在落差限制、绝缘油泄漏污染环境风险、国外海缆敷设船只扫海影响国家安全等问题。交联聚乙烯海缆是公认的技术发展方向，国内最高仅220kV，为适应大容量超高压海上输电需求，亟需开展交流500kV交联聚乙烯海缆研发、制造、敷设、试验、运行维护技术攻关。

2）架空输电线路跨海：为节约投资成本，可采用岛礁采用特大型杆塔短距离跨海技术方案，面临有限地形、超高风速、高盐高湿环境等挑战，需开展海上大跨越与特大型杆塔设计、加工、建设技术攻关。

3）滩涂变电站：沿海滩涂地质为流塑状淤泥，随着新型电力系统建设的发展，相关电气设备、控制设备对变电站绝对沉降量要求更高、不均匀沉降要求也高，站区回填土高、地基处理及施工难度大，需开展滨海软土性状及超高压变电站基础防沉降技术攻关。

3.2　海洋输电模式及关键技术

针对上述超高压海洋输电的世界级难题，国网浙江省电力有限公司秉承“安全可靠、技术创新、先进实用、指标合理、以人为本、绿色环保”设计理念，整合浙江大学、中国电力科学研究院等多家国内顶级科研院所资源，开展多项关键技术攻关：

1）自主研发、制造、试验、敷设、运行世界首条500kV交联聚乙烯海缆，打破国外技术垄断。

2）系统性掌握特大型杆塔设计、加工、施工技术，建设世界最高输电杆塔。

3）揭示了滨海结构性软黏土工程性状，建立了强流变软弱地基的固结沉降分析理论。提出了一套系统、完整的沿海滩涂地区变电站桩网复合地基设计方法及处理技术，解决超高压变电站在围垦软土地基上的不均匀沉降难题。

通过对超高压海缆技术、超高塔抗风设计、滩涂变电站沉降问题的持续研究，并依托舟山500kV联网工程的成功实践，构建了以超高压海缆、特高塔、滩涂变电站为主体的，具有完全自主知识产权、国际领先的超高压海洋输电技术体系，为输电线路超长大跨越建设、岛礁电网互联互通和海上风电集中送出提供了“中国方案”，为高质量协调发展的新型电力系统、海洋强国建设提供了强力的技术支撑。

第2篇
特高塔关键技术

特高塔是常规输电铁塔的升级版本，特高塔自身结构高度高，具有输电容量大、跨越档距大、输送距离远、相同线路长度下塔基需求数量少、可满足高电压等级净空需求、对海洋通航影响小等优势，可有效克服海洋输电中存在的海岛跨越连接输电难、海上清洁能源大规模输出难等问题，在超高压海洋输电关键技术中成为关键一环。

同时，随着我国电力需求的不断增长，大容量、高电压等级输电需求得到了迅速发展。特高塔输电技术，除在跨越大江大河时可以承担输送大容量电能的关键作用外，也可以作为跨越中短距离海岛中发挥重要作用，作为海洋输电体系的一环，与海缆、滩涂变电站等结合使用。

本篇主要以舟联工程为例，从特高塔大跨越设计、特高塔加工制造、特高塔建设施工、特高塔运维检修四个方面，来介绍超高压海洋输电关键技术之一——特高塔核心技术与理论研究成果。

特高塔大跨越设计，通过理论创新、高水平实验室模拟研究及多个工程建设实践验证，建立了输电塔三维等效风荷载抗风设计理论，系统解决了沿海台风频发地区输电线路抗风设计难题；提出了适用于特大型输电塔的新型钢骨钢管混凝土构件和大型球节点型式，建立了超高输电塔结构设计体系；同时，结合气象条件分析、结构荷载分析，对基础设计、导地线选型、防振设计、金具研制优化等方面也开展了相关研究。

特高塔加工制造，从制造工艺、监造管理两大块展开阐述。制造工艺上，主要讲述原材料采购、关键复杂节点放样、相贯线下料、特大钢管制作、装配定位焊技术、试组装、镀锌工艺、包装运输等几项关键技术；监造管理上，主要讲述监造内容、监造相关管理要求、检查要求等方面内容。

特高塔建设施工，从施工准备、基础施工、铁塔组立、架线施工四大块展开阐述。建设施工开创了钢管混凝土泵送导管浇筑法、抱杆变幅式拉线施工就位法，研制了世界最高、起吊能力最强的组塔施工平台，研发了长距离不封航直升机跨海架线技术，各项关键技术填补了特高塔海洋输电线路技术的国际空白。

特高塔运维检修，主要阐述前期准备管理、日常运检管理、特高塔数智化自主巡检管理等。运维检修过程中，强化落实运行管理标准化、制度化，同时明确了日常运维的基本标准要求，创新人机协同智能运检思路，开创人机协同运维检修新模式。

第4章 特高塔大跨越设计

4.1 气象条件

特高塔大跨越工程设计中，除按照标准确定大跨越气象条件之外，可根据工程现场实际情况，有针对性地分析相关气象要素，进一步优化特高塔大跨越工程的可靠性及经济性。

舟联工程所在区域舟山群岛，为亚热带季风气候区，主要的气象灾害为热带风暴，每年均会受到台风的袭扰，极端情况下还会受到超强台风的正面袭击。因此，对特高塔大跨越工程的“抗台”研究非常重要。

4.1.1 台风模拟和风速设计参数

在舟联工程特高塔大跨越设计中，根据以往特高塔的设计经验，并依托浙江大学科研成果与实验设施，提出了一个台风全路径高效数值模拟的新框架，开展西北太平洋热带气旋的 10000 年 Monte Carlo 随机模拟，生成全海域热带气旋路径与强度大样本。采用改进的 Meng 风场模型计算热带气旋途径地的风速风向，基于极值统计分析确定各城市在不同重现期下的极值风速。利用负二项分布拟合历史热带气旋的年发生频次，并随机生成 10000 年每年的热带气旋模拟数量，随机抽取历史起始点作为模拟起始步。计算中采用 Vickery 模型和 MeHiM 气旋强度模型，MeHIM 模型基于周围大尺度环境数据与隐式马尔科夫链来模拟热带气旋的强度演化。

在研究中，首次探讨了 MeHiM 模型在模拟西北太平洋热带气旋强度模拟的适用性，将 MeHiM 强度模型代替 Vickery 强度模型开展 Monte Carlo 模拟，生成了两套热带气旋全路径大样本，开展风场模拟和重点城市的极值风速分析，最终最新估计得到模拟城市各重现期的设计风速。研究发现高纬度城市如宁波的台风风险较高。

同时在舟联工程大跨越设计过程中，利用浙江沿海及岛屿的梯度风测风塔数据计算分析粗糙度指数，并在此基础上结合气象台站统计风速得出线路的基本风速和粗糙度指数。利用各测风塔 10、30、50、70、100m 和 120m 高度的风速资料，经计算分析后，最终确认工程所在地区台风条件下粗糙度指数在 0.07～0.1 之间，该工程设计参考 A 类地貌，风速剖面指数按 0.12 取值，设计风速为 41m/s。

4.1.2　小风速概率分析

对大跨越工程沿线气象台站 2009 年 1 月～2015 年 4 月共 76 个月的逐时 10min 平均风速进行分档统计，当工程区域出现 35℃以上高温时，气象站风速低于 1.0m/s 的概率均在 0.2%以内。考虑到大跨越导线平均高度较高，导线高度处小风速出现概率更低，最终确定工程导线载流量计算时风速采用 1.0m/s，较按规范取值进行设计减小了导线截面，降低了工程投资。高塔设计气象条件组合见表 4－1。

表 4－1　　设计气象条件组合表

项目	气温（℃）	风速（m/s）	覆冰厚度（mm）
最低气温	－5	0	0
年平均气温	15	0	0
最大覆冰	－5	15	10
基本风速	15	41	0
操作过电压	15	22	0
大气过电压	15	15	0
最高气温	40	0	0
安装状态	0	10	0
冰的比重	0.9g/cm^3		
年平均雷暴日	45d		

4.2　导地线选型

大跨越导地线的选型需通过综合技术经济比较确定，并尽量采用已有运行经验的产品，同时考虑绝缘子、金具、杆塔荷载、电能损耗、施工、运行等因素的影响。

4.2.1　导线载流量

大跨越段的导线截面必须与线路其他部分导线截面的输送容量相匹配，避免成为整条输电线路的“瓶颈”。影响导线载流量的边界条件，一部分为外界环境条件，如风速、日照强度、环境温度等；另一部分与导线自身属性相关，如导线的吸热系数、辐射系数、导线允许温度、导线直径等。其中，导线的吸热、辐射系数对载流量的综合影响较小，当导线截面一定时，导线允许温度的取值成为影响载流量的主要因素。

根据舟联工程大跨越所处实际区域情况，经过综合分析，表 4–2 给出了该大跨越载流量计算时，各项边界条件的参数取值。

表 4–2　　　　载流量计算边界条件参数取值

边界条件	载流量计算	损耗计算
风速	1m/s	2m/s
环境温度	35℃	15℃
日照强度	1000W/m^2	800W/m^2
导线温度	铝包钢绞线 130℃ 钢芯铝合金绞线 90℃ 钢芯耐热铝合金绞线 150℃ 钢芯超耐热铝合金绞线 200℃	根据输送容量确定
导线辐射散热系数	0.9（考虑长期运行后）	
导线吸热系数	0.9（考虑长期运行后）	
导线交直流电阻比	钢芯铝（合金）绞线按摩根公式计算，铝包钢绞线取 1.5	

4.2.2　导线机械性能

为了尽可能减小导线弧垂，降低跨越塔高度，节约工程造价，大跨越需选用张力大、自重轻、弧垂特性好的导线。

大跨越导线平均运行应力取值与导线自身的抗疲劳能力、跨越工程的防振措施、运行经验等有关，并直接影响跨越塔高度和导线本身的运行安全。导线线股受力包含由振动引起的动态力和导线张拉的静态力，为控制导线疲劳损坏，不仅需要采用有效的防振装置，还要保证导线本身具备必要的抗振能力，即导线张力不宜取得太高。但大跨越工程档距大，导线弧垂对导线张力的变化较为敏感，并直接影响跨越塔高度，故导线张力又不宜取得太低。因此需在工程安全运行的基础上，选择适宜的导线平均运行应力。

根据国内外大跨越工程的导地线年平均运行张力的设计取值和实际运行经验，舟联大跨越导地线选型时，钢芯铝合金绞线年平均运行张力取 21%RTS，并按照悬挂点铝合金部应力 9kg/mm^2 校核控制，铝包钢绞线的年平均运行张力取 22%RTS。

4.2.3　导线型式及分裂方式

1. 导线材料

在大跨越工程中应用的主要导线材料有钢芯铝绞线、钢芯铝合金绞线、特强钢芯耐热铝合金绞线、铝包钢绞线等，其主要特点见表 4－3。

表 4－3　　大跨越不同材料导线的主要特点

项目	类型				
	钢芯铝绞线	特强钢芯铝合金绞线	超高强钢芯铝合金绞线	特强钢芯耐热铝合金绞线	铝包钢绞线
强度特性	国标导线，强度一般	强度高	强度很高	强度中等	强度高，可随导线性能调整
钢丝特性	强度在 1400MPa 左右	强度可达 1770MPa，1% 伸长应力在 1520MPa 左右	强度可达 1940～2040MPa	强度可达 1770MPa，1% 伸长应力在 1520MPa 左右	强度随铝包钢单丝导电率不同，在 800～1800MPa 之间
铝/铝合金线特性	强度 160MPa 左右，导电率 61% IACS	强度 280～325MPa，导电率（52.5%～53%）IACS	强度 280～325MPa，导电率（52.5%～53%）IACS	强度 210～260MPa 左右，导电率（55%～58%）IACS	导电率（14%～40%）IACS
适用范围	跨距较小，有地形可利用，对通航要求不高的跨越段	可以在跨距较大跨越段使用，延展性好	可以在跨距较大跨越段使用，延展性好	在跨距较大跨越段或在短时最大负荷起控制作用的地区使用，优势明显，但重负荷时能损相对较高	可以在跨距较大跨越段使用，但自重大，导电性欠佳

2. 相分裂导线根数与间距

对大跨越工程而言，导线相分裂数的选择已不是一个单纯的电气问题，它和工程的跨越规模、荷重条件、导线制造能力、施工组织等密切相关。由于大跨越杆塔高度高，导线对地距离大，风荷载往往是控制工程量及造价的重要因素，所以在同等截面下，应尽可能选择分裂数少的导线形式，以减小导线受风面积。同时，确定相导线分裂数时还需满足导线表面电晕等条件。

综合载流量及电晕等要求，舟联工程大跨越 500kV 部分导线分裂根数取 2 根或 4 根，220kV 部分导线分裂根数取 2 根或 1 根。导线分裂间距的选取主要考虑分裂导线的次档距振荡和电气性能两个方面，舟联工程中导线分裂间距根据不同线径取 500～550mm。

4.2.4　导线比选分析

通过对已有大跨越导线应用现状的分析，结合工程特点，西堠门大跨越 500kV 部分选用铝包钢绞线 JLB23－380、JLB27－380 和特强钢芯铝绞线 4×JLHA1/HEST－300/170、4×JLHA1/HEST－300/240、2×JLHA1/HEST－720/410 进行比选，对应 220kV 部分分别选取了 4×JLB23－380、4×JLB27－380 和 2×JLHA1/HEST－300/170、2×JLHA1/HEST－300/240、1×JLHA1/HEST－900/510 与之相匹配。

其他跨越段 500kV 部分选取 4×JLHA1/EST－300/70、4×JLHA1/EST－300/80、

4×JLHA1/EST－300/110 以及 2×JLHA1/EST－800/55、2×JLHA1/EST－800/100、2×JLHA1/EST－800/210 导线组合作为比选导线方案。与之相对应的 220kV 部分按照弧垂匹配的原则选取了 2×JLHA1/EST－300/70、2×JLHA1/EST－300/80、2×JLHA1/EST－300/110 以及 1×JLHA1/EST－1000/45、1×JLHA1/EST－1000/80、1×JLHA1/EST－1000/260 导线作为组合方案。

1）从载流量角度，参与比选的各种导线均可以满足工程使用条件。

2）机械性能分析，计算表明，采用 500kV 双分裂加 220kV 单导线的方案机械荷载性能方面远优于采用 500kV 四分裂加 220kV 双分裂导线的方案。这主要是由于舟联工程基本风速大，导线高度高，风荷载对导线机械特性起控制作用，子导线分裂数越多，导线直径越小，风荷载的影响越大。

3）经济性分析，于西堠门跨越仅在投资回收率低、电价及损耗小时数高的个别极端情况下，特高强度铝合金导线具有少许优势，一般情况下均为 4×JLB23－380 导线组合较优。对于其他跨越段，导线组合（2×JLHA1/EST－800/100＋1×JLHA1/EST－1000/80）方案较优。

综上所述，通过对导线机械特性、设计张力取值、跨越塔塔高、杆塔水平荷载、垂直荷载、纵向张力及电能损耗、材料价格等方面的分析计算，并用年运行费用法按不同电价、利率对年费用进行分析比较，确定了技术经济性较优的导线方案。对于西堠门跨越段，500kV 及 220kV 部分均采用 4 分裂 JLB23－380 导线方案；对于其他跨越段，500kV 部分采用 2 分裂 JLHA1/EST－800/100，220kV 部分采用单根 JLHA1/EST－1000/80 导线。

4.2.5 地线及 OPGW 选型

光纤复合架空地线的制造技术已成熟，大跨越工程采用双光缆设计，具有较好的技术经济性和运行安全储备，同时工程投资增加较少。一般大跨越工程两根地线均推荐采用光纤复合架空地线（Optical Fiber Composite Overhead Ground Wire，OPGW）。

大跨越 OPGW 选型原则如下：① 与导线配合，满足档距中央导线与地线的空间距离要求，防止雷击档距中央地线时反击导线；② 具有足够的热容量，满足单相接地短路情况下的热稳定要求；③ 满足电线电晕控制下的地线最小直径要求；④ 合理（较低）的平均运行应力，具有较好的耐振性能；⑤ 基于推荐的导线方案，地线安全系数应高于导线安全系数；⑥ 验算气象条件下的应力不大于破坏应力的 60%；⑦ 具有良好的防腐性能；⑧ 具有足够的耐雷击性能，绞线单丝直径不宜过小（尤其是外层单丝），以免产生雷击断股。

由于大跨越地线机械强度要求远高于一般线路，因此其截面不受热稳定控制，也完全满足电线电晕控制下的地线最小直径要求。大跨越地线选型主要考虑其机械性能和防雷性能。本工程大跨越工程上的光缆采用全铝包钢层绞式松套结构的 OPGW 光缆，铝包钢采用 14%IACS，且外层单丝直径不小于 3.2mm。该 OPGW 结构具有大容量、大芯数、高强度、高耐雷、高防振、耐腐蚀等特点。

4.3　导地线防振、防舞技术

4.3.1　大跨越导线防振技术

超高塔大跨越工程具有档距大、悬挂点高、所处地形开阔等特点，水面上空容易形成层流风，引起导线激振的风速范围广，导线吸收风能远大于普通线路，其振动水平也远远高于普通线路，且导线几乎每时每刻都在振动，若防振措施不当，极易发生由于导线动弯、应变过大而导致的疲劳断股、甚至断线等事故。

超高塔大跨越导线的防振方案主要有以下几种形式：β阻尼线、β阻尼线＋防振锤、双β阻尼线、交叉阻尼线、防振锤组合、圣诞树阻尼线等。根据目前国内大跨越工程防振措施的现场测振结果以及使用情况来看，预绞式圣诞树型阻尼线以及β阻尼线和防振锤组合防振都能达到较好的消振效果，舟联工程大跨越采用了预绞式圣诞树阻尼线，如图 4－1 所示。

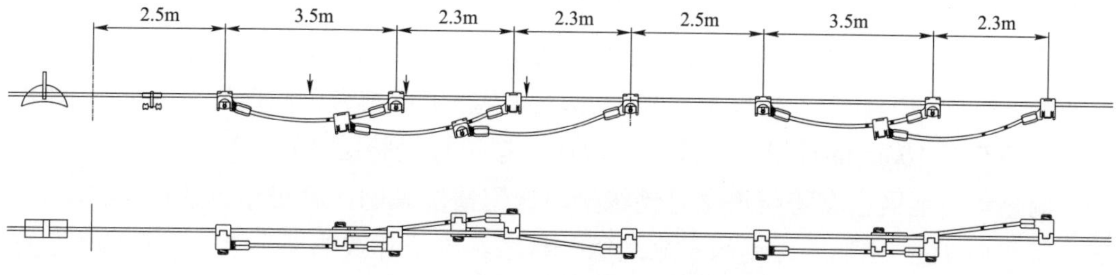

图 4－1　圣诞树阻尼线防振安装示意图

4.3.2　大跨越导线防舞技术分析

导线舞动产生的原因相当复杂，是气候、地形地貌、线路自身结构状态等多方面因素综合的结果，经过长期的研究表明，导线舞动形成的主要原因取决于以下几方面的因素，即覆冰、风的激励、地理地势和线路结构参数等。

舟联工程大跨越导线舞动技术分析：① 工程所在区域未发生过覆冰、雨凇或雾凇等情况。未来的大跨越线路在冬季覆冰的概率较低；② 大跨越导线弧垂大，导线最高点与最低点风速变化大，覆冰沿档距长度方向变化也较大，由此引起导线风能积聚不均匀，不利于能量的积累，也不利于舞动的产生；③ 根据2013版华东电力系统舞动分布图，本工程远离浙江省舞动区域范围，属于0级区（非舞动区）。本工程周边的大跨越工程以及普通线路运行至今，尚未发生过线路覆冰舞动的情况。

综上所述，舟联工程大跨越段未来发生本舞动的概率较低，未考虑加装防舞措施。

4.4 绝缘配合和防雷接地技术

4.4.1 绝缘配合技术

输电线路的绝缘配合，应使线路在雷电过电压、操作过电压、工频电压等各种条件下安全可靠运行。

1. 雷电过电压

大跨越铁塔高度高，极易遭受雷击，加上大跨越线路档距大，导地线平均高度高，导地线距离相对较大、耦合差，所以大跨越工程绝缘配合的重点是防护雷击和雷电过电压的绝缘配合。

根据《110kV～750kV架空输电线路大跨越设计技术规程》（DL/T 5485—2013）要求，在海拔1000m以下的地区，500kV输电线路操作过电压及雷电过电压要求悬垂绝缘子串的绝缘子最少片数应不小于25片（单片绝缘子结构高度155mm）；220kV输电线路操作过电压及雷电过电压要求悬垂绝缘子串的绝缘子最少片数应不小于13片（单片绝缘子结构高度146mm），耐张绝缘子串的绝缘子片数应增加1片。全高超过40m、有地线的杆塔，高度每增加10m，应增加1片相当于高度为146mm的绝缘子，全高超过100m的杆塔，绝缘子片数应根据运行经验结合计算确定。

调查华东地区已有跨越塔垂悬绝缘子串选用情况表明，杆塔全高超过40m后，高度每增加10m增加一片绝缘子来选用跨越塔绝缘子片数的原则是安全且偏于保守的。舟联工程绝缘子配置按规范要求进行设计，相应的雷电过电压间隙，按照配合比0.85确定。西堠门大跨越SSZK1－290塔（全高380m）500kV部分绝缘水平配置37片240mm绝缘高度的绝缘子，雷电过电压间隙确定为7550mm。其余各跨越塔按照同样设计原则配置。

2. 操作过电压

操作过电压是电力系统中由于开关操作或事故状态引起的过电压。对于大跨越工程，操作过电压一般不控制跨越塔的绝缘配合，按照雷电过电压或工频电压进行绝缘配置后校验操作过电压即可。

3. 工频电压

工频电压间隙是指考虑绝缘子串风偏后，带电体与输电塔的空气间隙，该间隙在正常运行情况下，应能够耐受最高运行电压及在一定概率条件下可能出现的工频过电压。

按工频电压选择绝缘子串片数有两种方法，即污耐压法和泄漏比距法。超高压大跨越线路一般是雷电过电压控制，特高压大跨越线路通常为工频电压控制，一般按污耐压法对绝缘配置进行核算。

舟联工程线路沿线主要污秽源为盐污，大跨越段按照 D 级污区上限配置，爬电比距按 32mm/kV 配置。根据雷电过电压要求配置的大跨越高塔绝缘强度，经验算足以满足工频耐污要求。

4.4.2　防雷保护技术

雷击跳闸由反击（雷击杆塔和档中地线）和绕击跳闸组成，与标称电压等级和架空线路结构（杆型、地线根数和布置、接地电阻）等有关。

跨越塔具有高度高、档距大等特点，均对防止雷电反击不利，同时较大的导地线间距和对地距离也会大幅提高雷电绕击几率。因此即使在耐雷绝缘水平大幅提高的前提下，雷击跳闸率也很难有效降低。但由于大跨越的杆塔数量少、耐张段距离短，其预期的雷击跳闸率允许略大一些。

参照国内类似大跨越工程的运行经验，按照《110kV～750kV 架空输电线路大跨越设计技术规程》（DL/T 5485—2013）规程要求配置雷电过电压下的绝缘强度、架设地线等措施可以满足安全运行的需要。因此，本工程防雷设计按常规双地线设计，地线保护角取不大于 0°。同时，为防止雷击档距中央地线时反击导线，导地线间距离满足导地线配合距离要求。

4.4.3　接地技术

大跨越工程通常架设两根地线，逐基直接接地。接地装置应符合《交流电气装置的接地设计规范》（GB/T 50065—2011）及《交流电气装置的过电压保护和绝缘配合》（DL/T 620—1997）等相关规定。

舟联工程大跨越直线跨越塔采用方孔接地网的型式，锚塔采用接地框加水平接地射线的型式，对于土壤电阻率较高的塔位可考虑增加水平接地射线及采用接地模块，接地材料仍采用ϕ12 镀锌圆钢。工频接地电阻考虑不超过 10Ω。

4.5　绝缘子串和金具

大跨越工程绝缘子串型的配置应尽量简化，并充分考虑串型配置的经济性，以达到串型配置安全性和经济性的统一。绝缘子串的配置一般由工程中正常工况出现的最大荷载控制，不应由事故工况控制。线路金具应尽量降低单件重量和尺寸，便于运输和安装；使用高强度材料应重点考虑材料的延展性，避免脆断；采用成熟的技术、成熟的材料和成熟的加工工艺；尽量简化金具结构、减少金具数量；金具的互换性要强，便于线路的维护；金具受力分配均匀、合理，满足线路运行出现的各种荷载要求。

对于导线悬垂串，考虑到大跨越跨越塔横担及塔身宽度较大，为尽可能降低小弧垂的影响，压缩塔头尺寸、悬垂串均考虑采用双线夹型式，根据不同荷载条件，采用双联、四联串。对于导线耐张串，为优化横担受力条件，简化挂点设计，采用双挂点或三挂点型式。根据不同荷载条件，采用双联、三联、六联串，参考国内外线路设计经验，双联、三联串采用水平布置，六联采用上下两层的立体布置形式。

4.5.1 串型优化

1. 导线耐张串的串型优化

西堠门大跨越导线耐张绝缘子串采用六联 420kN 型式，采用三个挂点。各串绝缘子的间距 600mm。子导线为四分裂铝包钢绞线 4×JLB23－380，分裂间距为500mm。根据挂点结构，联塔金具采用 U－100200S，开档 48mm，螺栓 M52。具体串型见图 4－2。耐张串研制关键点在于：塔侧和导线侧各金具串均需调长，以适应线路转角和微调弧垂。

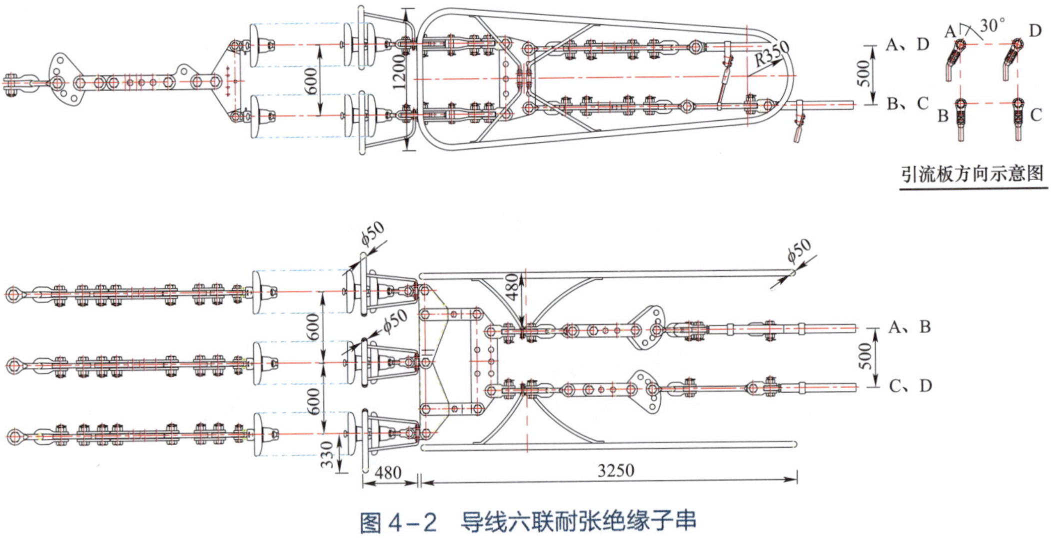

图 4－2 导线六联耐张绝缘子串

西堠门大跨越导线耐张串的串型主要在以下几个方面进行了优化：

（1）为提高串型整体的安全系数，挂点金具 U－100200S 的标称荷载提高了一个等级，保证挂点处金具的安全可靠。

（2） 在绝缘子串的高压、低压侧均设计了 DB 调整板和 PT 调整板。实际安装时，各串串长可根据需要进行微调或定长调整。

（3） 均压环 FJ－500N6L2 为组合型式，可最后安装，且安装方便，性能可靠。

2. 导线悬垂串的串型优化

西堠门大跨越导线悬垂绝缘子串采用四联 550kN 型式，为 2 组双 I 串。每组双 I 串采用两个挂点，顺线的双悬垂线夹中心垂线的最小间距是 1400mm。每组双 I 串两个挂点顺线路方向布置，间距 600mm，塔头螺栓方向水平且顺线路方向。根据挂点结构，联塔金具采用 EB－55/64－125/130，挂板宽 L=130mm，螺栓 M=42mm。具体串型如图 4－3 所示。悬垂串研制关键点在于：两对双 I 串适用于不同塔时，需根据具体情况调节长度。

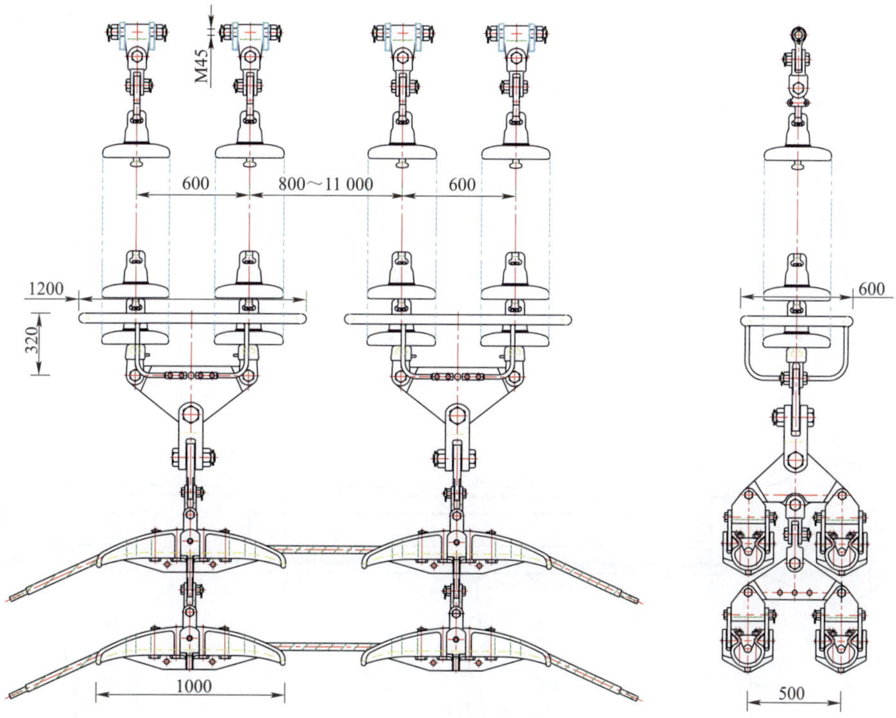

图 4－3　导线四联垂悬绝缘子串

西堠门大跨越导线悬垂串的串型主要在以下几个方面进行了优化：

（1） 为提高串型整体的安全系数，挂点金具 EB－55/64－125/130 连接塔头部分结构的强度等级比绝缘子串标称荷载提高了一个等级，保证挂点处金具的安全可靠。

（2） 通过替换不同高度的联板 L－110J/600.1 和联板 LL－110/500，实现需调长的双 I 串短距定长调长；通过替换直角挂板 Z－110220 为直角挂板 ZBD－110250 和平行挂板 P－110，实现需调长的双 I 串长距定长调长。

4.5.2 相关金具研制

1. 耐张线夹

（1）性能要求与关键点

本次耐张线夹适用导线是铝包钢绞线 JLB23－380，根据《电力金具通用技术条件》（GB/T 2314—2008）要求，耐张线夹的握力不小于导线计算拉断力的 95%，则本工程要求导线耐张线夹对导线的握力不小于 436.5kN。引流线为铝包钢芯铝绞线 JL/LB20A－300/40。线夹端部连接 U 型挂环 U－64160S 或直角挂板 Z－64150。研制的难点在于握力要求高。

（2）耐张线夹的设计

结合工程要求，耐张线夹整体设计为引流板与耐张本体套焊的形式。本体采用型材加工；钢锚采用热镀锌整锻式钢锚；引流板为铸造，并在引流板上设计加强筋板，以增强引流板的抗弯能力。

按照《电力金具标称破坏载荷系列及连接型式尺寸》（GB/T 2315—2017），钢锚端部连接孔径为ϕ45mm。经计算，钢锚外径取ϕ52mm，内径ϕ26.2mm；铝管外径取ϕ70mm，内径ϕ56mm；引流线夹与 JL/LB20A－300/40 配套，外径取ϕ42mm，内径ϕ25.5mm；钢锚压接长度 370mm，铝管的钢锚侧压接长度 80mm，铝管的导线侧压接长度 130mm，引流线夹压接长度 110mm。具体结构如图 4－4 所示。

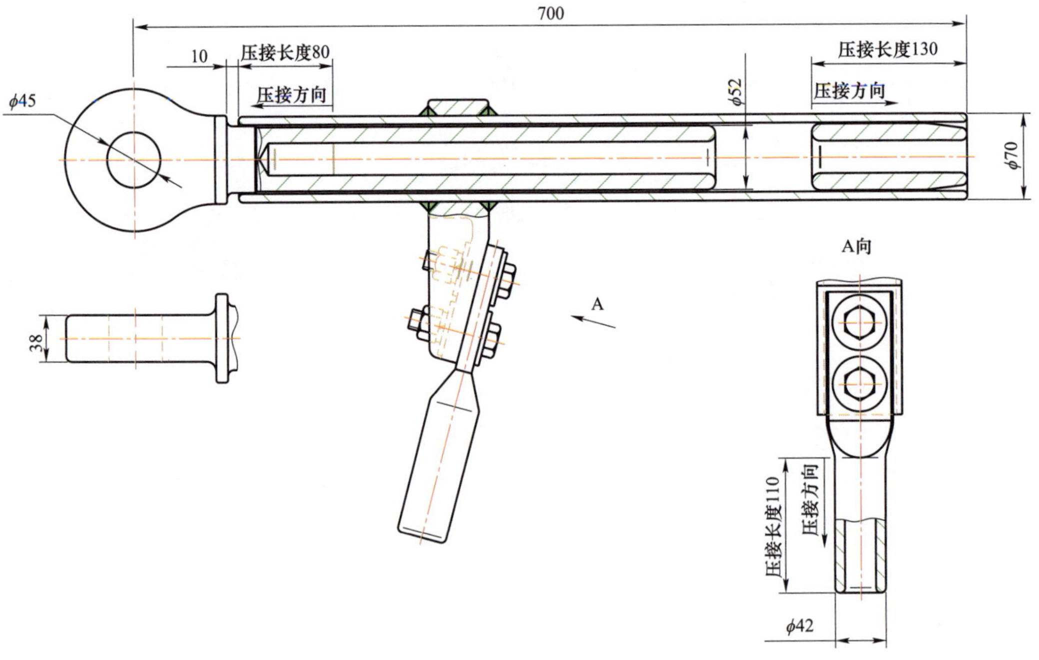

图 4－4　NY－380BG－23 耐张线夹结构图（mm）

设计时，耐张线夹的结构从以下几个方面进行了优化：

1）钢锚上的凹槽结构改为 R 型圆弧结构，改善了钢锚的受力状况并增加了铝合金管与钢锚间的握力。

2）钢锚端部与铝管进行压接前，留有 10mm 的间隙，压接后，铝管刚好延伸到钢锚头部，钢锚头对铝管起到了封头作用，避免雨水进入铝管。

3）在铝管与导线的压接端设计了拔梢结构，目的是使铝管端部的压力呈渐减趋势，拔梢长度取值 35mm。

4）由于此跨越所处的地理位置特殊，金具承受的风载等荷载较大，所以对与铝管本体进行焊接的引流板设计了双加强筋结构，保证其强度的可靠性。

2. 垂悬线夹

（1） 性能要求与关键点

结合西堠门大跨越特点，设计导线悬垂线夹结构型式为中心回转式，型号为 XGZ－25040Q，破坏载荷为 250kN，线夹尺寸按顺线路方向的双悬垂线夹中心垂线的最小间距 1400mm 约束条件控制。根据设计要求，悬垂线夹的线夹出口角范围设计为 0°～25°，悬垂线夹和联板 LL－110/500、L－55－150/500 连接。难点是悬垂线夹垂直破坏载荷及握力要求高。

（2） 垂悬线夹的设计

按工程设计要求，导线需缠一层预绞丝护线条后安装于线夹中，护线条单丝直径为ϕ6.3mm，导线外径为ϕ25.2mm，合计 37.8mm，因此导线悬垂线夹线槽 R 取 20mm。

为了保证导线在线夹出口处不受过大的弯曲应力，以避免发生局部拉伤而引起的断股和断线，线夹船形槽必须具有一定的曲率半径和足够的悬垂角。本次设计中悬垂线夹的曲率半径 R 为 575mm，约为导线直径的 22.8 倍，满足实际使用要求。

经计算，悬垂线夹 XGZ－25040Q 的本体长度取 1000mm，高度取 120mm，结构如图 4－5 所示。

为了保证悬垂线夹有较高的握力，设计采用 8 只 M22 螺栓通过四只单压板对导线进行固定，螺栓材质为 40Cr，拧紧力矩为 190～200N·m。螺栓头部的圆头结构上加工出一个平面，可以直接挡在悬垂线夹本体上，安装方便。

3. 间隔棒

（1） 性能要求与关键点

大跨越间隔棒设计向心力大，结构强度要求高。舟联工程中采用了四分裂和双分

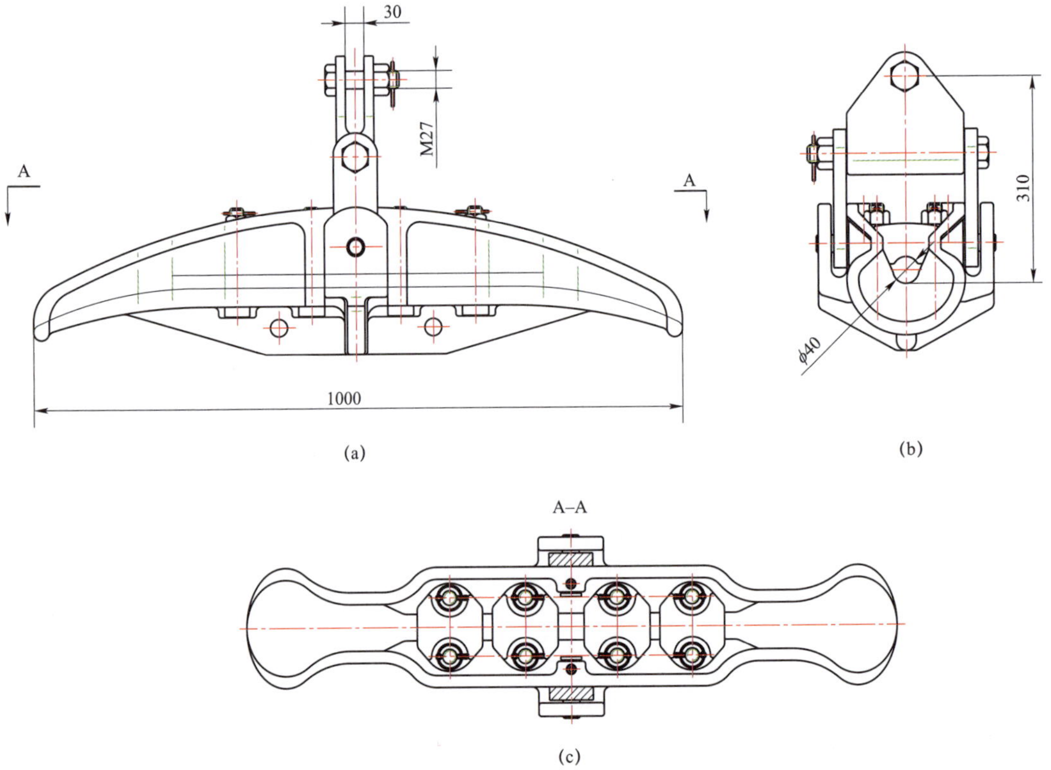

图 4-5　XGZ-25040Q 悬垂线夹结构图

（a）悬垂线夹正视图；（b）悬垂线夹纵向视图；（c）悬垂线夹本体 A-A 向截面视图

裂两种间隔棒，相对而言双分裂间隔棒制造难度更高。双分裂间隔棒研制主要针对沥港跨越及响礁门跨越，适用导线为特强钢芯铝合金绞线 2×JLHA1/G4A-800/100，导线线径 39.00mm，计算拉断力 409.9kN。间隔棒的分裂间距是 550mm，线路系统的短路电流取 40kA，对应的间隔棒型号为 FJZ-255/800/100。

（2）间隔棒的设计

通过计算，间隔棒 FJZ-255/800/100 采用双框板结构，如图 4-6 所示。线夹外形采用防电晕设计，通过加大线夹夹头部位的曲率半径，并将夹头表面做大圆弧处理，从而提高引起电晕的电压值，有效抑制电晕产生。线夹与本体连接设有阻尼橡胶垫，构成一个完整的阻尼关节。当导线振动时，可有效吸收微风振动及次档距振动的能量。同时，此种结构形式的橡胶受力面积大，受力后恢复性好。

线夹夹头本体和夹头盖板铰接，安装方便。夹头内衬有橡胶衬垫，能改善导线出口处的动弯应变。线夹通过夹头橡胶垫夹紧导线，通过定位销控制夹头橡胶垫的压缩量，从而保证间隔棒的顺线握力和扭握力矩。

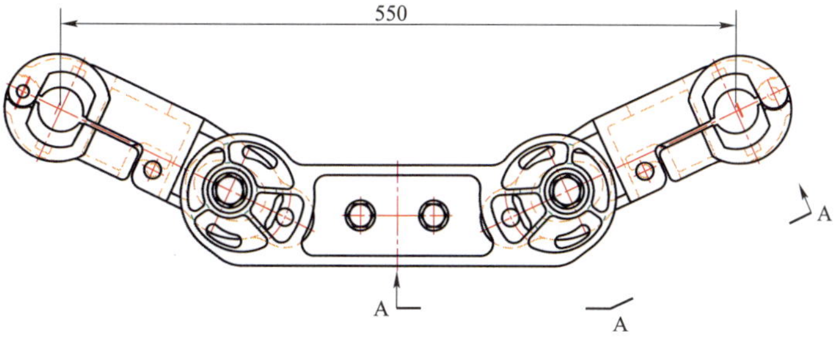

(a)

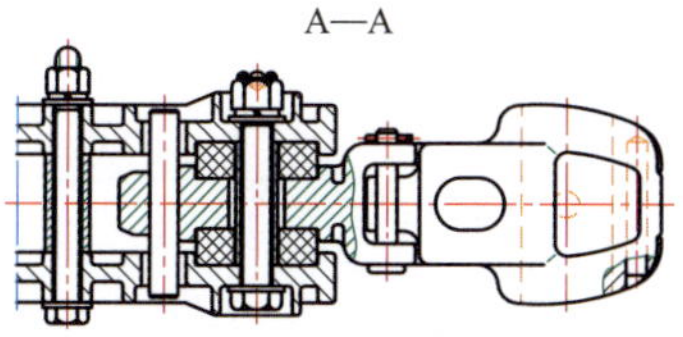

(b)

图 4-6　FJZ-255/800/100 间隔棒结构图

（a）间隔棒结构正视图；（b）A 向结构示意图

4.6　塔高及塔头布置

4.6.1　塔高确定

《110kV～750kV 架空输电线路大跨越设计技术规程》（DL/T 5485—2013）规定：跨越塔悬挂点高度的计算应考虑测量、设计和施工的综合误差。本工程按照导则中的综合误差取值修正富裕高度后跨越各水道导线最低点要求见表 4-4。

表 4-4　各水道跨越要求　m

航道	最高通航水位	通航净空高度	电气安全距离	综合误差	导线最低点要求高程
沥港	3.28	35.00	6.00	1.80	46.08
西堠门	3.28	49.50	3.00	3.00	58.78
桃夭门	3.09	32.00	3.00	1.80	39.89
响礁门	3.09	24.00	3.00	1.80	31.89

4.6.2　塔头布置

根据大跨越输电线路回路数的不同，相应采用不同的塔头布置型式。跨越塔塔头布置主要应满足电气绝缘间隙的要求，同时追求美观和经济性。以西堠门大跨越为例，跨越塔采用 500kV 与 220kV 导线均三角排列的四层横担塔头布置型式，如图 4-7 所示。

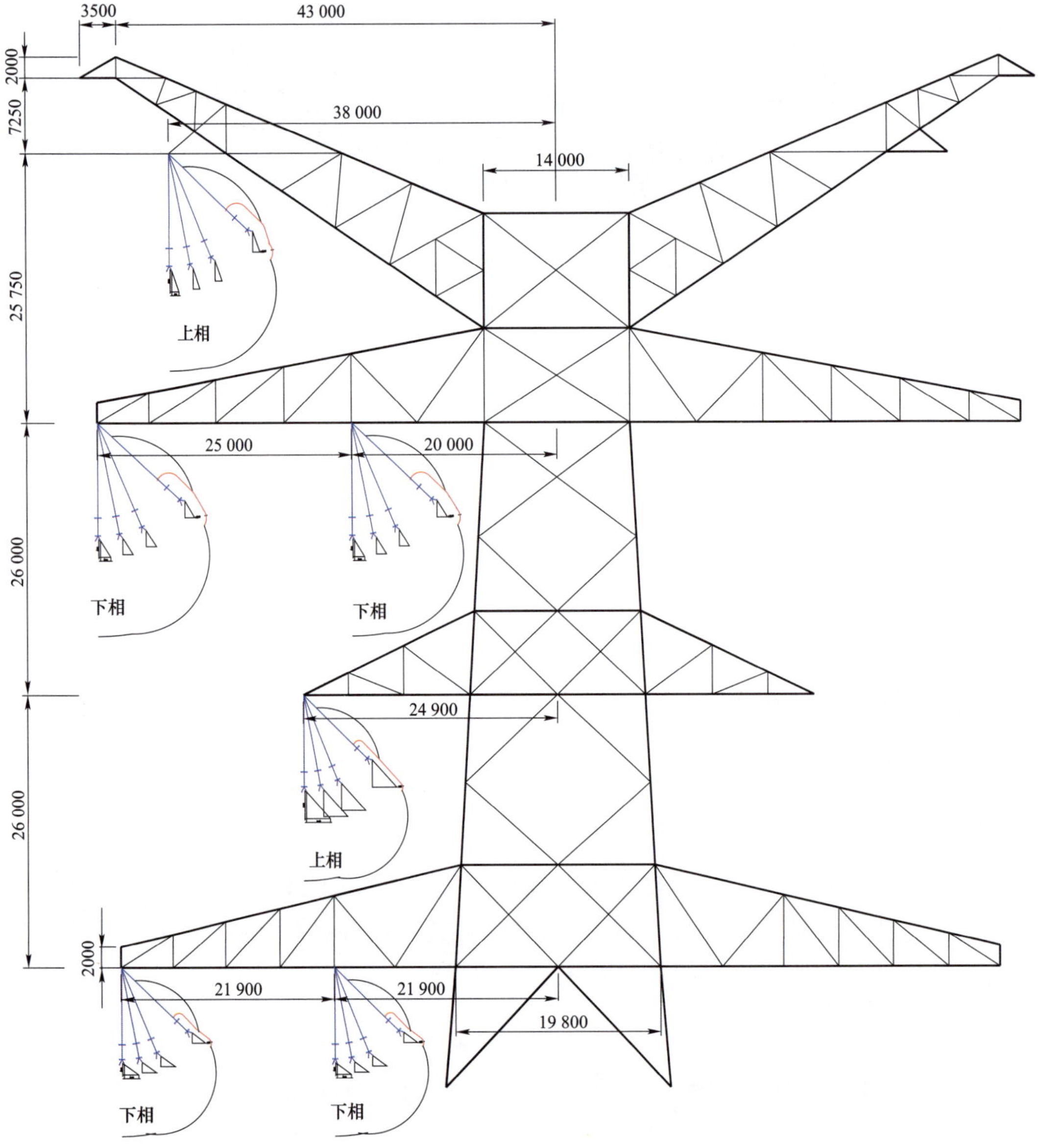

图 4-7　西堠门跨越塔混压四回路塔头型式

4.7　杆塔设计

4.7.1　杆塔荷载及荷载组合

1. 荷载

大跨越杆塔设计时需考虑如下荷载作用：① 永久荷载：包括导线及地线、绝缘子及其附件、结构构件及杆塔上各种固定设备等的自重荷载。② 可变荷载：风和冰荷载；导线、地线及拉线的张力；安装检修的各种附加荷载；结构变形引起的次生荷载以及各种振动动力荷载。③ 偶然荷载：包括撞击荷载、稀有气象条件引起的荷载。④ 地震作用：包括水平和垂直地震作用。

（1） 风荷载

对于大跨越杆塔这类高耸柔性结构，风荷载是其主要控制荷载，需综合考虑导地线风荷载与塔身风荷载对结构的作用，这种作用既包括平均风的静力作用，也包括脉动风的动力作用。

大跨越段基准设计风速按50年一遇、离大风季节最低水位10m高、10min平均值进行选择，设计基本风速取41m/s。本工程沿线为海面和海岛，地形条件属于A类地貌，高空风压系数按照0.12取值。

1） 导地线风荷载。

为了精细化计算导地线的风荷载，针对舟联工程导线进行了二、四、六、八分裂导线的风洞试验，其中四分裂导线的风洞测力试验和结果如图4-8所示。发现子线间的气动干扰效应非常明显，只要出现前后遮挡效应，后方子线的阻力系数会显著减少；风荷载存在显著的对称性，四、六、八分裂导线分别关于45°、30°和22.5°风向对称。研究给出了各风向角导线整体阻力系数的建议值：单导线和二分裂导线为1.02；四分裂导线为1.00；六分裂导线为0.97；八分裂导线为0.93。

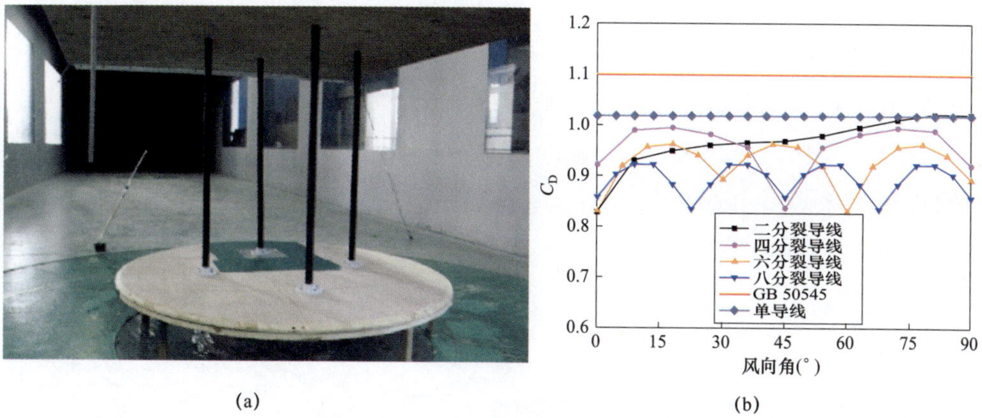

图4-8 多分裂导线的风洞试验和阻力系数

（a）四分裂导线的试验过程；（b）多分裂导线的试验结果

2）杆塔风荷载。

杆塔自身风荷载标准值按下式计算：

$$W_s = W_0 \mu_z \mu_s \mu_\theta \beta_z B_2 A_s \tag{4-1}$$

式中：W_s为杆塔风荷载标准值，kN；μ_s为构件体型系数；μ_z为风压高度变化系数；

μ_θ为角度风吹风荷载分配系数；β_z为高度 z 处的杆塔风振系数；B_2为杆塔构件覆冰风荷载增大系数，10mm 冰区取 1.2；A_s为迎风面构件的投影面积计算值，m^2。

① 风压高度变化系数μ_z反应了风速随高度的变化，本次大跨越输电高塔所处地形为海岛地形，“爬坡效应”显著，即当风从海面吹向海岛后，由于遇到山坡或悬崖的阻碍会在坡顶或崖顶出现风速增大的现象，考虑地形影响，针对风压高度变化开展了风洞试验研究。采用 1:1000 的几何缩尺比，山顶的风速加速比如图 4－9 所示。由此可知，山顶位置处，风洞试验结果与美国规范非常接近，小于中国和欧洲规范，中国规范偏于保守。

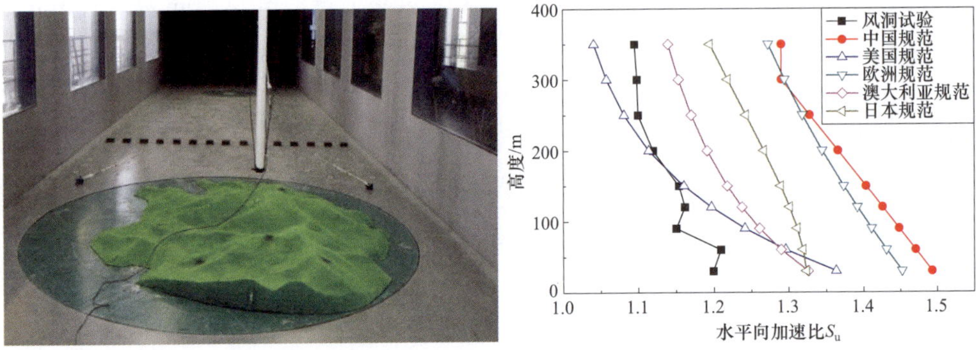

(a) (b)

图 4－9 西堠门跨越塔地形模型风洞试验和山顶位置的加速比

（a）地形模型风洞试验；（b）山顶位置的加速比

② 体型系数μ_s。对跨越塔超长超宽横担，提出了一种基于双天平的风洞测力方法，分别采用两个天平测试左横担和右横担，中间的塔身作为干扰体。西堠门跨越塔横担的测试情况如图 4－10 所示，测试结果如图 4－11 所示，可以发现横担试验获得的迎风面体型系数与 IEC 规范、DLT 规范和 AS/NZS 规范结果接近，小于 ASCE 和 JEC 规范的结果。

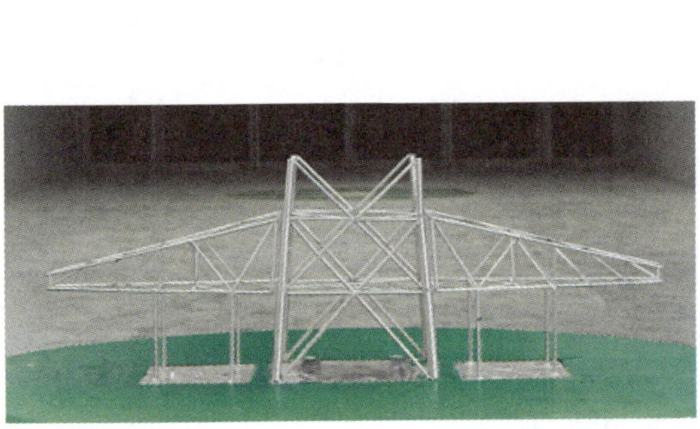

图 4－10 基于双天平的横担测力试验

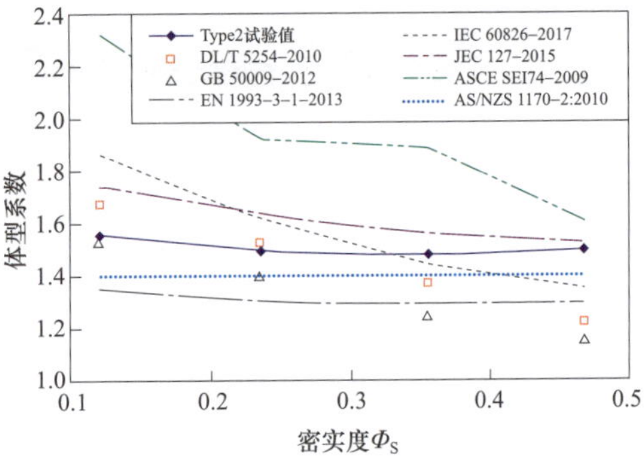

图 4－11 西堠门跨越塔横担的阻力系数

③ 风振系数β_z主要是将风的脉动作用等效为静力作用施加于杆塔结构，与导地线脉动风对杆塔的影响主要表现为背景作用不同，杆塔结构自身的脉动风响应主要表现为共振响应，以一阶振型为主。对西堠门跨越塔采用离散刚度法进行了气弹模型风洞试验，模型的几何缩尺比为 1:200，如图 4－12 所示，试验测试发现 A 类地貌下风振系数小于 1.6，按照规范规定，西堠门跨越塔风振系数加权值按不小于 1.6 取值。

图 4－12　西堠门跨越塔气弹模型风洞试验

（2） 纵向不平衡张力

对于 10mm 轻冰区，不均匀冰产生的纵向张力差一般不构成杆塔设计的控制条件，但对于跨越塔，需特别重视在设计基本风速条件下，由于前后档距差、实际高差和风速不均匀及风向所导致的跨越塔不平衡张力。

本工程杆塔设计时大风工况下导地线不平衡张力按如下原则取值：导线取 15%RTS，由于地线金具串较短，产生的张力差较大，取 25%RTS。

（3） 地震作用

钢结构跨越塔塑性吸能能力强，地震响应较弱，仅对地震烈度为 9 度及以上地区跨越塔进行抗震验算。跨越工程的地震设计烈度，一般按基本烈度采用，必要时可提高一度设防。本工程大跨越线路途经区地震动峰值加速度为 0.10g（g 为重力加速度），根据《建筑抗震设计规范》（GB 50011—2010），抗震设防烈度为 7 度。本工程耐张塔和跨越塔均采用钢结构杆塔，本工程杆塔设计可不考虑地震作用。

2. 荷载组合

跨越塔与耐张塔均需计算线路正常运行情况（大风、覆冰、低温）、断线情况、不均匀覆冰情况和安装情况下的荷载组合，必要时还需验算地震、稀有覆冰、不均匀风等情况。结构或构件的强度、稳定和连接强度，应按承载力极限状态的要求，按荷载效应的基本组合进行计算。

4.7.2　跨越塔结构选型

1. 塔型方案比较

根据跨越塔主材类型的不同，国内外已建成的跨越塔塔型主要有钢筋混凝土塔、组合角（型）钢塔、钢管塔三种型式，早期受国内钢材产量和性能限制，20 世纪 70 年代到 90 年代初，跨越塔主要采用钢筋混凝土塔结构型式，但其存在工程量指标高、抗震性能差、混凝土开裂导致耐久性较差等一系列问题。国内外大跨越输电塔当前的主流是组合角钢塔和钢管塔型式，欧美国家采用组合角钢跨越塔较多，日本和我国主要采用钢管塔。表 4－5 对两种塔型进行了综合比较。组合角钢塔的优点是加工方便、焊接工作量小，随着跨越塔高度的增加，组合角钢受规格尺寸限制，承载力已无法满足要求，需采用组合型钢结构，无论是从加、施工难度还是经济性，钢管塔相较组合型钢塔都具有优势，已成为设计人员的首选。经试算，除两基西堠门跨越高塔外，其他所有跨越塔和锚塔采用空心钢管主材即可满足承载要求。

表 4－5　　塔型方案综合比较

塔型	优点	缺点
组合角（型）钢塔	组合角钢塔单件重量较轻，便于加工、运输和安装	1. 风阻系数大，相应荷载较大，造成耗钢量指标高； 2. 辅助杆件、缀板、螺栓数量多，增加了整塔的用钢量和施工难度； 3. 组合型钢塔加工时焊接工作量和难度均较大
钢管塔	钢管风阻系数小，相应荷载较小，构件的力学性能好，耗钢量和基础工程量指标都较低	1. 焊接工作量大，加工精度要求较高； 2. 单件重量大，运输相对困难

2. 跨越塔主材选型

对常规大跨越，采用钢管主材一般均可满足承载要求。西堠门大跨越由于塔高超过 300m，如采用空心钢管主材，为满足承载要求，钢管外径势必较大。为了避免局部屈曲，对钢管的径厚比需要做出限制，即管径越大，钢管壁厚也要随之增加，较厚的钢管壁厚会带来材料性能的下降，单段吊装重量增加、加工施工难度增大等一系列问题。为避免上述问题，可以采用组合钢管主材方案或钢管混凝土主材方案。表 4－6 对两种方案的特点进行了对比。

表 4－6　　钢管塔主材方案比较

项目	组合钢管主材	钢管混凝土主材
受力性能	组合钢管整体结构迎风面积大，且体型系数较单根钢管有所增加，造成风载增大，同时分肢存在受力不均匀的现象，导致材料用量大。基础下压力相对较小，可以降低基础工程量	风载特性同钢管塔，风阻系数小。构件承压性能强，对超高塔材料用量省。构件自重大，基础下压力大，对地质软弱地区基础工程量大
主要构造	主要构件形式：① 圆形钢管；② 矩形钢管；③ 钢管、缀条组成的格构式构件。连接方式：法兰、插板、相贯焊、球节点、单钢管与分肢钢管过渡节点	主要构件形式：与钢管塔基本相同，钢管内部根据需要焊接加劲环，增强与混凝土间的黏结性能。连接方式：法兰、插板、相贯焊、球节点
加工	每根主材都是由多根钢管组成的桁架，焊接工作量大，加工精度要求高；单根钢管尺寸较小，加工工艺成熟	焊接工作量和加工精度要求相对较低，但大直径钢管的加工、镀锌难度较大
施工	组合钢管施工难度较大	由于需高空泵送混凝土，施工难度较大，施工周期长，施工费用高

采用组合钢管主材方案，由于分肢受力不均和迎风面积增大，其经济性较差，且节点处理复杂，西堠门跨越塔推荐采用钢管混凝土主材。经试算，西堠门跨越塔最大

主材规格为ϕ2300×28，虽然可以满足承载性能要求，但由于截面约束效应系数ξ（钢管对内部混凝土约束作用）仅为 0.52，其延性相对较差。通过在钢管混凝土构件中内置格构式钢骨，可改善构件延性，同时进一步提高构件承载力。

综合考虑经济性与安全性，本工程跨越塔对 259m 以下受力较大主材采用钢管混凝土构件，对直径超过 2m 的大直径主材采用格构式钢骨钢管混凝土复合构件。

3. 钢管材质

对钢管跨越塔而言，主材采用 Q420 高强钢管，与采用 Q345 钢材相比，塔重减轻约 6%～8%，同时由于塔材耗量的降低，连带运输成本、组装费用、施工周期等都将有所降低，从而综合造价得到优化，钢管塔主材材质优先选用 Q420。钢管跨越塔斜材主要受压弯稳定控制，尤其是长细比超过 120 的构件，承载力提升与材料强度提升并不成正比，仍采用 Q345 或 Q235 钢材。

西堠门跨越塔由于采用钢管混凝土主材，钢管材质 Q345 与 Q420 用钢量相差较小，同时考虑到钢管混凝土构件对约束钢管的延性要求较高，采用塑性变形性能好的 Q345 钢材可以更加充分地发挥钢管混凝土材料的受力性能，因此钢管混凝土构件材质选用 Q345。

4.7.3　跨越塔设计

1. 跨越塔的主要尺寸

（1）塔头宽度

塔头宽度的确定主要考虑两方面因素的影响，首先应满足结构受力的要求；其次应满足施工杆塔组立的工艺要求。跨越塔由于其自身使用功能的要求，设置的横担影响了其整个结构自下而上尺寸逐渐收缩的连续性，从而对结构经受风动力荷载造成不利影响。为提高杆塔抗扭、抗弯承载力，选取合适的横担长度与其连接的塔身宽度之比值是十分关键的。可以采用最长横担外伸部分 L 与其相连的塔身宽度 B 比值来确定塔头宽度。

通过对以往跨越塔工程的统计发现，L/B 通常分布在 3.5～5.5 之间，按上述比值，本工程塔头宽度 6～13m 即可满足结构受力要求，实际设计时，西堠门跨越塔塔头宽度最终确定为 14m，其他跨越塔塔头宽度 8.5m，主要考虑跨越塔组立时，满足双平臂抱杆断面尺寸和拆卸要求。

（2）杆塔根开和塔身坡度

兼顾经济性和结构承载性能，跨越塔塔高与根开之比一般可取 4～6，应对不同塔身坡度的设计方案进行比选，以确定较优坡度和跨越塔根开。随着跨越塔根开增大，基础作用会有所下降，从而降低基础材料用量，但过大的根开又会导致跨越塔斜材长度增加，有可能使得整体塔重上升，因此当跨越塔位于软土地基时，应将基础造价与杆塔造价进行综合比较。

同时，跨越塔根开与落地抱杆吊装能力是相关的，落地抱杆的两个重要参数是起吊重量和起吊半径。当分段吊装塔头横担时，落地抱杆的起吊半径将得到最大利用，此时横担的分段重量不能超出抱杆的最大起吊能力，否则需更换更大的落地抱杆或修改设计分段重量。

由于跨越塔呼高较高，与普通线路杆塔塔身取一个坡度不同，跨越塔横担以下塔身布置时可进行二次变坡，变坡点位置一般设置在呼高的 1/3 或 2/3 处，变坡点上下的塔身坡度可进行适当调整。一般而言，变坡点上下坡度变化较大时，塔重增加较多，这是因为塔身坡度突变会导致钢管塔主材弯矩增加，坡度变化幅度越大，弯矩越大，从而使得变坡点主材规格加大。当根开基本相同，仅变坡点位置改变时，跨越塔的自振频率和整塔刚度变化均较小。

2. 跨越塔的力学模型

钢管塔主材一般通过法兰连接，增大了杆件端部的约束刚度，同时主材长细比通常小于 30，需要考虑杆端弯矩对主材受力的影响。建立跨越塔的梁－杆混合力学模型，钢管主材采用梁单元模拟；对于斜材，当主斜材采用相贯节点焊接连接时，两者可视为固接，采用梁单元进行模拟；当主斜材通过插板采用螺栓连接，由于连接刚度相对较弱，采用杆单元进行模拟。

3. 跨越塔主材径厚比限值

钢管塔斜材规格选用主要受到长细比限值的影响，主材则受到径厚比的控制。主材径厚比将对主材两方面的受力性能造成影响：主材的局部稳定性和截面塑性发展能力。

舟联工程设计时，钢管主材径厚比限值见表 4－7，需要强调的是，此时截面的实际工作应力必须考虑前述杆端弯矩的影响，取压弯作用下截面的最大应力，并控制主材截面的塑性发展。

表 4－7　　主材径厚比限值

钢材牌号	Q345	Q420	Q460
径厚比限值	60	50	45

对于钢管混凝土构件，大量的试验研究结果表明，由于内部混凝土填充，将极大提高构件抗局部屈曲的能力。根据日本建筑协会 AIJ（1997）设计导则和福建省工程建设地方标准（DBJ 13－51—2003），其外钢管的径厚比限值可取相应的纯钢管构件限值的 1.5 倍，对于常用钢管主材规格，均可满足限值要求。

4. 钢管构件长细比限值

根据《110kV～750kV 架空输电线路设计规范》（GB 50545—2010），钢结构构件的最大允许长细比为：① 受压主材：150；② 受压材：200；③ 辅助材：250；④ 受拉材：400。

钢管构件长细比除受到上述限制外，由于其圆截面特性，还必须考虑风激振动问题，参照《110kV～750kV 架空输电线路大跨越设计技术规程》，对两端插板连接的钢管构件，水平材长细比限值取为 120，倾斜构件取为 140。

多篇文献研究指出，两端固结钢管构件在微风振动时易发生疲劳破坏，因此本工程设计时，对两端法兰连接或相贯焊接的钢管构件，水平材长细比限值取为 100，倾斜构件取为 120，相当于将临界风速提高到 25m/s 和 18m/s，在常遇风速下进一步避免了涡激振动的发生。

5. 钢管单件重量限制

跨越塔主材由于单根构件重量较大，需对构件单重进行限制，使其与施工吊装能力相匹配。大跨越输电塔下部结构一般采用履带吊吊装，上部采用落地式抱杆吊装，构件单重控制主要与起吊高度、起吊半径、场地尺寸和吊机型号相关。考虑加工、运输等因素，钢管构件长度一般不超过 12m，为满足施工吊装能力，避免对施工设备提出过高要求，同时保证跨越塔结构设计的经济性和可靠性，避免主材接头过多，实际设计时主材分段长度宜控制在 6～10m。本工程通过对加工、施工单位进行调研，超高跨越塔的单件重量控制在 25t 以内。

6. 跨越塔节点构造

（1） 相贯焊钢管混凝土节点

大跨越主斜材连接多采用相贯焊节点。对于钢管相贯节点，主管会发生向内的塑性破坏和冲剪破坏，但当有混凝土存在的时候，混凝土对管壁有侧向支撑作用，使钢管不能发生向内的变形。目前规范并未针对钢管混凝土相贯焊节点给出具体计算方法，舟联工程对 T、Y、K 和 KT 型钢管混凝土相贯节点进行了加载试验。试验表明，钢管混凝土相贯节点的破坏模式主要为主管的受拉冲剪破坏。

（2） 大型钢球节点

跨越塔横担压杆与主材连接节点，由于连接杆件较多，如采用相贯焊接方式，易造成各种构件相贯或相交，甚至出现两侧斜撑构件相互重叠的现象，使得内力传递路径复杂，应力集中严重。

利用焊接空心球进行节点设计，从力学特性而言是比较理想的节点处理方法，由于球体的各向同性特点，使得其可与任意方向的构件相连接，并且完全可以做到各构件轴线均通过球心，不致产生偏心受力的情况。对于西堠门跨越高塔和四回路锚塔、桃天门跨越高塔和 90m 呼高高锚塔、响礁门跨越高塔，横担与主材连接、边坡处采用空心球节点的联结方式如图 4-13 所示，球径 1000～2000mm。为了保证空心球结构有充分的强度和抗局部屈曲的能力，在球体内设置多道纵、横加劲肋板以满足承载力要求。

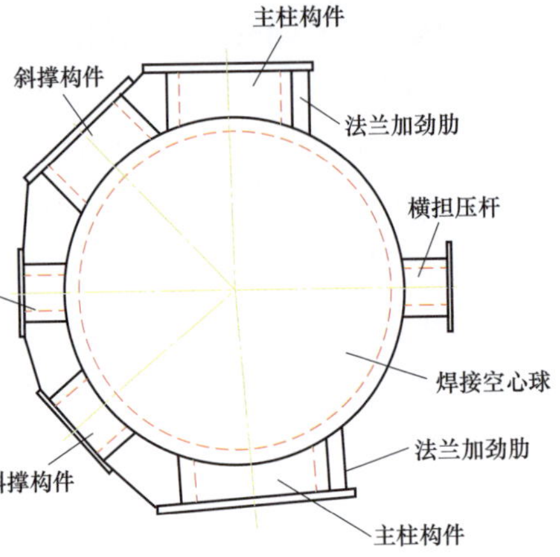

图 4－13 焊接空心球节点

（3）内外刚性法兰

西堠门跨越高塔由于内力大，为减小连接法兰尺寸，采用图 4－14 所示的内外刚性法兰。

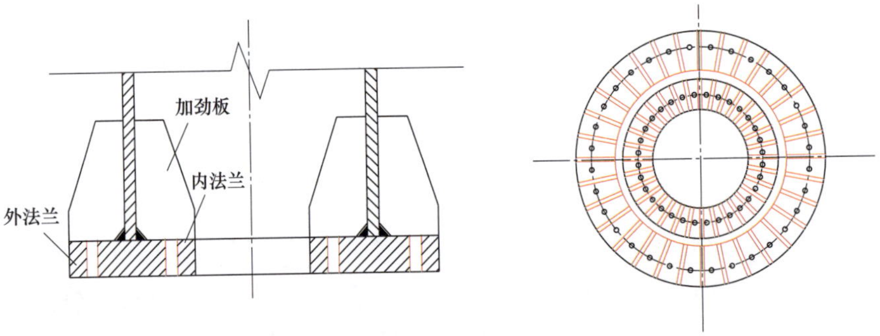

图 4－14 内外刚性法兰构造图

4.8 基础设计

4.8.1 设计基础条件

1. 地形、地貌条件

舟联工程线路起自 500kV 镇海变电站，止于 500kV 舟山变电站。大跨越由西至东分别为：金塘水道大跨越、沥港大跨越（耐－耐）、西堠门大跨越（耐－直－直－耐）、桃夭门大跨越（耐－直－耐）和响礁门大跨越（耐－直－直－耐）。其中，金塘水道大跨越从镇海至舟山大鹏岛的海域采用海缆敷设，并在镇海侧登陆点和舟山侧大鹏岛登陆点各设置 1 座海缆终端站；其余 4 段大跨越共 13 基杆塔位于舟山市境内，分布于沿线各主要岛屿和海中孤立小岛上。

4 段陆上大跨越的 13 基塔塔位均为丘陵岛屿地貌，各岛屿塔位地势相对开阔，沿线植被主要为松树、杂树、灌木，植被茂密。地面高程 17.02～184.60m，自然坡度一般为 15°～30°。

2. 工程地质条件

本工程四段陆上大跨越，所有杆塔均位于海岛丘陵区，表层主要为坡残积成因的粉质黏土混碎石，下部主要为上侏罗统高坞组的酸性熔结凝灰岩。

3. 水文条件

本工程中对于位于高程较高的岛屿斜坡或山顶的塔位，地下水类型主要为基岩裂隙水，地下水埋藏较深，水量较少，水质良好，可不考虑地下水对基础的影响。丘陵岛屿区地下水对混凝土结构有微腐蚀性。对于个别位于沿岸的塔位，塔位高程较低，基础埋深可能会低于最高潮水位，需考虑海水对钢筋及混凝土基础的腐蚀作用。

4.8.2　基础设计与优化

1. 基础选型与设计

基础型式需结合地形地质条件、荷载条件、施工工艺和运输条件等确定。鉴于本工程跨越段的岩石地基及基础荷载大的特殊性，对承台式岩石锚杆基础、台阶式基础、斜柱板式基础和掏挖桩基础进行了计算比较，其中承台式岩石锚杆基础的承台底板尺寸和基础混凝土量最小，其钢筋量也仅次于现浇台阶式刚性基础，具有较强的经济优势。

因此，对本工程陆上大跨越段的跨越塔和锚塔上拔侧的基础，采用承台式岩石锚杆基础；对于锚塔的下压侧基础则取消底部锚杆，采用承台大板式基础。

2. 基础优化

（1） 立柱倾斜

基础采用斜柱式后，与基础轴线垂直的水平力减少了 80%～85%，而轴向基础作用力仅增大 1%～2%，大大改善了基础立柱、底板的受力状况，基础的侧向稳定性得到显著提高，同时也可较大地降低混凝土和钢筋用量。立柱倾斜时，一般控制斜柱基础中心的斜率与铁塔塔身坡度相同，使基础水平荷载对基础底板的影响降至最低。

（2） 地脚螺栓强度与布置

40Cr、42CrMo 高强度地脚螺栓已列于《架空输电线路杆塔结构设计技术规定》（DL/T 5154—2012），其抗拉强度设计值是 35 号钢的 1.63 倍，使用 42CrMo 高强地脚螺栓可减少螺栓数量，简化塔脚板结构，较常规 35 号地脚螺栓结构节约钢材 25.6%～40.5%，节省综合造价 7.4%～22.5%，具有较强的经济优势。

对采用地脚螺栓连接的跨越塔基础，为减少水平荷载对基础产生的基底弯矩，可对地脚螺栓设置一定的预偏心，使下压或上拔力产生的弯矩抵消一部分水平力产生的弯矩，改善立柱及基底受力，从而降低基础混凝土量和钢筋量。

（3） 杆塔与基础连接型式

对于基础荷载相对不大的杆塔，从施工方便等角度考虑，可采用常规地脚螺栓与下部基础连接。而对于呼高高、作用力大的跨越塔，推荐基础采用插入式钢管与杆塔连接，可避免地脚螺栓连接时出现的地脚螺栓规格大、数量多、应力集中显著、塔脚板加工和安装困难等诸多问题。

因此，本工程大跨越段各基础与杆塔的连接方式选取如下：对西堠门大跨越的2基380m跨越高塔，采用插入钢管连接方式；对其他大跨越钢管塔，均采用地脚螺栓连接方式，地脚螺栓为42CrMo的8.8级高强度地脚螺栓。

3. 基础耐久性及防腐设计

西堠门大跨越的2号直线塔（金塘侧）、桃夭门大跨越的3号锚塔、响礁门大跨越的2号直线塔等三基杆塔外侧均紧邻大海或滩涂，场地降基后高程较低，地下水位基本与海水涨落潮同步，因此需考虑海水对钢筋和混凝土结构的腐蚀性。根据《混凝土结构设计规范》，上述三基杆塔基础的环境类别为“三 b”类；另外，根据《混凝土结构耐久性设计规范》的规定，杆塔基础所处环境类别为“Ⅲ”类，环境作用等级为“Ⅲ-C”级。

其他跨越塔和锚塔均位于地面高程较高的海岛上，且各塔位地下水埋藏均较深，基岩坚硬且较为完整，存在裂隙导致海水渗透的可能性较小。根据《混凝土结构设计规范（2015年版）》（GB 50010—2010），各塔位基础的环境类别为“二 b”类。

4. 基础检测

对于桩基础，应先进行试桩工程，采用静载荷试验确定单桩的竖向极限承载力和水平承载力，试桩数量在同一条件下不少于总桩数的1%且不少于3根，预计工程总桩数少于50根时检测数量不小于2根。对大跨越塔基的工程桩，进行桩身完整性和单桩承载力两方面验收检测。

对于岩石锚杆基础时，对锚杆未应用过的地层或采用了新型锚杆（如涨壳式锚杆、压力型锚杆、预应力锚杆、锚索等）时，须先进行极限抗拔基本试验，试验采用的地层条件、杆体材料、锚杆参数和施工工艺须与工程锚杆相同，试验数量不小于3根。对工程锚杆，应进行单锚抗拔承载力验收试验，同一条件下的检测数量不小于锚杆总数的5%且不少于6根，当岩石锚杆总数量较少时，每基塔的检测数量尚不少于3根。对所有杆塔基础，均应进行混凝土强度等级、钢筋的混凝土保护层厚度等质量验收检验。

5. 塔基场地布置及高程确定

本工程的各大跨越杆塔由于承受的荷载均较大，同时具有节点复杂、施工难度较大等特点，因此均按平腿塔设计；另外，为了满足立塔需要，在山地塔位区域则需要整体降基，形成一个较大的施工平台。

塔基施工平台的设计基面高程，宜尽量满足挖填平衡原则，并综合考虑余土外运条件、基础受力状态、高边坡稳定、挡土墙高度、临海塔位的潮位和浪高等多方面因素确定。设计高程和平台尺寸确定后，土石方量可采用网格法等计算。

6. 基础防护措施

西堠门大跨越的 2 号直线塔（金塘侧）、响礁门大跨越的 2 号直线塔由于前期石矿开采，场地内地面高程较低，在 50 年一遇的高潮位和大浪条件下，海水会淹没地面，同时塔位大号侧紧邻滩涂，地下水位基本与海水涨落潮同步。桃夭门大跨越的 3 号锚塔临海侧两个塔腿位置山坡陡峭、紧邻大海，岩石风化程度较高，也需考虑海水入渗影响。因此，考虑在此三基塔位的临海侧修筑防浪墙。

特别地，西堠门大跨越的 2 号直线塔、响礁门大跨越的 2 号直线塔由于整体位于海滩上，防浪墙在基础外侧四周修筑，根据塔位处水文条件，考虑重现期 50 年的高潮位和波高组合，防浪墙顶部高程按 +7.0m 设计（大于 50 年一遇的高潮位及静水面以上波高之和）。

防浪墙采用恒重式结构，墙体采用 C35 片石混凝土，其余各项混凝土耐久性指标同杆塔基础。墙底部需有效嵌入基岩 0.6～1.0m，墙底力求粗糙并做逆坡，确保抗滑稳定性。

4.9　附属设施设计

1. 防腐设计

杆塔所有构件均采用热浸镀锌防腐，对下部浇筑混凝土的主材构件，主管镀锌后、灌浆前需将镀锌孔密封并喷富锌漆防腐。同时，跨越塔外涂的油漆，在起到航空警示作用的同时，客观上增强了铁塔的防腐能力。在空心钢管主材底部和主斜材相贯连接处，均设置遮水板，防止雨水进行钢管内部。

2. 螺栓防松、防盗

钢管塔法兰采用双帽进行防松。杆塔离地 8.0m 以下的螺栓均采用通过鉴定的防盗型螺栓。

3. 防坠落装置

所有跨越段钢管塔均在四根主柱上设置脚钉杆，其中一个主柱的脚钉杆上设置防坠落装置。本工程采用 T 型刚性导轨式导向型防坠落装置，其性能指标应符合《输电线路杆塔作业防坠落装置技术标准》（Q/GDW162—2007）。

4. 施工辅助、运检维护

设置施工辅助、运检维护设施的主要作用是为了方便杆塔组立和后期检修，具体设置目的如下：便于抱杆提升和拆卸；便于挂设施工、检修用吊篮、器具；便于施工检修人员攀爬、行走、就位，并提供扶手与安全保障设施；便于吊装时结构稳定；便于塔材的吊装。

第5章
特高塔制造关键技术

大跨越输电塔加工参考的标准主要有：《钢结构工程施工质量验收标准》（GB 50205—2020）、《钢结构焊接规范》（GB 50661—2011）、《输变电钢管结构制造技术条件》（DL/T 646—2021）、《输电线路钢管塔加工技术规程》（Q/GDW 1384—2015）等。大部分的技术参数引用自标准文件，也有部分参数是根据工程实际情况特别制定。

加工的主要工序有原材料采购、放样、零部件加工、直缝管加工、装配定位焊、焊接、试组装、镀锌、包装等。

5.1 原材料采购

特高塔的原材料主要有制管钢板、普通钢板、法兰、钢半球、型钢、无缝管、高强螺栓、普通螺栓、焊材等。其中的钢半球和高强螺栓是非常规材料，需要重点控制。

1. 钢半球的要求

特高塔中的钢球一般位于变坡或横担与塔身连接处等重要的受力节点，见图5-1。

图5-1 钢球节点

以舟联工程西堠门跨越塔为例，钢球分为Q1－ϕ2000mm×26mm、Q2－ϕ1300mm×

24mm 两种规格。采用了 S、P 含量低，脆化及裂纹倾向性较小的 Q345R 材质。

钢球由两个钢半球拼接而成，压制钢半球用钢板应符合《厚钢板超声检测方法》（GB/T 2970—2016）中Ⅰ级要求，表面不允许有裂纹、折叠、结疤、重皮等缺陷，端边或断口处以及钢材内部不得有分层夹渣等缺陷。表面的锈蚀等级应符合《涂覆涂料前钢材表面处理表面清洁度的目视评定 第 1 部分：未涂覆过的钢材表面和全面清除原有涂层后的钢材表面的锈蚀等级和处理等级》（GB 8923.1—2011）的 A 级。

由于钢球直径较大，无法通过单块钢板直接压制而成，在压制前需要把钢板拼接。拼缝等级必须达到二级及以上，并对焊缝内部质量进行 100%无损检测。

压制后的钢半球表面不允许有裂纹等缺陷，厚度不允许存在负偏差。

2. 高强螺栓

特高塔的法兰螺栓一般为 10.9 级高强螺栓，因其强度高，一般采用合金钢制造，如 42CrMo 等。螺栓及配套螺母均应通过淬火和回火处理。

使用氢脆敏感性低的工艺和技术来生产高强螺栓及其配套螺母，如应采用机械抛丸（喷砂）方法去除表面锈污，采用碱性方法去除表面油脂。不宜采用酸洗的方法除油、除锈。

高强螺栓制造应进行去氢处理，并在制造完成 24h 内进行氢脆检测。

5.2 关键、复杂节点的放样

关键、复杂节点放样时，首先要重点考虑工艺可实现性，其次是现场的可安装性。需要分析零件加工的具体尺寸参数、构件加工的焊接变形，焊接空间是否足够或必须采用的加工顺序和方法、现场吊装和安装能否顺利进行、紧固件安装空间是否足够等因素。对复杂节点应进行 1:1 建模，通过平剖面或立体的分析、模拟。

5.3 钢管相贯线下料

相贯线下料时，需要确保精准的弧度及合理的坡口尺寸，这是非常重要也是较为困难的一点。不仅要考虑与主管的装配间隙，亦要考虑管壁与主管形成的坡口角度和形式，这会直接影响后续的焊缝填充量、焊接难度、焊缝质量、焊接变形、经济效益等。

5.4 特大钢管制作

特大钢管指直径不小于 1200mm 的直缝焊管，如西堠门大跨越钢骨混凝土钢管构件采用的直缝焊管，该类钢管在内部设置了多道环向及纵向加劲板，两端需开设坡口，以便与内外法兰 T 型连接。

特大钢管用制管板需经两次下料，在两次下料之间有一道预弯工序。

1. 第一次下料

制管板第一次下料时需要对毛料钢板的长度和宽度按每 1m 间距进行实测度量，长度和宽度留出 6mm 作为切割余量，切割设备采用数控等离子、火焰切割机或半自动跑车式火焰切割机；同时开设管端环焊缝坡口，见图 5-2。

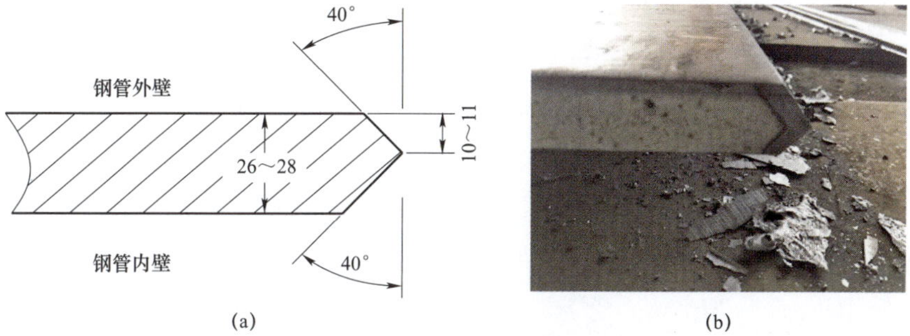

图 5-2 第一次下料（管端坡口）

（a）结构图；（b）实物图

2. 两侧预弯

因为设备及结构原因，较厚钢板的边缘不能直接压成圆弧型，钢板的两侧需预弯，即在增加了一定钢板宽度的两侧先压弯，达到制管的弧度要求，再割除多余的钢板宽度。

3. 第二次下料

第二次下料是割除用于预弯时的多余钢板宽度，以符合制管用的钢板宽度，同时开设纵焊缝坡口。

切割后的每块预弯板，应按图纸的数据进行检验，切割面坡口角度允许偏差为 ±2°（见图 5-3），气割缺口深度不大于 1.0mm。

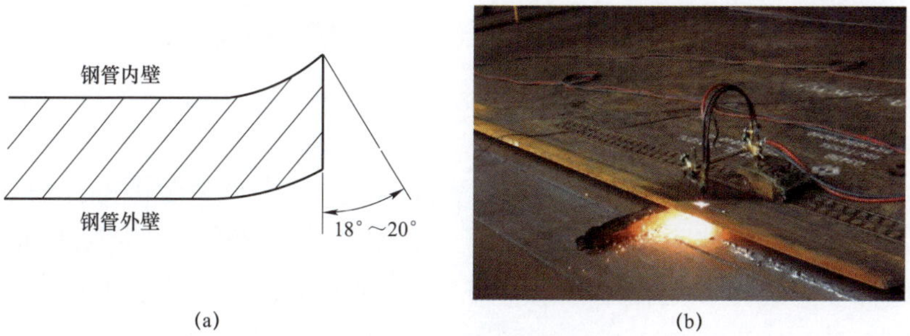

图 5-3 第二次下料（纵缝坡口）

（a）结构图；（b）实物图

4. 钢管制弯

制弯采用数控成型机，前端推料装置逐步递进、折弯，使一侧钢板按设置的弯曲半径达到钢管近 1/4 圆弧形状。然后将钢板调转，继续将另一侧制弯，最终形成半圆形管件，见图 5-4。

5. 钢管的合缝

首先在专用合缝平台上固定好半圆形管件，然后设置内部环向加强劲板，再覆盖上另一半圆形管件并对齐管口和坡口。收拢缝隙，定位环向加劲板及纵向劲板，完成合缝定位焊。

6. 特大钢管的纵缝焊接

特大钢管的纵缝焊接需要先进行气体保护焊打底，以便于埋弧焊接，保证焊缝质量。

钢管埋弧焊先焊接纵缝外侧，外侧焊缝焊接完成后将管件吊运至专门区域进行内侧焊缝气体保护焊封底焊接，见图 5-5。

图 5-4 钢管制弯

图 5-5 钢管埋弧焊

5.5 装配定位焊

装配定位焊是把需要焊接的零部件通过平台、模具等辅助工具，采用定位焊装配在一起，形成待焊构件。

1. 基本要求

装配定位焊前应先熟悉图纸，理解全部技术要求，根据装配图纸及明细表清点零件的数量，确认零件规格、件号。检查零件的加工质量是否符合装配要求。

钢管构件的组装应在工作平台上（见图 5-6）进行，并由胎板控制构件的精确度，要求平台平面度小于等于 1mm（在平台总长上）。

图 5-6　装配平台

应制作专用定位工装模具，且模具的定位基准应与构件的安装尺寸一致，保证钢管塔零件组对质量。工装胎板必须有足够的强度，以控制组对件尺寸的精确度。同时在批量组对加工过程中，应定期检查工装胎模的松动情况、定位基准偏差情况，确保批量组对定位尺寸的质量稳定性，批量生产组对完成的构件应具有通用性和互换性。对批量少或构造复杂不具备互换条件的构件，生产时应做好标识并留有记录，以备重新加工时查用。

拼装前，连接表面及沿焊缝边 30～50mm 范围内的铁锈、毛刺和油污等必须清除干净。

所有零部件装配时，必须使用靠模，法兰用销子定位（销子直径 d=孔径－0.2～－0.3mm），钢管的基准为轴心线，球节点的基准为球心。

2. 定位焊缝的要求

定位焊时，必须由持证焊工施焊，不应在焊缝以外的母材上引弧。使用的焊接材料，应与正式施焊用的材料相同。

定位焊缝应有足够的强度，以保证组装时的安全。形状对称的构件，定位焊缝应对称排列。构件上有交叉焊缝的地方，不应有定位焊缝，定位焊缝距离交叉点应在 50mm 以上。在焊缝方向急剧变化处不应进行定位焊。

定位焊焊接电流应比正常焊接电流大 15%～20%，以防产生未焊透现象。焊缝两头应平滑，防止正式焊接时造成未焊透或裂纹。焊缝尺寸在满足装配要求的前提下，尽可能减小定位焊尺寸。可以通过缩小定位焊缝间距的方法来减少定位焊缝的尺寸。在个别对保证焊件尺寸起重要作用的部位，可适当增加定位焊缝尺寸和数量。

定位焊完毕后应清除焊缝表面焊渣，方便后续的焊接工序。

3. 特大钢管构件的装配

特高塔的特大构件一般为底部段别的主管构件，构件内含有法兰、相贯管件、连接板及附件等。装配时首先装配主管法兰，其次装配相贯线支管、连接板等主要零部件，最后装配脚钉、爬梯连接件等附件。下面以西堠门跨越塔的构件为例进行说明。

（1） 主管与内外法兰的装配

主管与内外法兰的装配，在专用的工装模具上进行，见图 5－7。

图 5－7 主管法兰装配

用带螺纹的销子把法兰安装到工装模具上，并拧紧固定。用铅垂线校核由于法兰重量引起的工装轮盘变形，控制法兰面的平面度偏差不超过±1mm，否则应用千斤顶调整并固定。校核两侧法兰孔中心高度方向的同心度误差，偏差不超过±1mm；校核两侧法兰孔中心水平方向的同心度误差，偏差不超过±1mm。

钢管用行车起吊并基本就位，用升降平台微调钢管高度和偏斜，使钢管中心与法兰中心重合，用滚轮架按图纸要求微调钢管相位，使内环形劲板、纵向劲板、焊缝位置符合装配图纸要求。

纵向微调工装一端轮盘的位置，使法兰与法兰距离为装配图的长度尺寸 L+焊接收缩量，调整钢管与两端内外法兰的位置，要求间隙均匀，宜控制在 2mm 以内，以减小钢管与法兰环焊缝焊接引起的法兰变形。

（2） 主管上其他零件装配

主管上的其他零件，如相贯钢管、连接板、加劲板等，应在工装平台上进行装配，并由模板控制构件的精度。

工装平台和模板必须有足够的强度和刚度，工装平台的平面度小于等于 1mm，搭设的模板尺寸精度应达到±1mm。

装配完一面的主管和支管后，主管旋转 90° 后装配另一面；正面和侧面不相同时，装配完一面的主管和支管后，主管旋转 90°，重新按装配图装配。

（3） 构件二次或多次装配工艺

为保证支管法兰的焊缝质量和焊接效率，带支管的主管、六通节点、球节点等复杂构件，采取二次装配或多次装配工艺。

当装配大尺寸构件的支管和法兰时，先将支管相贯线和支管法兰装配，尺寸校核无误后，磨掉相贯线处焊缝，卸下支管、支管法兰及法兰加劲板，放平支管和法兰后单独焊接。支管和法兰的单独焊接，有利于提高焊接质量和效率。

支管和法兰、法兰加劲板焊接完成后，再利用装配模具，定位焊支管和其他零件。装配全部完成后，最后焊接相贯焊缝，以加快焊接速度，减少翻转时的安全风险。

4. 特大钢球的装配及精度控制技术

球节点的装配以西堠门跨越塔的 Q2 节点为例，钢球内径 2000mm，设计厚度 26mm。

球节点装配分为内部劲板装配、半球对接装配、外部零部件装配等几个环节。

（1） 内部劲板装配

如图 5-8 所示，将拼接好的②号、④号环向劲板与⑥号、③号劲板分别定位焊到两个半球内壁。

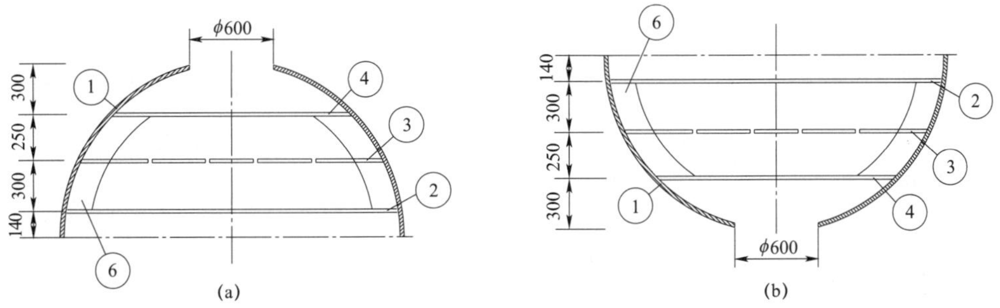

图 5-8 内部劲板装配

（a）上半球；（b）下半球

如图 5-9 所示，在下半球内将⑦A号劲板定位焊到⑨号（ϕ203mm × 16mm）钢管与半球内壁上，在上半球内用钢管定位球心，将⑦B号定位焊到半球内壁，再取走定位钢管。

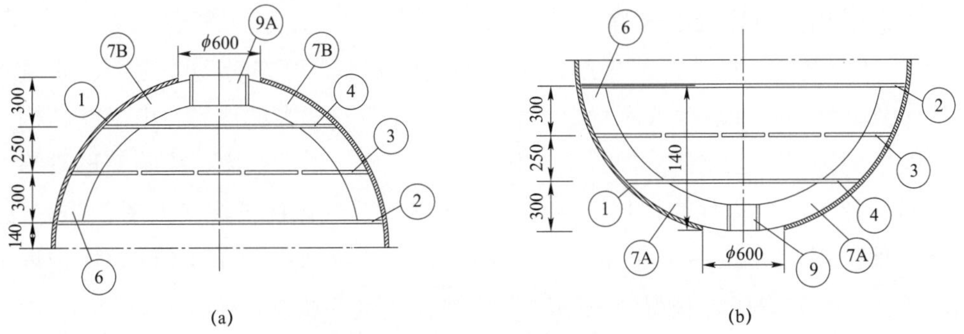

图 5-9 内部短管装配（mm）

（a）上半球；（b）下半球

（2）两半球对接装配

使用行车对两半球进行定位对接，应控制错边在 2mm 以内。待对接定位焊后，将Ⓐ号板依照装配图装配入内，如图 5－10 所示。

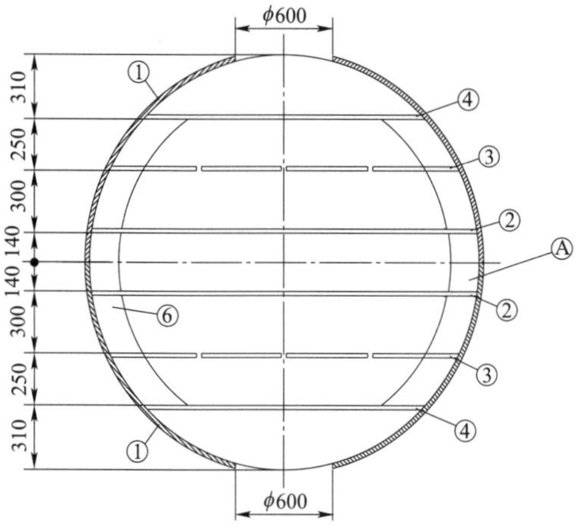

图 5－10　半球对接（mm）

记录该球体所用半球的钢印号及相应的炉批号，并在合缝后的球体上打上钢球的钢印序号（或用油漆笔注明）。

装配时球节点的成品钢印号前仍需加上序号，并登记球号、法兰号、钢管号等。

（3）外部零部件装配

为便于清渣，保证焊缝质量，球节点上相贯焊接处坡口需开在钢管内侧，坡口大小为管壁厚度一半。

相贯焊接支管装配需严格按照球节点装配图进行。装配连接板、加劲板，控制法兰与法兰的距离在误差 2mm 以内，并最终装配成型。

5.6　焊接

1. 特大钢管与法兰的全熔透焊接要求

以西堠门跨越塔的部分特大钢管构件为例，钢管与法兰的 T 接焊缝、法兰加劲板的焊缝需要全熔透焊接，并达到外观二级质量标准。其中主管最大规格为 2300mm×28mm，与内外法兰 T 形焊接，法兰最大外径达 2640mm，配有 88 块加劲板，焊缝应力集中程度高，法兰容易产生翻翘变形。通过大量的焊接试验以及试验塔的加工，总结出以下焊接工艺方案。

（1）对于大直径构件，若采用传统的手工电弧焊，存在劳动强度大、质量不稳定、工作效率低，同时热输入不稳定，容易导致焊后变形大的问题。由于受结构的限制，不能采用埋弧焊工艺，从焊接可操作性、稳定性、生产效率、控制变形量等方面出发，对于该类大型构件的焊接选择细丝全自动混合气体保护焊（见图 5－11）或半自动气体保护焊（见图 5－12）工艺。细丝混合气体（85%Ar＋15%CO_2）保护焊工艺为低氢焊接工艺，焊缝可获得较高的冲击韧性和温度的质量，同时工效较高。由于采用ϕ1.2mm 的细丝，配合较小的焊接热输入，可大大减小焊接变形量。采用的焊接设备型号为 ATM－500，焊丝型号为 ER50－6。

图 5-11　自动气体保护摇摆焊

图 5-12　半自动气体保护焊

（2）坡口开设工艺。大型钢管法兰采用内外法兰连接方式，为 T 形焊接接头。该结构的特点是管内法兰刚度大，变形小；管外法兰自由度大，容易产生变形。从坡口的加工操作便利性方面来讲，输电铁塔制作主要采用 V 形坡口。从熔透性、减少焊接变形、提高效率方面来讲，采取不对称双面坡口，钢管加工坡口角度为 40°，管外侧坡口大小为内侧坡口的 2/3 左右，如图 5-13 所示。

(a)

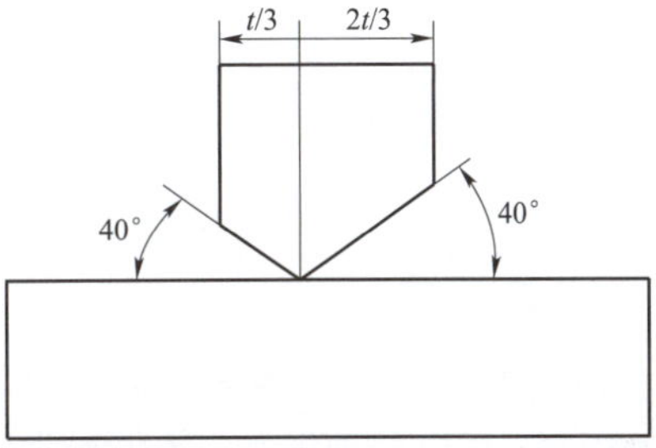

(b)

图 5-13　管端坡口工艺

（a）成型后角度专检尺检测图；（b）钢管法兰 T 形焊接示意图

2. 特大钢球的赤道焊接要求

西堠门跨越塔共有 ϕ2000×26mm 和 ϕ1300×24mm 两种规格的钢球，球内约有 200 多块经纬向加强筋，赤道焊缝要求达到《焊缝无损检测　超声检测　技术、检测等级和评定》（GB/T 11345—2013）规定的 BⅡ级或以上要求，焊接质量要求高，焊后应力集中程度大。对于钢球赤道焊缝焊接，主要采取以下焊接工艺方案。

（1）焊接方案。内侧气体保护焊（GMAW）、外侧埋弧焊（SAW）的焊接方法。相应坡口设计为内侧小坡口，外侧大坡口，先内侧气体保护焊，外侧清根后埋弧焊。

（2）坡口开设工艺。钢球赤道焊缝处开不等边 K 形坡口，坡口打磨至露出金属光泽，为保证焊缝质量，降低对接坡口处的硬度，避免焊接裂纹，半球内外坡口处硬度测量值控制在 190HB 以下，凡测量值在 190HB 以上的，均需重新打磨再测量，打磨深度大于 1mm，坡口角度保持不变。对坡口焊接处的内外球面，必须清除油锈，范围在 30mm 左右。赤道坡口形式及尺寸如图 5－14 所示。

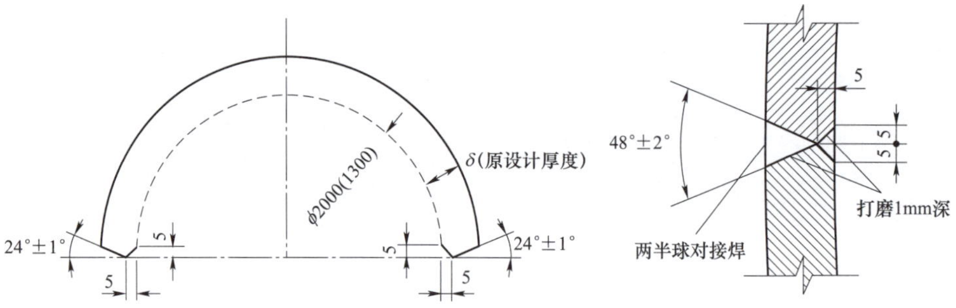

(a) (b)

图 5－14　半球坡口工艺

（a）单边坡口尺寸；（b）装配坡口尺寸

（3） 焊接。装配前检查半球内部纵、环劲板焊缝质量，不得出现漏焊、未焊满等情况，检查焊渣是否清理干净。使用行车对两半球进行定位对接，如图 5－15 所示。两半球的对接应将上下半球对应指示线对齐，控制错边在 2mm 以内。将钢球置于滚轮架上，进行水平滚动赤道焊缝焊接，如图 5－16 所示。在焊接赤道焊缝的同时，以相同的焊接方法、焊接参数焊接随炉试板。

图 5－15　赤道拼装

图 5－16　赤道焊缝焊接

3. 焊接变形控制技术

大跨越高塔的焊接变形主要在于法兰焊接变形、相贯线钢管焊接变形、连接板焊接变形等。

（1） 法兰焊接变形的控制

1）反变形法。法兰的反变形法就是在加工法兰时预先车出弧形凹凸面，以抵消焊接过程中的变形，达到焊后法兰面平整的目的。单圈螺栓孔的插接法兰和双圈螺栓孔的 T 接法兰反变形加工方法如图 5－17 所示。

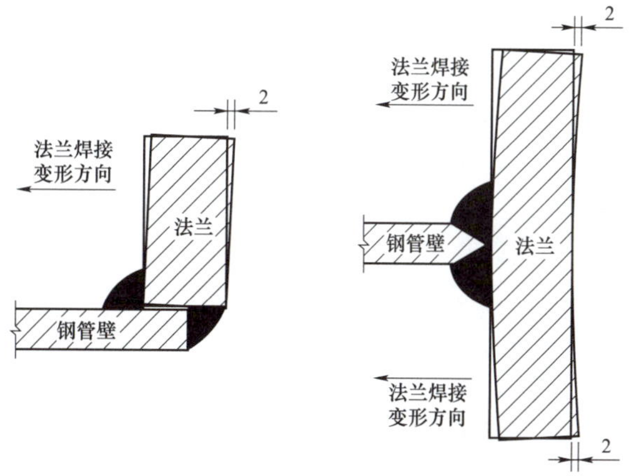

图 5-17　法兰反变形

焊接过程中，要实时对法兰的变形进行测量，掌握法兰变形的规律和趋势，以便实时调整工艺参数和填充量。

2）刚性模具固定法。刚性模具固定法是在焊前采用螺栓将刚性模具与法兰固定在一起，防止法兰在焊接过程发生变形的方法，焊接完毕，待焊件冷却至室温后取下刚性固定模具。如图 5-18 所示。

图 5-18　法兰刚性固定

（2）K 型节点焊接变形的控制

K 型节点为管与管相贯焊缝，是钢管塔受力的关键部位。钢管直接相贯节点因为支管的数量、角度、尺寸的不同，使得各支管端部的相贯线成为形态各异的三维曲线，支管与主管的倾角最小仅 38°，该部位要求全焊透，且达到外观二级质量要求。

由于相贯线焊缝不对称，且填充量较大，热输入量高，在无劲板支撑的情况下容易导致支管相位变形，从而使支管上的法兰产生位移。

为了控制相贯线支管的焊接变形，一般在装配的时候就附加刚性固定件，防止焊接过程中的焊接变形。同时在焊接完成后，采用振动消除应力法去除焊接应力。

振动处理技术又称作振动消除应力法。它是将激振器安放在构件上，并将构件用橡胶垫等弹性物体支撑，通过控制器启动电动机并调节其转速，使构件处于共振状态，经 20～30min 的振动处理即可达到降低残余应力的目的。

5.7 试组装

1. 一般要求

试组装前应制定试组装方案，包括试组装形式、试组装场地、起重设备、安全措施、质量控制项目等。

试组装按连续性可分为整塔试组装和分组试组装，按安装形式可分为立式试组装和卧式试组装。当分组试组装时，一次组装的段数不应少于 2 段，其中变坡段与其相邻段应同时组装。分段组装应保证有承接段并至少有一个横隔面，且保证每个部件号均经过试组装。

大跨越塔因结构尺寸较大，通常采用分组试组装的形式。塔身部位一般采用卧式组装，横担及其相连的塔身可采用卧式或立式组装。

下面以西堠门大跨越高塔的试组装为例进行说明。

2. 卧式试组装的可行性、有效性分析

卧式组装一般选择在拼装加固焊接后进行，能够反映出塔料加工的精度和可装程度。卧式组装效率高，可以多段或整塔一起组装，能够客观的反映钢管塔加工的累计误差，且安全风险小。

采用具有互换性的钢结构焊接构件制造技术，相同件号焊接构件可实现互换，选择安装底面和一个立面的一半，就可以反映构件的加工准确性。采用卧式试组装能准确测量各控制尺寸、每根杆件以及爬梯等附件的加工尺寸与图纸尺寸的符合性。在组装时，保证钢管塔中心线水平，根据塔身的坡度，垫以高低不同的支架。

3. 试组装策划

（1） 试组装顺序

大跨越高塔一般在横担以下采取卧式试组装，组装底面和一个立面的一半，从塔腿开始自下而上试组装，由于场地限制，分多次试装。

1）塔身试组装。以图 5－19 为例，试组装两个段别构件，可完全反映出塔内三角部分的构件，以及水平隔面构件的可安装性，可测量各控制尺寸和加工尺寸与图纸尺寸的符合性，可检验主材爬梯等附件的可安装性、相位正确性。

塔身段正面构件的试组装顺序如图 5－19 所示，立面塔腿斜材组装顺序如图 5－20 所示。

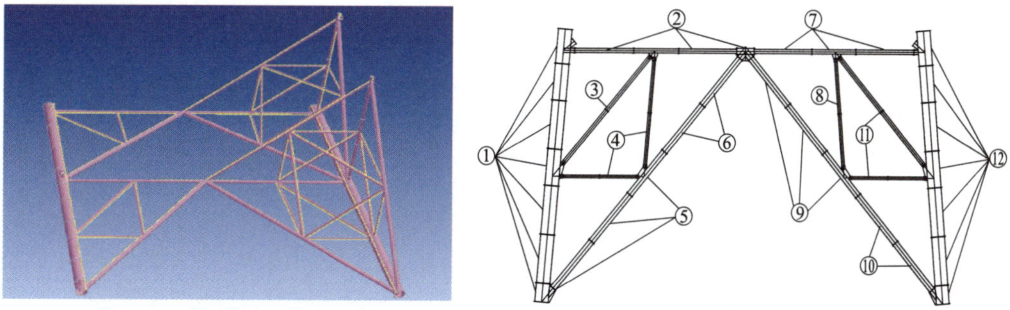

(a)　　　　　　　　(b)

图 5-19　塔身组装示意图

（a）模型图；（b）组装顺序

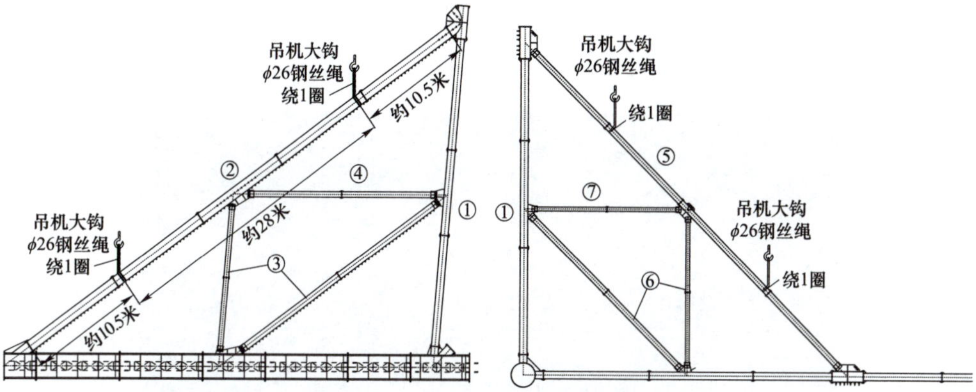

图 5-20　立面塔腿斜材组装顺序图

2）横隔面试组装。制作主材假腿和井筒假腿，从底部段开始自下而上，平面试组装每个段别的横隔面（平台、走道也需安装），检验平台上斜材、平台、走道的可安装性，如图 5-21 所示。

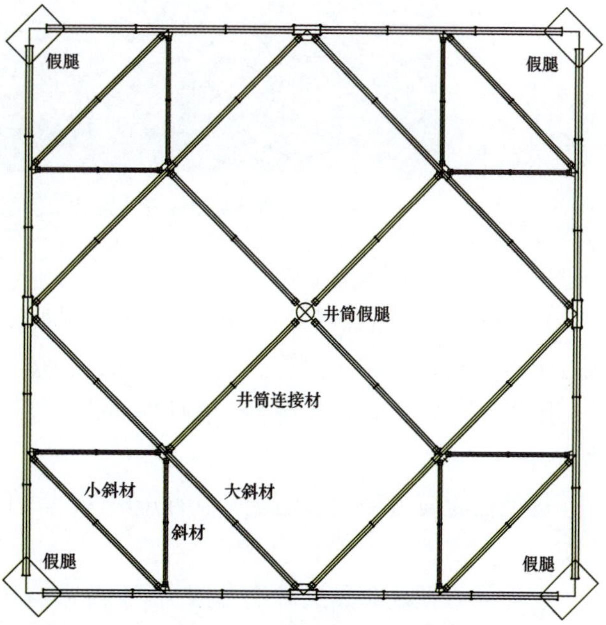

图 5-21　横隔面组装示意图

在定位并调平好水平管假腿和井筒假腿后，在横隔面四边钢管下方，间隔 10～20m 摆放枕垫。组装时首先安装隔面四边的水平材，然后安装其他斜材，斜材下方不垫枕垫，组装螺栓为实际用量的 1/2。

3）横担立式试组装。立式整体试组装身部构件和横担，需制作 4 个假腿安装在节点底部，如图 5-22 所示。

图 5-22　身部构件和横担组装示意图

4）横担卧式试组装。卧式单侧整体试组装塔头部段和横担，如图 5-23 所示。

图 5-23　塔头卧式单侧整体组装图

（2）组装环境及工器具

1）试组装场地。试组装场地应平整，最好是硬化场地。若是沙泥地区域，吊机就位位置、车辆通道、主管位置等，需铺设钢板，或者用压路机压实。

附近及高空不许有障碍物。塔身平面需与水平面平行，尽量减少塔面各构件的安装应力。

场地位置应方便短驳运输，节省短驳和吊机台班费用，减少装卸过程中构件擦碰撞伤。

场地应方便观察和进行安全监护。不得影响其他工程的试组装进度或影响其他工作的正常开展。

2）工器具。测量工具采用全站仪、经纬仪、水准仪、100m 钢卷尺。

组装用的起重设备为汽车吊、铲车等，辅以钢丝绳固定高空杆件，法兰的连接用定位销或同规格的螺栓。

（3） 试组装检验

根据高塔的特点，按照设计图纸、技术协议以及相关国家标准进行试组装，检验设计及加工的正确性，以下为检验关键点：

1）检验铁塔控制尺寸的正确性。

2）每根杆件的加工尺寸与图纸尺寸的符合性、可安装性。

3）检验平台、走道、爬梯等附件的可安装性。

4）检验井筒直线度和长度累计误差。

5）检验井筒与塔身的可安装性，检验井筒电梯门的相位准确性。

当试组装时发现主管或井筒钢管长度方向累计误超 20mm 时，需调整上段主管或井筒长度，以减小累计误差。

5.8 镀锌

1. 大型复杂构件的外形尺寸要求

大型复杂构件，首先需确认起重行车能否起吊、工装模具尺寸能否满足装配要求、镀锌时能否实现整体浸入锌锅镀锌等问题，其次要考虑运输是否可行，最后应考虑是否满足现场安装要求。

2. 大型复杂构件的工艺孔设置

（1） 镀锌工艺孔的设计应按照镀锌工艺要求，在放样和绘制焊接图的过程中完成。根据构件的外形尺寸和钢管的空间布局，工艺孔的开设需达到以下目的：

1）确保有安全可靠的吊点。

2）确保可以顺利进出锌锅。

3）确保流锌顺畅（根据技术要求开设流锌孔）。

4）确保顺利排灰、通气（根据技术要求开设排灰、通气孔）。

（2） 应根据构件的镀锌角度和方位，结合钢管结构布局按以下原则确定镀锌工艺孔：

1）吊挂孔，工件在设计镀锌孔时，为保证按一定角度和方向浸锌，均须考虑原有安装孔能否作为吊挂孔，否则需要提供吊挂孔（点）。

2）顺畅流锌，为减少积锌，流锌孔应尽量位于低点，面积一般不小于腔体截面积的 30%。

3）顺畅通气和排锌灰，针对封闭（半封闭）腔体、三个或以上构件平面交叉处，需要开设通气孔，通气孔位于高点，面积一般不小于腔体截面积的 30%。

在钢管相贯连接部位开镀锌工艺孔时，开孔位置和开孔大小需征得设计单位同意，塔身主管开设镀锌孔需采用加强圈补强，灌注混凝土的主管需封堵镀锌孔。

3. 大型复杂构件的吊点设置

长型构件的吊点原则上应设置在两端，一般钢管构件，利用两端的法兰孔做吊点。不规则外形的构件，原则上吊点应设置在重心的反方向，以实现起吊时重心在下，保持平稳。可利用法兰孔、连接板上的螺栓孔等做吊点。当结构无吊点时，应在放样时增设吊耳并焊接于构件上，吊耳的大小或板厚，需根据构件重量及所用 U 型挂环的尺寸确定。

4. 大型构件的浸锌工艺

大型构件浸入锌锅时，可能会引起锌液温度降低，延迟锌液在钢材表面的熔化时间，从而需要延长镀锌时间，最终可能会导致锌层偏厚、附着力不佳等问题。因此在大型构件镀锌时，可采取提高锌液的初始温度、镀锌过程中持续加热等措施来控制锌液温度。

5.9 包装

包装采用的包装物应牢固，不论采用何种包装材料或何种包装方法，应保证产品在正常运输条件下不受损坏，包装应有足够的强度，保证在短途搬运、货物储存和装车中承受较大冲击而不散包。

包装物应保证在运输过程中包捆不松动，避免构件之间、构件与包装物之间相互摩擦，损坏镀锌层。

每个主管构件采用单独包装，在运输和装卸车过程中防止变形，并保证螺栓、垫片等附件同步与配套。突出部分，如法兰、节点板等，应采用有弹性包装物捆扎牢固。

零部件根据塔材编号、规格大小包装若干捆。角钢构件每捆重量限于 2～3t，小支管构件多根打捆，构件之间用方木隔开，每捆一般不超过 5t。每包塔材必须做到包捆整齐、牢固不松动，并应有防止锌层损坏措施。

外包装标记标明加工厂家名称和工程名称、品种、数量、重量、到达目的地以及其他必需的资料，以免发生产品丢失或包装错误。

螺栓包装应符合《输电线路杆塔及电力金具用热浸镀锌螺栓与螺母》（DL/T 284—2021）的要求，采用袋装方式单基包装，确保在正确储存和保管的前提下，不出现锈蚀现象。

包装后堆放应按段别配套分垛，便于发运。

第 6 章
特高塔施工关键技术

6.1 施工准备

6.1.1 施工策划

舟联工程特高塔施工，从施工运输方式选择、施工道路修建、施工场地布置、基础施工技术方案选择、立塔施工技术方案选择、架线施工技术方案选择、各工序安全质量技术措施等方面进行全过程策划。

6.1.2 施工运输

结合舟联工程特高塔塔位所处的平地、海岛、山地等各类地形条件，配设相应的运输设备，修建施工道路、码头或装卸平台。

1. 山地或海岛塔基施工运输道路修建

山地或海岛塔基，所有材料及机械设备通过现有或修建道路，采用陆运方式运至塔位；对不通车的海岛塔基，通过修建码头与施工运输道路，采用海陆联运方式运至塔位。施工运输道路修建时，坡度、宽度、标高、路基平整等需满足安全通行要求。

2. 平地塔基施工运输道路修建

平地塔基，所有材料及机械设备通过现有或修建道路，采用车辆陆运至塔位最近位置，再通过修建运输道路，继续用车辆陆运至塔位。施工运输道路修建时，除坡度、宽度、标高、路基平整等需满足安全通行要求外，路基需结合地质、水文条件及行政审批要求合理选择。

3. 施工码头修建

施工码头采用登陆艇斜坡道与作业、卸料平台结合的组合型码头，见图 6-1。水深条件需适应相应海运驳船及登陆艇停靠要求，登陆艇坡道坡度控制在 7° 以内。

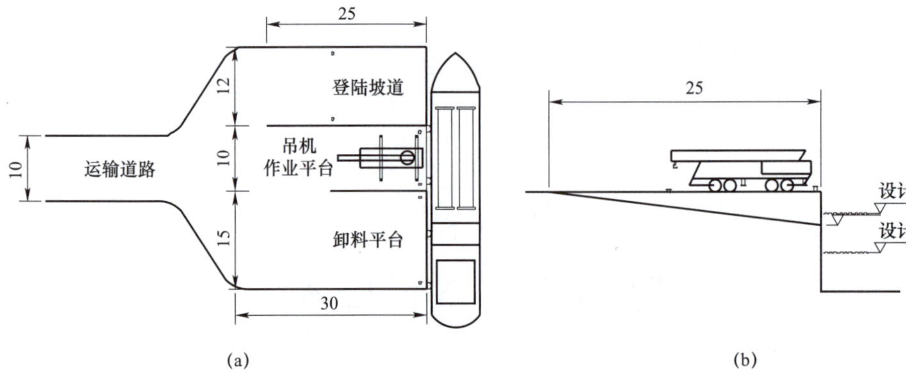

图 6-1 施工码头修建示意图（m）

（a）施工码头修建方案俯视图；（b）施工码头修建方案侧视图

4. 运输方法

根据舟联工程特高塔所处地形条件，可采用全陆上汽车运输或全水上船舶运输或陆海车船联合运输方式，完成运输任务。采取陆海车船联合运输方式时，先利用运输车辆将材料与设备公路陆运至岸侧的码头中转站，然后装船运输到各海岛码头，最后再通过岛上运输车短驳到塔位。

按照运输货物的重量、结构尺寸、施工码头条件等情况，相应采取汽车吊吊装上岸、登陆艇车船滚装上岸、浮吊吊装上岸等三种联运方式。

6.2 基础施工

基础施工主要以舟联工程西堠门大跨越 380m 特高塔基础为例阐述。

西堠门大跨越 380m 高塔，设计采用承台式岩石锚杆基础，在基础立柱中设有插入式钢管，通过插入钢管与铁塔连接，插入钢管通过地脚螺栓锚固于基岩中。插入钢管顶根开为 69.024m，基础承台底断面尺寸为 16m×16m，基础承台与立柱呈垂直布置，承台与立柱均采用斜置式，与 45° 塔中心呈内低外高布置，倾斜角度 6.77464°（正侧面坡比均为 1:0.084），基础混凝土等级 C40，最大单腿混凝土体积为 1159m^3。每个塔腿基础底部均设置抗拔锚杆，共 280 根，锚杆采用 HRB400 级ϕ36mm 钢筋，所有锚杆的锚孔直径均为ϕ120mm，其中锚入中风化岩石中的锚固长度为 4.0m，锚杆与基坑底面呈垂直布置，基础结构及布置见图 6-2～图 6-6。

1. 总体施工方法

采用坐标定位法进行基础施工尺寸测量控制，采用光面爆破技术进行岩石基面及坑壁成型控制，研制锚杆定位器控制锚杆施工质量，研制整体式钢模板进行大断面立柱制模，采用集中搅拌、罐装车运输、泵送下料保证大体积混凝土连续浇筑，采用优化混凝土配合比、内部通水冷却、外部喷淋养护等措施保证大体积混凝土质量。

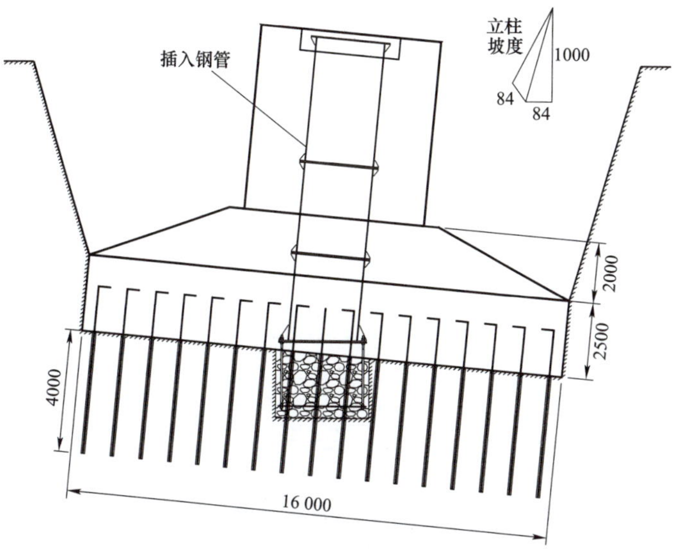

图 6-2　基础立面图

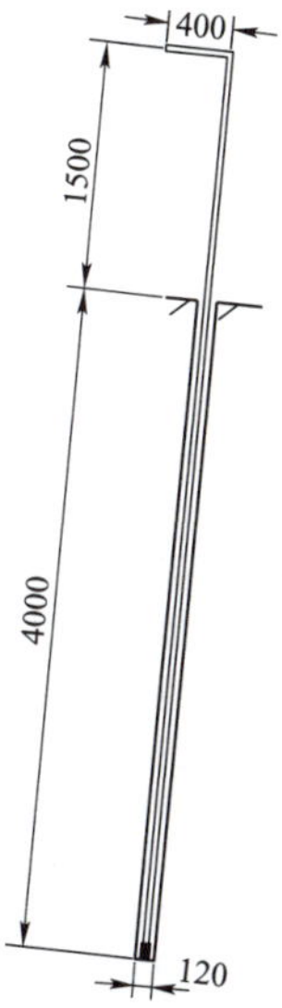

图 6-3　锚杆示意图

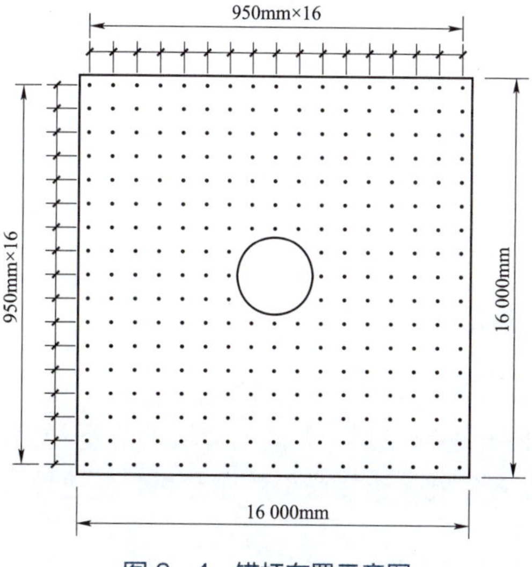

图 6-4　锚杆布置示意图

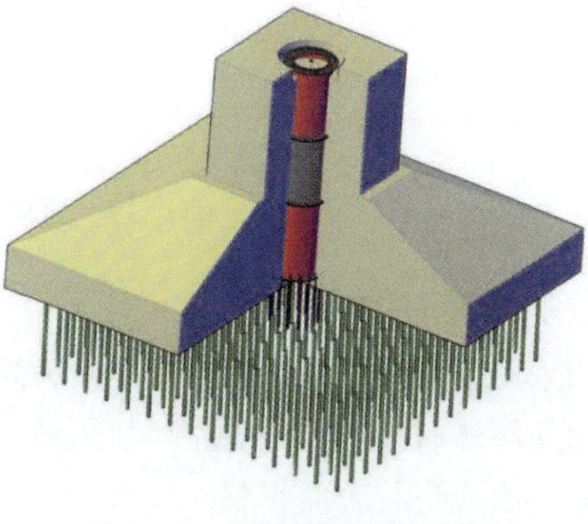

图 6-5　单腿基础立体模拟图

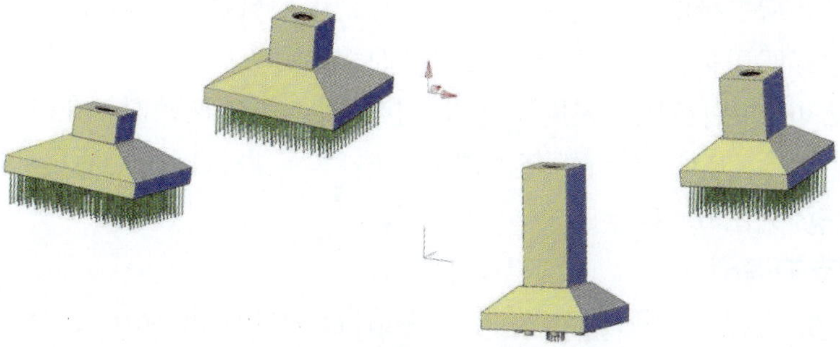

图 6-6　整基基础立体模拟图

2. 工序流程

根据高塔插入钢管承台式岩石锚杆基础结构特点，细分其施工工序流程如图6-7所示。

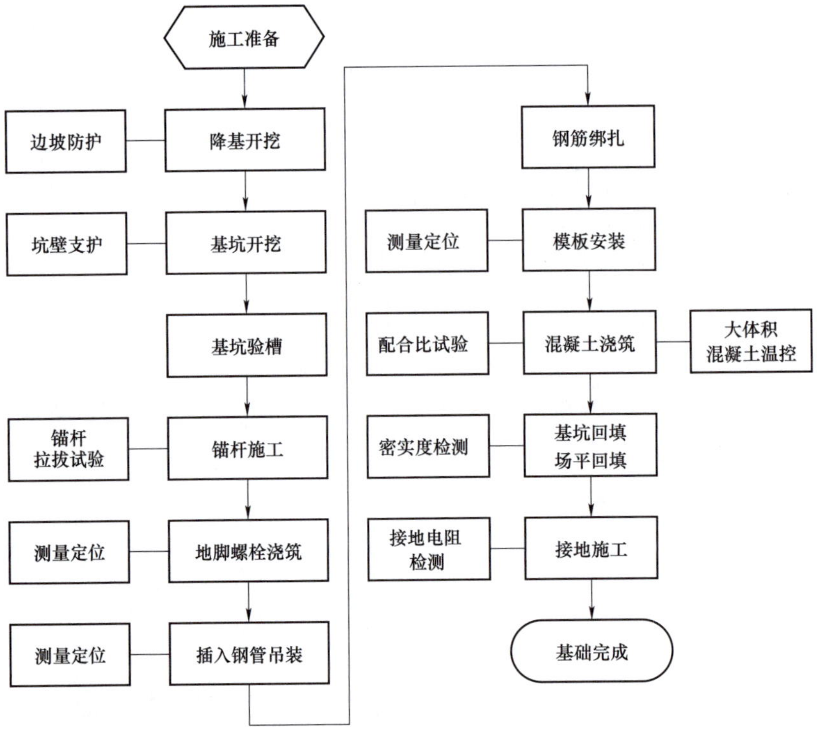

图6-7　岩石锚桩基础施工工序流程图

3. 降基开挖

采用分层、分块开挖方式，分层高度按10m进行控制。大高差边坡的降基开挖，采用光面爆破技术，严格控制装药量、合理布置钻孔、选择微差顺序起爆，使边坡开挖面一次成形且表面平整。

4. 基坑开挖

采用先导井后扩挖的施工方案，基坑中心采用手风钻，钻斜孔掏挖后形成槽洞，再由槽洞起进行四周扩挖，坑壁周边采用光面爆破。

基坑上部4m左右范围，采用挖掘机直接出碴。下部出碴时，在基坑外角修筑斜坡，以便挖掘机上下基坑，基坑内基本清渣完成后，挖掘机回至地面再清除余下石渣。挖掘机上下基坑见图6-8。

5. 坑壁支护措施

基坑在开挖过程中，随时监测坑壁稳定情况，发现坑壁存在层间结合不良错动、局部坍塌等构成安全隐患时，采用锚杆及挂网喷浆等支护措施，保证基坑开挖安全。

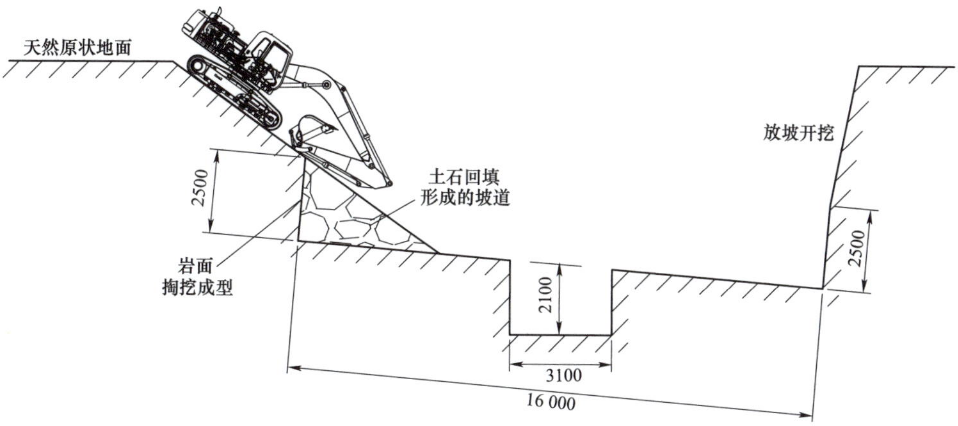

图6-8 挖掘机上下基坑示意图

6. 锚杆施工

（1）施工准备

结合岩石锚杆孔径、深度、岩石硬度，选用履带式液压潜孔钻机用于锚杆钻孔。

（2）钻孔施工

利用测量仪直接观测法控制钻杆倾角，同时在钻杆上吊挂弦线及垂球、配合直角三角板的方法来核对测量，见图6-9。

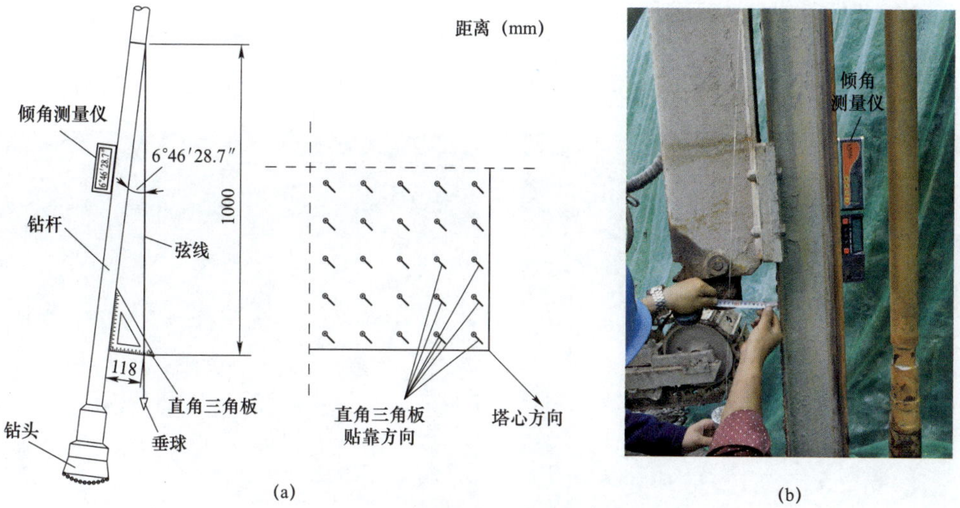

图6-9 岩石锚杆钻杆定位倾角测量控制示意图

（a）示意图；（b）现场照片

（3）成孔检查

成孔后，应对锚孔成孔质量进行检查，检查要求见表6-1。

表 6-1　　锚孔成孔质量检查要求

项目	设计值	允许偏差	合格范围
锚孔直径	ϕ120mm	0～+20mm	ϕ120～ϕ140mm
锚孔深度	4000mm	不应小于设计值，也不宜超过设计深度 500mm	
锚孔垂直度		小于设计锚孔深度的 1%	
锚孔间距	950mm	±100mm	850～1050mm

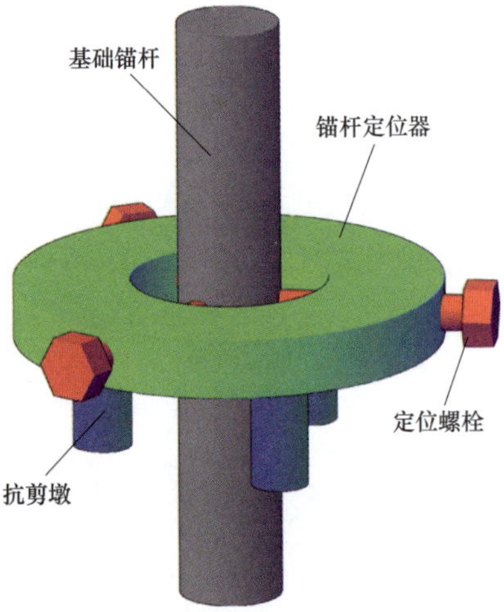

图 6-10　锚杆定位器结构示意图

（4）锚杆定位器

研制锚杆定位器，用于锚杆在锚孔中心位置的定位控制。通过抗剪墩的作用，将定位器准确地固定于锚孔中心位置；通过定位螺栓的作用，将锚杆准确地固定于定位器中心位置。锚杆定位器结构示意图如图 6-10 所示。

（5）混凝土浇筑

每根锚杆灌注前计算混凝土理论灌注量，灌注时采用量筒计量，并记录核实灌注体积与锚孔实际体积符合性。

（6）锚杆抗拔试验

锚孔混凝土强度达到设计要求后，需进行抗拔承载力试验检测，试验利用液压加载装置进行循环加、卸荷。坑底岩石锚杆总体布置见图 6-11，岩石锚杆拉拔试验见图 6-12。

图 6-11　岩石锚杆总体照片

图 6-12　岩石锚杆拉拔试验照片

7. 地脚螺栓组施工

在地脚螺栓组的上层定位板上预留定位控制标记，用于定位板本身的测量，见图 6-13。

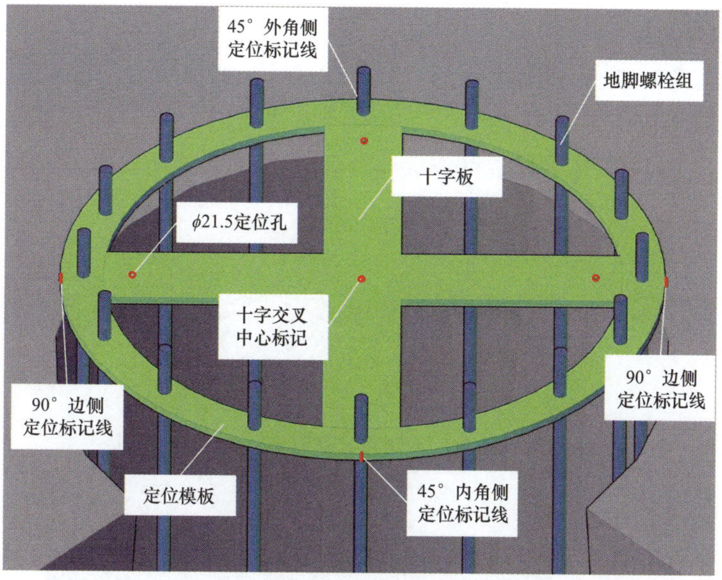

图6-13 插入钢管地脚螺栓组定位示意图

计算定位模板各定位标记点的三维坐标，并通过CAD绘制立体图模拟进行坐标核对，现场采用全站仪进行各定位点的测量控制。

8. 插入钢管安装

在每节钢管上法兰的四个边沿打上定位标记线钢印，用于测量定位控制。根据每一节插入钢管的长度，计算顶法兰各定位标记点的三维坐标，并通过CAD绘制立体图进行核对，采用全站仪进行吊装就位过程中的坐标测量控制，见图6-14。

图6-14 插入钢管现场安装照片

9. 钢筋绑扎

基础承台底板钢筋可利用底部锚杆做架立钢筋，承台面层钢筋可利用立柱钢筋做架立钢筋，侧面布置适当钢筋支撑，防止钢筋网片侧向位移。钢筋辅料绑扎按设计图纸要求进行，立柱支撑加固用型钢安装与钢筋绑扎同步进行，见图 6-15。

图 6-15　钢筋绑扎现场成品照片

10. 模板安装

模板系统由模板、型钢支撑架等组成，地面以下部分采用钢木组合模板，其中承台上部斜面模板采用翻模施工，基础立柱部分采用定制整体式钢模板，见图 6-16。

图 6-16　模板安装及支撑现场施工照片

11. 混凝土浇筑

为保证基础大体积混凝土一次性连续浇筑的顺利实施及浇筑质量，进行混凝土浇筑施工技术的专项研究。

（1） 混凝土制备、运输、浇筑方式

混凝土拌制采用现场搅拌系统，设集中搅拌站，配备 1000 型强制式混凝土搅拌机，采用自动配料、电子计量系统。混凝土运输采用罐装运输车，从现场搅拌系统出料，直接进混凝土运输车，运至基础浇制现场，采用混凝土汽车输送泵下料，见图 6－17。

图 6－17　混凝土浇筑现场施工照片

（2） 基础温度场的有限元仿真分析

为深入分析研究大体积混凝土的水化热影响，采取切实可行的温控措施，采用有限元软件对超大体积混凝土的温度场和温度应力进行模拟研究，见图 6－18。

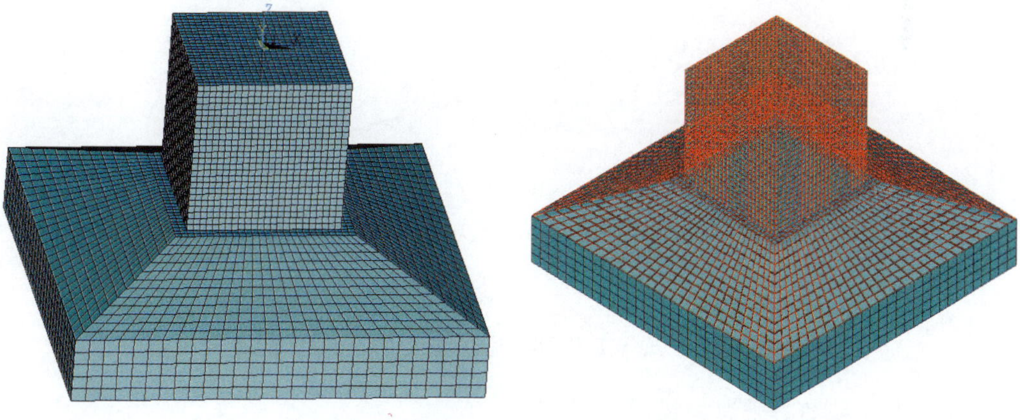

图 6－18　基础有限建模及加载示意图

根据混凝土边界存在热对流的情况，确定该瞬态热分析属于第三类边界条件，在实体模型的表面，将空气和混凝土热对流的边界条件作为面荷载施加，输入具体的对流系数和空气温度作为计算参数，对固体和流体间的热交换进行计算。实际工程施工过程中要求同时考虑对钢模板和混凝土的具体养护情况，选用合理的对流热交换系数，模型的计算时间定为20天，与现场实测时间基本一致。

利用有限元分析软件对模型进行瞬态热分析，见图6－19。

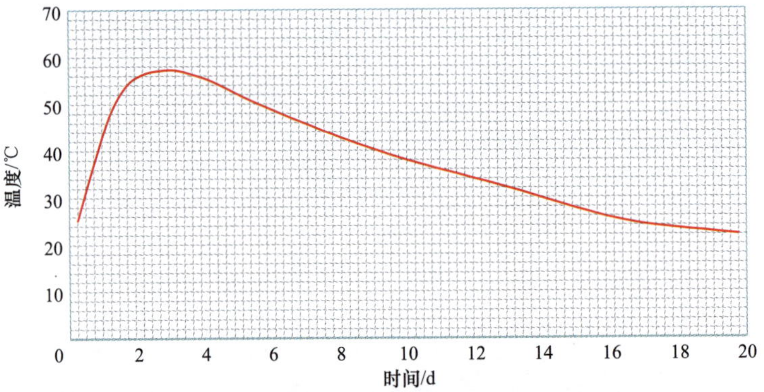

图6－19 承台内部温度分布时间变化示意图

由图6－19可以看出：在第3天时，混凝土的最高温度达到57.2℃，第6天时，混凝土的最高温度为48.5℃。在对工程的实际检测过程中，第3天混凝土的实测最高温度为55.2℃，第6天为45.8℃。

另外，将混凝土的中心温度与其实测温度进行对比分析，可发现计算曲线与实测曲线具有一致的变化趋势，见图6－20。

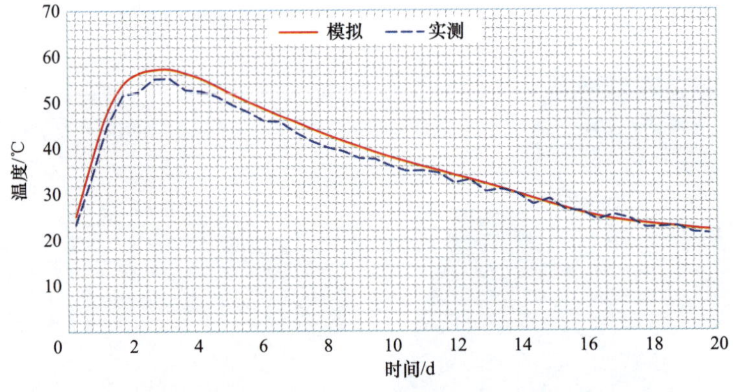

图6－20 现场实测温度与模拟温度变化对比示意图

（3）大体积混凝土温控措施

1）浇筑前控制。通过有限元仿真分析，结合温差计算，确定大体积混凝土施工防裂及温控措施。

在配合比设计时，充分考虑大体积混凝土施工特点，掺加粉煤灰减少水泥用量，降低水化热；掺加具有减水和缓凝效果的高效减水剂，改善混凝土的和易性，减少运输过程中的坍落度损失，延缓混凝土放热峰值出现的时间，使混凝土的凝结时间延长，降低混凝土的早期水化热及温升。

设计混凝土搅拌系统，准确控制混凝土生产过程中的计量、温度、湿度，保证混凝土生产的质量。

浇筑前在模板外包两层养护毯保温，减少混凝土表面的热扩散，缩小混凝土内部与表面温差。

2）浇筑中控制。采用“内排外保”，减少混凝土内外温差。

内排：尽快排出混凝土内部热量，降低混凝土内部温度。承台混凝土浇筑前，在混凝土内按层距 1m 水平环形布置薄壁钢管做散热管，混凝土浇筑中和浇筑后通冷却水散热，以降低混凝土温度，见图 6-21 和图 6-22。

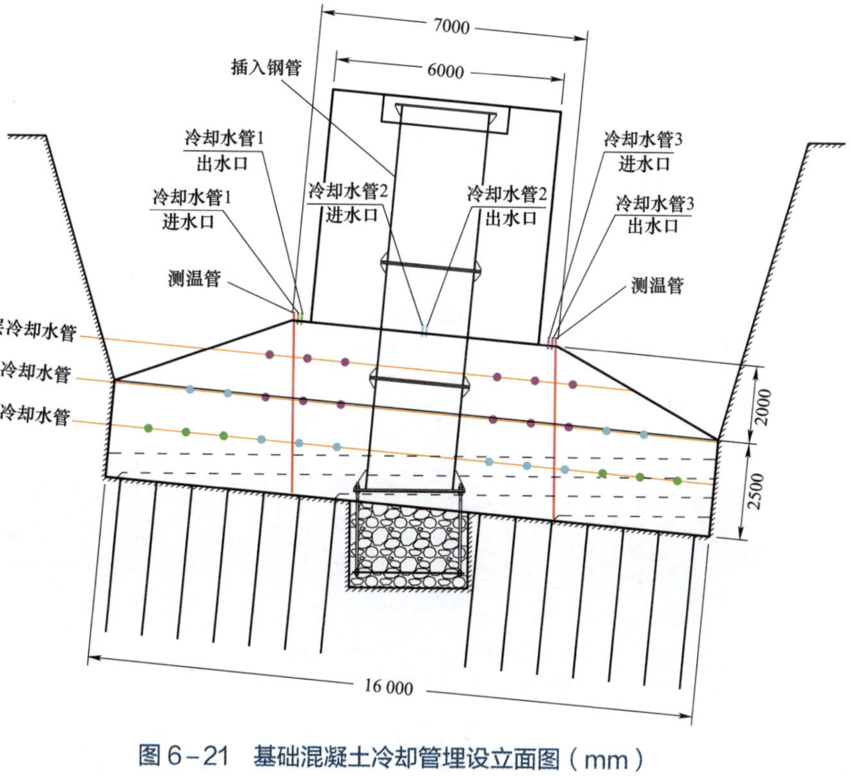

图 6-21 基础混凝土冷却管埋设立面图（mm）

立柱保温：利用插入钢管内部空间，用风机接风管至钢管底进行吹风，将热气带出管内。

外保：在混凝土表面采取保温措施，控制混凝土内外温差及混凝土表面与空气温差，避免出现深层裂纹及表面裂纹。立柱混凝土表面采用一层塑料薄膜、两层包装毯保温养护，包装毯搭接压紧，承台混凝土采用两层包装毯保温养护。

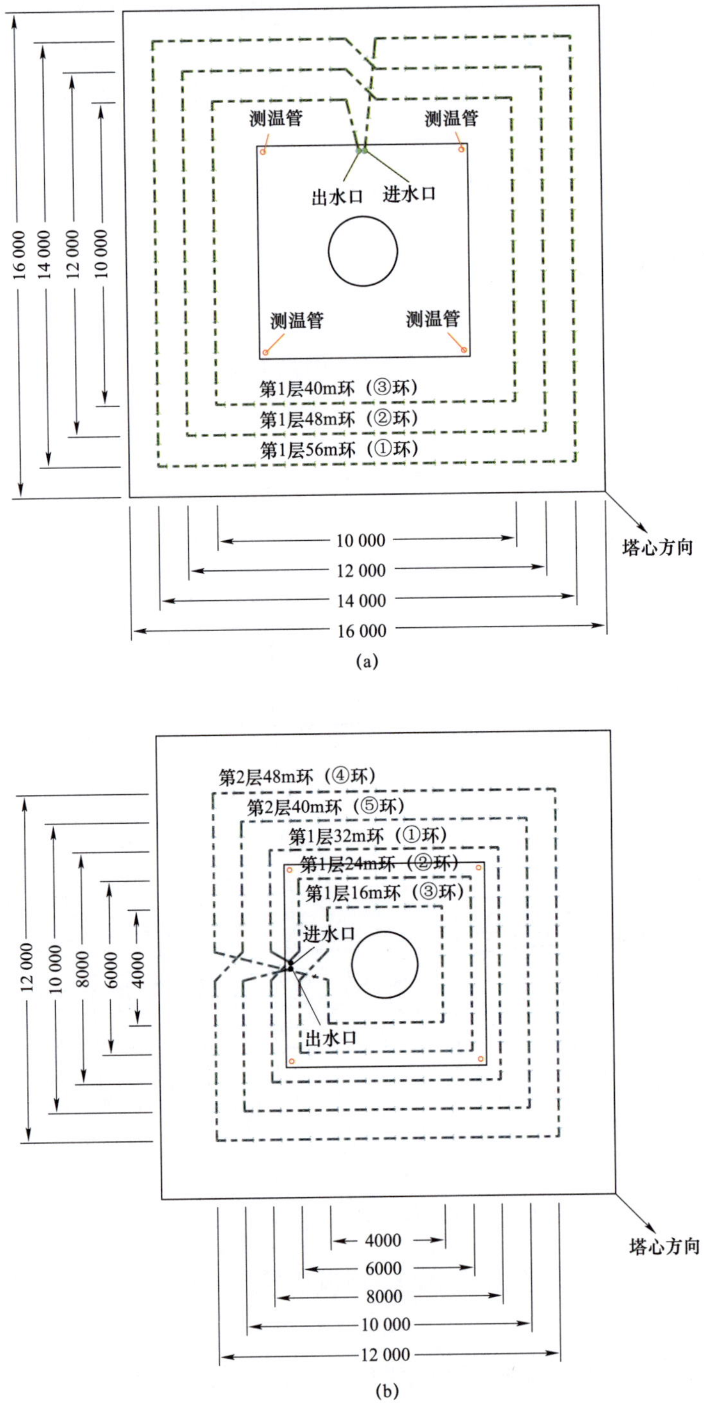

图 6-22　基础混凝土冷却管埋设平面图（mm）（一）

（a）第 1 根；（b）第 2 根

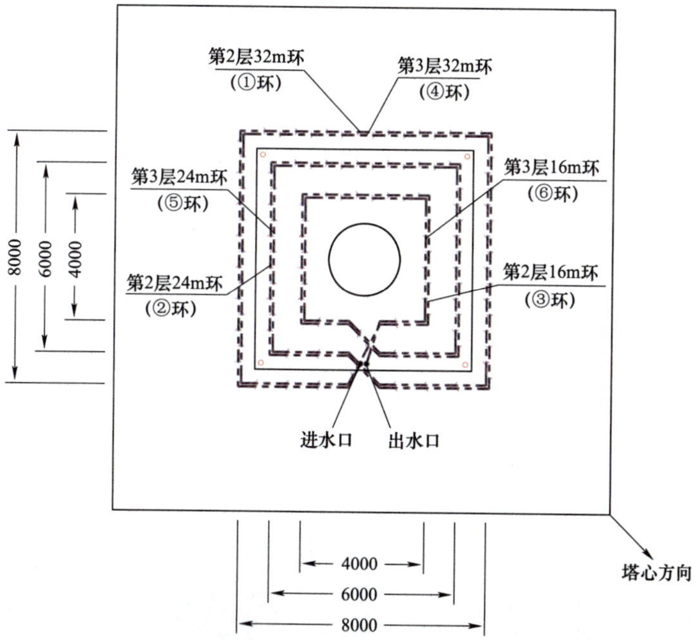

(c)

图6-22 基础混凝土冷却管埋设平面图（mm）（二）

（c）第3根

12. 基础自动喷淋养护

设计开发基础自动喷淋养护系统，自动控制基础的喷淋作业，提高混凝土养护质量。

自动喷淋系统采用大功率水泵作为动力源，将自然水送到水箱，由水箱作为中转，为喷淋提供水源，再采用另一个水泵把水箱中的水以一定压力送到喷淋支管，并均匀喷洒。根据温度和湿度传感器反馈的数据，系统控制自动开启电磁阀进行喷淋。自动喷淋养护布置见图6-23和图6-24。

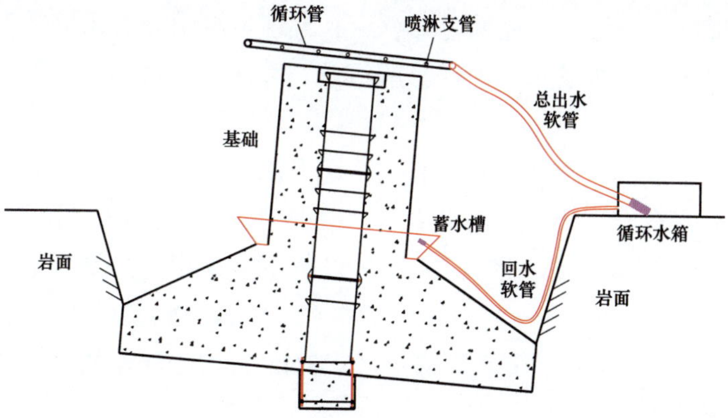

(a)

图6-23 自动喷淋养护示意图（一）

（a）断面图

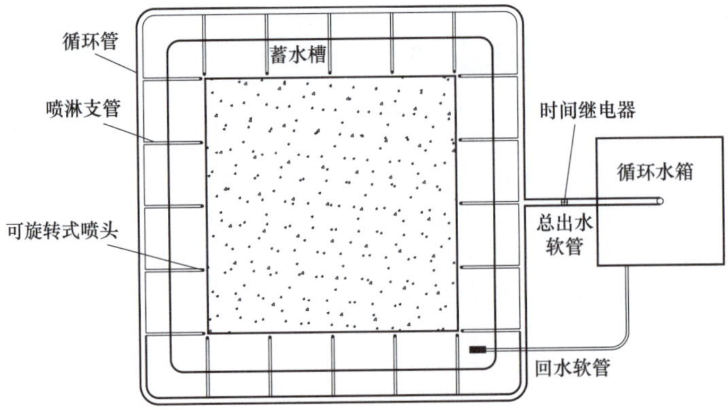

(b)

图 6-23 自动喷淋养护示意图（二）

（b）平面图

图 6-24 自动喷淋养护现场照片

6.3 铁塔组立

特高塔高度高、重量大，宜采用分解组立方法，常用分解组立方法主要有：流动式起重机分解组塔、落地双摇臂抱杆分解组塔、落地双平臂抱杆分解组塔、塔式起重机分解组塔等。

以舟联工程西堠门大跨越高塔为例，铁塔全高 380m，采用 500kV 与 220kV 混压的同塔四回路钢管自立塔设计。塔身主管、水平管及斜管等均采用法兰连接。塔身最大主管规格为ϕ2300×28mm，塔身 281.5m 以下主管采用内外法兰连接，其余主管采用外法兰连接。截至 2020 年 12 月底，塔高（380m）、塔重（7280t）、钢管混凝土灌注高度（262.3m）、钢管混凝土灌注方量（3200m^3）均为输电塔世界之最。

1. 施工难点分析

特高塔施工难点主要有以下几点：一是特高塔铁塔根开、塔头尺寸、主管规格、整体重量远超常规塔，现有抱杆无法满足要求，需研制新型抱杆；二是选用适宜规格的起重机，完成腿部段大重量、大幅度的吊装作业，适当降低抱杆的吊装性能要求；三是有效结合特高塔结构设置高空平台，将抱杆的一次提升改为地面与高空结合的二次提升，减小提升重量，大幅减少标准节，降低安全风险；四是选择合适的灌注施工方案，采用有效的钢管内部混凝土防渗漏措施，保证内部有钢骨架的钢管混凝土灌注施工质量。

2. 总体施工方法

西堠门大跨越高塔，组立施工采用 400t 履带吊、100t 汽车吊与新研制座地双平臂抱杆结合的分解吊装方案，进行 380m 铁塔组立。0～112.8m 部分采用 400t 履带吊与 100t 汽车吊配合吊装组立，112.8m 以上部分采用新研制座地双平臂抱杆吊装组立。

新抱杆采用定制标准节作为杆身，在标准节顶部安装一副旋转式双平臂钢结构抱杆，双臂同步对称进行吊装作业。281.5m 以下吊装时，抱杆坐落在定制标准节上；281.5m 以上吊装时，220m 以下定制标准节更换为永久井筒，220m 以上仍采用定制标准节。抱杆采用钢结构套架液压下顶升方式进行提升，按铁塔高度地面、高空两次分别进行。281.5m 以下吊装时，抱杆提升全部在地面进行；281.5m 以上吊装时，抱杆提升在高空 220m 平台进行。抱杆身部设置腰环，其四角配设腰环拉线连接于塔身主管，腰环拉线采用钢绞线（最顶部三道采用钢拉杆），用双钩收紧稳定，采用 12 道防扭布置。两侧起吊绳从下支座导向滑轮架引出，分别引至地面，经地面转向滑车后引至动力设备。

西堠门跨越高塔组立总体分三阶段进行，见图 6–25、图 6–26。

第一阶段（112.8m 以下）：履带吊、汽车吊配合吊装、双平臂抱杆组立；

第二阶段（112.8～281.5m）：双平臂抱杆吊装（抱杆座于地面）；

第三阶段（281.5m 以上）：双平臂抱杆吊装（抱杆座于高空平台）。

3. 专用抱杆介绍

（1） 专用抱杆主要技术参数

抱杆最大使用高度：398.9m（即平臂铰接点高度），回转塔身以上部分高 27.2m（从平臂铰接点到桅杆顶的距离），抱杆全高 426.1m。

1）最大起重量：双侧各 30t（钩下重量），允许最大不平衡力矩 420t • m。

2）工作幅度：5.0～42m。

3）抱杆悬臂自由高度（钩下高度）：36m（250m 高度及以下）；32m（250m 高度以上）。

4）腰环间距：15～40m。

5）吊钩起升速度：0～20m/min。

6）变幅速度：0～20m/min。

7）单臂覆盖面角度：±120°（水平面内），回转速度 0～0.4r/min。

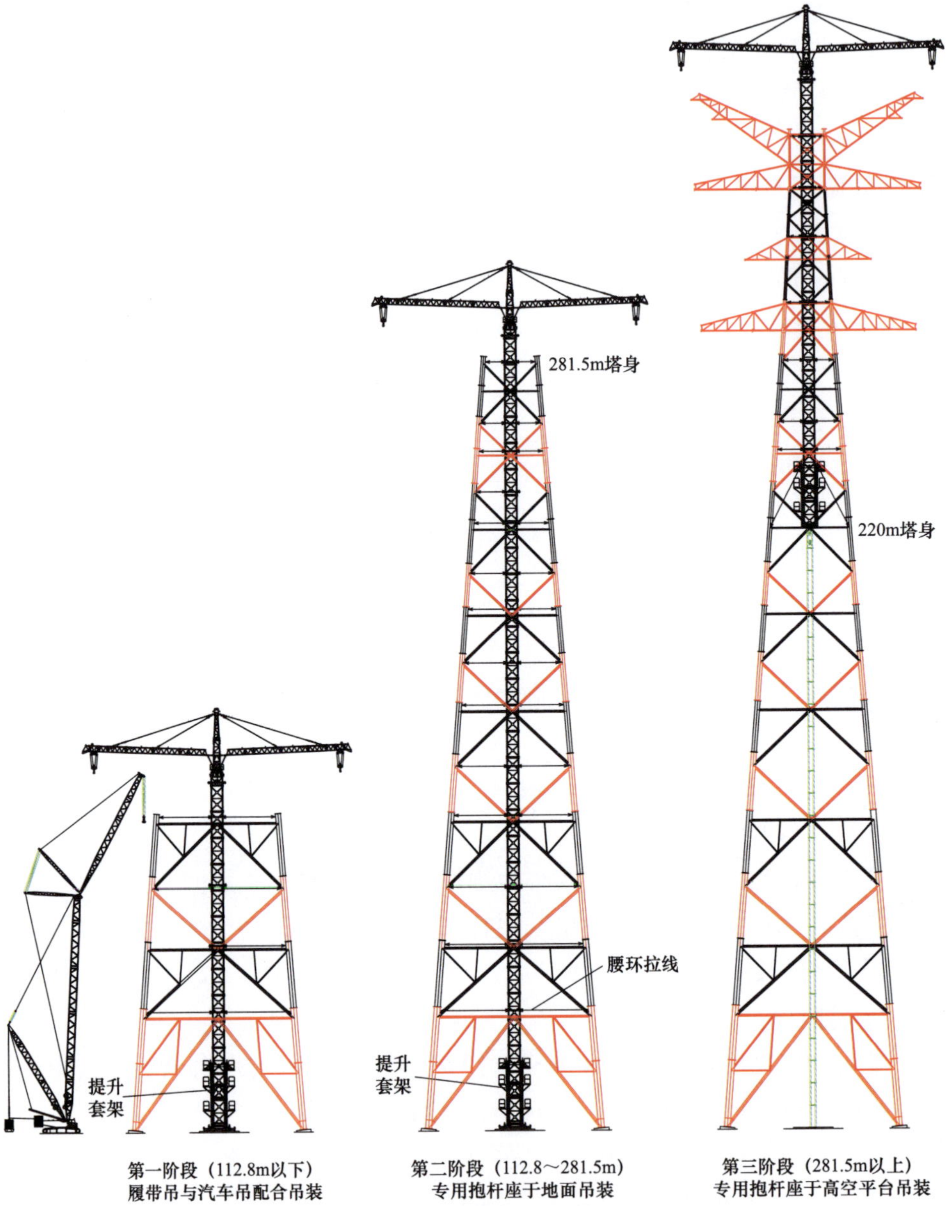

图 6－25 西堠门跨越高塔组立三阶段示意图

8）标准节：断面 4000mm×4000mm（中心距），主材规格 HM400（Q460C），单节长 6m。

9）设计最大工作风速：10.8m/s（离地 10m 高，10min 平均风速）。设计最大非工作状态风速：35m/s（离地 10m 高，10min 平均风速）。

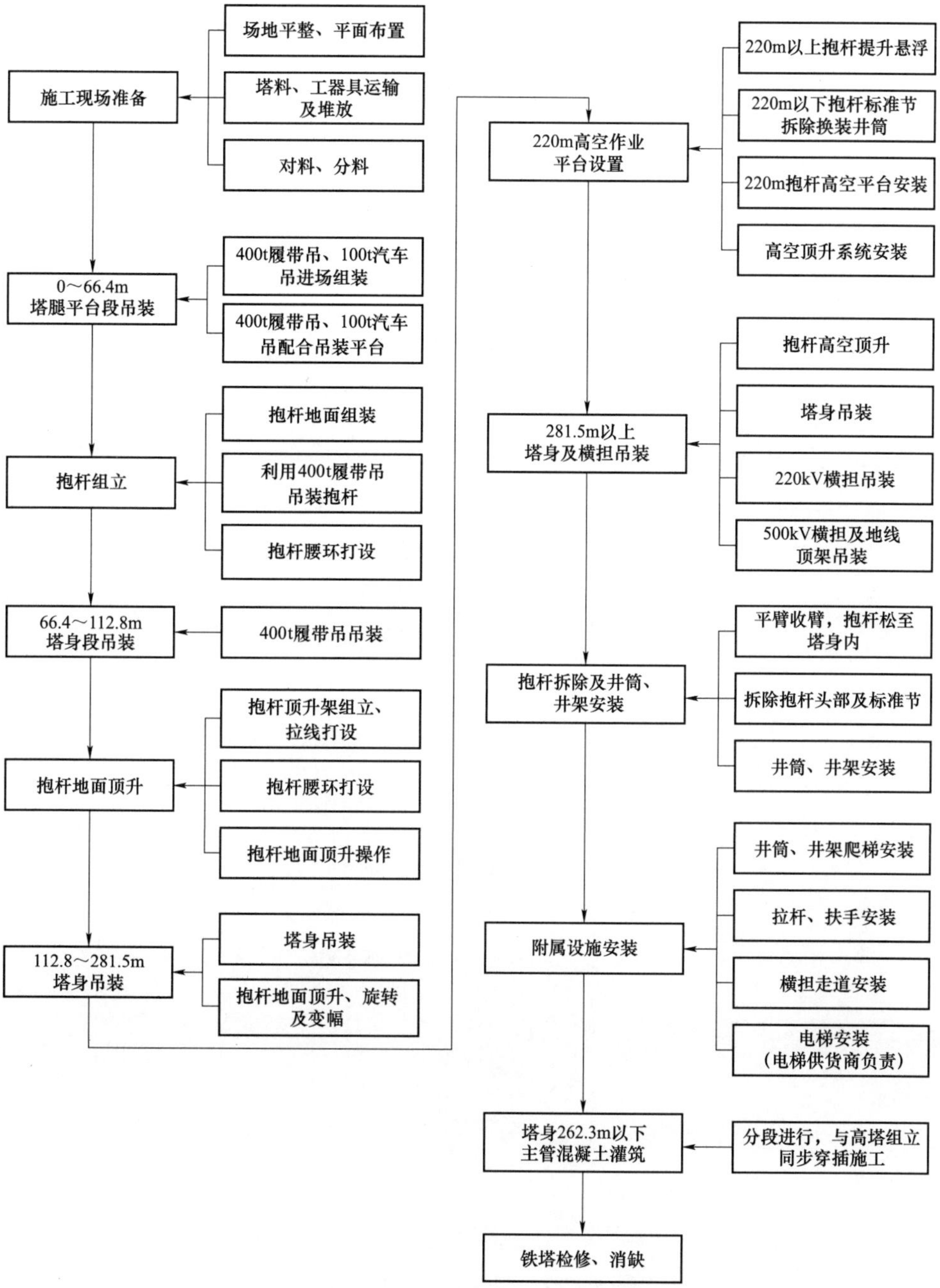

图 6-26　西堠门跨越高塔组立工序流程图

10）抱杆设有起重量限制器、力矩限制器、力矩差限制器、幅度限位器、回转限位器、高度限位器等安全装置；起重量限制器、力矩限制器、力矩差限制器、幅度限位器配置相应数据显示器；加装指示灯，根据起重量超载、力矩差等数值大小，实现分级报警。

11）变幅系统、回转系统采用变频调速；电气控制、各项数据显示、报警信号全部在地面控制台集中，采用集中控制。

（2）专用抱杆结构组成

整副抱杆由塔顶、平臂、内外拉杆、回转塔身、上支座、回转支承、下支座、过渡节、标准节、腰环、底座、起吊系统、变幅系统、顶升系统、监视及电气控制系统等组成，专用抱杆组成见图6-27。

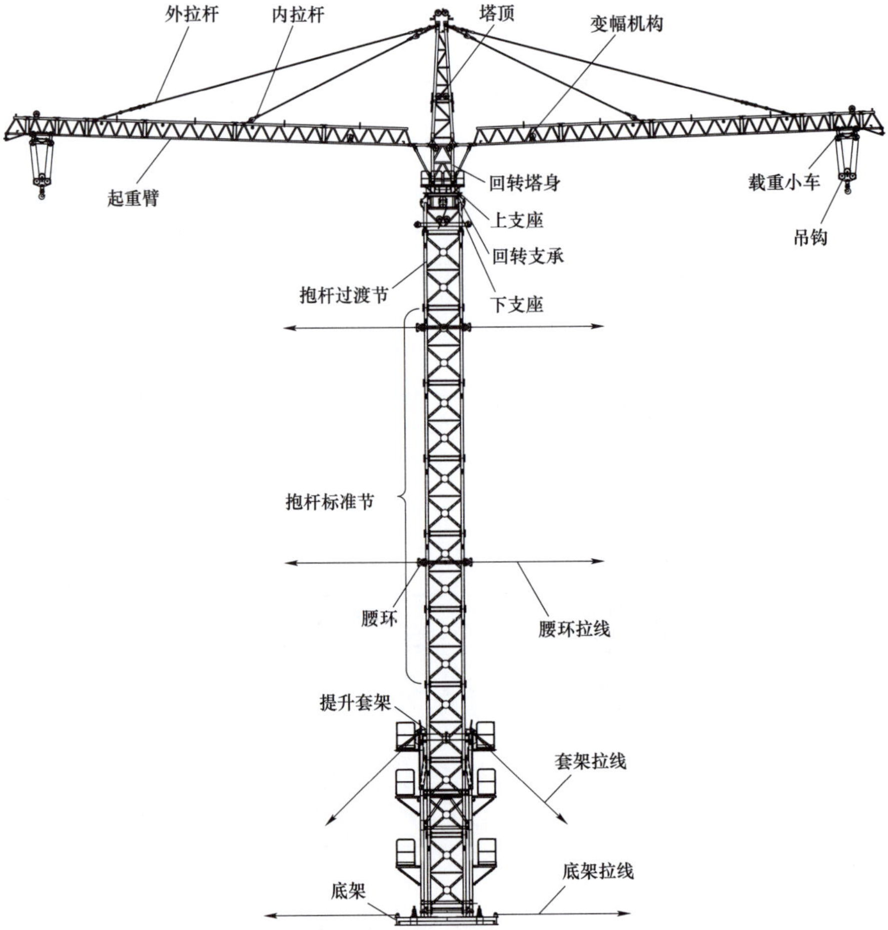

图6-27 专用抱杆组成示意图

4. 特高塔组立现场布置

1）结合组立施工特点，现场分区设置，设组塔施工作业区、钢管警示漆喷涂作业区、钢管混凝土搅拌作业区、现场办公生活区等，施工场地周围应设置围栏，实行封闭式管理，禁止无关人员进入施工现场，见图6-28。

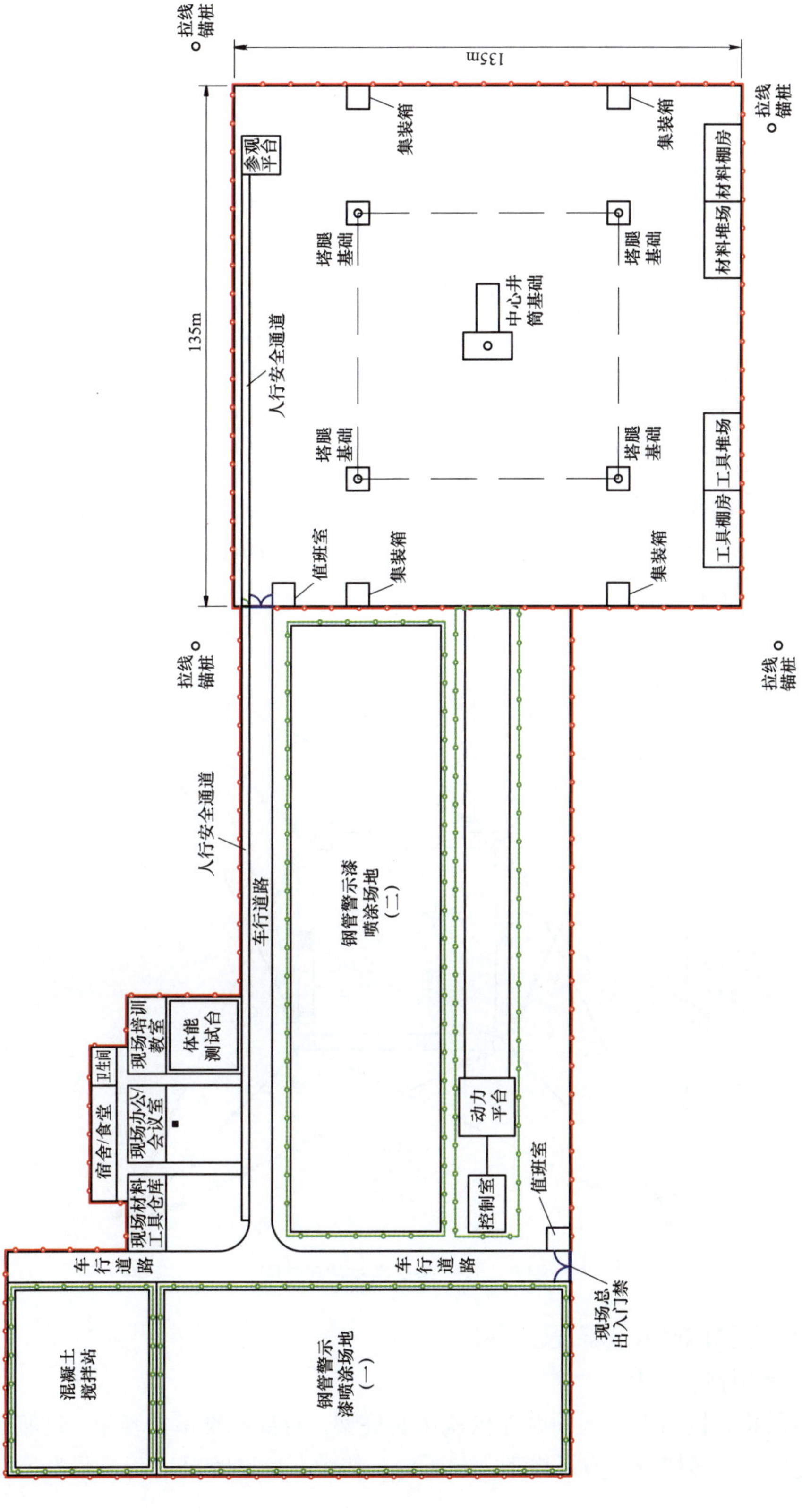

图 6-28　西堠门跨越高塔组立现场总体平面布置图

2）施工辅路及动力平台、控制楼布置完成，动力平台与塔中心距离不小于200m，控制楼在动力平台侧，正对铁塔，便于观测整个现场。

3）现场各地面监控点应提前布置，由各监控点至控制楼的通信线布置完成。现场电源接设到位，各控制电缆布置完成。

4）各锚桩应按施工平面要求，根据锚桩受力吨位并结合施工现场地质条件，进行受力计算后设置，锚桩位置应用经纬仪定位。

5）施工现场设置控制楼，控制楼内设有休息室、电源通信室、控制室等，控制室专门用于布置集中控制操作台及各视频监视器，对现场包括高空各点的情况进行集中监视，同时实现起吊、变幅、回转各系统设备的集中控制操作。

5. 专用抱杆腰环附着系统布置

抱杆杆身设置柔性附着，采用十二道防扭设置，附着框梁通过腰环绳（GJ－500）与塔身主管及抱杆连接，中间用25t双钩收紧，见图6－29；对于部分长度较短无法采用钢绞线的腰环绳，直接采用双钩收紧。每个塔腿的主腰环绳采用上下双道，防扭腰环绳采用单道。

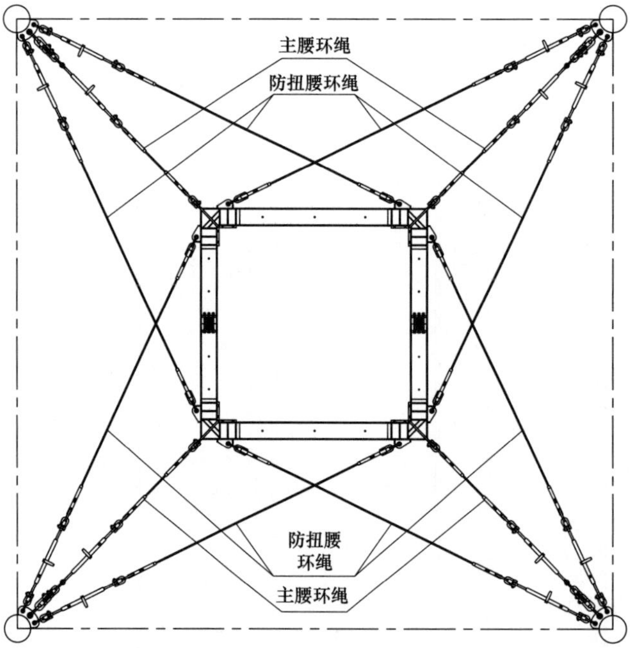

图6－29 腰环绳布置示意图

6. 专用抱杆安装、顶升及拆除

（1）专用抱杆安装

利用吊机，按由下向上的顺序依次吊装底架、身部标准节、套架、过渡节、下支座、上支座、回转塔身、抱杆塔顶、起重臂。其中，起重臂采用两台履带吊在两侧同步对称吊装，见图6-30～图6-32。

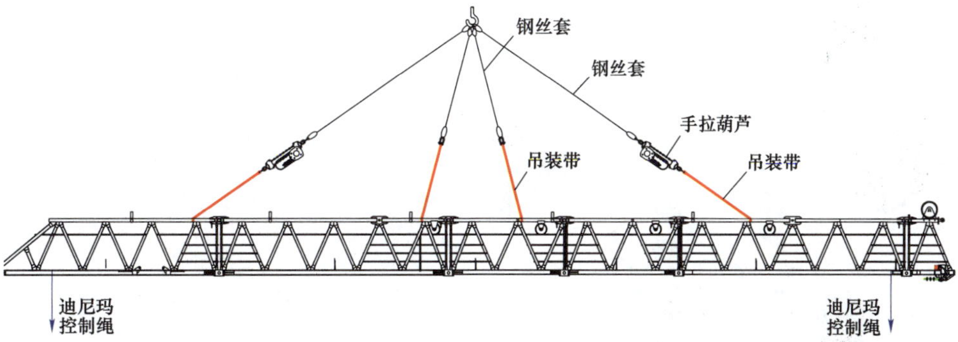

图6-30　起重臂吊装布置示意图

图6-31　抱杆起重臂安装照片

图6-32　抱杆安装完成现场照片

（2）专用抱杆顶升

专用抱杆顶升采用液压下顶升方式，通过顶升套架，在最下节标准节与底座间加装标准节，以顶高抱杆。

跨越塔281.5m以下吊装时，抱杆底座直接坐于地面基础上，顶升套架也安装于地面基础上，抱杆顶升作业全部在地面进行。

跨越塔281.5m以上吊装时，在220m塔身隔面设置高空作业钢结构平台，抱杆底座及顶升套架全部安装于高空平台上，抱杆顶升作业全部在高空平台进行。

液压顶升采用8只顶升油缸，通过位移传感器、同步泵站、同步控制器的联系控制操作，实现8只油缸的同步顶升，见图6-33和图6-34。

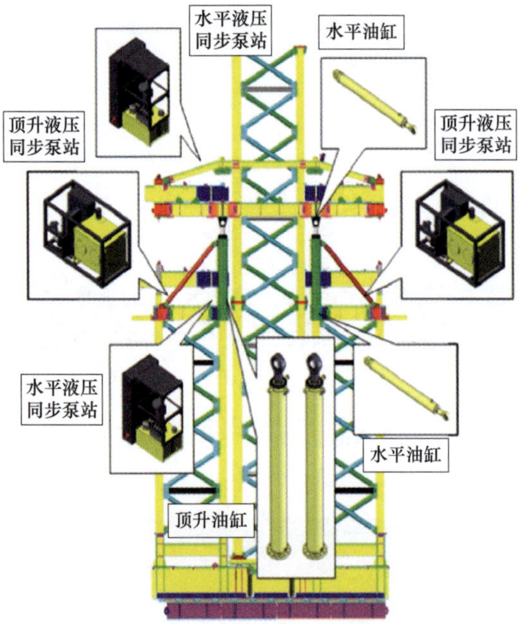

图 6-33　抱杆液压顶升结构示意图

图 6-34　抱杆现场液压顶升照片

（3）专用抱杆拆卸

专用抱杆在完成全塔吊装后开始拆卸作业，按下述步序拆卸抱杆：① 拆除起吊绳及吊钩；② 穿好收臂钢丝绳；③ 收起双臂并固定；④ 按抱杆提升逆序拆除 21 节标准节；⑤ 拆除两侧平臂（每侧平臂分两组拆除）；⑥ 拆除塔顶塔帽节；⑦ 拆除塔顶标准节；⑧ 拆除上支座（含回转支承）；⑨ 拆除下支座；⑩ 拆除回转塔身；⑪ 拆除过渡节；⑫ 拆除 5 节标准节；⑬ 拆除套架上承台及液压顶升油缸；⑭ 拆除最后 2 节标准节；⑮ 拆除上承台及套架节；⑯ 拆除抱杆底座。

拆卸时，先利用起吊绳穿引收臂滑车组，将两个大臂收成呈垂直状态后。然后采用液压顶升套架逆次序下降抱杆，将抱杆下放至塔身内侧后，在塔身顶部节点处预留的抱杆拆卸施工板上布置拆卸滑车组，按由上向下的次序，依次拆除各机构组件。

7. 特高塔吊装方法

（1）特高塔吊装通用工艺要求

1）主管吊装。

① 主管内骨架安装。主管内角钢骨架及配件，按主管分段，在地面组装为整体后，整体吊装，由主管上口插入主管内部，见图 6-35。吊装到位后，人员进入主管内部进行骨架与主管内壁的支撑附件安装及固定。

② 主管吊装。主钢管吊装采用 4 副专用吊具，沿主管 45° 对中方向左右各布置 2 副，起吊后主管应呈内倾状态，便于安装就位。起吊绳选用定长钢丝套，沿 45° 对中方向左右各布置一根，钢丝套两端分别连于吊具，中间挂于吊钩上，见图 6-36。

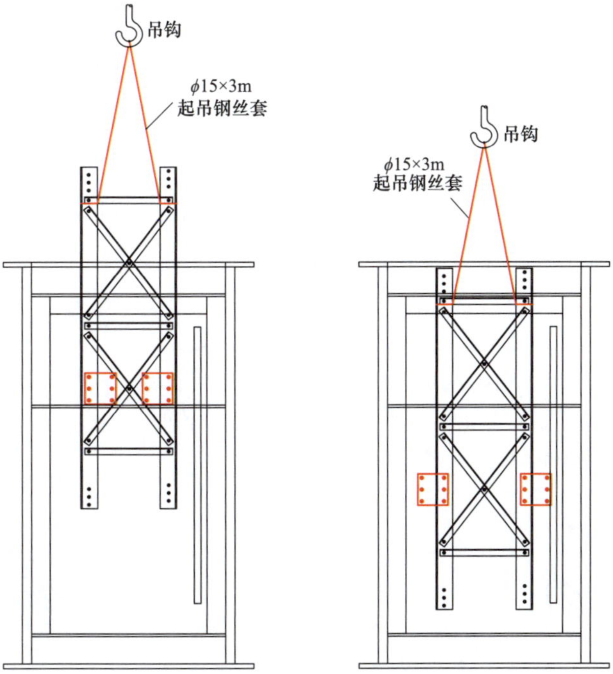

图 6-35　内骨架吊装示意图

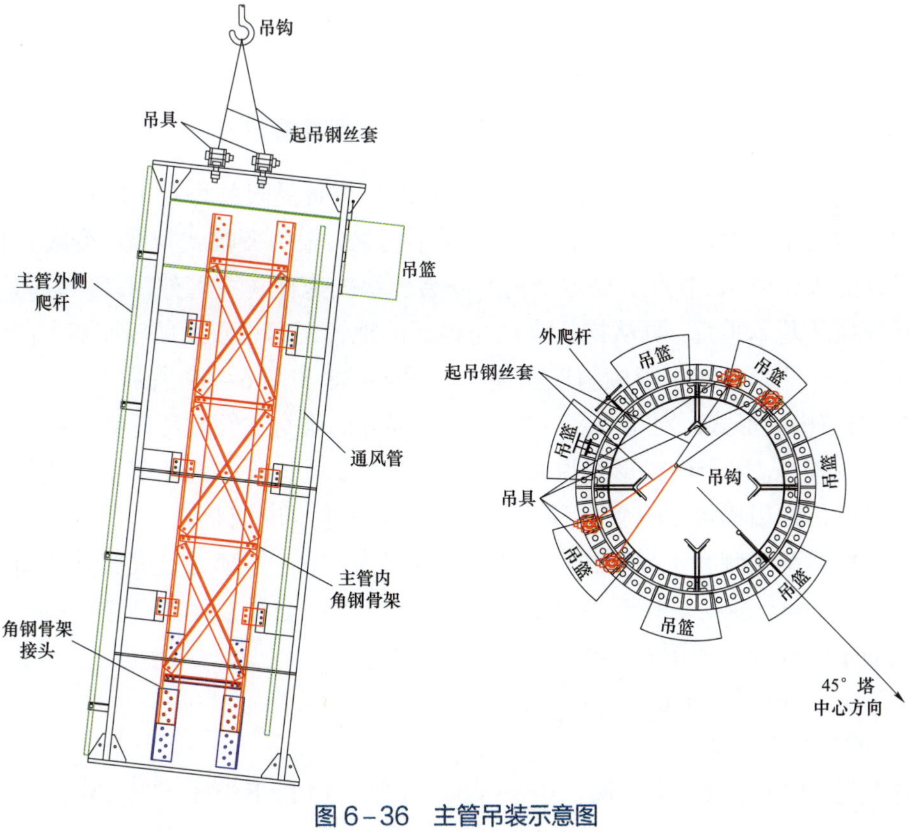

图 6-36　主管吊装示意图

2）就位拉线控制形式

根据特高塔结构尺寸及地形位置特点，采用不同的控制拉线形式。

① 外拉线形式。塔身 8 段（281.5m）及以下的主管，在外拉线锚桩距离满足要求的情况下，宜采用外拉线形式调整主管倾斜度。

外拉线采用钢丝绳连于主管顶部，引至塔身 45° 方向外侧的地面直接收紧后调整。具体设置方法见图 6－37。

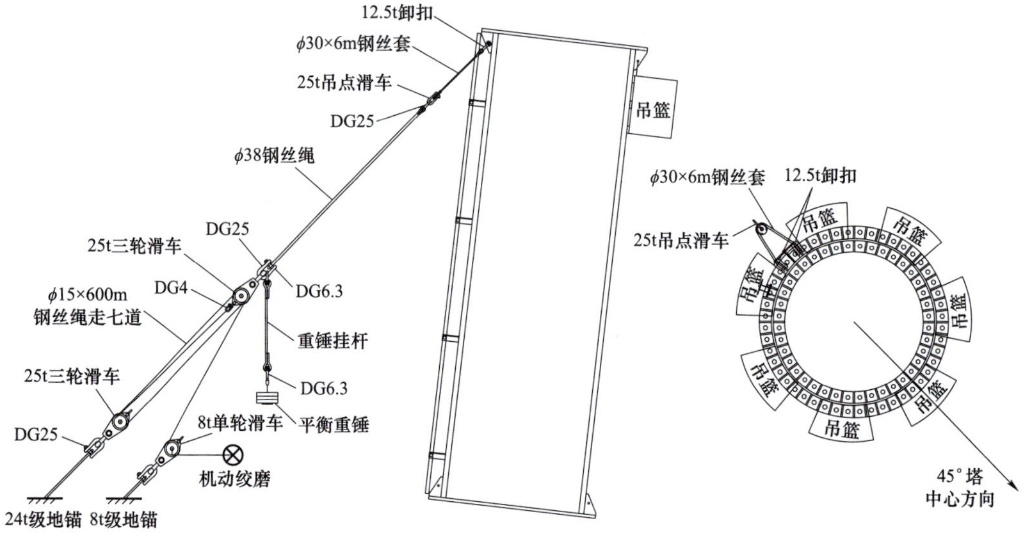

图 6－37　主管外拉线布置示意图

② 抱杆变幅式拉线形式。部分塔腿方向地形位置受限的塔身 14 段以上的主管，外拉线对地夹角偏大，主管倾斜度调整效果不明显，采用变幅式拉线。变幅式拉线借助已组好的平台或 K 节点（稳定结构）安装变幅式抱杆（主管外侧 45° 方向），并使抱杆与拉线基本垂直，再从抱杆头部与地面的地锚之间设置变幅滑车组，在地面进行拉线调整作业，实现主管倾斜度调整，如图 6－38 和图 6－39 所示。

③ 调节横梁形式。对于塔头（7～5 段）部分的塔身主管，考虑高度高及塔身断面根开相对较小，采用横梁形式调整主管倾斜度。在就位段的两相邻主管顶部安装一副钢构横梁，利用横梁上设置的顶撑双钩进行主管倾斜度调整。

调节横梁两端侧套于导套内，横梁可在导套内滑移，导套通过底座安装固定在主管法兰上，导套与横梁端头连接水平布置的顶撑双钩，通过双钩的顶撑作用直接调节主管间的水平根开，如图 6－40 所示。

（2） 112.8m 以下平台段吊装方法

1） 履带吊工况选择。

跨越塔 112.8m 以下平台段，由 15 段、14 段、13 段下半段三部分组成，基于三部分塔段的结构特点及构件质量尺寸，按照各自然段依次吊装，由下向上先吊主管、后吊水平管、再吊八字管、最后吊内隔面管的吊装顺序，选用 2 台 400t 履带吊，履带吊的工况选择见表 6-2。

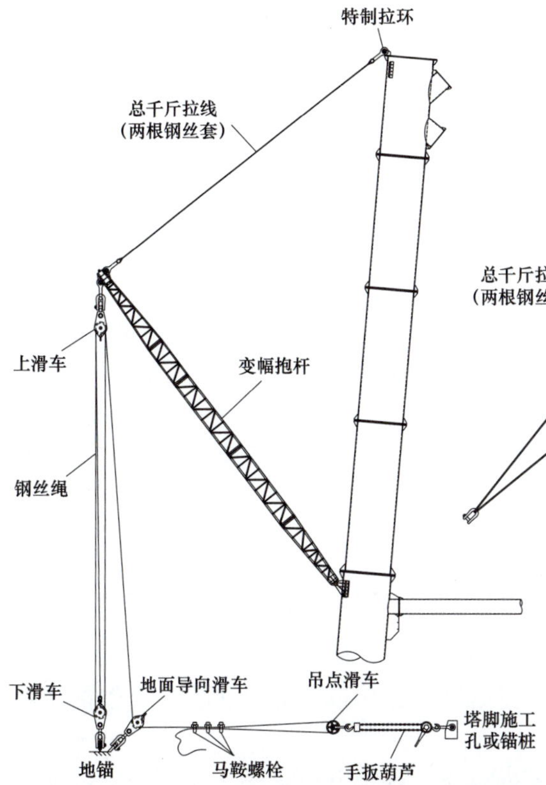

图 6-38　抱杆变幅式拉线工作示意图

图 6-39　抱杆变幅式拉线现场使用照片

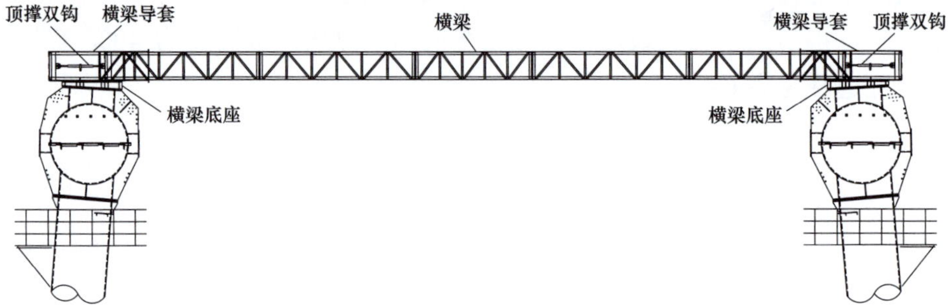

图 6-40 调节横梁布置示意图

表 6-2 400t 履带吊吊装工况选用表

<table>
<tr><th>段别</th><th>吊装高度（m）</th><th>吊装范围</th><th>履带吊工况选用</th></tr>
<tr><td>15 段</td><td>41</td><td>全部塔材</td><td rowspan="2">主臂（H）工况。主臂长度 78m，中央配重 40t，后配重 155t，选用 100t 吊钩（吊钩重量 2.8t）</td></tr>
<tr><td rowspan="2">14 段下半段</td><td rowspan="2">66.4</td><td>主管、水平管、八字管</td></tr>
<tr><td>隔面管及 V 面管</td><td rowspan="3">塔式（LJD）工况。主臂 72m＋变幅副臂 57m＋超起桅杆 30m，中央配重 40t，后配重 135t，选用 100t 吊钩（吊钩重量 2.8t）</td></tr>
<tr><td>14 段上半段</td><td>88.5</td><td>主管、倒八字管</td></tr>
<tr><td>13 段下半段</td><td>112.8</td><td>主管、水平管、八字管</td></tr>
</table>

2）吊装方法。

主管吊装，两台履带吊分别布置在塔腿连线中间，待起吊的主管放置在履带吊起吊作业半径内，逐根吊装。

水平管及八字管吊装，水平管多节组成一体吊装，为防止水平管两端就位后中间下沉，在水平管两端螺栓就位后，需在中间位置用履带吊将水平管拉住，水平管就位后即用另一台履带吊安装八字管。水平管采用四点起吊方式，见图 6-41 和图 6-42。

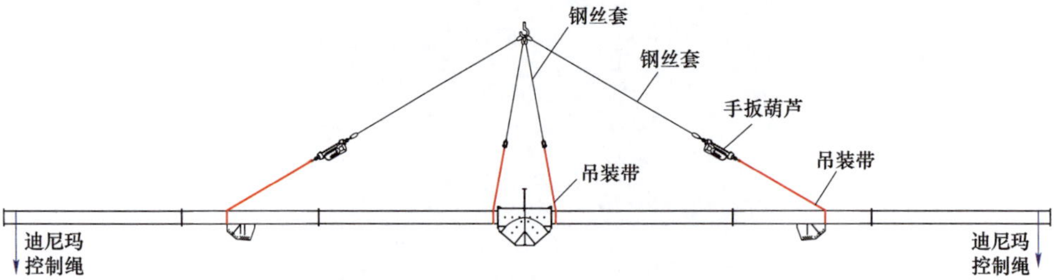

图 6-41 水平管四点起吊布置示意图

水平管两端法兰就位后，履带吊 A 吊钩继续保持受力，并将水平管中心向上抬起约 100mm。履带吊 B 和汽车吊采用抬吊的方式相继吊装两侧八字管。每侧八字管均由多节组成整体，起吊离地时用汽车吊辅助。见图 6-43～图 6-45。

图6-42 15段水平管现场吊装照片

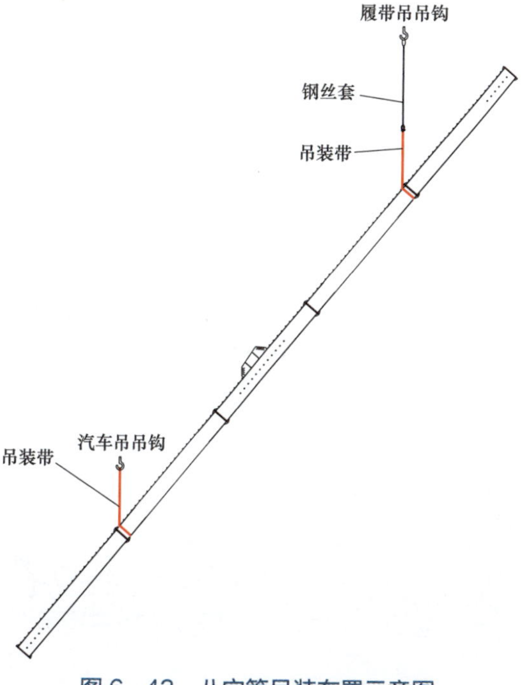

图6-43 八字管吊装布置示意图

图6-44 15段吊装完成照片

图6-45 13段下半段吊装完成照片

（3） 112.8～365m 身部段吊装方法

跨越塔 112.8～365m 身部段，由 13 段上半段、12 段、11 段、10 段、9 段、8 段、7 段、6 段、5 段等组成，该部分铁塔全部利用专用抱杆分解吊装。其中，112.8～281.5m（13 段上半段～8 段）吊装时，专用抱杆座于地面，抱杆顶升在地面进行；281.5～365m（8 段～5 段）吊装时，专用抱杆座于 220m 高空平台，抱杆顶升在高空平台进行。

1）地面吊件布置。

抱杆采用双侧同步吊装，为保证两侧起吊过程中受力平衡，要求两侧待吊装构件的地面摆放位置应位于吊钩作业半径的正下方，并对称布置在两侧起重臂的前后侧，使两侧待吊装构件的中心连线始终与抱杆平臂轴线的垂直投影线相重合，见图 6－46～图 6－48。

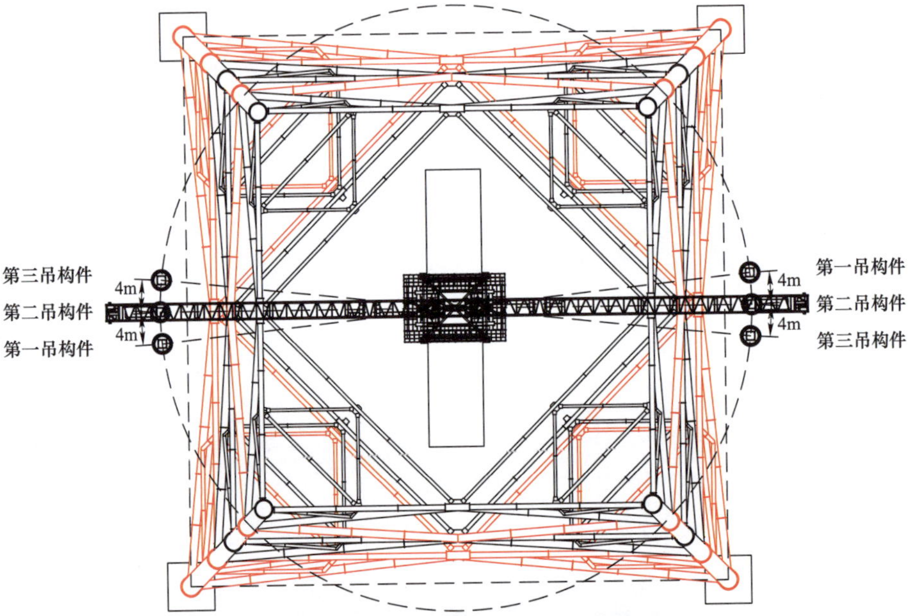

图 6－46　待吊装构件地面布置示意图

图 6－47　待吊装构件现场布置照片

图6-48 专用抱杆吊装主管现场照片

2）倒八字管吊装。

倒八字管多节组为一体整体吊装，按吊装的两个对侧面，将倒八字管分别组装在两个平臂下方，并保证重心位于吊钩垂直正下方，采用两点起吊，见图6-49。

3）水平管及八字管吊装。

12段、11段的塔身水平管及下方八字管，采用由下向上的搭积木方式拼接吊装。先利用抱杆吊装下方八字管的下段，并打设好防倾拉线；然后将八字管的上段与水平管组为一体，利用抱杆采用四点整体起吊，见图6-50。

10段及以上的塔身水平管与下方八字管重量相对较轻，采取组成一体成片吊装方式。见图6-51。

（4）塔头横担吊装方法

根据横担的结构分段及重量，结合抱杆吊装特点，采用分段组成整体、分次吊装方式，按“由下向上、由内向外、左右对称、同步吊装”的原则，逐段依次进行。四层

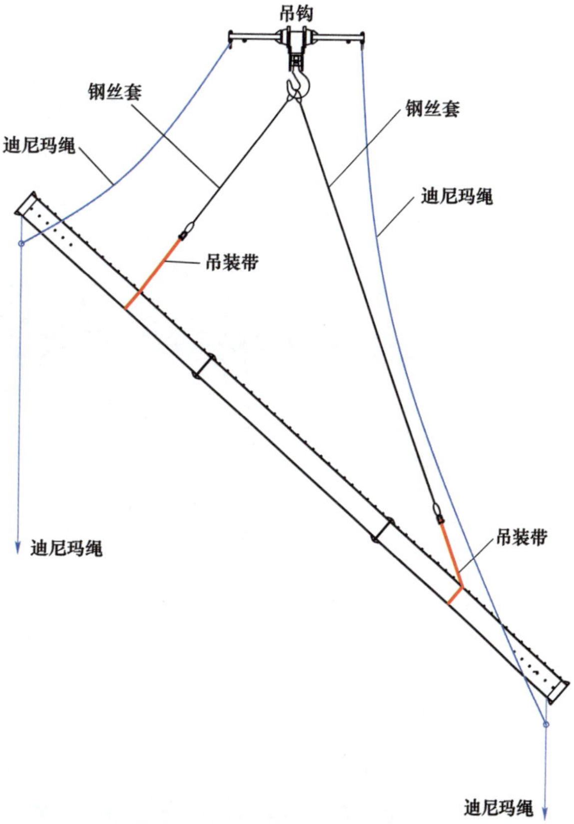

图6-49 倒八字管吊装示意图

横担，共分为 9 个部分，分 9 次进行吊装，见图 6-52。

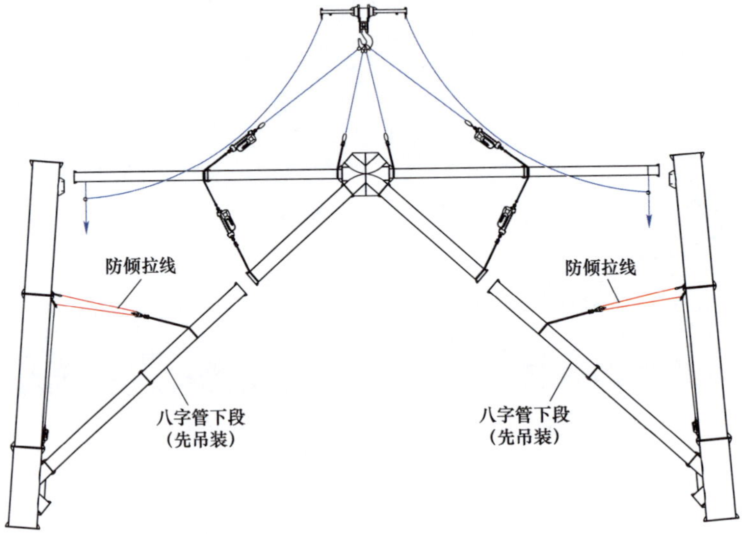

图 6-50　水平管及八字管吊装示意图

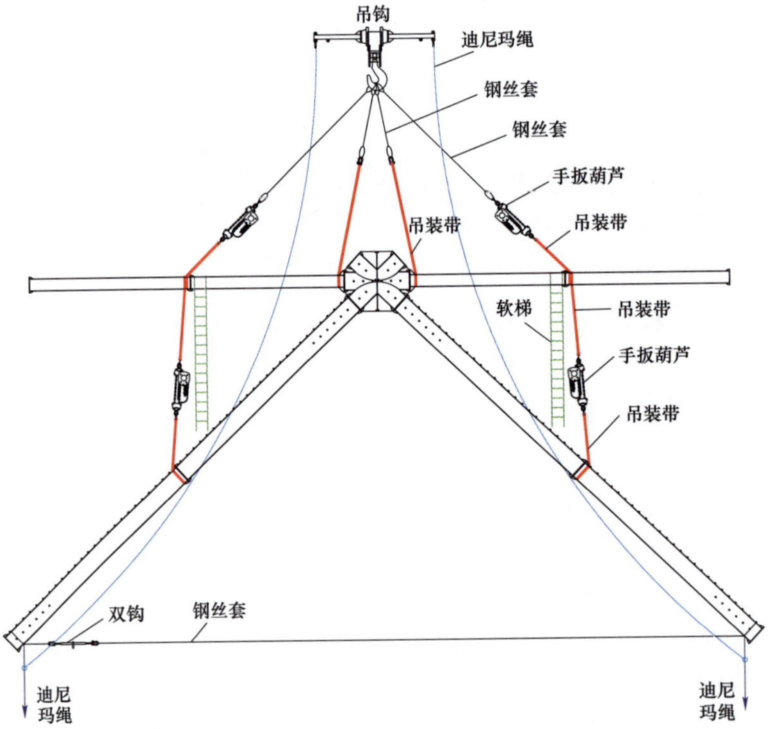

图 6-51　水平管及八字管组片吊装布置示意图

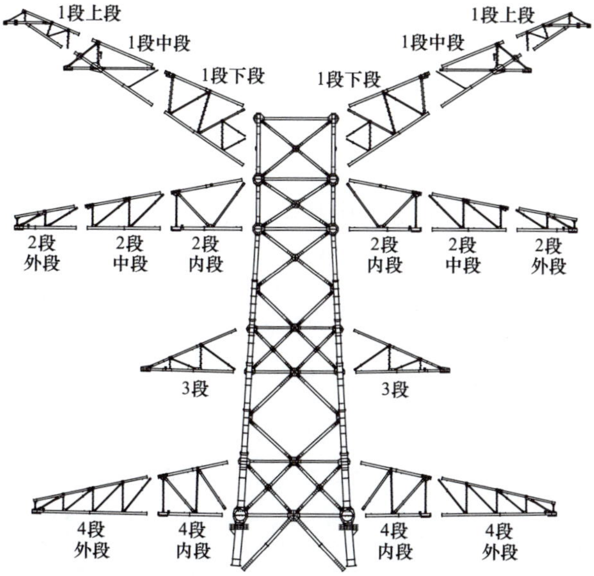

图 6－52　西堠门跨越高塔塔头横担吊装分段示意图

8. 220m 高空作业平台设置方法

（1） 专用抱杆高空提升悬浮

铁塔完成第 8 段（高度 281.5m）组立后，将专用抱杆 220m 以上部分全部提升悬浮，然后拆除 220m 以下的标准节换装为永久井筒，在 220m 高度设置高空作业平台，在高空平台上进行抱杆的顶升操作。

1） 专用抱杆高空提升悬浮滑车组布置。

在高空布置四套提升滑车组，尾绳经地面滑车导向，通过四合二、二合一后合并，接上牵引滑车组，引入动力平台，通过牵引机牵引。

提升滑车组单腿 120t 级，下提升点采用一组 120t 九轮高速起重滑车，与抱杆杆身特殊节上的悬浮双拉杆联板相连，上提升点采用两组 65t 五轮高速起重滑车，与塔身预留的提升板相连，中间穿引 ϕ24 钢丝绳，形成 19 道磨绳，尾绳由 65t 五轮滑车引出，经 220m 高空平台导向后引向地面，具体滑车组连接方式见图 6－53。

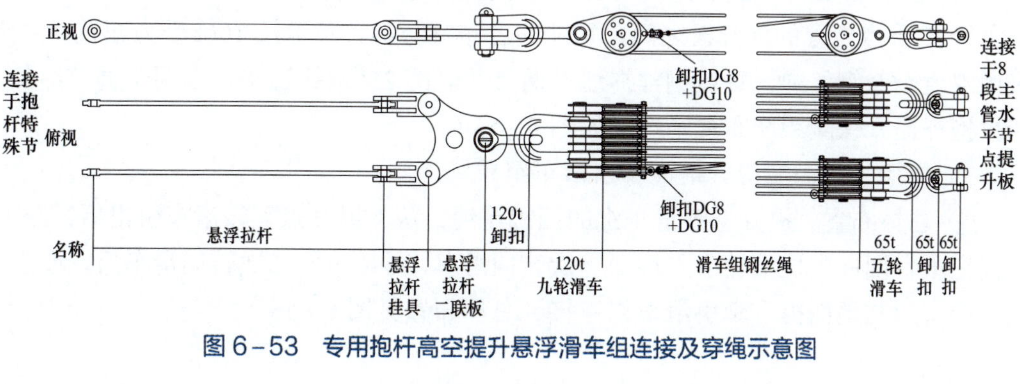

图 6－53　专用抱杆高空提升悬浮滑车组连接及穿绳示意图

2）专用抱杆高空提升保险系统布置。

提升悬浮到位后，布置一套保险系统，四腿均设置，单腿为 100t 级，采用定长钢丝绳与拉杆，通过 4 只 25t 双钩调节，保证受力均匀。

① 抱杆特殊节悬浮拉杆布置。抱杆特殊节上预留有双层悬浮拉杆，下层用于连接提升悬浮滑车组，上层用于连接提升保险系统，见图 6－54。

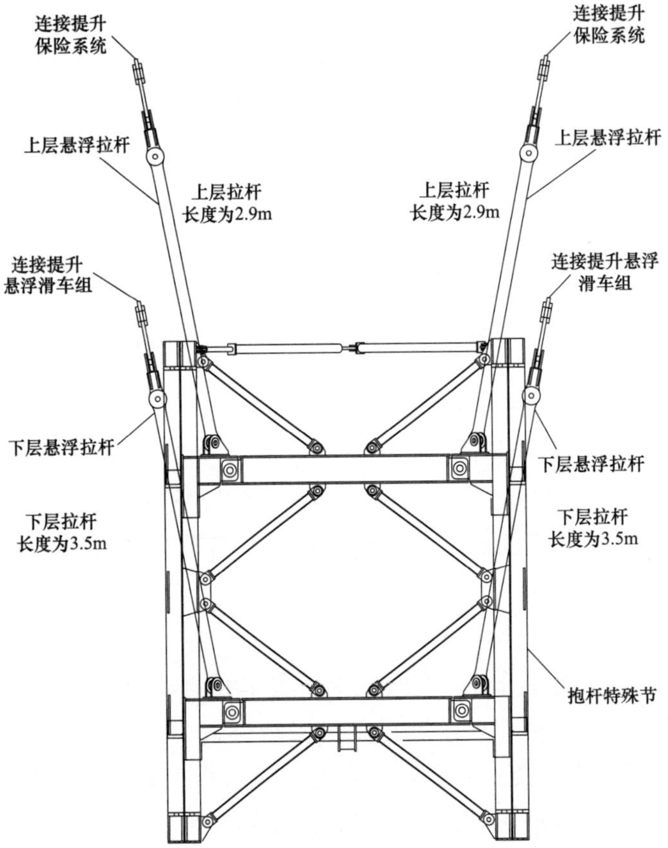

图 6－54　专用抱杆特殊节双层悬浮拉杆布置示意图

② 提升保险系统连接方式。提升保险系统布置在抱杆特殊节四侧主材与塔身四侧主管 K 节点位置的提升板之间，每腿间各布置一组。每组按 100t 受力配置，主绳采用双道 ϕ60 钢丝绳，每道钢丝绳通过两只并联的 25t 双钩连接，以用于调节绳长。专用抱杆提升保险系统布置示意图如图 6－55 所示。

3）专用抱杆高空提升地面牵引滑车组布置。

① 总体布置。提升悬浮滑车组的四根尾绳，从上提升点五轮滑车引出后，经 10 段高空平台四向定位滚轮引入地面一次转向滑车，再经地面二次转向滑车后，通过两次二合一后与地面提升牵引滑车组连接。总体布置见图 6－56。

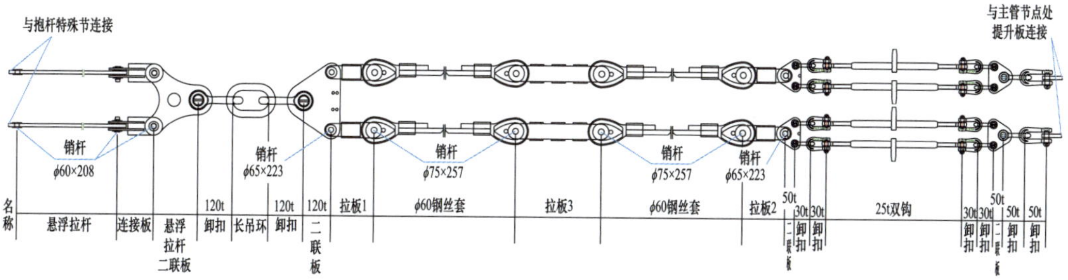

图 6-55 专用抱杆提升保险系统布置示意图

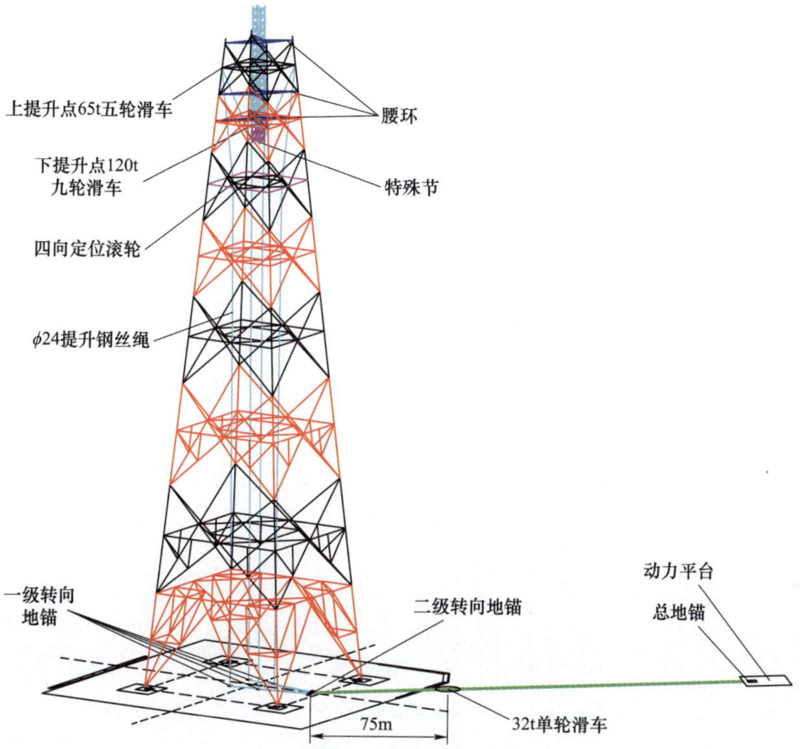

图 6-56 专用抱杆高空悬浮提升布置总图

② 地面牵引滑车组布置。抱杆四根提升磨绳从地面转向滑车引出后，采用两两串接方式进行两次二合一。接地面牵引滑车、钢丝绳，形成6道滑车组磨绳后，尾绳经导向引入提升牵引机。

4）专用抱杆高空提升悬浮。

利用地面顶升套架下顶升方式，先将抱杆顶高4m。

通过在提升滑车组系统的操作配合下，完成提升保险系统的安装，同步保留提升滑车组系统，在地面进行锚固保险后，完成抱杆的高空提升悬浮及保险。

（2）220m 以下抱杆标准节拆除换装井筒

1）专用抱杆井筒提升横梁安装。井筒提升横梁安装于抱杆特殊节下方，考虑安装便捷性，宜在抱杆未悬浮前利用抱杆吊装。

2）专用抱杆 220m 以下标准节拆除。抱杆处于悬浮状态后，可利用提升横梁由上向下逐节拆除标准节；也可以按抱杆顶升逆程序，利用顶升套架，由下向上逐节拆除。

标准节拆至剩下 7 节（腰环剩两道）时，抱杆总高度仅 42m，可利用 100t 汽车吊拆除剩余部分杆身、套架及底座。

3）220m 以下井筒吊装。提升横梁上的井筒吊装系统采用ϕ24mm 钢丝绳，配专用吊钩，采用 2 道钢丝绳吊装，允许吊重 15t。布置见图 6－57。

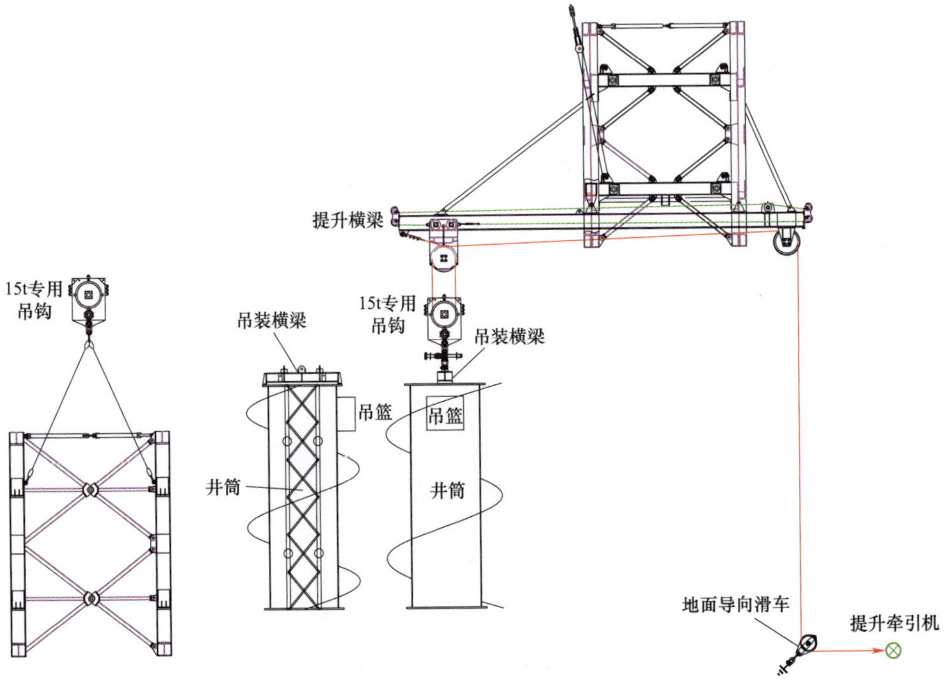

图 6－57　井筒换装示意图

（3）220m 高空作业平台安装

高空作业平台采用钢管与角钢结合的桁架式结构作为受力主框架，桁架高度 3m。桁架主框梁上部安装主承重梁、分配梁、格栅平台、围栏扶手，形成宽度 12m 的高空作业平台，作业平台中间位置安装专用抱杆的底座，底座上方固定抱杆顶升套架、标准节等构件。在作业平台靠塔身隔面水平管的三角位置处预留孔洞，用于地面与高空平台间的抱杆标准节、腰环等构件的吊装通道；同时铺设轨道及小车等，用于抱杆标准节在高空平台的放置与移位。高空作业平台平面布置见图 6－58～图 6－61。

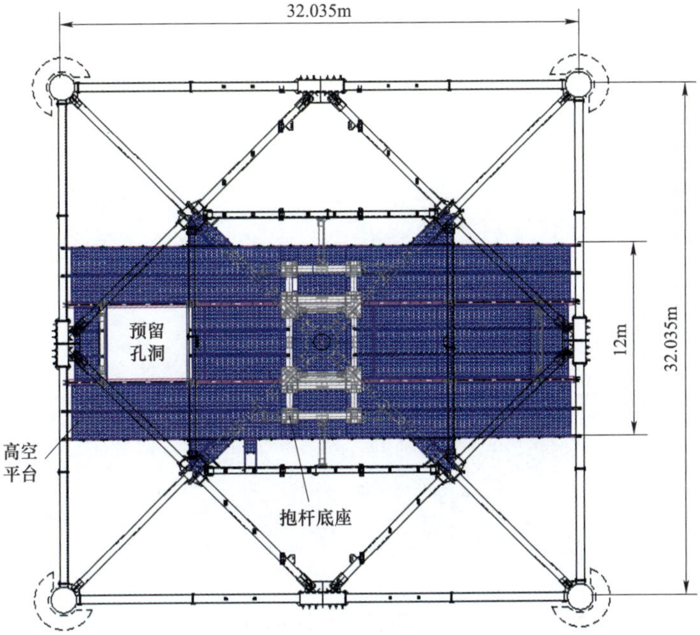

图 6-58　作业平台平面布置示意图

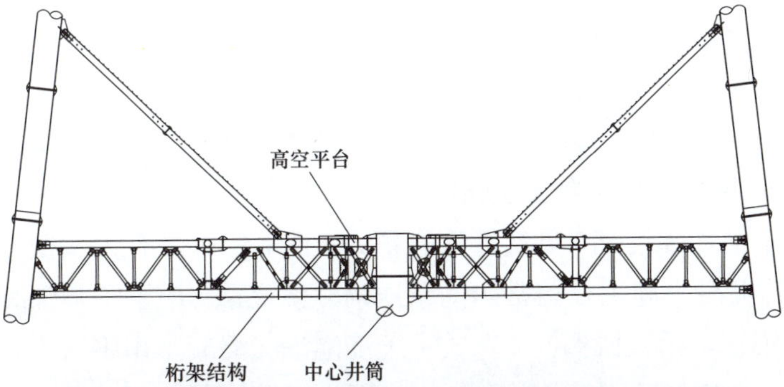

图 6-59　作业平台立面布置示意图

图 6-60　220m 高空平台现场布置照片（一）

图6-61 220m高空平台现场布置照片（二）

9. 钢管混凝土施工

（1） 钢管混凝土工程概况

塔身0～293m主管正侧面坡比均为1/0.084。塔身262.3m以下主管内灌注混凝土，其中154.9m以下配置角钢骨架。混凝土强度等级C50，采用微膨胀自密实混凝土。单基铁塔混凝土总方量为3200m³。

由于特高塔灌注高度高、单次灌注方量大，且主管内焊有大量横向隔板并布置有角钢骨架，钢管混凝土施工目前常用的泵送顶升浇灌法（由泵车将混凝土连续不断地自下而上灌入钢管，无须振捣）、立式手工浇灌法（混凝土由钢管上口灌入后，采用振捣器振捣）和高位抛落无振捣法（利用混凝土下落时的动能达到振捣目的）均无法适用。根据西堠门高塔钢管混凝土结构特点，结合高塔组立施工，参考灌注桩水下混凝土施工原理，提出泵送导管浇灌法。该方法采用高流态自密实高性能混凝土，先由布置在地面的泵车经主管外侧泵管泵送至主管上口，再通过软管灌入布置在主管内部的导管，利用混凝土自重实现不间断自动顶升，无须振捣，提升、拔拆导管过程也起到一定振捣作用，确保密实性。

（2） 灌注施工总体布置

在现场设置混凝土集中搅拌站，混凝土运输采用罐装车，泵车布置在离塔腿30～50m处，沿主管外侧布置泵管，灌注段主管顶部布置灌注施工平台，主管内布置导管，沿主管内导轨放至灌注段主管底部，见图6-62。结合高塔结构特点，将塔身主管混凝土灌注分为7段，见图6-63。

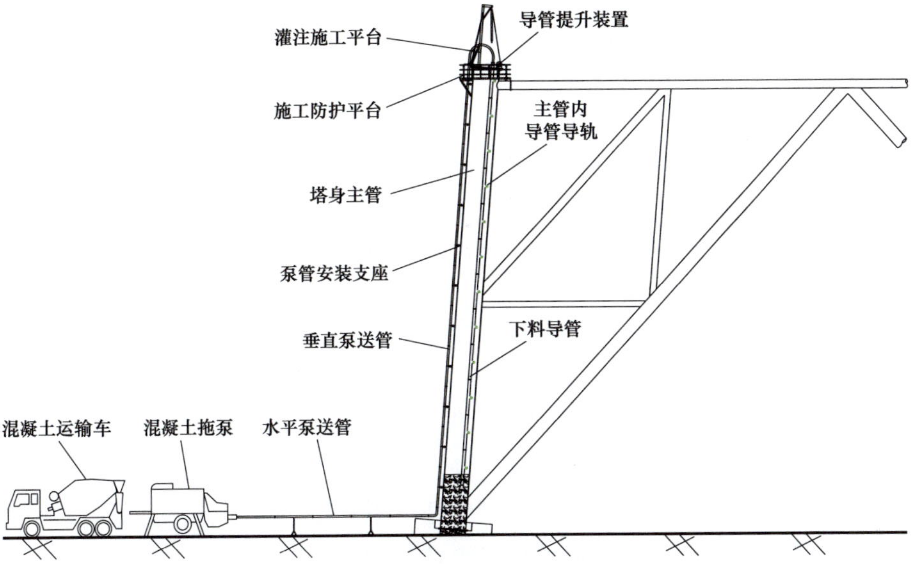

图 6-62　钢管混凝土泵送导管浇灌法施工布置示意图

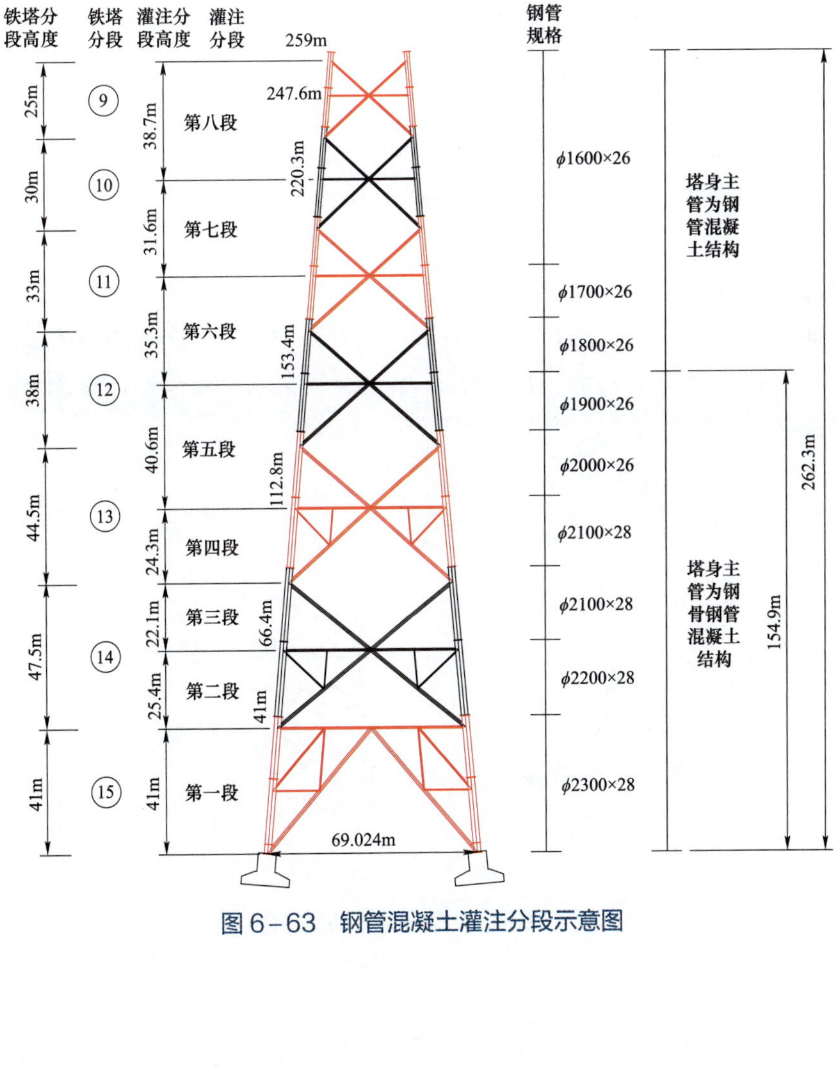

图 6-63　钢管混凝土灌注分段示意图

（3） 主要施工方法

1）施工准备。

① 混凝土原材料选用及配合比设计。根据钢管混凝土参数性能要求，粗骨料选用 5～20mm 连续级配碎石，砂料选用河砂，水泥选用 P.O 42.5 级水泥，粉煤灰选用Ⅱ级灰，外加剂选用高性能减水剂，膨胀剂选用高性能膨胀剂。

② 混凝土泵的选型。根据 JGJ/T 10—2011《混凝土泵送施工技术规程》提供的计算公式进行混凝土泵的选型，计算式如下。

$$L_{\max} = P_{\max} / \Delta P_H \tag{6-1}$$

$$\Delta P_{\mathrm{H}} = \frac{2}{r}\left[K_1 + K_2\left(1+\frac{t_2}{t_1}\right)v_2\right]a_2 \tag{6-2}$$

$$K_1 = (3.00 - 0.1S_1)\times 10^2 \tag{6-3}$$

$$K_2 = (4.00 - 0.1S_1)\times 10^2 \tag{6-4}$$

式中：$L_{\max}$ 为泵最大水平输送距离，m；$P_{\max}$ 为混凝土泵最大出口压力，Pa；ΔP_{H} 为混凝土在水平输送管内流动每米产生的压力损失，Pa/m；r 为混凝土输送管半径，m；K_1 为黏着系数，Pa；K_2 为速度系数，（Pa·m）/s；S_1 为混凝土坍落度，cm；$\frac{t_2}{t_1}$ 为混凝土泵配阀切换时间与活塞推压混凝土时间之比，一般取 0.3；v_2 为混凝土拌合物在输送管内的平均流速，m/s；a_2 为径向压力与轴向压力之比，对普通混凝土取 0.90。

③ 泵管、灌注施工平台、导管安装。

a. 泵管安装。每根主管均设 1 套泵管，布置在主管 45° 外侧靠爬杆处。为方便泵管固定，主管外侧按 2～3m 高度间隔设计了安装支座及连接件，见图 6-64。

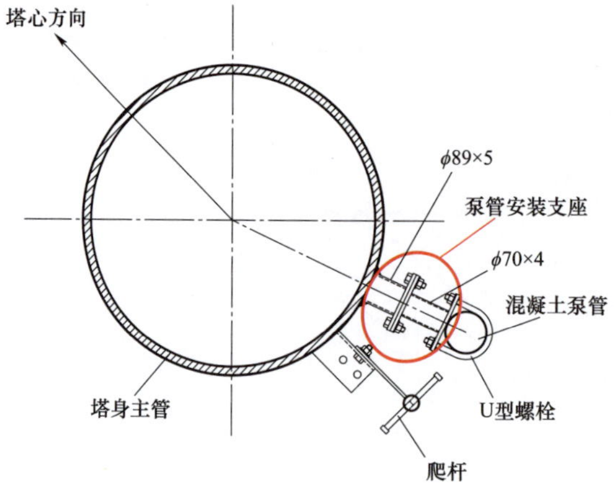

图 6-64 泵管附着安装示意图

b. 混凝土灌注施工平台安装。为保证高空作业人员安全，在高塔相应灌注分段节点的主管四周设计了施工防护平台，见图6-65。

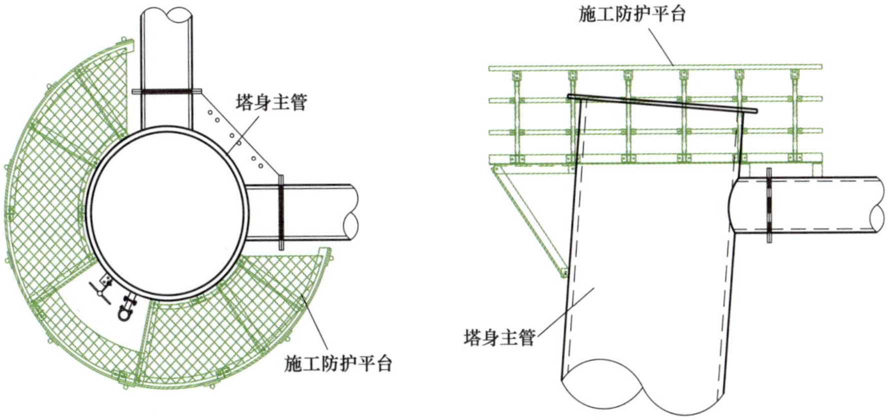

图6-65 高塔主管节点施工防护平台布置示意图

考虑导管安装、提升、拆除及混凝土泵送作业需要，在主管法兰上口单独布置混凝土灌注施工平台，见图6-66。

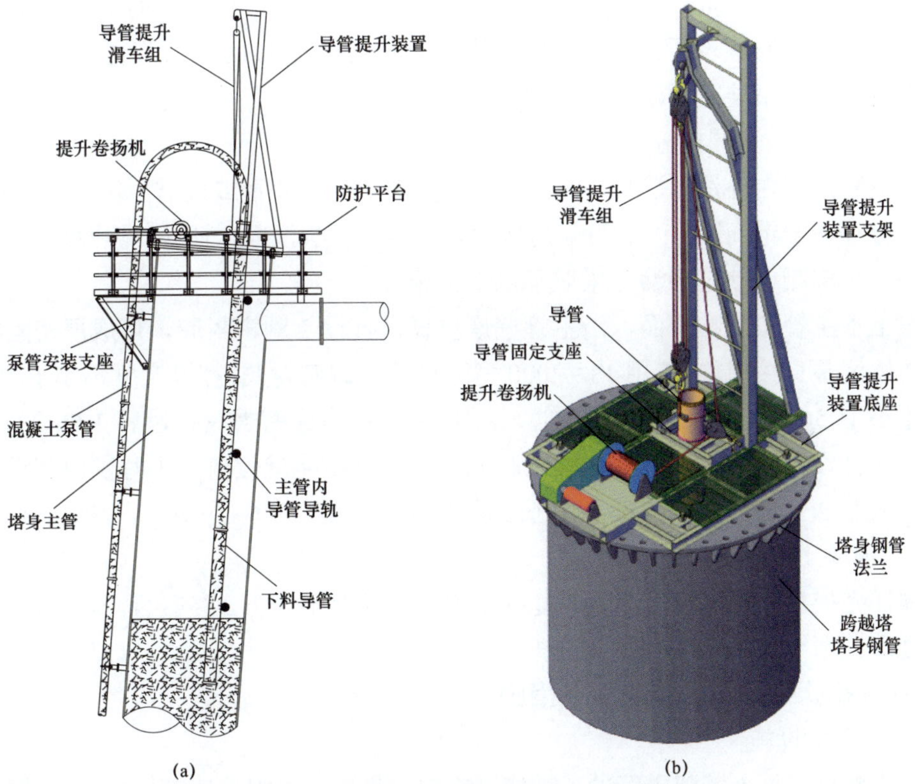

图6-66 钢管顶部灌注施工平台布置示意图

(a) 施工平台总体布置示意图；(b) 导管提升装置布置示意图

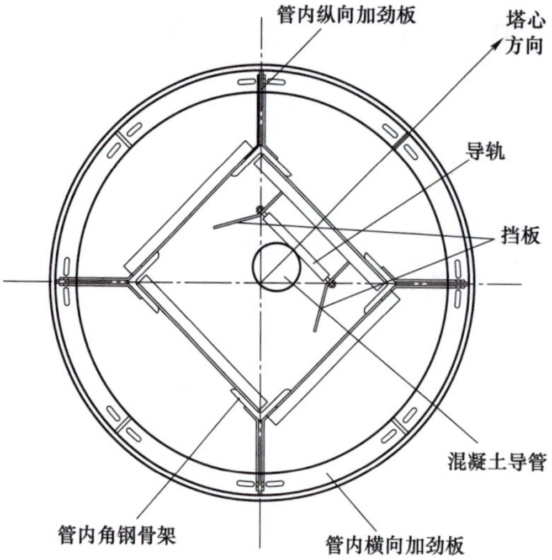

图 6－67 高塔主管内导轨布置示意图

c. 导管安装。高塔主管内的角钢骨架与主管对应分段，骨架中间设计了下管、拔管用的导轨，见图 6－67。为防止导管安装、提升时与导轨发生阻碰，全部接头均设有导角，保证导轨能够顺利地上下移动，减小摩阻力。安装、提升、拆拔导管利用电动卷扬机，通过滑车组进行。

2）混凝土搅拌、运输与泵送。

在现场设置搅拌站，采用自动计量配量，实现混凝土的集中搅拌，再利用罐装车运输至泵车进行泵送。

3）混凝土灌注、导管拆除。

导管下管安装时，按底部与已浇筑完成的混凝土顶面保持 30～50cm 高度为宜，以确保混凝土顺利扩散且不发生离析。灌注前管内应先灌注 1 层 100～200mm 厚同强度等级砂浆。钢管混凝土应连续灌注，必须间歇时，间歇时间不得超过混凝土初凝时间。每个分段接点处的钢管混凝土，其灌注高度应按在清除表面带浮浆面层后比钢管法兰盘低约 1.2m 进行控制，以便于铁塔组立时主钢管吊装及内法兰螺栓就位安装。

4）混凝土防渗漏措施。

主钢管采用内外法兰连接，大直径法兰盘由于焊接变形或安装原因，其上下法兰盘间贴合存在一定间隙，由此可能造成浆水外漏，影响混凝土质量，也对塔身造成污染。为防止混凝土砂浆渗漏，采取了以下措施。

在上下主管法兰贴合面，沿主管壁厚位置，打设 2 圈密封胶，形成严密阻隔墙，作为防渗漏最直接措施。选用 JS－2000 型耐候性硅硐密封胶，打设宽度不小于 10mm、高度不小于 5mm，并保证连续贯通，见图 6－68；考虑密封胶打设后 1.5h 左右即开始干化，打设时间不宜过早，一般控制在上节主管吊装就位前半小时以内打设完成，打设前应对法兰表面进行清理，保证表面清洁、干燥。

5）混凝土养护与顶面处理。

灌注完成后，清除表面浮浆，覆盖养护毯进行保湿养护，终凝后，对结合面进行凿毛处理。凿毛完毕，进行蓄水养护。

10. 特高塔组立施工安全控制措施

（1） 登塔设施

垂直爬杆：每个塔腿主管的 45° 外侧方向均设置，并配设速差自控器、攀登自锁器，可供主管吊装就位时人员上下攀爬。

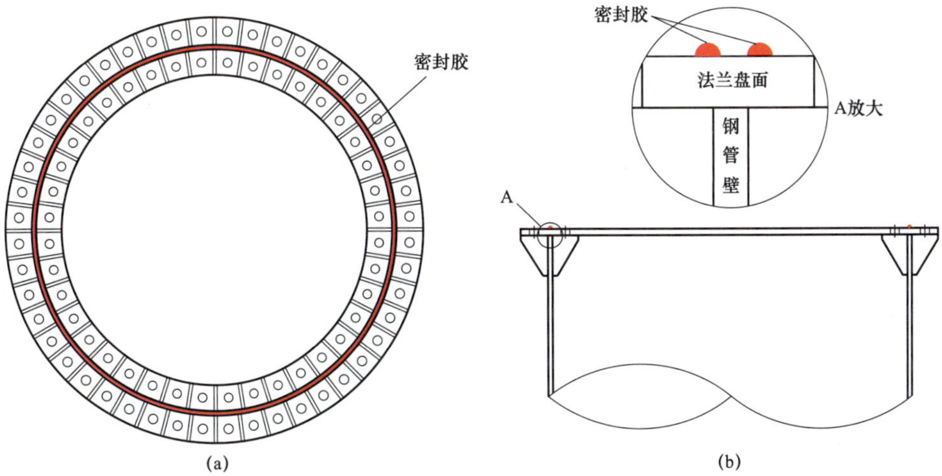

图 6-68　主管上法兰密封胶打设示意图

（a）俯视图；（b）侧视图

抱杆内旋梯：抱杆标准节内部配设有内旋梯，高处作业人员可由地面沿抱杆旋梯登至相应施工段后再沿主管垂直爬杆攀爬，提高安全保障。

斜管外脚钉：塔身斜管外壁及水平管、球节点等构件均设有脚钉，可供就位安装时高处人员攀爬，配速差自控器保护。

（2）施工就位平台

259m 以下塔身主管水平管节点均设有主管外施工就位平台，可供节点法兰螺栓就位安装时站位，还可兼作混凝土灌注操作平台，见图 6-69。

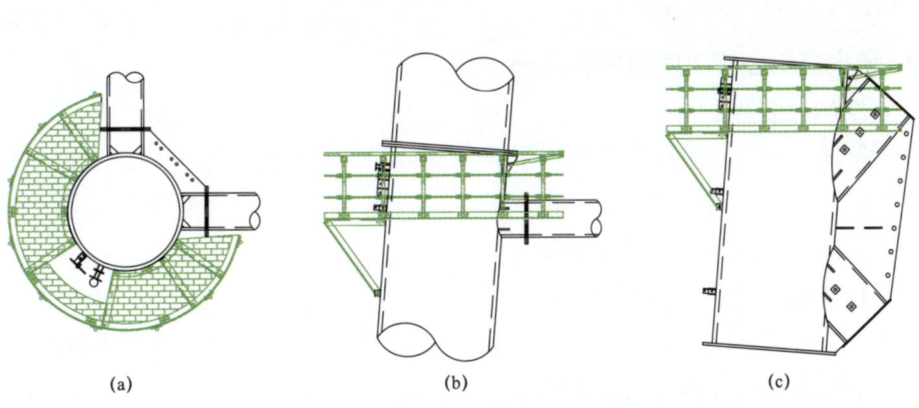

图 6-69　主管节点施工平台示意图

（a）节点施工平台俯视图；（b）主管水平节点施工平台正视图；

（c）主管 K 节点施工平台俯视图

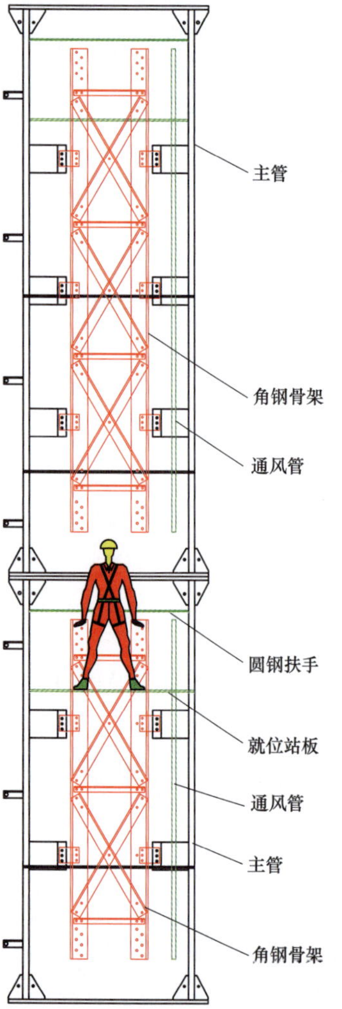

图 6－70　主管内站位平台示意图

主管内法兰就位安装点下方约 1.2m 位置设站位平台，平台沿内骨架采用四片分布，供内法兰就位安装人员站位，同时布置安全网，在主管内壁离站位板上方 0.7m 处设有扶手，供就位人员手扶用，见图 6－70。

（3） 施工就位吊篮

根据特高塔结构特点，吊篮有三种形式，一种适用于主管外法兰就位，另一种适用斜管法兰就位，第三种适用于水平管法兰就位，见图 6－71。

（4） 高空移位保护

高处作业时人员移位保护，有水平管扶手及腰环绳扶手两种，均采用钢绞线，前者在每根水平管上，后者在各段水平管位置的腰环绳上方。

（5） 高空平台安全网

安全网设三道，第一道设在 13 段水平隔面（高 112.8m），第二道设在 10 段水平隔面（高 220.3m），第三道设在 7 段水平隔面（高 293m）。

（6） 钢管内作业

由塔腿起至 281.5m，在主管内部设通风管，分段与主管对应一致，通风管在地面引出后接鼓风机，保持管内空气流通。进管作业时，设专人在管口监视，并设报话机保持联系。管内人员配设头灯及应急灯。

11. 特高塔组立施工质量控制措施

（1） 结构倾斜控制

设专职测量人员，在每段铁塔水平隔面完成后，对正侧面结构倾斜进行测量，防止误差累积至塔顶，造成弯曲及倾斜超标。262.3m 以下主管混凝土灌注施工时，应按两对角主管先后浇筑，避免单侧浇筑。

（2） 钢管镀锌及防腐漆保护

运输装卸及组装时合理支垫，防止磨损。与管件直接连接的起吊绳宜选用专用编织吊带，不得将钢丝绳直接绑在钢管上。

（3） 螺栓紧固扭矩控制

对法兰螺栓配设专用套筒及加长力臂扳手进行紧固，采用增扭器对紧固扭矩进行检查复核。

(a)　　(b)　　(c)

图 6－71　就位吊篮使用示意图

（a）主管外法兰就位；（b）斜管法兰就位；（c）水平管法兰就位

6.4　架线施工

以西堠门大跨越为例，西堠门大跨越最大档距 2656m，截至 2020 年底为止，仅次于挪威海峡大跨越及舟山螺头水道大跨越的 2756m，且采用了 500kV 与 220kV 混压的同塔四回路（导线全部为 4×JLB23－380 铝包钢绞线）设计，同时跨越了 30 000t 等级的宁波—舟山港进出主航道——西堠门航道，面临的施工风险高、技术难度大。

西堠门大跨越，耐张段长 4.193km，跨越档距分别为 1016m－2656m－521m，500kV 及 220kV 线路部分的导线均采用 4×JLB23－380 铝包钢绞线，分裂间距取 500mm；2 根地线均采用 OPGW－300 复合光缆。

6.4.1　总体方案

采用“直升机牵放钢导引绳、2×（一牵二）同步展放导线”的总体方案，架线施工基本步骤为：跨海展放初级导引绳，大型牵张设备张力展放牵引绳，2×（一牵二）同步带张力展放导线、一牵一带张力展放复合光缆，耐张塔地面划印法紧线、对接法全张力挂线，利用二线提升器安装跨越高塔附件。

初级引绳跨海展放期间，下方跨越航道仍需进行交通管制。导引绳、牵引绳及导线、复合光缆张力展放期间，通过具备保持稳定张力功能的张力机与牵引机（或直升机）的配合，控制线缆对海面净高不小于 50m（最低点高程不低于 53.28m），同时进行交通管制，对不满足通航条件的船只严禁通行。

6.4.2 工艺流程

大跨越架线施工工艺流程见图 6－72。

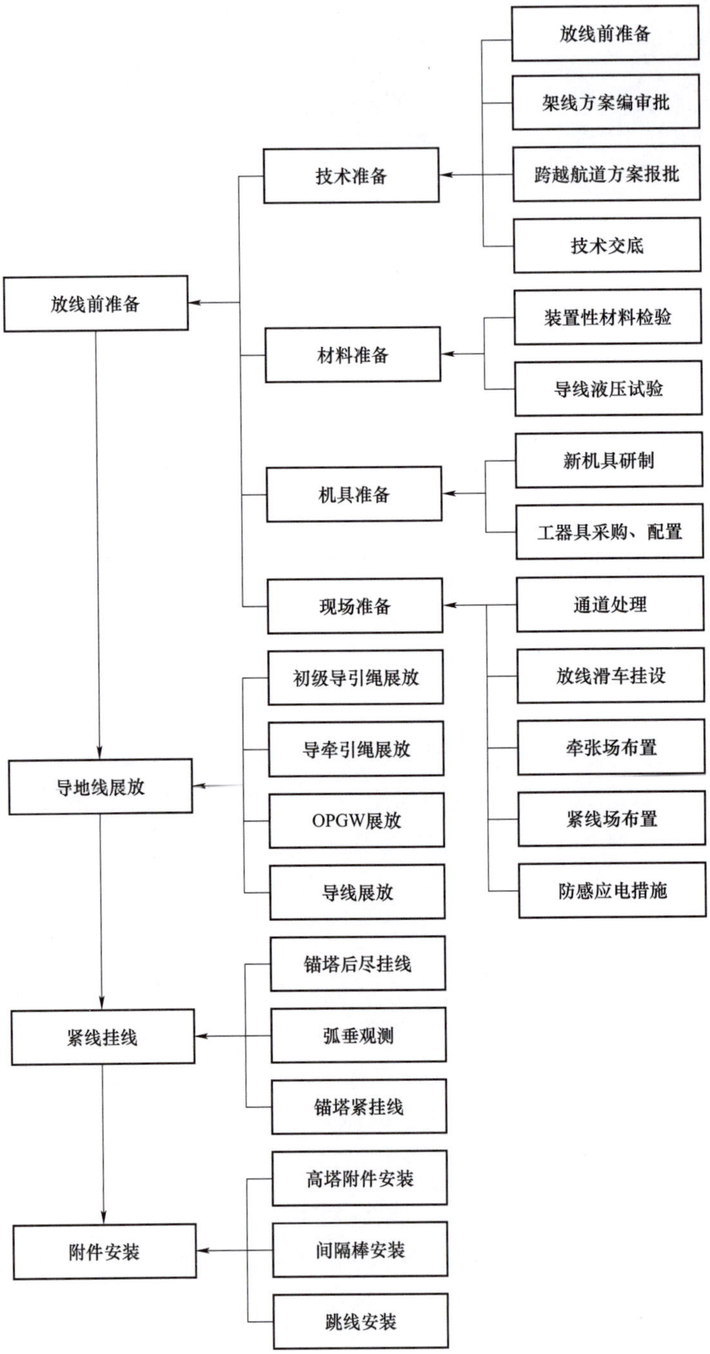

图 6－72　大跨越架线施工工艺流程图

6.4.3 放线滑车挂设

1. 参数计算

金塘岛 2 号、册子岛 3 号两基高塔的垂直档距分别为 2716、3041m，其中 3 号高塔放线滑车最大垂直荷载为 18468kg（两根方 28 钢丝绳），放线滑车的包络角为 53.32°，其大小号侧的悬垂角分别为 24.16°、29.16°，均小于 30°。

2. 滑车选配

两基高塔均挂设双滑车，增大一牵二走板的宽度，光缆及导线放线滑车均选用 200kN 五轮放线滑车，具体技术参数见表 6-3。

表 6-3 200kN 五轮放线滑车技术参数表

额定负荷	200kN	总高/总宽	1700/780mm	轮宽	125mm
连接孔径	ϕ43mm	轮片材质	高强 MC 尼龙	轮径	ϕ1040/900mm
其他要求	1. 所有滑车带双开门装置，小门额定载荷 50kN，双门间隙 35mm；挂孔 ϕ43mm，挂板厚 42mm。 2. 中间轮为尼龙轮，其余为尼龙轮包胶。 3. 数量为 110 只，其中 8 只滑车带中轮横向防跳装置（中间内间隙 100mm），其余全部预留安装中轮横向防跳装置的孔位（防跳槽装置上插销，下滚杠）				

3. 挂设数量

两基高塔的地线顶架和导线横担均挂设双滑车，每相地线顶架挂设 2 只 200kN 五轮放线滑车，每相导线横担挂设 4 只放线滑车。

4. 挂设方法

放线滑车采用专用定制挂具连板进行挂设，挂设于高塔各横担挂点位置预留的施工挂孔上，见图 6-73 和图 6-74。

6.4.4 牵张场布置

大跨越架线张力场选布在金塘岛 1L 号和 1R 号耐张塔下方，整体场地大小约 90m×60m，所有牵张设备、线盘、锚桩及吊机在两基耐张塔基面范围内布置，场地高程约 50m。

牵引场选布在册子 4 号耐张塔下方，整体场地大小约 65m×60m，所有牵张设备、线盘、锚桩及吊机在耐张塔基面范围内布置，场地高程约 126m。

大跨越架线平面布置见图 6-75。

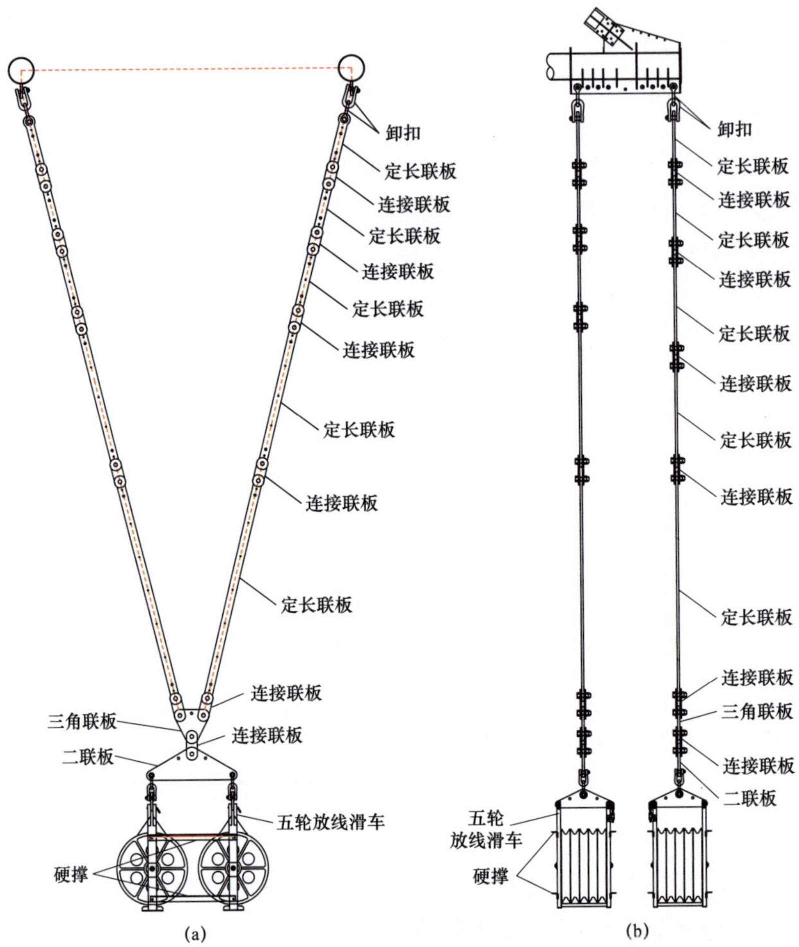

图6-73 放线滑车挂设示意图

（a）侧视图；（b）正视图

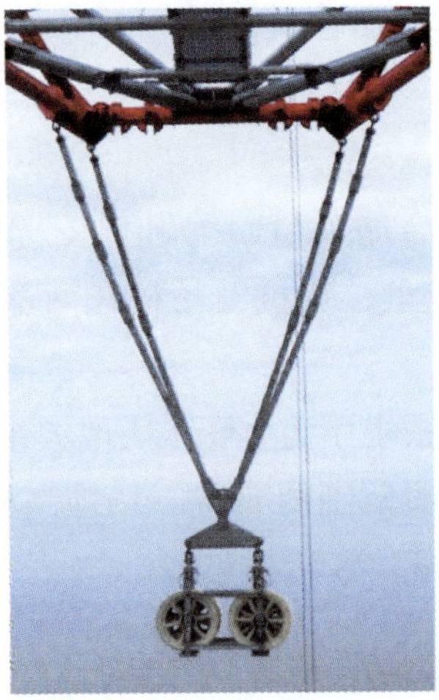

图6-74 放线滑车现场挂设照片

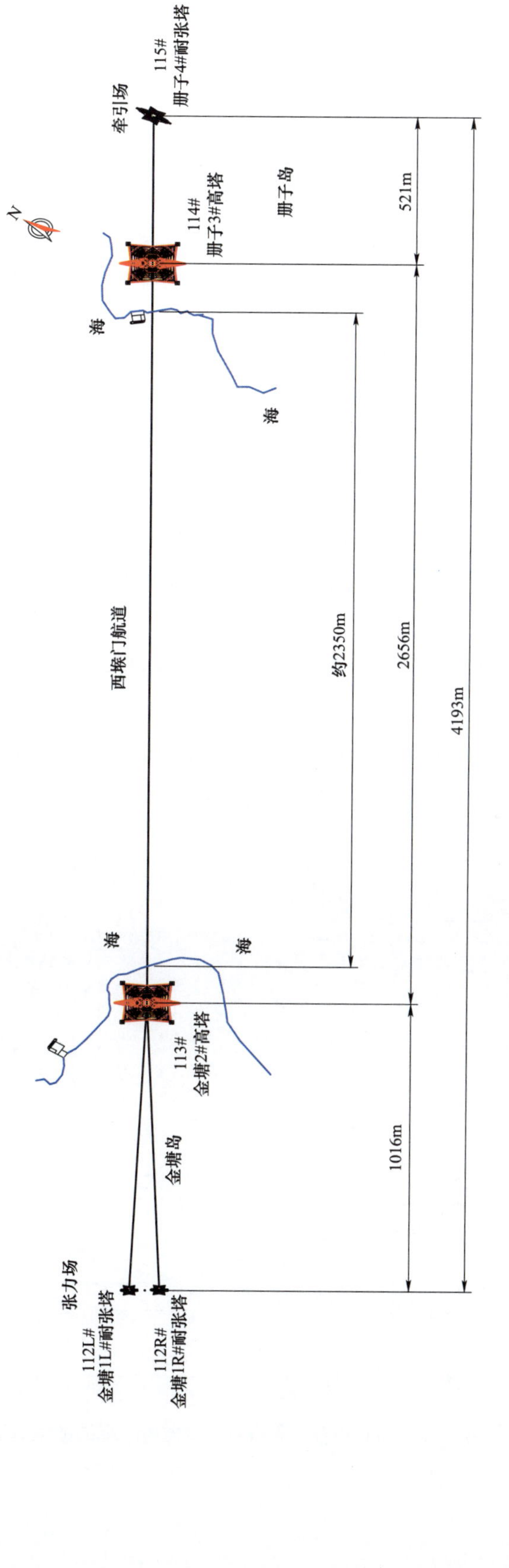

图6-75　西堠门大跨越架线施工平面布置图

6.4.5 初级引绳展放

1. 直升机跨海展放钢导引绳施工技术

西堠门大跨越初级引绳展放，采用直升机飞行牵引展放ϕ13mm 钢导引绳。直升机通过机下所挂的重锤牵引初级导引绳，沿放线段飞行，初级导引绳逐基进入各塔悬挂的导杆式放线滑车，完成放线段初导绳的展放。

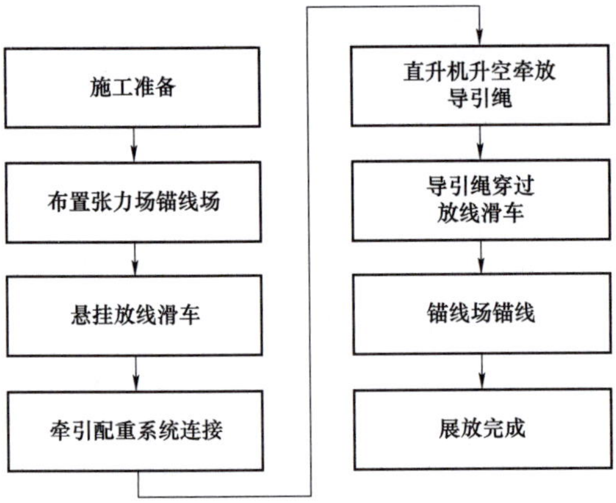

图 6–76　直升机牵放钢导引绳的工艺流程图

（1）直升机牵放钢导引绳工艺流程

直升机牵放钢导引绳工艺流程见图 6–76。

（2）施工准备

1）施工计算。

直升机牵拉导引绳时，须在主吊索与导引绳连接处加挂配重，以利于飞行操纵和飞行安全，示意图见图 6–77。根据张力放线的通用公式，导引绳牵引端的张力计算如下。

$$T_i = \varepsilon^{i-1}(T_T + \omega h_1) + \omega(\pm\varepsilon^{i-2}h_2 \pm \varepsilon^{i-3}h_3 \pm \cdots + h_i) \tag{6-5}$$

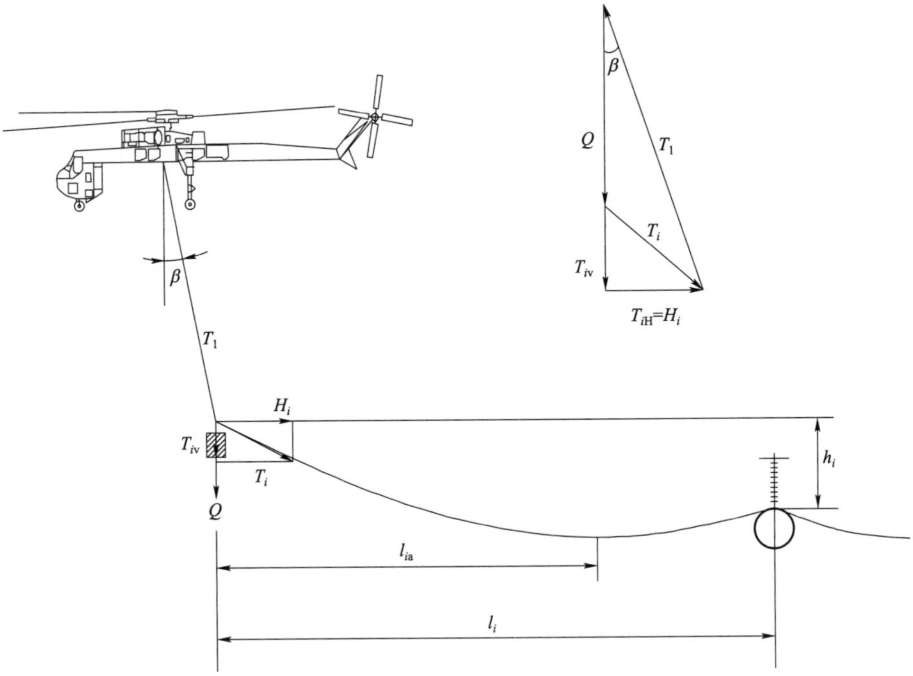

图 6–77　直升机在 *i* 号档上空牵拉导引绳时的索具受力

式中：T_i 为牵引端导引绳的轴向张力，N；T_T 为张力机对导引绳的制张力，N；ω 为导引绳单位长度的自重力，N/m；ε 为放线滑车钢轮对导引绳的阻力系数；h_1，h_2，h_3，…，h_i 为1，2，3，…，i 号档导引绳悬挂点高差，牵引侧悬挂点高于张力侧悬挂点时，其前的“±”号只取“+”号，反之只取“-”号，m。

配重体的重力计算见式6-6。

$$Q=\frac{H_i}{\tan\beta}-H_i\mathrm{sh}\left(\frac{l_i\omega}{2H_i}+\mathrm{sh}^{-1}\frac{h_i}{\frac{2H_i}{\omega}\mathrm{sh}\frac{l_i\omega}{2H_i}}\right) \tag{6-6}$$

式中：Q 为配重体的重力，N；H_i 为直升机在 i 档上空牵引时导引绳的水平张力，N；β 为直升机主吊索后偏角，（°）；l_i 为第 i 档的档距，m；ω 为导引绳单位长度的自重力，N/m。

主吊索承受的轴向张力计算见式（6-7）。

$$T_1=\sqrt{H_i^2+\left[Q+H_i\mathrm{sh}\left(\frac{l_i\omega}{2H_i}+\mathrm{sh}^{-1}\frac{h_i}{\frac{2H_i}{\omega}\mathrm{sh}\frac{l_i\omega}{2H_i}}\right)\right]^2} \tag{6-7}$$

式中：T_1 为主吊索承受的轴向张力，N。

根据直升机展放导引绳工艺要求，配合直升机牵放六方13钢丝绳，专门研制了高速张力机，配置高速尾车。设计最大持续放线速度25km/h，最大张力30kN，最大容绳为□13钢丝绳5000m。高速张力机见图6-78。

图6-78 高速张力机

经计算，六方13钢导引绳的牵引力最大控制在25kN以上，配重锤质量在50kN以上，对直升机外载荷能力要求在65kN以上。经调研，世界范围内民用直升机只有

S－64F 直升机可以在满负荷条件下以 8～15km/h 的慢速进行稳定飞行，是能够完全满足西堠门大跨越钢导引绳展放作业要求的合适机型。

2）起降场设置。

① 作业前应选择合适的起降场和备降场，起降场地要求平坦坚硬、无砂石、净空条件良好，起降区域面积适于直升机起降，直径不应小于旋翼长度的 1.5 倍。

② 直升机运行区域应保持清洁，无散乱物体，无易吹起物，起降场、锚线场、张力场处应采取洒水或其他降尘措施。起降场附近 30m 范围内不得有树木、架空线路、建筑物、构筑物等影响飞行安全的障碍物。

（3） 布置张力场、锚线场

1）张力场。

直升机牵放引绳施工的张力场布置与传统的张力场布置基本相同。高速张力机布置在张力场，不宜放置在线路正下方，应偏于线路中心线一侧，以保证导引绳与直升机的空间安全距离，提高作业安全性。待展放线盘摆放在张力机后侧，绳头引出线盘，做好接续准备，提高效率，缩短直升机悬停时间。布置见图 6－79。

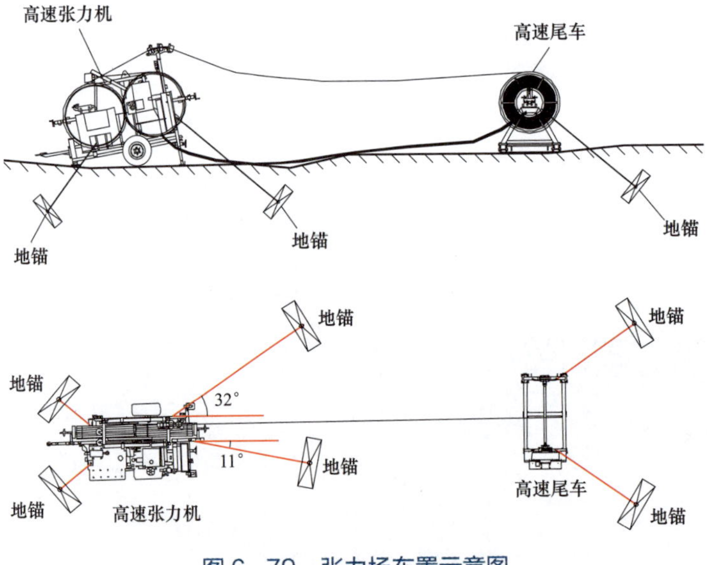

图 6－79　张力场布置示意图

以西堠门大跨越为例，直升机展放引绳的张力场在册子岛侧 4 号耐张塔。受现场地形条件限制，高速张力机设置在 4 号耐张塔小号方向靠近 1 号腿位置，张力机出口朝向册子岛高塔中心方向，高速尾车设置在张力机后方约 15m 位置。张力机和高速尾车地锚均采用 4 点锚固方式。张力场布置图见图 6－80。

2）锚线场。

锚线场设置应考虑方便锚线操作，直升机接近地面悬停时四周无任何障碍，尽量为直升机悬停、脱钩提供方便。锚线点应与铁塔最近距离不小于 40m。

图 6－80　张力场布置图

根据本工程耐张塔所处地形情况，将锚线场设置在金塘侧 1 号耐张塔附近。

（4）放线滑车悬挂

直升机放线专用滑车的轮槽结构和材料与普通放线滑车基本相同，但在外形结构上多了一个进线的“活门”和一支导向杆。直升机张力牵引导引绳穿越该滑车的导向杆引入滑车的“活门”，靠绳索的自重和张力的联合作用压开活门自动进入滑轮槽内。导杆可拆卸，便于改装和运输。导杆式放线滑车见图 6－81。

图 6－81　导杆式放线滑车示意图

放线滑车宜采用专用钢丝套 V 型挂设，在需展放初导绳侧挂设单滑车，悬挂时应确保滑车在自由状态下导杆朝向初导绳滑落一侧。挂设示意图见图 6－82。

跨越塔放线滑车采用专用钢丝套挂设。在两基西堠门跨越塔左、右两侧地线支架上分别悬挂直升机放线专用导杆式放线滑车，每侧挂设 1 只滑车。钢丝套选用两根 ϕ22mm×2.5m 镀锌压制钢丝套，与铁塔挂点处前后主管下的施工板 V 型连接，下方滑车通过二联板以卸扣单点连接方式与 V 型钢丝套连接。放线滑车挂设示意图见图 6－83。

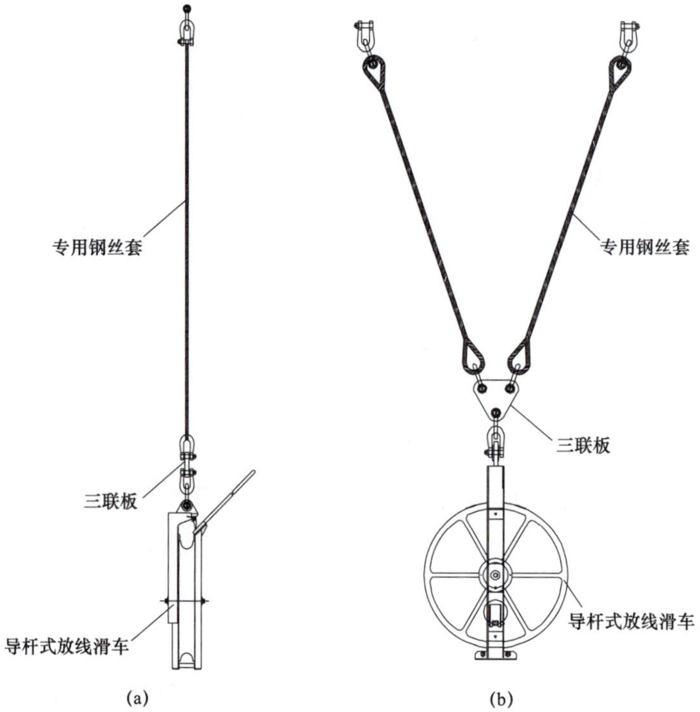

图 6-82　导杆式放线滑车挂设示意图

（a）正面；（b）侧面

图 6-83　放线滑车挂设示意图

（5）牵引、配重系统连接

直升机吊索、导引绳、配重之间采用卸扣与三角联板的连接方式，连接方式见图 6-84。

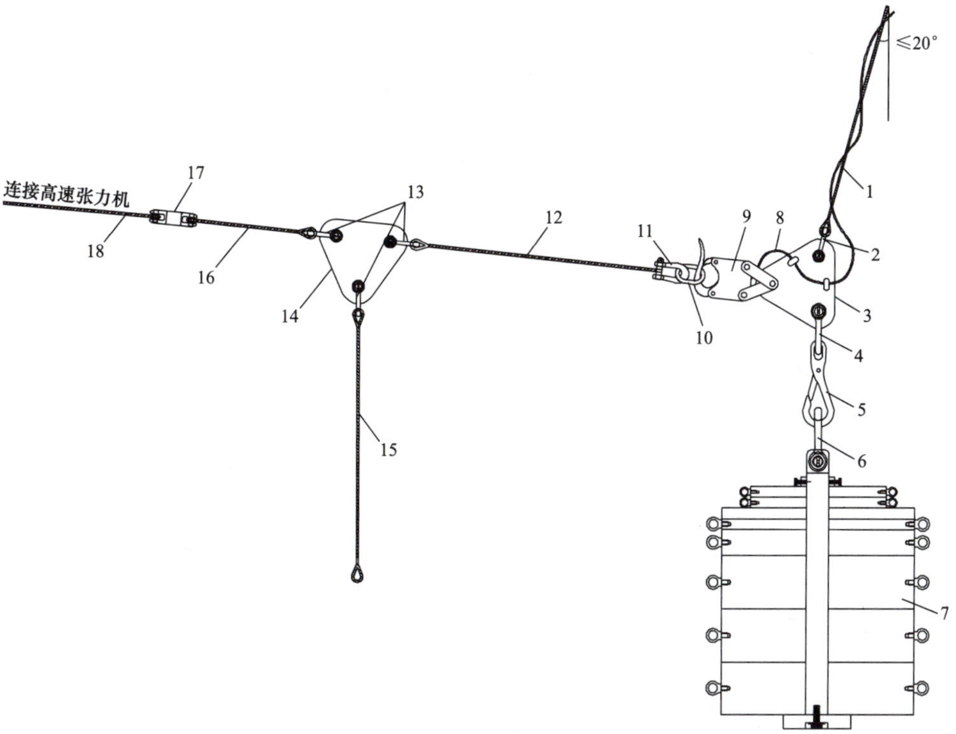

图6-84 配重连接示意图

1—12t 吊装带，长度 15m；2—15t 卸扣；3—三眼板；4—10t 卸扣；5—12t 手动钩；6—DG8；7—配重（4100kg）；8—电动钩控制线；9—12t 电动钩；10—12t 封闭环；11—DG6.3；12—□15×3.5m 钢丝绳；13—DG6.3；14—三眼板，LV—200；15—ϕ22×2.5m 钢丝套；16—□15×3.5m 钢丝绳；17—80kN 旋转连接器；18—□13×5000m 钢丝绳

重锤按照直升机牵引导引绳作业时主吊索最大允许偏角 20°进行配重设计，配重总重量 4100kg。重锤采用金属材质，重量以 100kg 为单位进行调节，呈圆盘形设计，高度 1.2m。重锤结构见图 6-85。

图6-85 重锤结构示意图

（6）导引绳的连接

将导引绳从尾车线盘引出后，在高速张力机的张力轮盘缠绕，从张力机的出线口引出至与直升机的接线点位置，置于地面。直升机飞到张力场上空，在预定位置降低高度，悬停。地面人员将导引绳端头与重锤相连。导引绳与直升机连接见图 6-86。

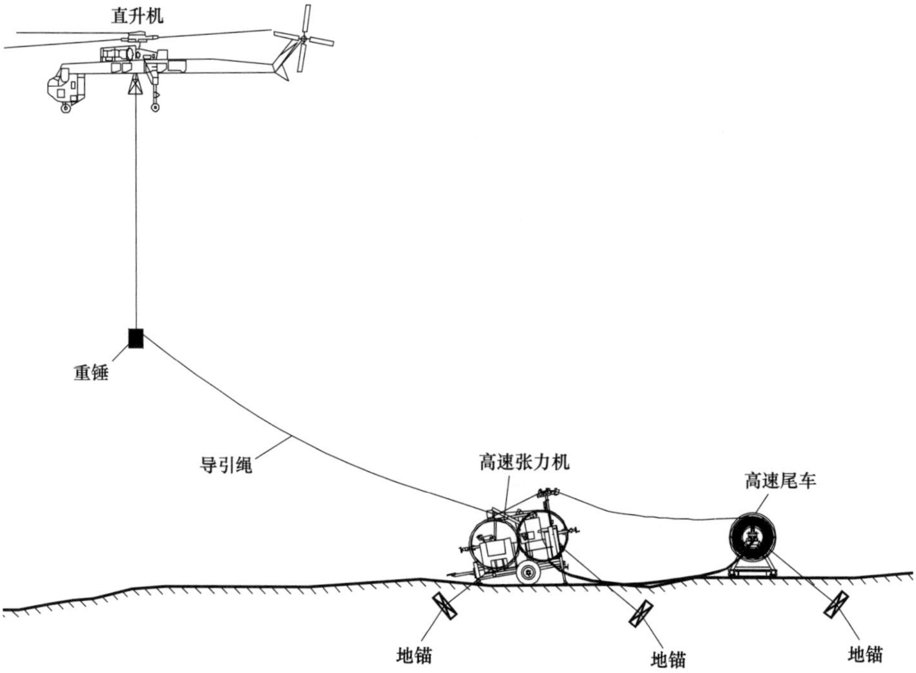

图 6-86 导引绳与直升机连接示意图

（7） 直升机升空牵放导引绳

1） 导引绳牵放顺序。

① 根据现场起降场位置，直升机在牵引导引绳时按照先右后左的顺序进行展放，可以为直升机的起飞和降落提供方便的同时，也为直升机驾驶员提供更大的安全操作空间，减少引绳之间的互相干扰，避免空中交叉作业。

② 飞行员在进行直升机的起飞、牵引、降落、悬停等系列操作时，必须要保证直升机与铁塔以及塔上已架设线绳的安全距离不小于 20m。

2） 牵放飞行与飞行方向、高度控制。

① 直升机将导引绳线端与重锤相连后，提升高度，正对前方铁塔相应放线滑车方向飞行。直升机的飞行高度示意见图 6-87。

② 飞行的方向控制，按直升机从铁塔横担头外侧上方越过，所牵放的导引绳与铁塔构件保持最小水平安全距离（不小于 5m）进行控制。

③ 直升机在任意两塔之间飞行时，应注意按规定的速度（约 250m/min，即 15km/h）匀速飞行（最大瞬时速度不大于 330m/min，即 20km/h），并保持飞行高度。

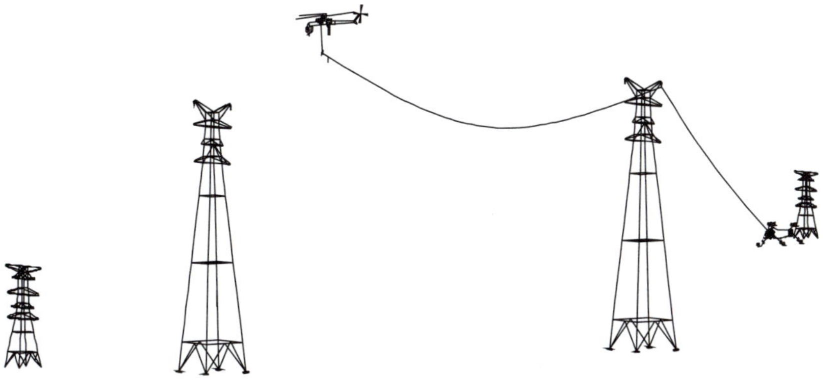

图 6－87　直升机的飞行高度示意图

3）张力机张力控制。

根据大跨越的设计参数，适时控制牵放导引绳所需张力在计算值范围之内，以保证导引绳和海面的净空高度符合通航净空要求。

（8）导引绳穿过放线滑车

1）直升机带导引绳从塔侧面略高于放线滑车高度，越过适当位置悬停，待导引绳稳定后，飞行员判定导引绳所处的空间位置以便观察和监视导引绳入轮的情况，见图 6－88。

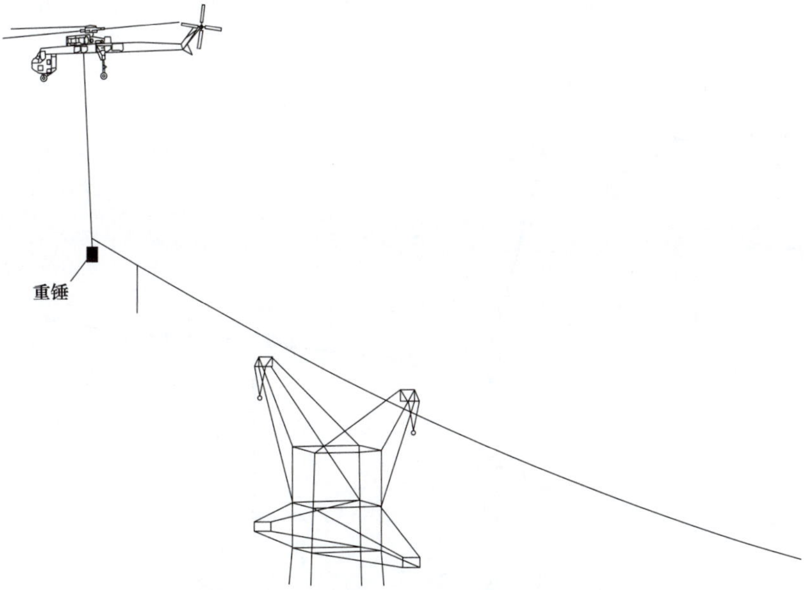

图 6－88　导引绳穿入放线滑车时飞行动作

2）微调直升机的悬停高度，使导引绳的水平位置逐渐贴近预过滑轮的悬垂临时挂索，见图 6－89。

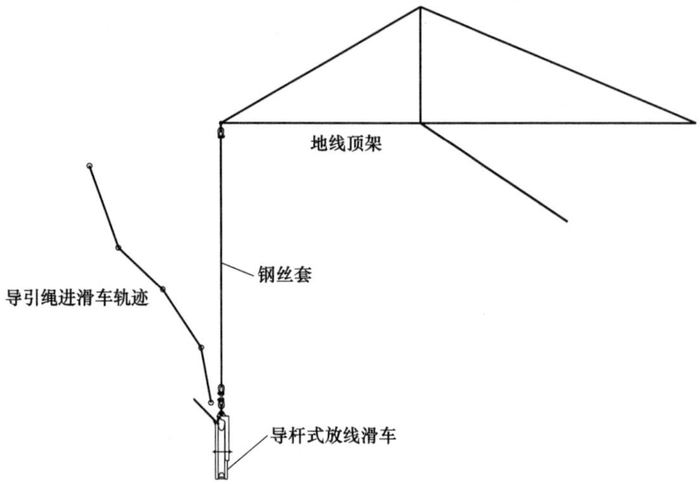

图 6-89 导引绳落入滑车轨迹示意图

3）继续使导引绳缓缓下落，直至导引绳落入滑轮为止，保持或降低直升机的飞行高度，飞行一段距离，然后直升机继续向前牵放，以防止直升机爬升造成导引绳上扬，而从滑车轮槽中滑出。

（9）锚线场锚线

1）直升机在接近锚线场时，适当降低飞行高度。当直升机配重系统正处该导引绳临锚系统垂直上方时，再继续降低高度，直至配重落地后悬停，见图 6-90。

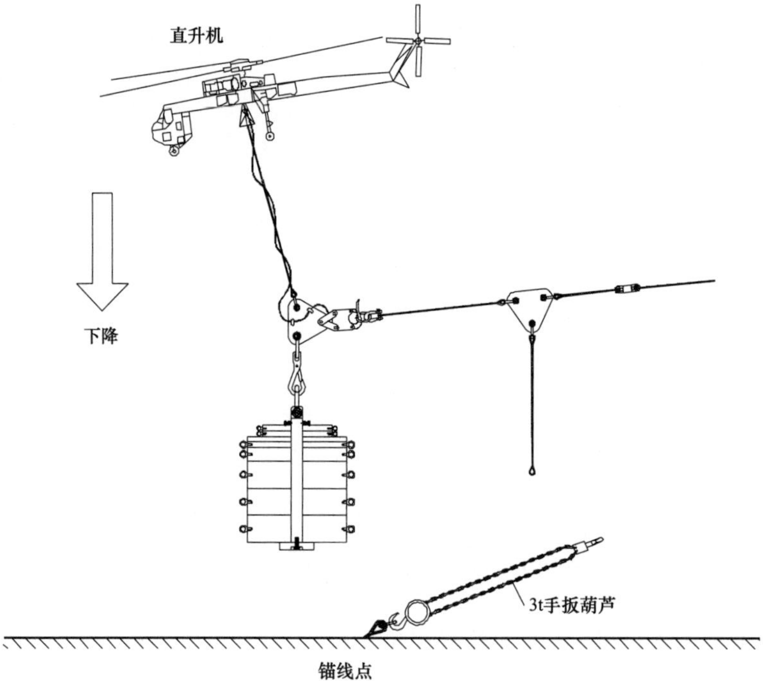

图 6-90 下降示意图

2）将悬挂在三联板上的临锚绳拉住，绳端与锚线场预先连接地锚套的 3t 手扳葫芦连接。直升机此时仍处于悬停状态，且承担约 80%的荷载，见图 6－91。

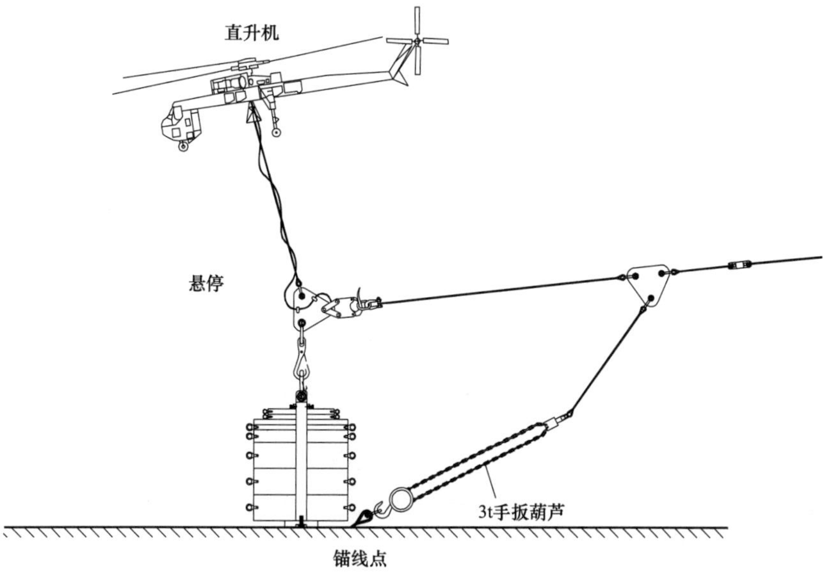

图 6－91　悬停示意图

3）迅速收紧手扳葫芦，临锚绳受力后逐渐拉紧，直至张力全部转移至临锚绳上，见图 6－92。

4）直升机稍作下降，卸下全部荷载，与三联板连接的电动钩动作，将导引绳头与配重脱开，见图 6－93。

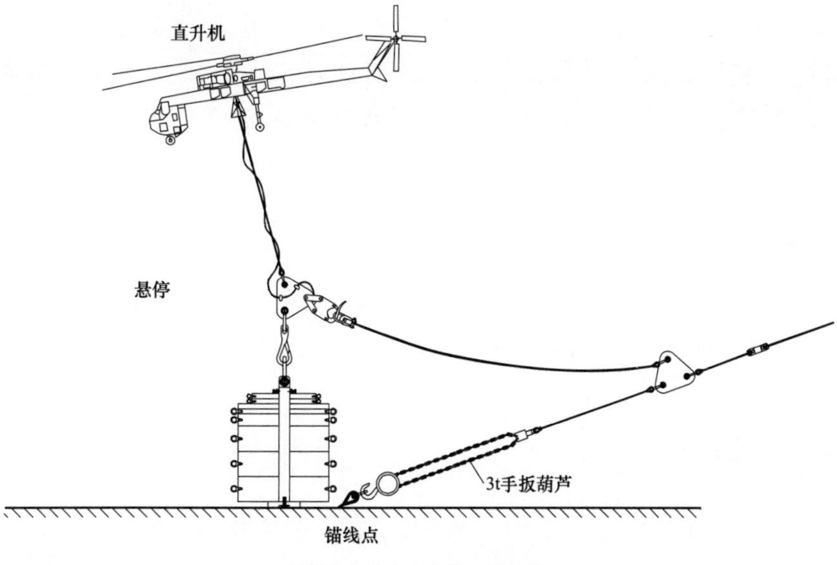

图 6－92　锚线示意图

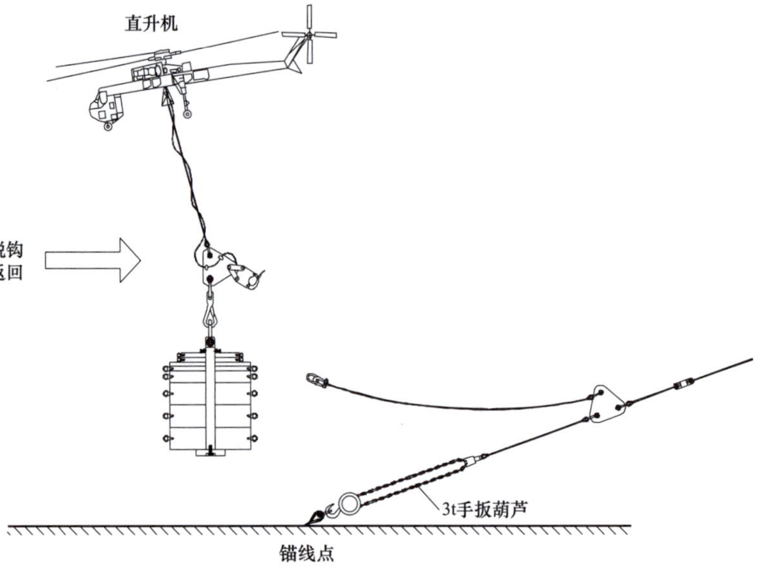

图 6-93 脱钩示意图

5）直升机慢慢起飞，返场，牵放第一根导引绳整个过程完成。导引绳展放完成后，要求对海面保持一定的净空距离，因此在张力场和锚线场（牵引场）都需临时锚固，同时完成两侧场地的移线工作，做好第二根导引绳的牵放准备。

2. 航道封航及警戒措施

西堠门航道来往船只多，为确保架线施工与航道通行双向安全，初级引绳展放期间对西堠门航道全过程封航；后续引绳转换、导线（光缆）展放及紧挂线施工时，配置警戒船进行管制，控制张力保证各类线绳对海面净空高度满足要求。

6.4.6 放线流程步骤

完成所有导线、光缆的展放共需 40 次牵引，牵引流程见图 6-94。

以上为高塔一侧（1 个 500kV 与 1 个 220kV 回路）的放线流程，左右两侧放线流程相同，按一左一右、由上向下顺序依次进行。

6.4.7 牵张设备配置

根据牵张配置图，牵张两场的牵张设备型号、数量及牵张任务见表 6-4。

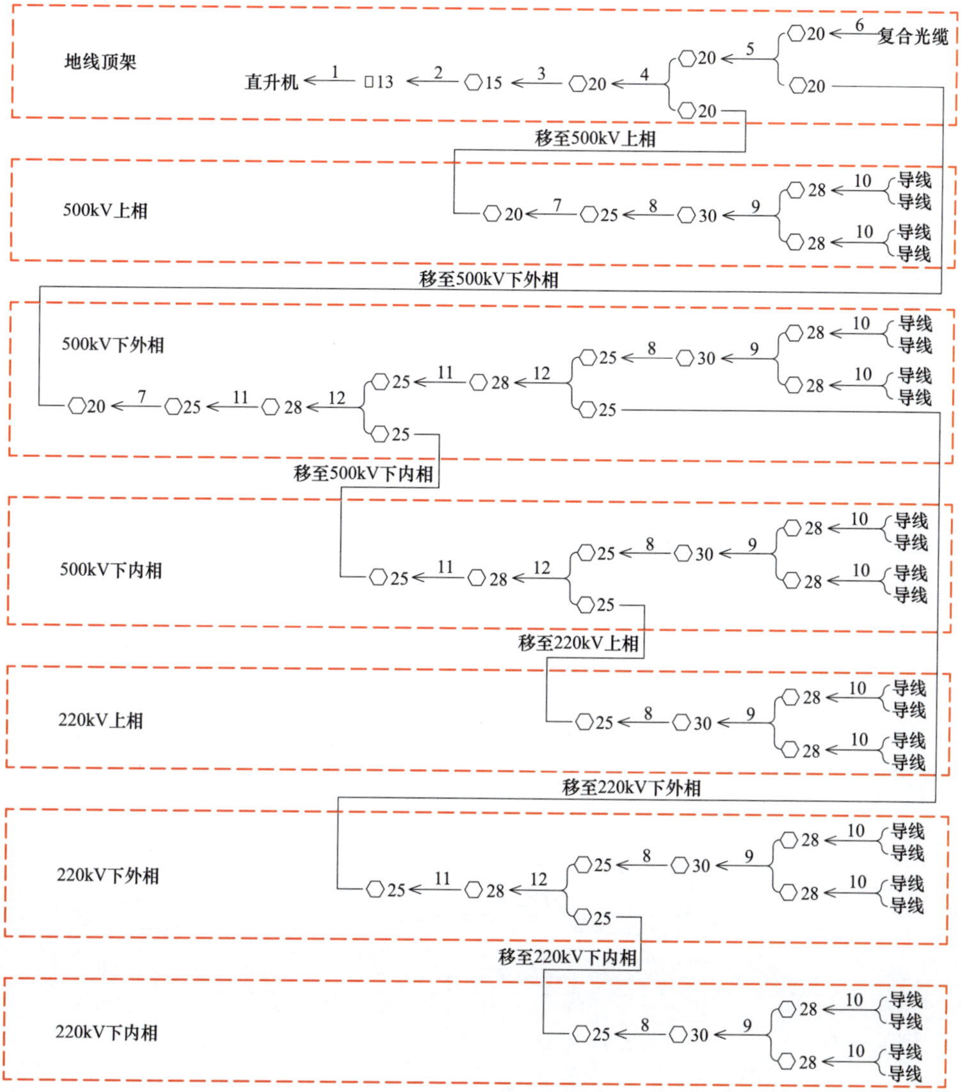

图 6-94　牵引流程图

表 6-4　　牵张设备一览表

牵张机型号	场地	数量	牵张任务	最大出力（kN）	允许线径×轮径（mm）	允许通过连接器直径（mm）
2×140kN 张力机	牵引场	1	张六方 15/六方 20×2/六方 25/六方 25×2/六方 28×2	140×2	51×1800	95
280kN 牵引机		2	牵六方 20/六方 20×2/六方 28/六方 30/复合光缆/导线×2	280	38×960	95

续表

牵张机型号	场地	数量	牵张任务	最大出力（kN）	允许线径×轮径（mm）	允许通过连接器直径（mm）
高速张力机	张力场	1	张ϕ8 迪	10	/	/
90kN 牵引机		1	牵ϕ18 迪/六方 15	90	21×540	60
2×140kN 张力机		1	张六方 20/六方 20×2/六方 28/六方 30	140×2	51×1800	95
2×140kN 张力机		2	张复合光缆/导线×2	140×2	51×1800	95
380kN 牵引机		1	牵六方 20×2/六方 25/六方 25×2/六方 28×2	380	38×960	95

6.4.8 走板连接

在进行一牵二展放导线和钢丝绳时，均采用相同形式、规格的走板，走板按 280kN 设计，牵引侧连接 320kN 旋转连接器，展放侧连接 2 只 250kN 旋转连接器，在主平衡锤两边对称布置 1 只副平衡锤，以增加平衡效果，降低走板翻身概率。用于导线牵引连接时，走板展放侧 250kN 旋转连接器后侧再增加 1 根六方 25mm×10m 钢丝绳及 1 只 250kN 旋转连接器，然后连接导线牵引管，以增加防扭性能，并保证走板及牵引管顺利过滑车。走板形式见图 6-95。

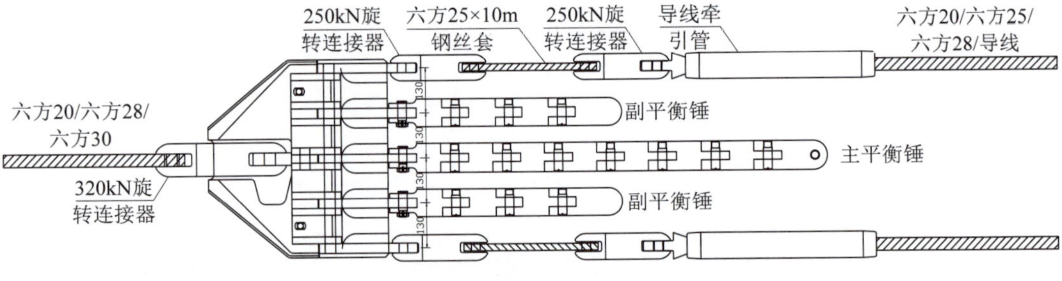

图 6-95　导线及钢丝绳一牵二展放走板牵引连接示意图

6.4.9 架线顺序

架线顺序自上而下进行，放一相紧一相挂一相，具体顺序依次为：① 左复合光缆；② 右复合光缆；③ 500kV 右上相导线；④ 500kV 左上相导线；⑤ 500kV 左下外相导线；⑥ 500kV 右下外相导线；⑦ 500kV 右下内相导线；⑧ 500kV 左下内相导线；⑨ 220kV 左上相导线；⑩ 220kV 右上相导线；⑪ 220kV 右下外相导线；⑫ 220kV 左下外相导线；⑬ 220kV 左下内相导线；⑭ 220kV 右下内相导线。

6.4.10 线绳移位

为简化牵引流程，采用了牵引钢丝绳多次一牵二作业，相应需进行钢丝绳的移位，包括不同相之间的移绳及同相内外串滑车间的移绳两类。其中不同相之间的移绳每侧需6次，同相间的移绳每侧需6次。

1. 牵引钢丝绳相间移位

（1）跨越塔牵引钢丝绳的相间移位顺序

① 地线顶架→500kV上相；② 地线顶架→500kV下外相；③ 500kV下外相→500kV下内相；④ 500kV下内相→220kV上相；⑤ 500kV下外相→220kV下外相；⑥ 220kV下外相→220kV下内相。高塔塔头结构及牵引钢丝绳相间转移顺序见图6-96。

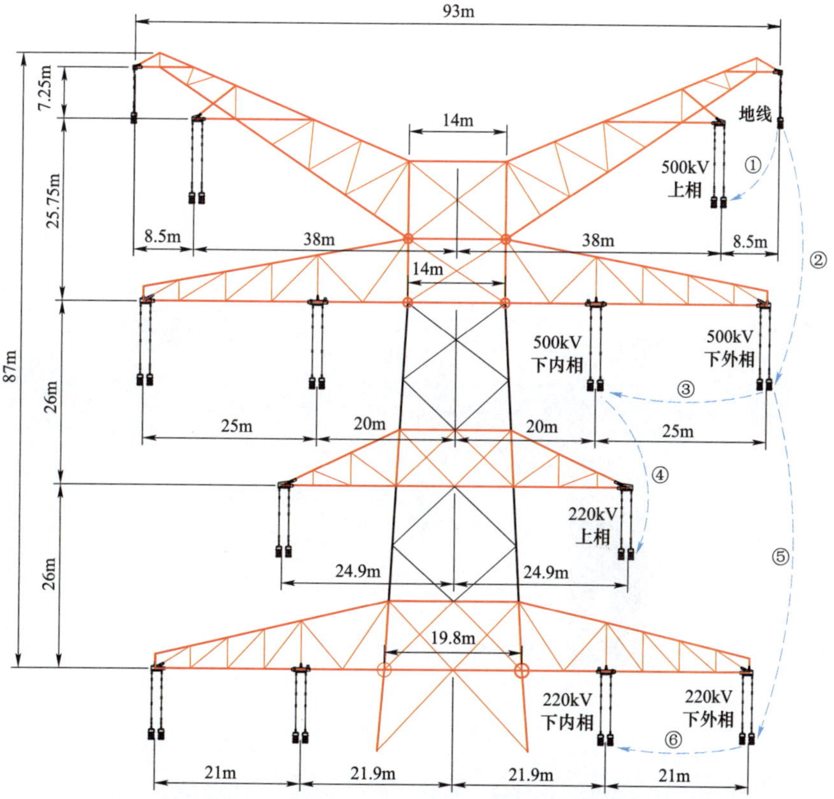

图6-96 高塔塔头结构及相间移绳顺序示意图

（2）相间移绳控制原则

保持线绳弧垂最低点与海面净空高度不小于 60m，为保证线绳换相移位后与海面的净空高度控制准确，在移位前，牵引钢丝绳弧垂应利用仪器测量，调到准确高度后方可开始移位。

（3）相间移绳载荷

需进行相间转移的牵引钢丝绳有两种规格，分别为六方 20mm 钢丝绳和六方 25mm 钢丝绳，移位载荷考虑 10.8m/s 风速影响后的综合比载进行计算，两基跨越塔各相间移绳时的最大垂直载荷为 8689kg。为方便起重工器具的配置，两基跨越塔的牵引钢丝绳相间转移均按 10t 荷重考虑。

（4）移绳方法

在移出侧滑车横担及移入侧滑车横担分别布置提升滑车组，采用两套滑车组接力方式，见图 6－97。

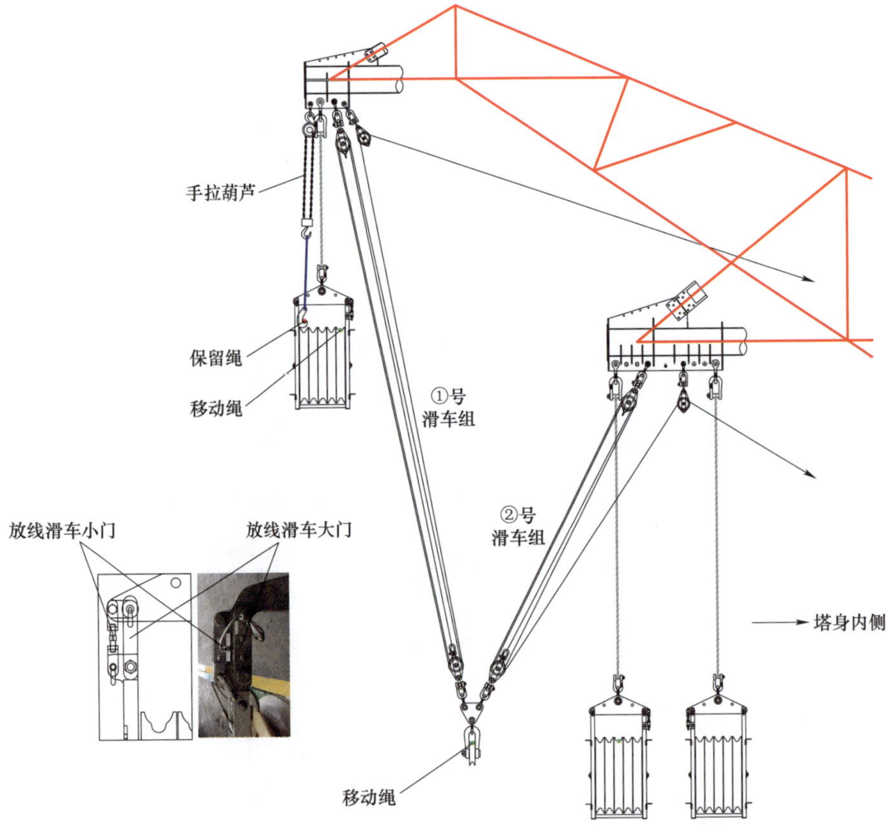

图 6－97 高塔相间移绳（地线顶架→500kV 上相）布置示意图

2. 牵引钢丝绳同相移位

同相移位时配置 4 副二线提升器，分别挂于横担前后施工孔，布置见图 6－98。

需进行同相移位的牵引绳均为六方 28mm 钢丝绳，经计算最大荷载为 9115kg。

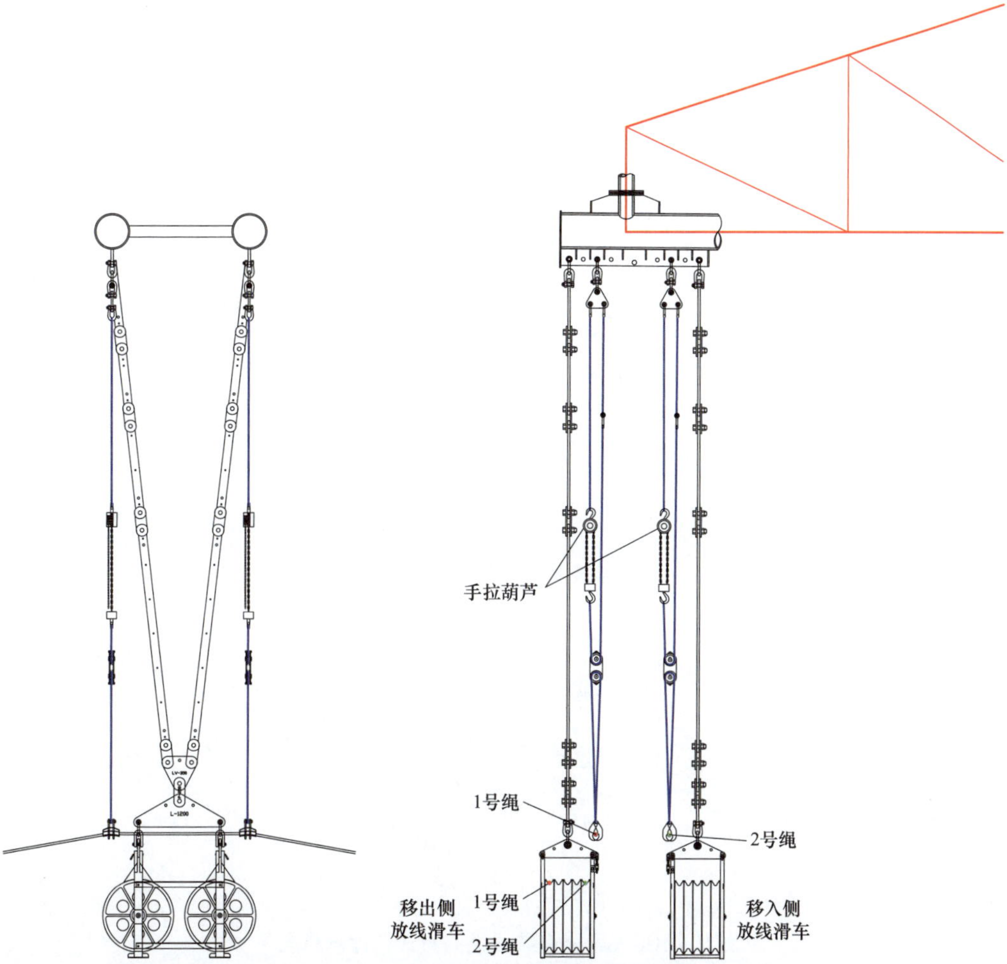

图 6－98　高塔同相移绳布置示意图

6.4.11　过渡引绳的展放

放通初级引绳后，经过反复多次的牵张转换，直到展放好六方 28mm 牵引绳，由牵引绳牵引两根导线，中间过渡引绳有六方 15mm（直升机展放初级引绳）、六方 20mm、六方 25mm、六方 28mm、六方 30mm 等多级引绳，各级引绳在展放过程中，按设定的控制挡最低点净空要求进行张力控制。

6.4.12　导线张力展放

1. 导线展放程序

按前述章节所述，一相牵好 2 根六方 28mm 钢丝绳，即可同步进行 2×（一牵二）

展放导线。当一相导线牵引完毕后需用下一相导线跟出，最后一相导线用六方 25 钢丝绳跟出。在张力机前侧，布置滑车组，利用滑车组辅助松出导线。

2. 导线临锚

导线牵到场地后，进行临锚，锚线系统按 100kN 配置，根据锚点位置的不同，可分别选用滑车组临锚方式或包胶线直锚方式，见图 6-99～图 6-101。

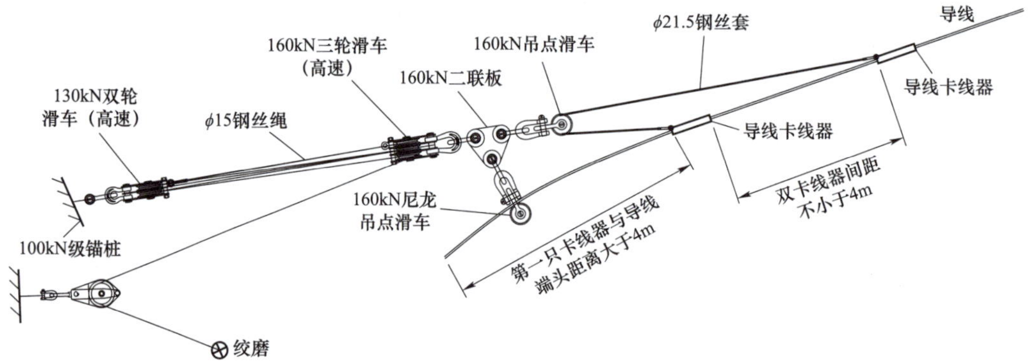

图 6-99 导线滑车组临锚方式布置示意图

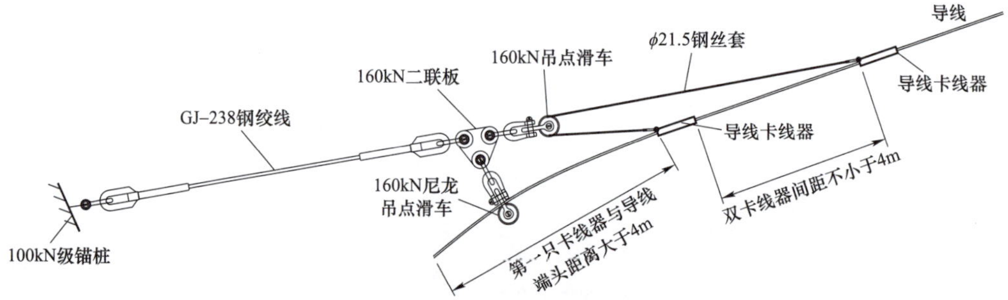

图 6-100 导线包胶线临锚方式布置示意图

图 6-101 导线临锚现场照片

3. 导线后尽塔挂线

1）导线选择在册子4号耐张塔进行后尽挂线操作。经计算，导线紧线张力为9.6t，后尽塔挂线按100%紧线张力考虑，紧挂线系统工器具按100kN级配置。

2）后尽塔挂线采用空中对接法，挂线系统逐步收紧，同时锚线系统同步松出，待锚线系统完全松弛后继续收紧挂线系统完成挂线。布置见图6－102和图6－103。

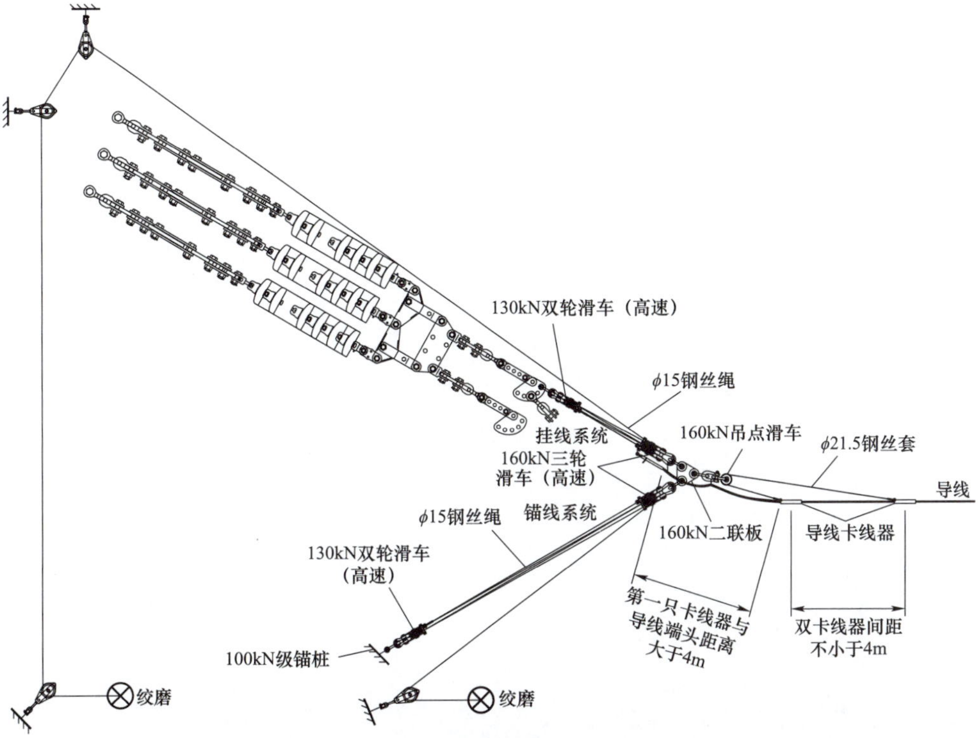

图6－102　后尽塔挂线布置示意图

图6－103　后尽塔挂线现场照片

6.4.13 复合光缆展放

复合光缆连接见图 6－104。一相复合光缆牵引完毕后需用第二相复合光缆跟出，第二相复合光缆用六方 25 钢丝绳跟出。

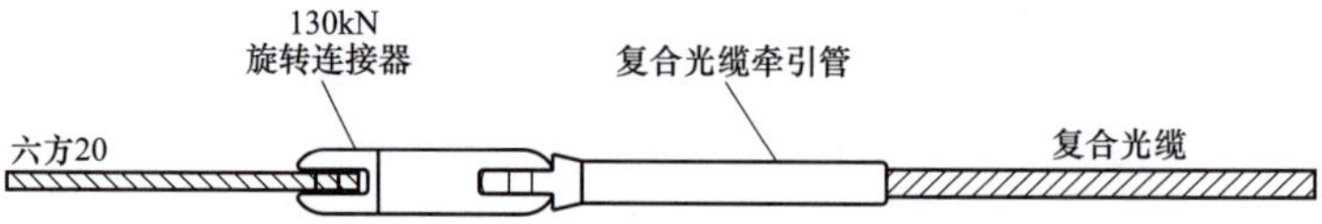

图 6－104 复合光缆一牵一展放牵引连接示意图

6.4.14 放线弧垂监测

为加强线绳净高监测效果，采用两种监测方法结合。其一是直接观测法，在金塘岛、册子岛两基高塔距海面垂高 60m 的塔身相应位置安装大变倍透雾摄像机，并在对侧高塔相同高度位置的主管上进行明显标识，通过摄像头水平观测，进行 60m 水平等高线的直观监测；其二是经纬仪计算法，在金塘岛高塔位处架设经纬仪，通过测量牵引绳、导线（光缆）的弧垂，反算最低点高度。布置见图 6－105。

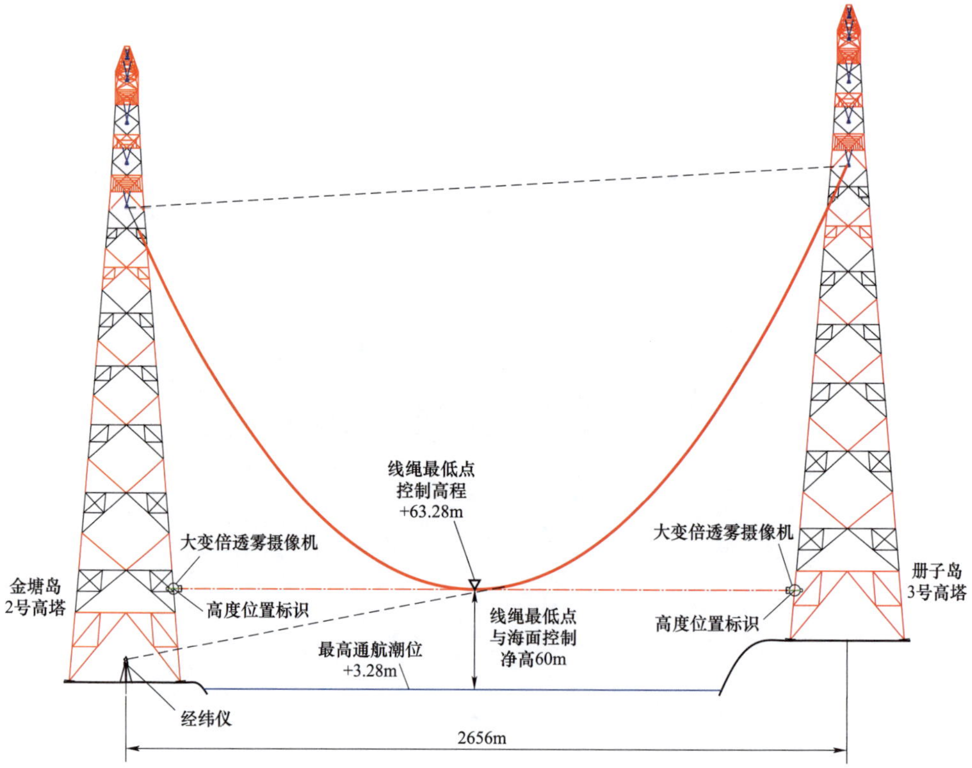

图 6－105 线绳弧垂监测布置示意图

根据测得的对侧塔滑车悬挂角 ψ、线绳弧垂角 θ 及仪器塔的 a 值，可求得线绳的弧垂值 f，计算式见式（6-8）。

$$f=\frac{\left[\sqrt{a}+\sqrt{l(\tan\psi-\tan\theta)}\right]^2}{4} \quad (6-8)$$

式中：f 为线绳的弧垂值，m；a 为观测塔线绳挂点与仪器镜头的高差，m；l 为档距，m；ψ 为对侧塔滑车悬挂角，（°）；θ 为线绳弧垂角，（°）。

根据求得的弧垂值 f、观测塔的滑车高程 h_a、对侧塔的滑车高程 h_b，考虑最高通航水位 +3.28m，可求得线绳最低点对海面的净空高度 h_j，计算式见式（6-9）。

$$h_j=\frac{h_a+h_b}{2}-f-\frac{(h_a-h_b)^2}{16f}-3.28 \quad (6-9)$$

式中：h_j 为线绳最低点对海面的净空高度，m；h_a 为观测塔的滑车高程，m；h_b 为对侧塔的滑车高程，m。

6.4.15 临时防振措施

架线施工过程中，悬空的导线（复合光缆）及已悬空处于受力状态的牵引钢丝绳过夜锚固时，均采取安装防振锤的临时防振措施。

6.4.16 紧线施工

1. 弧垂观测

弧垂观测档选择金塘岛 2 号 – 册子岛 3 号高塔档，利用经纬仪采用档端角度法观测，计算式见式（6-10）和式（6-11），观测方法见图 6-106。

$$b=(2\sqrt{f}-\sqrt{a})^2 \quad (6-10)$$

$$\theta=\arctan\left(\tan\psi-\frac{b}{l}\right) \quad (6-11)$$

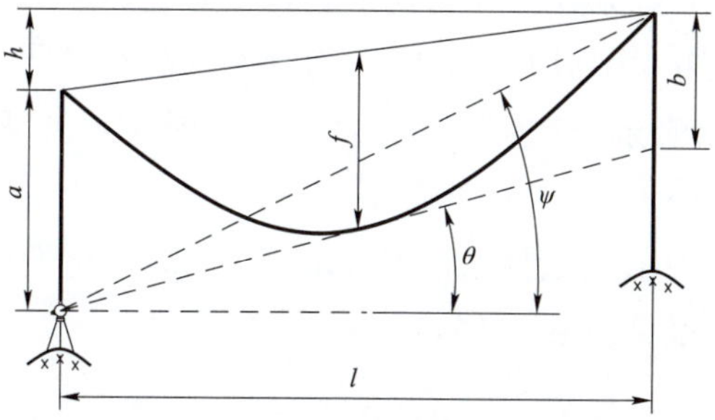

图 6-106 档端弧垂观测法示意图

2. 导线（复合光缆）紧挂线

（1） 导线紧线

紧线场选于金塘岛 1 号耐张塔，采用地面紧线、地面划印方式。紧线滑车组采用 160kN 三轮高速滑车、130kN 双轮高速滑车，配ϕ15mm 钢丝绳形成 2－3 滑车组走 6 道绳，采用双卡线器，动力采用 50kN 双磨筒绞磨，布置见图 6－107。

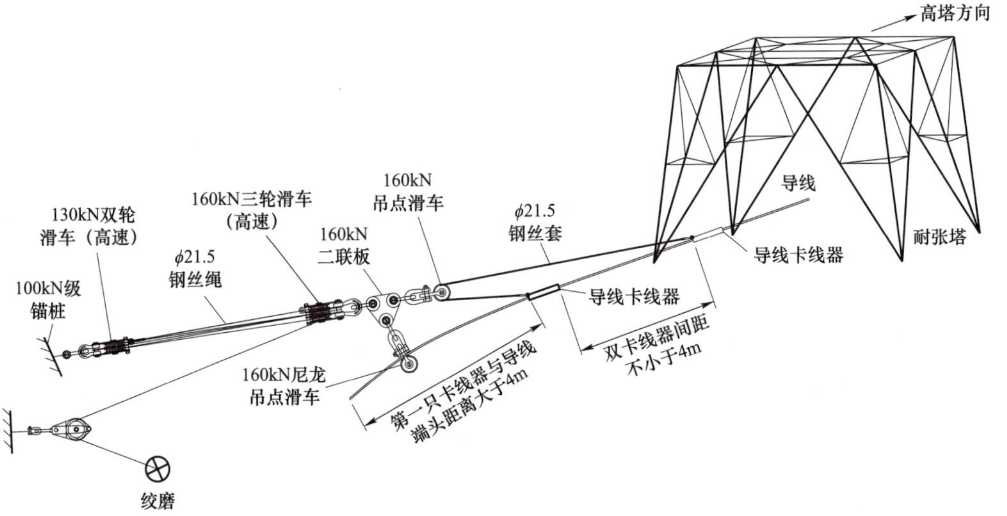

图 6－107　导线地面紧线布置示意图

（2） 复合光缆紧线

复合光缆紧线与导线的方法一致，其现场布置及工器具配置与导线基本相同，除配置专用紧线预绞丝外，不另行配置光缆锚线工器具。

6.4.17　附件安装

1. 导线附件安装

采用双点提升法，在横担前后两侧施工孔内装挂二联板及二线提升器，用 100kN 手拉葫芦提升，即每相用 4 副提升器。提升钩外侧临时安装导线卡线器，阻止提升钩向两滑车中间滑动，两侧葫芦受力应均衡。布置见图 6－108 和图 6－109。

2. 复合光缆附件安装

复合光缆悬垂线夹采用紧线预绞丝及 90kN 手扳葫芦将两侧复合光缆同时收紧的方法安装，安装提升布置见图 6－110。

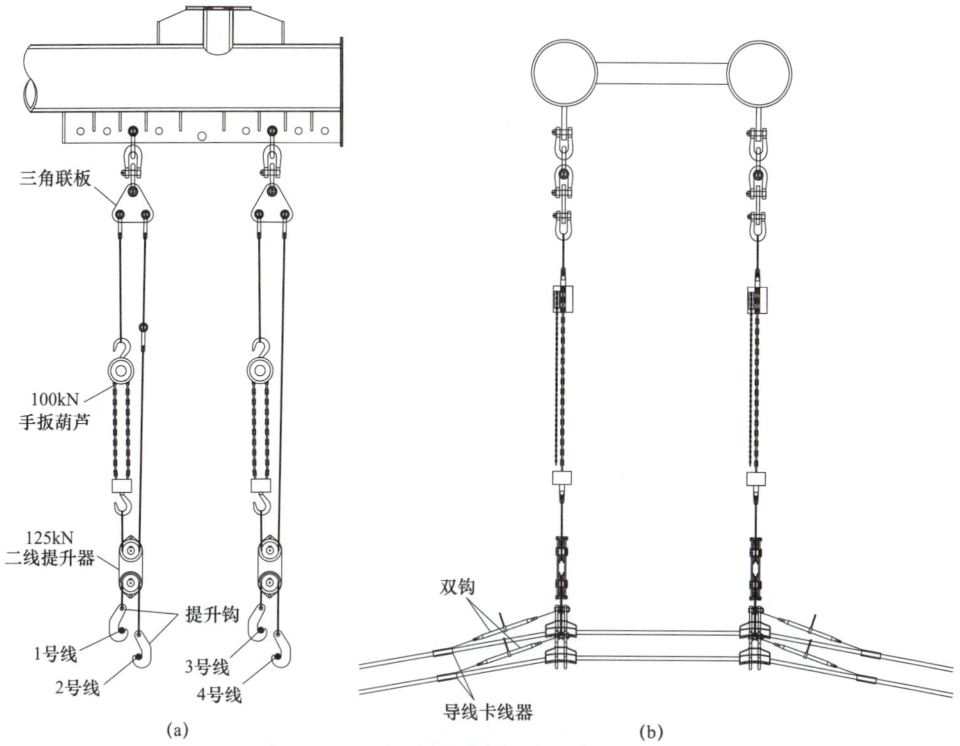

图6-108　高塔导线附件安装布置示意图

图6-109　高塔导线附件安装现场照片

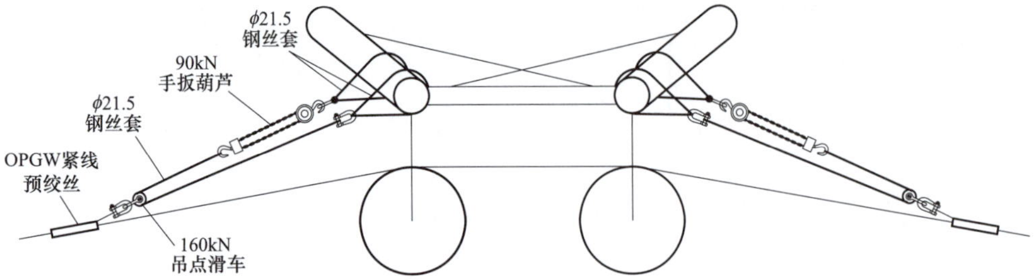

图 6-110 高塔复合光缆附件安装布置示意图

6.4.18 架线施工安全控制措施

1. 导线、光缆展放

（1）展放初级导引绳前详细查阅施工海域水文、气象等资料，并实测风速、潮流流速，确认具备条件后，才能开始展放。

（2）在初级引绳跨海展放期间，主航道布置警戒艇对航道进行全过程封航。

（3）相间移绳时由于线绳挂点高度发生变化，为控制挡内的线绳最低点高度，按耐张段总线长量保持不变进行张力及弧垂计算，移绳前精确控制好弧垂。

（4）钢丝绳移位过程中，应保险。相邻铁塔同相钢丝绳不得同时移位操作。

（5）原则上不允许导线、复合光缆牵至中途停机过夜，若出现此情况，必须在牵张两场地面处设置可靠的临锚措施，不得将导线、复合光缆直接锚固在牵（张）机上过夜。导线、复合光缆临锚后按要求安装好临时防振措施。

2. 紧挂线施工

（1）操作人员需上导线、复合光缆作业时，应查明导线、复合光缆两端是否有可靠临锚；紧线过程中严禁登上导线、复合光缆。

（2）挂线时，高空作业人员应先站在耐张塔塔身内的安全位置，对挂线过程绝缘子串及滑车组受力情况进行监视，发现异常及时汇报发出停机信号。

（3）导线、复合光缆均采用地面紧线，地面划印，有效减少高空作业量。

（4）导线、复合光缆紧挂线动力装置采用双磨筒绞磨，以提高可靠性。

3. 附件安装

（1）作业人员通过井筒外旋梯、井架内旋梯上下高塔，由井架旋梯至横担及地线顶架各挂线点时，沿横担水平走道及爬梯走道通过。

（2）附件安装时，应使用速差自控器。速差自控器应挂在横担主管上，不得与瓷瓶串缠绕。

（3）附件安装时采用高强度圆环形吊装带双道（大小号各布置一道）进行保险，保险绳应打设在横担主材上。

6.4.19 架线施工质量控制措施

1. 导线、光缆防磨措施

（1）导线、光缆展放过程中的，在保证航道净空高度满足要求前提下尽量减小放线张力，牵引机操作要平稳，避免大起大落，防止分裂导线混绞。

（2）临锚操作导线、光缆时，可能与临锚钢丝绳接触的部位均应套上胶管。导线卡线器采用多片式卡线器，配铝合金内衬。

（3）紧线完毕后，尽快进行附件安装、安装防振措施，避免导线因在滑车中受振和在线档（档距）中的相互鞭击而损伤。

2. 防止多分裂导线相互鞭击措施

（1）张力放线临锚时，各子导线弧垂应基本相同，并按设计要求采取临时防振措施。

（2）架线施工过程中导线（光缆）悬空后，不得在无防振措施的情况下过夜。在永久防振措施安装完成之前，需按设计要求做好导线（光缆）的临时防振措施。

3. 导线防跳槽措施

（1）加强导线牵引过程中的监控。采用高变倍透雾摄像机、经纬仪对各跨越档内的导线进行实时观测，重点观测导线是否存在缠绕，发现异常时及时汇报现场总指挥。

（2）设专人在高塔横担位置观测放线滑车，重点观测放线滑车靠张力场侧（即进线侧）的导线情况，防止导线缠绕后通过滑车引起跳槽。

4. 弧垂观测质量控制措施

（1）大跨越选择跨越档金塘岛 2 号–册子岛 3 号为观测档，用仪器操平子导线间的高差。

（2）弧垂观测采用“粗调→细调→微调”的方法进行，采用微调器进行弧垂的精确控制，确保导线和光缆弧垂满足设计和规范要求。

第 7 章
特高塔运维检修技术

7.1　大跨越特高塔生产准备管理

1. 积极参与大跨越特高塔前期建设

运维单位参与可研、初设、施工图会审、专项评审等前期工作共计 128 人次，及时了解工程概况和设计情况，依据有关设计规程、国家电网公司有关文件或技术政策，结合线路所处自然地理条件、经济发展情况和已有的运行经验，提出要求和建议。如提出大跨越特高塔电梯技术规范及相关标准与电力专业存在较大的差异，在建设过程中需重点关注电梯的选型及技术把关，确保满足《电梯制造与安装安全规范 第 1 部分：乘客电梯和载货电梯》（GB/T 7588.1—2020）和《电梯制造与安装安全规范 第 2 部分：电梯部件的设计原则、计算和检验》（GB/T 7588.2—2020）等规范要求；加强对大跨越导线、OPGW 微风振动进行测量及评估，在建设阶段安装微风振动在线监测等建议。

2. 提前谋划各阶段验收工作

积极与建设单位对接，明确各阶段中间验收、竣工预验收工作计划，按照中间验收计划，严格按照国家电网公司有关标准、文件及本工程设计相关要求，科学公平地检查工程质量状况，准确公正地评价工程质量水平。提前参与 500kV 联网输变电工程竣工验收，根据施工质量验收规范、施工质量验评规程、输变电工程验收管理办法、“标准工艺”等公司工程质量标准和制度，组织开展验收工作；组织 500kV 联网输变电工程竣工验收暨专项立功竞赛启动仪式，充分调动和发挥工程竣工验收人员的工作热情，提高工程验收质量，确保工程“零缺陷”投运。

3. 夯实运维人员技能培训

为做好 500kV 大陆联网线路运行、检修专业技术培训工作，根据实际情况，认真落实人员培训工作。采取“走出去、请进来”的方式，利用外培、专家讲座、现场实习、先进单位调研等各种形式开展技术培训工作，先后共组织 6 期 180 余人次的线路运维专业技术和理论知识培训。通过培训使大跨越巡检人员掌握大跨越运检的必要技能，熟悉大跨越设备的状况及危险点；熟悉大跨越的地理环境、水路交通、交通道路、航道、通讯联络以及大跨越上所设标志的含义。

4. 落实大跨越特高塔运维管理制度标准编制

为确保 500kV 大陆联网输电线路安全可靠运行，使输电线路运行管理标准化、规范化、制度化，在现有输电线路现场运行、检修经验基础上，参照《架空输电线路运行规程》《架空输电线路运维管理规定》等编制完成《500kV 大跨越特高塔现场运行规程》《500kV 大跨越特高塔现场检修规程》《500kV 大跨越特高塔电梯使用管理规定》《500kV 大跨越特高塔事故（故障）抢修现场处置方案》等制度。

5. 配置大跨越特高塔备品备件

确定备品备件范围、标准、数量以及仓储方式，组织做好备品备件移交接收工作，积极统筹配置备品备件，认真做好生产工器具需求分析，严格按照规定使用生产准备费用。落实专人管理，定期对仪器仪表及工器具等进行常规性的维护保养。

6. 规范特高塔大跨越各类标志

配置齐全完整的线路标志（线路名称及塔号牌、相位牌）以及必要的安全警告牌，杆塔横担出入口处挂设双回路区别标识牌；大跨越电梯出入口、配电房、发电机房、蓄电池房等场所设置相应的指示、警示、警告等标志，高周围设置电子围栏，并有明显的警告标志。

7.2　大跨越特高塔日常运检管理

7.2.1　日常运行基本要求

（1）大跨越特高塔运行工作是运维单位运行维护的重点和危险点，必须严格贯彻“安全第一、预防为主、综合治理”的方针，严格执行《国家电网公司电力安全工作规程（电力线路部分）》和《架空送电线路运行规程》，积极采用先进技术和实行科学管理，不断总结经验、积累资料、掌握规律，保证特大跨越安全运行。

（2）针对大跨越特高塔运行特点，运维单位设置运检专责，成立专业运维班组，专门从事大跨越特高塔的运行检修工作。专业运维班组应建立健全岗位责任制，凡从事大跨越特高塔运检工作的人员，应经常组织学习，定期考核，做到熟悉、掌握和遵守本规程。巡检人员应具备一定的电气基本知识和线路工作经验，经考核合格后持证上岗。

（3）大跨越特高塔运行维护实行专责制，应有严格的责任段，巡视中严格执行有关安全方面的规定。所有大跨越特高塔运行和管理人员应掌握设备状况和维修技术，熟知有关规程制度，经常分析线路运行情况，提出并实施预防事故、提高安全运行水平的措施。

（4）专业运维班组应根据特大跨越沿线地形、地貌、环境、气象、雷电、水文、沉降条件等特点，结合运行经验，逐步摸清并划定特殊区域（区段），如多雷区、重污区、微气象区、覆冰区、通航区、保护区、鸟害区、沉降区等，并将其纳入危险点及预控措施管理体系。

（5）大跨越特高塔巡检人员要随时掌握线路的运行方式以及大跨越特高塔事故、故障的有关信息，掌握特大跨越维修常用工具、仪表及材料的性能和使用方法。熟悉本岗位的各种规程、规范、制度以及相关标准。

（6）大跨越巡检人员应熟悉大跨越的地理环境、水路交通、交通道路、国际航道、通信联络以及特大跨越上所设标志的含义。熟悉设备状况和特大跨越存在的缺陷及变化情况，分析设备的运行状况，掌握各段危险点及安全运行的活动规律。

（7）要有明确的运行维护界限，与相邻的地市运维公司明确划分分界点。

（8）应加强对大跨越导线、OPGW 微风振动进行定期测量、分析评估。

（9）大跨越的杆塔上应有齐全完整的线路标志（线路名称及塔号牌、相位牌）以及必要的安全警告牌，对所有间隔棒设置双侧反光编号标识，在杆塔横担出入口处有明确的双回路区别标识牌，所有标志和警示要符合国家电网公司的有关规定。直升机巡线区段要有符合航空规定的导航标志。

（10）应在大跨越特高塔电梯出入口、配电房、蓄电池房等场所设置相应的指示、警示、警告等标志，加强安全保卫工作。

（11）大跨越在跨越国际航道、行道、采石点附近、易被取土处、易被外力破坏处等，均应在合适的地点设有针对性的安全警告标示和宣传告示。

（12）严格执行《中华人民共和国电力法》《电力设施保护条例》《电力设施保护条例实施细则》，防止外力破坏，做好大跨越特高塔保护及群众护线工作。

（13）大跨越特高塔运维单位应配备齐全专用于大跨越运行、检修和抢修的汽船、专用工器具、照明设施等。

（14）杆塔曳引式电梯、航空障碍灯、航空警示标识、备用柴油发电机等附属设施应加强维修保养，使其保持良好的运行状态。

（15）大跨越特高塔运维站内相关设备应专人负责，定期检查，定置管理。

（16）大跨越备品备件管理按照《大跨越备品备件配置管理规定》执行。

7.2.2 日常运维标准及要求

大跨越特高塔巡视是为了经常掌握其运行状况，及时发现设备缺陷和沿线情况，并为大跨越特高塔维修提供资料。巡视是大跨越特高塔运行维护工作的主要内容，是做好检修工作的先决条件。

1. 巡视种类（见表7-1）

（1）地面巡视：定期掌握大跨越特高塔各部件运行情况及沿线情况，及时发现设备缺陷和威胁大跨越特高塔安全运行的情况。

（2）登塔巡视：检查杆塔上部和电气部分的缺陷，弥补地面巡视的不足。利用停电检修的时间，安排人员沿整个耐张段走线巡视检查一次。

（3）无人机巡视：在具备条件后采用无人机巡线，利用航拍和航测等先进技术，由专业人员对拍测情况进行分析，掌握大跨越特高塔的运行情况和设备状况。

（4）故障巡视：查找线路的故障点，查明故障原因及故障情况，故障巡视应在发生故障后及时进行，巡视区段为发生故障的区段或全耐张段。

（5）特殊巡视：在气候剧烈变化、自然灾害、外力影响、异常运行和其他特殊情况时及时发现大跨越特高塔的异常现象及部件的变形损坏情况。特殊巡视根据需要及时进行，根据其他巡视掌握的设备情况，确定巡视范围和重点。

（6）夜间巡视：为了及时发现大跨越特高塔在白天不易发现的异常现象，现场维护站值班人员在夜间巡视航空障碍灯、航标灯，以及绝缘子等局部放电情况。

（7）交叉和诊断性巡视：根据运行季节特点、大跨越特高塔的健康情况和环境特点确定重点。

（8）监察巡视：运维单位管理人员和技术人员了解大跨越运行情况，检查指导巡线人员的工作。

2. 巡视周期

巡视周期应能保证掌握大跨越特高塔的运行状况，并加强对特殊区域的巡视和检查，及时掌握特大跨越异常情况，采取相应的防护措施。特殊区域一般包括污秽区、雷击区、易受外力破坏区、微气候区、通航区等。

表7-1　海底电缆保护设施损坏检修项目分类

序号	巡视名称	周期	责任单位	备注
1	地面巡视	至少每半个月一次	运维班组	册子岛46号、金塘岛47号塔每周一次
2	登塔巡视（高塔）	至少每半个月一次	运维班组	册子岛46号、金塘岛47号塔每年一次
3	无人机巡视	不定期	运维班组	册子岛46号、金塘岛47号塔每季度一次
4	故障巡视	不定期	运维班组	故障情况下进行
5	特殊巡视	不定期	运维班组	根据运行状况和天气情况合理安排
6	夜间巡视	至少每周一次	运维班组	巡视航空障碍灯、航标灯，绝缘子等局部放电情况
7	交叉、诊断性巡视	不定期	运维班组	如经验交流、缺陷定性
8	监察性巡视	每半年至少一次	管理部门	指导巡线工作

在充分掌握大跨越特高塔实际运行状况的基础上，建立状态巡视管理制度等条件后，可按照省公司的有关规定，开展状态巡视。

3. 巡视的主要内容

（1）检查沿线环境有无影响大跨越特高塔安全的下列情况：

1）向大跨越特高塔设施射击、抛掷物体。

2）擅自在大跨越特高塔导线上接用电气设备。

3）攀登杆塔或在杆塔上架设电力线、通信线、广播线，以及安装广播喇叭。

4）在杆塔上筑有危险及供电安全的巢以及有蔓藤类植物附生。

5）在杆塔基础周围取土、打桩、钻探、开挖或倾倒酸、碱、盐及其他有害化学物品。

6）在大跨越特高塔保护区内兴建建筑物、烧窑、烧荒或堆放谷物、草料、垃圾、矿渣、易燃物、易爆物及其他影响供电安全的物品。

7）在大跨越特高塔保护区内进行打桩、钻探、开挖、地下采掘等作业。

8）在大跨越特高塔保护区种植树木、竹子。

9）在杆塔与杆塔之间修建影响线路安全的码头、房屋等设施。

10）在大跨越特高塔航道内有穿越航道的超高船舶。

11）大跨越附近航道、冲沟的变化，巡视、维修时使用道路是否损坏。

12）在大跨越特高塔附近有危及大跨越安全及大跨越导线风偏摆动时，可能引起放电的树木或其他设施。

13）在大跨越特高塔附近（约 300m 区域内）施工爆破、开山采石、放风筝。

（2）检查杆塔和基础有无下列缺陷和运行情况的变化：

1）杆塔倾斜、横担歪扭及杆塔部件锈蚀变形、缺损。

2）杆塔部件固定螺栓松动、缺螺栓或螺帽，螺栓丝扣长度不够。

3）杆塔基础变异，周围土壤突起或沉陷，基础裂纹、损坏、下沉或上拔，护基沉塌或被冲刷。

4）基础保护帽上部塔材被埋入土或废弃物堆中，塔材锈蚀。

5）护坡、挡土墙、排水沟等附属设施坍塌或损坏。

（3）检查导线、OPGW 有无下列缺陷和运行情况的变化：

1）导线、OPGW 锈蚀、断股、损伤或闪络烧伤。

2）导线、OPGW 弧垂变化、相分裂导线间距变化。

3）导线、OPGW 上扬、振动、舞动、脱冰跳跃，四分裂导线鞭击、扭绞、黏连。

4）导线、OPGW 耐张线夹过热、变色、变形、滑移。

5）导线在悬垂线夹内滑动。

6）跳线断股、歪扭变形；跳线与杆塔空气间隙变化，跳线间扭绞；跳线舞动、摆动过大。

7）导线对地、对其他物体距离变化。

8）导线、OPGW 上悬挂有异物。

（4）检查绝缘子及金具有无下列缺陷和运行情况的变化：

1）绝缘子脏污，玻璃绝缘子自爆、破碎，绝缘子铁帽及钢脚锈蚀，钢脚弯曲。

2）绝缘子有闪络痕迹和局部火花放电留下的痕迹。

3）绝缘子串偏斜。

4）绝缘子槽口、钢脚、锁紧销不配合，锁紧销子退出。

5）金具锈蚀、变形、磨损、裂纹，开口销及弹簧销缺损或脱出，特别要注意检查金具经常活动、转动的部位和绝缘子串悬挂点的金具。

（5）检查防雷设施和接地装置有无下列缺陷和运行情况的变化：

1）OPGW 接地线松脱、锈蚀、烧伤、烧损，连接螺母脱落。

2）OPGW、接地引下线、接地装置的连接、固定以及锈蚀情况。

（6）检查附件有无下列缺陷和运行情况的变化：

1）预绞丝滑动、断股或烧伤。

2）防振锤移位、脱落、偏斜、钢丝断股。

3）阻尼线夹头滑移，盖板、螺栓、螺母脱落，阻尼线变形、烧伤，绑线松动。

4）四分裂导线的间隔棒松动、位移、折断、线夹脱落、连接处磨损和放电烧伤。

5）均压环、屏蔽环锈蚀及螺栓松动、偏斜。

6）相位、警告、指示及防护等标志缺损、丢失，大跨越名称、杆塔编号字迹不清。

7）间隔棒双侧反光编号字迹不清。

8）导线防舞动装置等运行变化情况，有无位移、锈蚀。

（7）检查辅助设施有无下列缺陷和运行情况的变化：

1）附属通信设施损坏。

2）各种在线监测装置及各层小型气象站有否损坏、丢失。

3）曳引式电梯能否保证正常启用。

4）备用柴油发电机是否可靠。

5）夜间航空障碍灯发亮与否。

（8）检查附属设施有无下列缺陷和运行情况的变化：

1）10kV 电源变压器、电缆、电气设备检查是否安全可靠。

2）围墙生活值班房及其家用电器具是否完好。

3）备品备件存放处设备器材是否完好。

4）山上道路是否畅通，标志是否齐全。

5）塔基围墙内杂草每月清除一次。

4. 大跨越特高塔检测与试验

检测与试验工作是为了发现日常巡视工作中不易发现的隐患，以便及时消除，也是为检修提供依据，是开展状态维修的重要手段。

大跨越特高塔检测与试验方法应积极采用和推广新技术、新方法，不断完善和更新。检测数据应可靠、准确、完整，检测结果做好记录和统计分析，检测计划应符合季节性要求，要有针对性。西堠门大跨越基本检测项目与周期见表 7-2。

表 7-2　检 测 项 目 与 周 期

项目		周期（年）	备注
杆塔基础	杆塔、部件锈蚀情况检查	3	对杆塔进行防腐处理后应做现场检验
	接地装置锈蚀情况检查	5	抽查：包括挖开地面检查
	杆塔倾斜、挠度及基础沉降测量	1	根据实际情况选点测量
绝缘子	玻璃绝缘子钢帽裂纹、闪络烧伤等外观检查	/	每次清扫时
	绝缘子金属附件检查	2	投运后第 5 年开始抽查，按照《劣化悬式绝缘子检测规程》（DL/T 626—2015）相关规定执行
	复合绝缘子憎水性检查；复合绝缘子伞裙、护套、黏结剂老化、破损、裂纹；金具及附件锈蚀	3	挂网后第 6 年开始抽查，按照《架空输电线路在运复合绝缘子抽检管理办法（试行）》（设备输电〔2021〕21 号）相关规定
导地线	导线线夹的红外测温： （1）耐张线夹； （2）引流板	 1 1	应在高温天气或线路负荷较大时抽测
	导线烧伤、振动断股和腐蚀检查	/	停电检修时，应及时打开线夹检查
	大跨越导线、OPGW 振动测量	2	对大跨越跨越档距进行现场振动测量，测量点应包括阻尼线夹头、防振锤夹头、间隔棒夹头、悬垂线夹处等
	导线、OPGW 舞动观测	/	在舞动发生时应及时观测
	导线弧垂、对地（海面）距离测量	1	线路投入运行 1 年后测量 1 次，以后根据巡视结果安排在夏季进行
金具	金具锈蚀、磨损、裂纹、变形检查	/	停电检修时，外观难以看到的部位，要打开螺栓、垫圈检查或用仪器检查
	间隔棒检查	/	投运 1 年后紧固 1 次，以后进行抽查
防雷及接地装置	大跨越杆塔接地电阻测量	1	
	OPGW 接地线检查	/	根据巡视发现的问题进行
附属设施	曳引式电梯	1	
	备用柴油发电机	1	
	航空障碍灯系统	1	
	电源及控制系统	1	

续表

项目		周期（年）	备注
其他	气象测量	/	根据巡视发现的问题选点进行
	无线电干扰测量	/	根据巡视发现的问题选点进行
	感应场强测量	/	根据巡视发现的问题选点进行

注：1. 检测周期可根据本地区实际情况进行适当调整，但应经省电力公司总工程师批准。
2. 检测项目的数量及区段可由局生产技术部根据实际情况选定。

5. 维护检修

维修是大跨越特高塔运行管理的重点内容之一，应贯彻“安全第一、预防为主”的方针，坚持“应修必修、修必修好”的原则。维修项目应按照设备状况，巡视、检测及在线监测的结果和反事故措施的要求确定。

（1）维修和检修工作应根据季节特点和要求安排，要及时落实各项反事故措施。

（2）检修时，除处理缺陷外，应对特大跨越各部件进行检查，并及时做好现场检查记录。

（3）检修工作应遵守有关检修工艺要求及质量标准。更换部件（如更换导线、OPGW、绝缘子等）时，要严格按照大跨越特高塔各种项目作业指导书的要求进行，更换后新部件应符合设计要求。具体检修工作参照《大跨越特高塔现场检修规程》执行。

（4）抢修。

1）运维单位应建立健全大跨越特高塔抢修机制，建立抢修队伍和组织机构，分工明确，责任到人。

2）运维单位配备抢修工器具，根据不同的抢修方式分类保管。

3）运维单位应根据大跨越特高塔的运行特点研究制定不同方式的抢修预案，抢修预案经公司管理部门审批后，由运维单位根据事故情况认真执行。具体抢修工作可参照《500kV 大跨越特高塔应急处理预案》执行。

4）按有关规定及大跨越特点、运行条件确定备品备件种类和数量。备品备件应单独保管，定期检查测试，并确定各类备品备件更新周期及使用办法。备品备件可参照《500kV 大跨越特高塔备品备件配置管理规定》执行。

5）专业运维班组根据事故备品备件管理规定，应配备充足的备品备件、抢修工具、照明设备及必要的通信工具，不许挪作他用。

6）大跨越特高塔的主要检测项目与周期见表 7－3 和表 7－4。

表 7-3　　检测项目与周期

序号	项目	周期（年）	备注
1	杆塔紧固螺栓	5	新线投运 1 年后需紧固 1 次
2	防振装置和防舞动装置检修调整	2	根据测振依监测结果，调整周期进行
3	砍修剪树、竹	1	根据巡视结果确定，发现危急情况随时进行
4	修补巡线道	1	根据现场需要随时进行
5	拆巢	1	根据需要随时进行

表 7-4　　根据巡视结果及实际情况需检修的项目

序号	项目	周期
1	基础、挡土墙、护坡修补、排水沟、防撞桩	根据巡视结果进行
2	更换或补装杆塔构件	根据巡视结果进行
3	杆塔构件防腐	根据构件表面锈蚀情况决定
4	更换绝缘子	根据巡视、测试结果进行
5	更换导线、OPGW 及金具	根据巡视、测试结果进行
6	导线、OPGW 损伤补修	根据巡视结果进行
7	引流板检修紧固	根据巡视、测试结果进行
8	间隔棒更换、检修	根据检查、巡视结果进行
9	OPGW 接地线、接地装置检修	根据检查、巡视结果进行
10	补齐特大跨越名称、杆号、相位等各类标志及警告指示、防护标志、色标	根据巡视结果进行
11	曳引式电梯	根据检查、巡视结果进行
12	航空障碍灯	根据巡视结果进行
13	海中航标灯	根据巡视结果进行
14	电子围栏	根据巡视结果进行
15	备用发电机	根据检查、巡视结果进行
16	在线监测装置、视频监控装置	根据检查、巡视结果进行
17	配电房	根据检查、巡视结果进行

（5）专业运维班组应结合大跨越特高塔健康状况、监测手段和人员素质等综合情况，逐步开展状态检修。开展状态检修工作，应成立状态检修工作组织机构，制定行之有效的状态检修管理制度或实施办法，确保检修及时和检修的质量，提高设备检修的针对性和有效性，提高设备完好率和利用率。

7.3　大跨越特高塔数智化自主巡检管理

复杂的海岛地形环境给舟山电网线路运检、检修工作带来了巨大挑战。针对特大跨越电网运检的难度和特点，运维单位自 2019 年以来在充分应用先进工艺设备的基础上，以人机智能协同为核心，创新开展大跨越线路运检工作，取得良好效果。

7.3.1　明确人机协同智能运检思路，确定人机协同运检模式

1. 明确人机协同智能运检思路

针对特大跨越电网的运检特点，在充分应用新技术、新装备的基础上，结合运维单位多年运维检修实践，提出基于人机协同的特大跨越电网智能化运检实施思路。一是以提升设备本质安全为目标，对特大跨越线路实施差异化运检，加强特大跨越区段智能检修水平，提升线路设备本体安全水平，杜绝本体安全事件发生。二是配备高科技智能装备，提高单兵作战能力，逐步解决人员结构性矛盾，建立灵活高效的激励约束机制，实现人员一专多能、工作一次到位实效，打造“全能型”精锐运检特种兵，加强特大跨越运检专业队伍素质建设，推动运检队伍由数量规模型向质量效能型转变。三是建立人机协同巡检体系，充分运用无人机、5G、AI 等先进信息通信技术，实现特大跨越人工＋5G＋无人机协同巡检、协同分析，提升特大跨越运检效率，实现巡检模式由“人工巡检”向“协同立体巡检”模式转变。

2. 确定人机协同运维检修模式

运维单位应用新设备、新技术、新材料、新工艺，以“提升运检效率及运检队伍技术技能水平、提高运检智能化管理水平”为核心，构建基于智能装备的立体化运检体系，建立人机协同智能运检管控系统，确立人机协同运检模式，在大跨越线路运维检修中运用无人机进行数据采集，工作人员对巡线全过程进行监控，对收集的大跨越线路图片、视频数据进行分析，通过分析实现运检数据的集中存储、批量处理、统一管理和智能分析，满足运检模块应用需求并接入智能运检管控系统，通过微应用大数据分析能力，实现与其他运检数据的融合分析和综合应用，指导运检管理决策，提升运检效率，推动大跨越电网运检模式由“人工运检”向“人机协同运检”模式转变。

3. 建立人机协同智能运检机制

为确保特大跨越线路人机协同智能化运检工作的有序开展，运维单位以生产指挥中心为载体，建立人机协同智能运检工作机制。生产指挥中心从专业运维班组直接获取大跨越电网输电线路运行信息，对缺陷管理、检修日计划、运检巡视、状态评价等生产业务进行集中管控，全面协调计划执行，管控检修月、周、日计划，实时协调计划执行过程中遇到的问题，提升业务协调、指挥效率，推动业务管控模式由非实时性

向实时性转变，促进生产业务高效开展。编制人机协同智能运检方案，方案中分析当前运检管控体系，汲取其他网省公司人机协同巡检的先进做法与经验，以无人机专家团队为基础，在省公司机巡管控中心业务系统下，依托输电运检中心“飞控中心”开展人机协同巡检数据处理工作，进一步明确人机协同要素及重点任务安排。

7.3.2 畅通人机信息交互渠道，建立人机协同智慧管理微应用

1. 以 5G 为基础畅通人机协同数据通道

无人机在执行电力巡检工作时需要飞抵铁塔旁并在安全距离内对大跨越输电线路缺陷点与关键部位进行拍摄并回传给地面设备，在回传过程中由于 4G 技术的传输带宽限制，出现了无法实现高清实时传输、延迟大等问题。在 500kV 大跨越输电线路巡检中，无人机巡检仍然存在需要飞行人员前往现场进行飞行管控的问题，无法实现预期巡检效率的提升。

运维单位以 5G 为基础，将传统无人机改造为 5G 网联无人机，畅通人机协同过程中的数据传图通道，在无人机巡检作业中接入低空的蜂窝移动通信网络，实现遥测数据、图像数据的传输、航线规划、多机协同作业、数据实时传输等，为人机协同作业奠定基础。运维单位无人机通信系统采用蜂窝网络 VPND 的方式进行通信，无人机通过机载移动通信模组直接接入移动网络，向管控微应用发送无人机的识别信息、遥测信息、地理位置、飞行状态信息、图像信息，地面工作人员通过移动通信网络可实时检验无人机的位置，具有安全可靠性高、用户难以篡改等优点。5G 无人机通过公网传输的巡检数据可以直接转发给 VPDN 虚拟专有拨号网络，进行私有云传输。运维单位在公共网络上构建一条虚拟的、不受外界干扰的专用通道，采用专用的网络加密和通信协议，从而确保数据传输过程中的数据安全问题，实现采集数据与企业网内部数据资源的协同整合。巡检工作人员通过处于同一网络中的巡检微应用，通过 API 的方式，将无人机的数据及视频信息发送到云微应用，在云微应用上进行展示。管理微应用与 5G 技术深度结合，集成可视化三维地图、视频实时回传、飞行信息实时显示、机场信息实时显示、气象站、自主规划航线、一键起飞执行任务、可实现上传拍照图片、自主缺陷识别、云台控制等功能，多项功能有机结合，实现无人机全自主巡检作业。

2. 构建人机协同智能管理微应用

在数据通道畅通的基础上，运维单位对输电运检体系和协同作业体系进行一体化设计，依托省公司互联网大区建立大跨越输电线路人机协同智能运检管控微应用。智能运检管控微应用以集成、高速双向通信网络为基础，运用 5G 无人机先进的传感和测量技术采集数据，通过对先进的设备技术、先进的控制方法以及先进的决策支持系统技术的应用，借助于输电线路智能化运检技术在整个电力系统中的有效应用，实现

数智化管控。微应用外部对接主网管控中心、机巡管控中心、地市公司数据处理中心的业务互联互通，对内负责公司数据处理与机巡管控中心和智能化班组的信息汇集、指挥协调等工作，确保人机信息交互通道，形成“人类员工+数字设备”双管齐下模式。智能运检管控微应用拥有应用场景五大类 22 个，分别是：线路状态实时感知与智能诊断（5 个），自然灾害全景感知与预警决策（7 个），空天地多维融合与协同自主巡检（4 个），线路检修智能辅助与动态防护（2 个）和高压电缆全息感知与智能管控（4 个），通过电力传感器、无线传感网、人工智能、边缘计算等技术手段的应用，构建输电设备物联网，实现设备立体感知、通道全景监控、数据云边处理、状态辅助预判、安全智能管控、运检效益提升，推进输电专业管理模式向更智慧、更高效、更安全转变，从而实现坚强智能电网和电力物联网的深度融合和应用。

3. 明确人机协同智能微应用工作模式

运维单位依托省公司机巡中心，通过与国内无人机领域专业院校及设备厂商的合作，在微应用终端设置数据库，集成现有 GIS、PMS 等系统内输电线路基础数据，运维单位保留系统接口，及时进行数据上传及查询。通过该微应用动态显示无人机作业开展情况，实时查询单个巡检小组飞行任务、工作票、所巡线路缺陷情况等资料，具备大数据分析及远程连线功能，实现对无人机日常巡检工作的监控与调度，及时发现问题，规避风险，提高无人机巡检效率。人机协同智能运检体系使用国内领先的在线视频监控设备、无人机和机巢等智能设备巡检的无人值守化全自动运检模式，推行重要输电通道无人机“点 – 点”自主巡检作业，整合现有输电线路在线监控装置以及智能监控管理，贯通人机协同的无人机输电运检工作闭环管控，为故障巡视、抢修提供重要的决策依据，指导人员精准运检，进一步提升线路运检保障能力，提高线路运检效率效益。

7.3.3　打造人机协同特战团队，提高人机协同运检能力

1. 首建大跨越电网人机协同作业标准

运维单位建立统一的输电专业运检检修标准体系，统筹规划各阶段工作要求，实现专业规范化运作，有效提升运检人员工作效率，促进专业工作正规、快速、有序、高效发展。运维单位对输电专业全过程标准进行梳理，从前期立项审查到施工验收、运行巡视、检测、状态评价、检修、反措管理等各个环节开展工作标准整理，对各个检测项目明确检测所依据的试验方法、检测设备、判断阈值等标准，针对新型输电智能装备及智能运检工作模式，推进其信息采集、传输、智能处理标准的规范化、统一化，结合实际需求建立《人机协同巡视标准化作业指导书》《人机协同实时指挥管理标准》《无人机飞行巡检管理制度（试行）》《架空输电线路无人机人机协同精细化巡检标准化作业指导书》《输电运检中心（电缆运检中心）无人机巡检影像数据管理手

册》等相关标准化管理体系，实现大跨越电网人机协同运检技术标准全覆盖。

2. 开展人机协同三维仿真实战培训

当前，在大跨越电网运维检修过程中存在一个问题是技术和装备先进程度较高，但是与之相配套的管理及运检人员能力却存在缺陷，无法发挥先进技术装备的领先优势。为系统解决这一问题，适应人机协同运检发展需求、培养特大跨越“全能型”队伍，组建青年突击队，定制《输电运检电力电缆人机协同培训方案》《大跨越输电运检架空线路电力电缆青年员工培训方案》《输电运检中心（电缆运检中心）新员工 380 米高塔检修培训计划》并展开培训。为系统提升人机协同效率，切实提升员工在人机协同运检过程中能够充分发挥先进技术装备的优势，运维单位组织开展 VR 沉浸式运检三维仿真实战培训，依托音视频单兵装置，实现作业信息、告警信息的音视频同步通信，实时远程专家视频会诊等功能，对人机协同的实操性以及运检操作要点进行全方位培训，确保作业人员熟悉人机协同运维检修全流程，并获取技术支撑。各项培训坚持实用实效的原则，突出抓好各项内容的学习和实际操作的演练。在理论培训的基础上进行现场实操，专家对青年员工实际操作中遇到的问题进行现场模拟操作解答，让每位青年员工掌握使用方法。

3. 打造具有人机协同能力的特战团队

在培训的基础上，运维单位精选骨干力量组建特大跨越运检队伍，组建专项小组，充分发挥精干力量，对大跨越输电线路运检领域关键性工作任务实施精确作业，力求以小规模人员力量取得高效率工作效果，并为输电专业运检班组升级转型提升做好人才储备。为班组员工配置输电专业现代化智能运检装备，提高人员单兵作战能力，班组成员“上塔”熟练使用工器具进行常规输电线路检修工作，并具备带电作业能力，“入地”熟练掌握智能运检移动终端、高精度激光测距仪、红外成像仪、紫外成像仪、小旋翼无人机等巡检设备的操作技能，熟练掌握输电专业各类生产信息系统、智能预警系统、在线监测系统的应用，具备各类输电线路巡检设备及在线监测设备的数据分析能力。

7.3.4 实施人机协同智能巡检，精准发现线路隐患

1. 人机协作规划线路巡检航线

大跨越电网巡视检修过程中，运维单位通过 5G 无人机机载三维激光扫描仪，扫描巡检管道，获取点云数据集，并构建好三维激光点云模型，实现对巡检对象的单体化。运检人员基于三维激光点云数据模型生产自动巡检规划航线及人工协同智能选件规划航线。其中自动选件规划航线，选择需要巡检的单体对象，系统自动根据机库所在空间位置、标注信息和点云数据的精确空间坐标，通过自有算法计算出航点及机头朝向等，生成航线；通过风险评估，避开高危险区域、禁区围栏等，最终自动计算出

可自动飞行航线以及返程航线。针对自动巡检规划航线还不够智能、不够完善的问题，运检人员采取人机协同的方式，根据机载三维激光扫描仪传送回来的信息，手动创建并生成任务航线，添加航线的点即可在对应的位置添加航点，之后可以通过移动和旋转来调整航点的详细坐标以及机头朝向等信息，通过管控微应用选择巡检对象，通过获取巡检对象的空间坐标，并根据巡检任务的要求，如某区域需要重点巡检、避开禁区围栏、高风险区域等，自动生成航线，包括返航航线。最后通过风险评估，确定航线的可行性。其中航点信息包含了经纬度、高度、偏航、横滚、速度、航点类型、航点序号、航线名称、云台动作等参数；航线中巡检点位及相关数据可以进行记录，工作人员可根据作业效果随时复查并修改航线细节，不断提高巡检精度及效果。航线生成后，并在气象条件正常情况下，自动启动机场和无人机，执行巡检任务。巡检途中无人机通过电源管理模块监测电量，电量低时可自动寻找距离最近的全自动机场系统进行整备，降落后自动更换电池与吊舱并再次起飞执行任务。

2. 人机数据交互智慧识别隐患

在大跨越输电线路巡视检修过程中，通过 5G 无人机进行巡视并实施传输数据，相关数据由运检人员进行分析、识别，判断是否存在缺陷，并通过无人机进行远程处置。以输电线路中绝缘子缺陷为例，在无人机对高压输电线路的巡检维护中，绝缘子缺陷的检测以及输电线路异物的检测是其中一项重要内容。绝缘子串大多由钢化玻璃制成，由于各种原因会发生破损，导致输电线路不能安全稳定运行。同时输电线路上挂搭的异物在雨雪天气可能会导致输电线路短路，也存在着较大的安全隐患。通过人机协同的方式，运用数智化微应用管控建设输电线路外破监视系统，利用红外、视频图像等手段实现线下施工、异物等外破隐患的监测，及时发布预警信息，提高通道隐患处理效率；在智能运检管控微应用中建设智能图像识别应用，对无人机选线拍摄的照片进行远程处理，实现绝缘子自爆、塔材缺失等缺陷的自动高效识别。

此外，高压输电线路由于大多暴露在野外空旷的环境里，会有如风筝、塑料袋、鸟巢等异物缠绕或悬挂在高压输电线路上，导电材质的异物可直接导致高压输电线路短路，给居民的日常生活带来极大不方便以及给工业生产带来巨额的损失。运维单位在巡线过程中，从一个铁塔坐标到下一个铁塔坐标之间，由四旋翼无人机上搭载的 Openmv 模块，实时采集图像并检测输电线路上是否存在挂搭的异物，无人机通过端侧模块做初步的实时缺陷识别与缺陷目标跟踪拍摄，并通过 5G 链路将实时的图像数据传输给云服务器进行后端由运检人员进行精细化缺陷识别，再将文件进行归档打包为巡检报告发往管控微应用，解决以往巡检时间过长等问题、无法及时进行缺陷处置的难题。

3. 强化预警，精准监测线路隐患

运维单位针对航道大跨越架空输电线路特点，利用图像处理、在线监测、远距离

可视化量测等技术，设计完成集数据采集、智能分析、动态监测、状态仿真、自动报警等于一身的航道大跨越安全管控系统，实现航道大跨越等重要输电通道及状态的可视化，对船舶高度进行动态识别和预警，根据雷电、台风监测和预警对电网影响进行评估。

大跨越是整条输电线路的防振重点，大跨越的安全运行在很大程度上取决于导、地线和防振装置的可靠性。微风振动引起导、地线疲劳断股等事故通过累积效应的方式发生，有一个累积时间和过程。国内大量的证据表明：微风振动严重威胁着架空输电线路特别是大跨越的安全运行。运维单位依托运检人机协同智能化分析管控微应用，开展大跨越微风振动实时监控、专业分析和预报警服务，建成全省范围内大跨越微风振动实时监测综合分析系统，融合大跨越微风振动在线监测数据、环境气象数据和导线本体信息，建立大跨越微风振动监测数据管理、专业分析、预警信息发布和上报机制。

7.3.5 以人机协同推动资源可视化，提升检修效率

1. 全面掌控现场情况，提高生产管控能力

运维单位依托工业视频、智能运检管控微应用、输变电在线监测系统等技术支撑系统，集中管控输电线路运行信息，监督运检检修单位日计划的执行情况，对电网、设备、作业风险进行全面跟踪和实时管控，利用智能运检管控微应用，由生产指挥中心实施监督指导各运检单位风险预控措施落实执行情况，促进信息互通、资源共享，加强作业现场指挥与沟通；利用北斗卫星系统+互联网云微应用，建立现场全覆盖的工作状态实时监控系统，保证现场安全可控、在控；对参加大跨越输电线路相关作业的外委队伍人员执行无差别化管理，生产指挥中心加强现场监督与指导，对作业风险进行严格把控，领导到岗到位。基于可视化技术，监督内容包括：开工前认真开展工作交底，说明工作内容、安全注意事项及危险点；检查施工机具、安全防护设施及劳动防护用品、安全工器具，并确保器材完备合格，满足施工要求；人员持证上岗，检查精神状态；作业过程中严格按照施工方案进行施工，如需变更，必须重新办理审批手续，并通知交叉作业中的相关施工单位。

2. 可视化调配资源，提升检修整体效率

运维单位在统筹检修资源调配方面，通过建立人员信息库、装备库、备品库，实时协调生产业务开展过程中检修人员、物资等多方资源，构建运检现场可视化场景。一是通过线路杆塔视频摄像装置，实现线路、通道、近区线路的路径可视化管控，做到特高压线路逐塔逐档可视化、重要输电通道全线可视化、三跨线路逐点监控；二是通过车辆和人员手机 GPS 定位信息，实时掌控运检工作到位情况。通过视频监控、可穿戴设备实现运检现场的远程指挥；三是对协同巡检的相应巡检计划、巡检路线、

巡检进程、巡检数据成果通过智能运检管控微应用三维 GIS 实景进行直观展示，进行现场工作人员身份识别、违反安规情况的自动报警，实现多方位作业现场远程监视及智能告警。

3. 升级装备强化管理，保障智能作业安全

大跨越输电线路运检作业点多、面广，安全监管难以面面俱到。作业人员多数时候是“单兵作战”，安全监管首尾难以兼顾。运维单位加强“智能除障滑车”“喷火式无人机”“激光除障器”等先进智能设备的现场应用，代替人员登杆清除异物，直接避免人员触电、高坠等风险；应用分布式故障诊断装置，精确定位故障区间，缩小巡视范围，提高故障查找效率，直接避免人员在恶劣环境下故障巡线安全风险；应用并联间隙减少绝缘子遭受雷击损坏，减轻人员现场故障巡线工作量；应用输电线路视频监控设备有效监控外破隐患点，及时推送预警信息，减少现场人员蹲守风险；无线单兵实时传输作业现场情况，避免违章等不安全行为发生。

第3篇
滩涂变电站关键技术

我国沿海、沿江地区经济发达，电力需求大，但这些地区往往分布着深厚的软土层。根据国家土地利用总体规划，超高压变电站选址遵循节约、集约用地原则，尽量少占耕地、少占基本农田，因此超高压变电站站址条件越来越差。许多超高压变电站经常不可避免的要选择在地势较低、土质条件较差的软土地基之上，为了满足防洪要求一般都需要大面积填土。超高压变电站工程整体性要求非常高，沉降差控制比较严格。高回填土与深厚软弱淤泥质土势必会造成高回填土下软土地基稳定性差、变电站基础沉降和不均匀沉降控制难度大。

桩网复合地基施工技术，作为一种新兴的、经济有效的软土地基处理技术，具有地基承载力高，工后沉降控制简单、差异沉降小，地基无需预压、施工速度快，桩间距大、地基处理综合费用低等优势，可解决超高压滩涂变电站的长期变形控制难题及超高压滩涂变电站强流变软土地基上的工后沉降精准控制难题。

与此同时，对超高压滩涂变电站建设而言，由于在建设初期就采用了桩网复合地基施工技术进行了全站地基处理，确保了绝对沉降量、相对沉降量处于低位，在后期的扩建工程建设中具备了大幅缩短建设周期、最大限度地保障了已投运设备的安全可靠运行等优势。

本章节主要从滩涂软土特性与地基处理、滩涂变电站施工关键技术两大方面，来介绍超高压海洋输电关键技术之二——滩涂变电站核心技术与理论研究成果。

滩涂软土特性与地基处理，先简要阐述滩涂软土的结构特性，建立桩网复合地基技术的理论分析模型，创新提出滩涂软土原位压缩曲线校正方法，提出了桩网复合地基处理变电站软土地基桩土荷载分担比、承载力和沉降计算方法，阐明了各类设计参数对处理效果的影响规律，以及托板桩复合地基的固结规律，总结形成系统的滩涂变电站桩网复合地基设计方法。

滩涂变电站施工关键技术，主要阐述桩网复合地基施工技术及实施后监测。从桩网复合地基施工背景及特点出发，先后讲述软弱滩涂地基回填土施工工艺、PHC 桩基施工工艺、桩帽（桩托板）施工工艺、加筋垫层施工工艺、土工格栅选型及施工等，最后讲述了现场试验研究桩网复合地基处理滩涂软土地基的实施效果，验证不同时期地基土超孔压、沉降、差异沉降、土压力、桩体荷载分担比的变化规律。

第 8 章
滩涂软土特性与地基处理

8.1 滩涂变电站建设背景

8.1.1 电力工程地基处理难点

随着我国东南沿海经济建设的飞速发展，对电力的需求越来越大，变电站等电力建设工程日益增多。但是沿海、沿江、沿湖地区往往广泛分布着深厚的软土层，具有含水量高、孔隙比大、渗透性差、压缩性高、承载能力低等不利工程特性。土地资源昂贵，征地拆迁费用较高等带来的建设问题，使得变电站选址十分被动，经常不可避免的要选择在地势较低、土层条件较差的地基之上。变电站投资金额大，社会效益和经济效益显著，因此，它的建设质量技术要求就相应较高。我国沿海地区分布着大量软土地层，该土层具有含水量高、渗透性差、强度低、孔隙大、低密度并具一定的结构性特点，而且其分布往往不均匀。因此，合理有效的处理变电站软土地基已成为我国东南沿海电网建设的一个关键问题。

另外软土地基上的变电站地势一般较低，场地的地坪标高往往较高，为了满足洪水位要求经常需要大面积填土，回填土由于未经充分的压实往往结构松散，密实度较低。变电站工程整体性要求非常高，沉降差控制比较严格。高回填土与深厚软弱淤泥质土给变电站地基处理带来了挑战：① 高回填土下软土地基稳定性差；② 变电站基础沉降和不均匀沉降控制难度大。变电站位于软土地基上时，为满足建筑物、构支架等沉降控制要求，必须对软基进行处理。目前常规方法是排水固结法、复合地基法、桩基础。排水固结法包括堆载预压法、真空预压法，这种方法理论成熟，施工设备简单，费用低，但工期长，工后沉降较大，且有效处理深度有限，一旦超过有效处理深度，孔隙水压力消散相当困难且缓慢。水泥搅拌桩复合地基虽然具有造价低、施工工期短等优点，但地基沉降较大、承载力偏低、质量受到人为因素影响难以保证。

若对软土特性认识不足、选择处理方法不当、技术控制不严，就会在施工过程中出现地基失稳而滑动，并产生较大的沉降和不均匀沉降，以及持续时间较大的工后沉降，不能满足变电站工程设计的要求。软土地基变电站经常存在电缆沟倾斜，埋管、接地扁铁拉断，室内地面成锅底状，建筑物下土体脱空等质量缺陷，影响设备安全文明运行，如图 8-1～图 8-5 所示。

图 8-1　场地沉降引起水平断口正母隔离开关引线过紧导致管母弯曲变形

图 8-2　不均匀沉降引起线路隔离开关引下线过紧，将隔离开关顶部端子拉断

图 8-3　引起电缆沟不均衡沉陷，多处倾斜、突起呈现波浪状

图 8-4　引起部分设备端子箱严重倾斜

图 8-5　引起沉降导致电缆穿管断裂

8.1.2 常规地基处理方法

1. 真空+超载预压法（排水固结）

真空+超载预压法适用于沿海地带海相沉积的深厚软弱黏性土。此方法通过排水固结提高了地基土的抗剪强度，使地基土承载力和稳定性都得到提高，处理场地后在加载预压期内能够完成大部分地基沉降，待预压期间的沉降达到设计要求，卸荷并建设上部结构。

真空+超载预压一般采用分级加载，每级加载采用分层回填碎石或混合石渣并碾压密实。同时场地满场插打塑料排水板，并在一定间距内设置排水井。根据工程经验和理论计算，对于一般的 220kV 变电站，真空+超载预压法堆载周期约为 180 天，预压期内固结度约 85%，地基处理深度一般在 20m 左右。

真空+超载预压法在浙江电网实践的工程先后有 2002 年建成的嘉兴秀水 220kV 变电站、2004 年建成投产的台州 220kV 港湾变电站、2007 年建成的温州 220kV 文武变电站、2008 年建成的温州 220kV 瑞仙变电站等工程。这几个工程特点是上部电气设备采用 AIS 布置，地基下部分布有高压缩性的淤泥，且由于场地需要较大填高，存在填土荷载。从开工到正式投产建设周期基本在 2 年以上，建设工期相对宽松，采用真空+超载预压法，待地基沉降稳定后再进行上部工程建设，地基处理时间比较充分。

实践经验表明，当塑料排水板的深度超过 20m 后，由于排水通道长度过长，排水板容易堵塞，造成排水效果不佳，真空+超载预压处理后场地后期沉降仍然较大，因此此方法不适用于软土层特别深厚（超过 20m）的情形。同时由于堆载预压需要较长工期以保证排水效果充分，不适用于建设工期较为紧张的工程。

2. 砂石桩复合地基

砂石桩法是指利用振动或冲击方式，在软弱地基中成孔后，填入砂、砾石、卵石、碎石等材料并将其挤压入土中，形成较大直径（一般为 300～2000mm）的密实砂砾石桩的地基处理方法。

砂石桩在软土地基中的作用主要是挤密、振密、排水、抗液化和置换作用。砂石桩处理软土地基时由于软土土性的不同，其作用原理可分为在松散砂土、粉土和在黏性土两种地基中的作用。

（1）砂石桩在松散砂土和粉土地基中的作用

砂土和粉土属于单粒结构，其组成单元为松散粒状体，渗透系数大，一般大于 1×10^{-4}cm/s，单粒结构总处于松散至紧密状态。在松散状态，颗粒的排列位置是很不稳定的，在动力和静力作用下会重新进行排列，趋于较稳定的状态。即使颗粒的排列接近较稳定的密实状态，在动力和静力作用下土的结构也将发生变化，改变其原来排列位置。松散砂土在振动作用下体积缩小可达 20%。因此无论用锤击法或是振动法在砂土和粉土中沉入桩管时对其周围都产生很大的横向挤压力，桩管将地基中等于桩管体积的砂挤向桩管周围的土层，使其孔隙比减小，重度增大，从而起到挤密作用。

沉管特别是采用垂直振动的激振力沉管时，桩管四周的土体受到挤压，同时桩管的振动能量以波的形式在土体中传播，引起桩四周土体的振动，在挤压和振动作用下，土的结构逐渐破坏，孔隙水压力逐渐增大。由于土的结构的破坏，土颗粒重新进行排列，向具较低势能的位置移动，从而使土由较松散状态变为密实状态。随着孔隙水压力的进一步增大，当土体有效应力变为零时，土体开始液化成流体状态。超静孔隙水通过砂石桩通道排出地面，随着孔隙水压力消散，土粒重新排列、固结，形成新的结构。由于孔隙水排出，土体的孔隙比降低，密实度得到提高，从而起到了挤密的作用。

通过砂石桩处理可液化土层，一方面密实度增加，结构性提高；另一方面砂石桩是良好的排水通道，其可以加速因挤压和振动作用而产生的超孔隙水压力的消散，降低孔隙水压力上升的幅度，因而提高桩间土的抗液化能力。在两者作用下，砂石桩复合地基抗液化能力得到提高。

（2）砂石桩在黏性土地基中的作用

黏性土结构为蜂窝状或絮状结构，颗粒之间的分子吸引力较强，孔隙很大，渗透系数很小，一般小于 10^{-4}cm/s。对于非饱和黏性土地基，由于沉管成桩过程中的挤压和振动等强烈的扰动，黏性土之间的结合力以及黏土粒、离子、水分子所组成的平衡体系受到破坏，孔隙水压力急剧升高，土的强度降低，压缩性增大。在砂石桩施工结束后，在上覆土压力作用下，通过砂石桩良好的排水作用，桩间黏性土发生排水固结，同时由于黏土、水分子、离子之间重新形成新的稳定平衡体系，使土的结构强度得以恢复。因此，从砂石桩和土形成复合地基角度来看，砂石桩处理饱和软弱黏性土地基主要是置换作用和排水作用。

砂石桩在软弱黏性土中成桩以后，桩与桩间土共同组成复合地基，由密实的砂石桩体取代了与桩体积相同的软弱土。因为砂石桩的强度和抗变形性能等均优于其周围的土，所以形成的复合地基的承载力就比原来的天然地基的承载力大，沉降也比天然地基的沉降小，从而提高了地基的整体稳定性和抗破坏能力。在荷载作用下，由于复合地基中桩体的变形模量和强度较大，地基传给地基的附加应力会逐渐集中到桩体上，使桩承担较大部分的应力，而土所负担的应力则相对减小。因此，与天然地基相比，复合地基的承载力得到了提高，沉降量也有所减小。由于砂石桩桩体由松散材料构成，要依赖桩间土的侧向约束力使桩传递竖向荷载。桩体的模量较低，当桩长超过一定限度（如 1.5～2.0 倍的基础宽度）时，即使桩下端接触相对硬层，应力向桩的集中程度并不比桩下端不接触相对硬层时大，桩的端承作用也很小，承载力提高不大。砂石桩复合地基与天然地基相比，地基承载力增大率与沉降量的减小率均与置换率成正比关系；当置换率很大时，复合地基的作用主要起垫层的应力扩散和均布作用，从而提高地基承载力，减小沉降量。

成桩过程中，由于振动力和侧向挤压力的作用，对于没有或仅有较薄上覆硬土层的饱和的软黏性土，地面会产生隆起，而且由于桩间土的侧限作用较小，使桩体砂石不易密实。

水是影响黏性土性质的主要因素之一。黏性土地基性质的改善很大程度上取决于其含水量的减小。因此，在饱和黏性土地基中，砂石桩体的排水通道作用是砂石桩法处理饱和软弱黏性土地基的主要作用之一，比之在砂土地基中的排水作用显著。由于砂石桩缩短了排水距离，从而可以加快地基的固结沉降速率。

综上，砂石桩复合地基应用属于较新型的地基处理方法，常规设计中对桩基的计算仅考虑基础及基础上的集中荷载及其偏心距，同时不考虑地基的反力。而实际桩基中每根桩承受的荷载不仅与上述因素有关，同时与每根桩在桩基中所处的位置有关，与基础及上部结构的刚度有关。当地基较好时，地基也承担可观的荷载。砂石桩在我省电力建设中有许多成功应用的案例，例如 2006 年建成的杭州涌潮 500kV 变电站、2018 年建成的绍兴春晖 500kV 变电站等工程。

但是对于存在抗剪承载力较低软土层的情况下，砂石桩难以成型，特别是上部还存在较厚回填土的情况下，填土后将消耗大部分砂石桩复合地基承载力。因此在高回填土、天然土层抗剪力不足情形下不适用于砂石桩复合地基。

3. 桩基（桩承台）

采用桩基处理软土地基是一种最常用的地基处理方式，具有施工方便、能提供较大的承载力等优点，比较适合处理点荷载集中的上部结构，例如变电站内的建筑物、构筑等，在变电站建设中作为主要建构筑物地基处理方式有非常广泛的应用，特别是对于有抗震性能要求的建/构筑物。

桩基础按桩型可分为非挤土桩（钻孔、挖孔灌注桩等）和挤土桩（如 PHC 桩等）。钻孔（冲孔）灌注桩成桩对地层适应性要较 PHC 桩好，单桩抗水平承载力高。但是在相同桩径条件下，灌注桩竖向承载力要较 PHC 桩低，且造价较高。

但对荷载均布、荷载不大、但沉降控制要求较高的建构筑物不太合适，如电缆沟、道路、场地等。主要是由于桩基与桩基之间的上部场地荷载若不通过筏板无法传递至邻近桩基，而全站采用桩基+筏板基础则会造成较大的工程造价。

8.2　滩涂软土特性

在我国的东南沿海地区，广泛分布着海相沉积的滩涂软土，其强度低、压缩性大、渗透性能差、承载力低。若要在这种滩涂软土地基上建造大跨越塔和海底电缆等构筑物，需要对这种滩涂软土的工程力学性质有充分的认识。

土的结构性对滩涂软土固结、压缩等工程性质有很大的影响，影响程度和应力水平密切相关。关于结构性的一系列现象应作为土力学中的基本内容。只有考虑结构性，滩涂软土在实验室和现场所表现出的力学性状才能被理解。从土结构性的角度去探求滩涂软土的性质，用于指导大跨越塔和海底电缆等构筑物的工程建设，具有重要的理论和工程意义。

土的结构性是指土中颗粒的排列特征（几何特征）和联结特征（力学特征）。尽管结构性由许多不同的因素引起，但其对土体力学性状的影响是相同的，受力过程中都涉及同样的一个由刚性变形到屈服的变形模式，都表现出类似于超固结土的屈服硬化。因此，尽管涉及不同的变形机理，但这种屈服行为仍可以采用由于超固结所引起的结构性的描述框架。

结构性滩涂软土一般具有高含水量、大孔隙比、低强度、高压缩性等特点，土压缩量大，排水固结缓慢，地基稳定性差，变形趋于稳定的时间长，在大跨越塔和海底电缆等构筑物建设后沉降问题突出，给跨海联网工程结构安全造成极大的危害。对滩涂软土基本特性的认识与利用，特别是土的结构性对固结压缩特性的影响目前研究得不多，将具有结构性的正常压密土与超固结土相混淆的情况时有发生，这种混淆可能会导致采用不同的工程措施，产生很严重的工程后果。

各地土的结构性存在较大差异，对其力学性质的影响也不同。滩涂软土的结构性使其存在结构屈服应力，滩涂软土在承受低于和高于结构屈服应力的压力时，力学特性差异较大。因此，研究各类土的结构性以及滩涂软土的结构屈服应力形成原因对认识滩涂软土的特性及研究本构模型具有重大的意义，对指导工程勘察及工程实践具有现实价值。

8.2.1　滩涂结构性软土的压缩特性

以温州电网工程的滩涂为例，根据静力触探和十字板试验结果，滩涂地基从上至下依次为硬壳层，（2－1）淤泥，（2－2）淤泥，（3－1）层淤泥质滩涂软土，（3－2）层淤泥质粉质滩涂软土。将土样从上至下依次标号：1～11 号是淤泥，深度为－4.8～－20.3m；12 号是淤泥质滩涂软土，深度为－21.3～－21.8m；13～21 号是淤泥质粉质滩涂软土，深度为－22.8～－36.6m。重塑土的含水量、初始孔隙比和相应的原状土是相同的。土样基本情况见表 8－1。

表 8-1 试验土样基本情况

土样编号	取样深度	含水量/（%）	密度/（g/cm^3）	孔隙比	自重应力/kPa
3	-7.8～-8.3m	63.0	1.632	1.737	50
7	-13.8～-14.3m	60.1	1.641	1.624	87
9	-16.8～-17.3m	62.8	1.607	1.776	105
14	-16.8～-17.3m	48.7	1.703	1.392	180
19	-24.3～-24.8m	45.1	1.838	1.289	220

按照逐级判稳条件（0.005mm/h），进行三组不同加压率下的固结试验。该试验设备可以按设定的加压率进行自动化加荷，并自动记录试验中各级压力下的沉降速率等数据。考察原状土和重塑土在固结试验中所表现出的不同的压缩曲线性状、固结系数、压缩系数随着压力的变化趋势，以及加压率对上述三者的影响。

（1）压缩曲线性状

考察原状土和重塑土在固结试验中所表现出的不同的压缩曲线性状。3、9 号和 19 号的原状土样及其相应的重塑土样的压缩曲线如图 8-6 所示。试验中，原状土和重塑土均采用 1:0.25 的加压率。

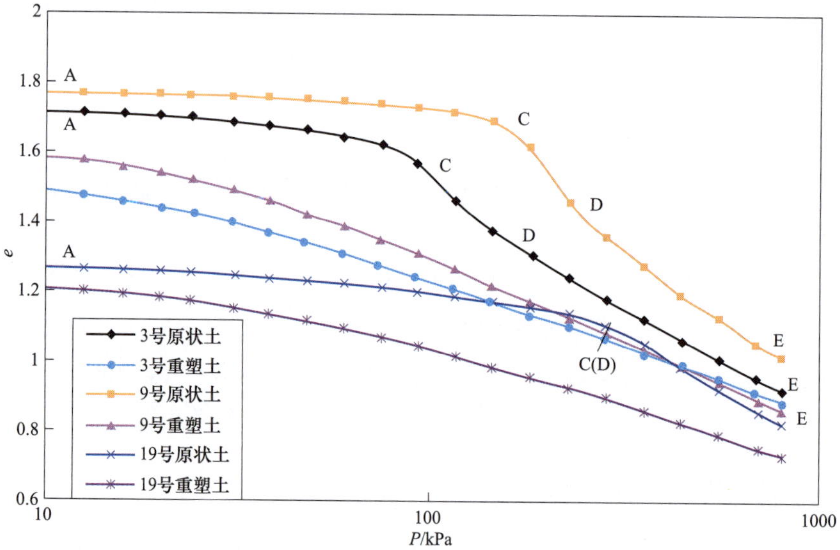

图 8-6 原状土和重塑土的压缩曲线对比

从图中可以看出：① 对应于同一垂直压力，原状土比相应的重塑土具有较大的孔隙比。这说明沉积过程形成的原状土与重塑土具有不同的结构。在沉积过程中，原状土颗粒之间黏结起来并产生胶结强度，阻止土体的压密，使原状土体保持着较大的孔隙。② 原状土的压缩曲线为前缓后陡的曲线形，而重塑土的压缩曲线近似为一条直线。

（2）固结系数随着压力的变化趋势

3、9 号原状土样及其相应的重塑土样的固结系数随着压力的变化如图 8－7 所示。从图中可看出：原状土的固结系数随着压力的变化较大；重塑土的固结系数随着压力的变化不大。在压缩的初始阶段，原状土的固结系数远大于重塑土的固结系数。而当超过结构屈服应力之后，原状土的固结系数骤减，并趋近于重塑土的固结系数。

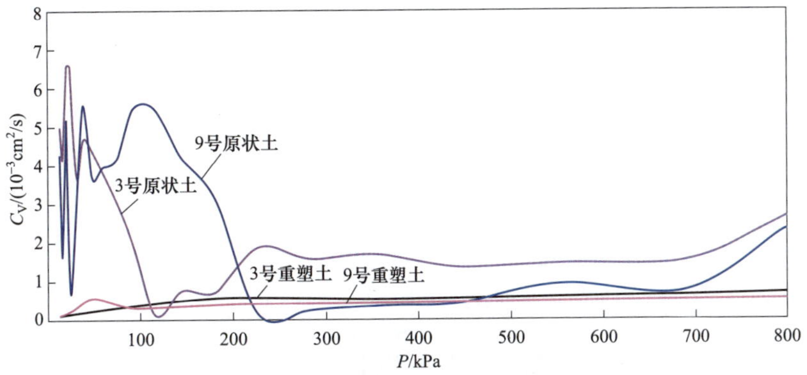

图 8－7　原状土和重塑土的固结系数曲线对比

（3）压缩系数随着压力的变化趋势

3、9 号原状土样及其相应的重塑土样的压缩系数随着压力的变化如图 8－8 所示。

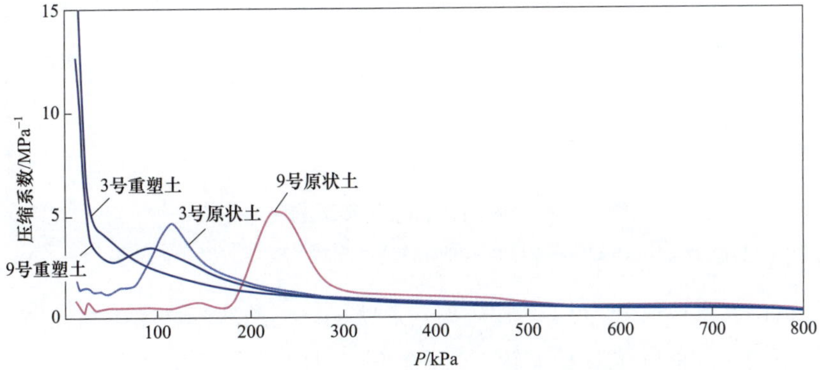

图 8－8　原状土和重塑土的压缩系数曲线对比

从图中可以看出：原状土的压缩系数在初始加荷阶段较小，逐渐增大到一定的峰值之后开始减小。当压力超过一定的值之后，减小到与重塑土的压缩系数接近。而重塑土的压缩系数在初始阶段较大，后逐渐减小到一定的值。

在初始阶段，重塑土的压缩系数远大于原状土的。说明原状土在应力小于结构屈服应力时，保持着一定结构强度，从而能够抵抗一定的压力，原状土的土骨架只发生较小数量的压缩。而重塑土中由于颗粒间的黏结力引起的强度和刚度在重塑过程中已经被破坏，因此一经受力，重塑土的土骨架就发生较大的压缩量。

当压力超过土体的结构屈服应力之后，土体的结构受到较大程度的破损，土体内的大孔隙在这一阶段被压密；表现为压缩系数陡增并超过重塑土的压缩系数。随后小孔隙逐渐被压密，孔隙比随着应力的变化明显放缓，表现为压缩系数在峰值之后逐渐减小，并接近于重塑土的压缩系数。

（4）加压率的影响

考察不同的加压率对原状土和重塑土的压缩曲线、固结系数、压缩系数随压力的变化趋势的影响。

1）加压率对压缩曲线的影响。

典型原状土样及其相应的重塑土样在三种不同的加压率下的压缩曲线分别如图 8-9 所示。

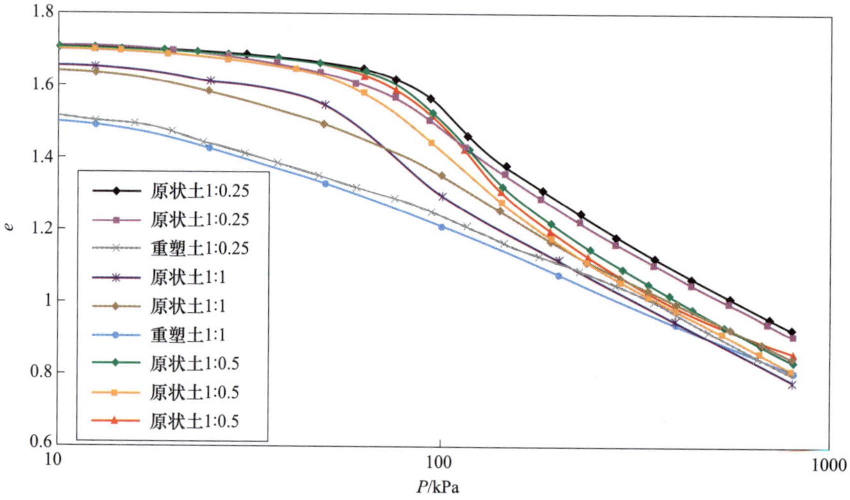

图 8-9　土样在不同加压率下的压缩曲线

注：“原状土 1:0.25”表示该条压缩曲线对应于原状土样在 1:0.25 的加压率下。

从图中可以看出以下几点：① 加压率对原状土压缩曲线的性状影响较大。原状土在不同加压率下的压缩曲线形状相差较大。在相同压力下，加压率越小，土体的孔隙比越大。② 加压率对重塑土压缩曲线的性状影响较小。不同的加压率下，重塑土压缩曲线基本一致。

2）加压率对固结系数变化特征的影响。

3 号的原状土样及其相应的重塑土样在三种不同的加压率下的固结系数分别如图 8-10 所示。

从图中可以看出：① 加压率对重塑土的固结系数随压力的变化趋势影响不大。不同加压率下，重塑土体的固结系数随压力的变化趋势基本一致。② 加压率对原状土的固结系数随压力的变化趋势影响较大。加压率越大，固结系数越小，对应于陡降段的应力越

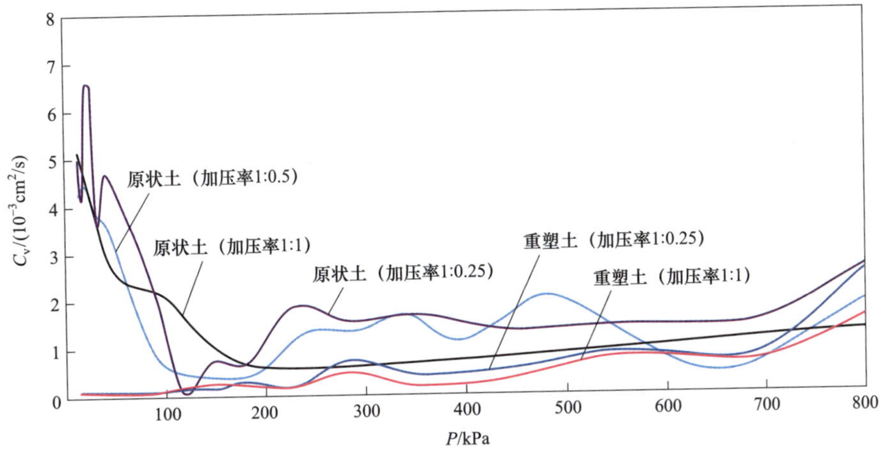

图 8-10　3 号土样在不同加压率下的固结系数随压力的变化

小。说明加压率越大，对土体的扰动越严重，从而造成土体的透水性降低，固结系数减小；且相应的结构屈服应力越小。

3）加压率对压缩系数变化特征的影响。

9 号原状土及其相应的重塑土在三种不同的加压率下的固结系数分别如图 8-11 所示。

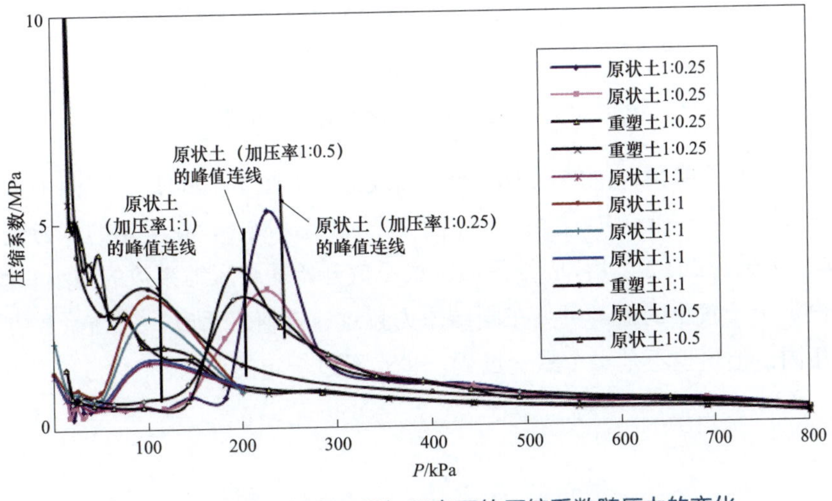

图 8-11　9 号土样在不同加压率下的压缩系数随压力的变化

从图中可以看出：

① 原状土和重塑土的压缩系数随着压力的变化趋势不同。原状土的压缩系数在初始加荷阶段较小，随着压力的增大逐渐增大到一定的峰值，之后开始减小。当压力增大到一定的值之后，其减小到与重塑土的压缩系数接近。而重塑土的压缩系数在初始阶段较大，后逐渐减小到一定的值。

② 加压率对原状土的压缩系数随着压力的变化趋势影响较大。对于同一加压率，原

状土压缩系数的峰值出现在同一压力水平上。该峰值所对应的应力随着加压率的增大而减小；且加压率越大，原状土的压缩系数超越重塑土的压缩系数所对应的应力越小。这说明加压率越大，其相应的结构屈服应力越小，即对土体的扰动越严重。

③ 加压率对重塑土的压缩系数随着压力的变化趋势影响不大。不同加压率下，重塑土的压缩系数随着压力的变化趋势基本一致。

8.2.2 滩涂软土的固结性状

（1）固结系数和固结压力的分段关系模型

1）模型的提出。固结系数随着固结压力的变化曲线如图 8-12 所示。

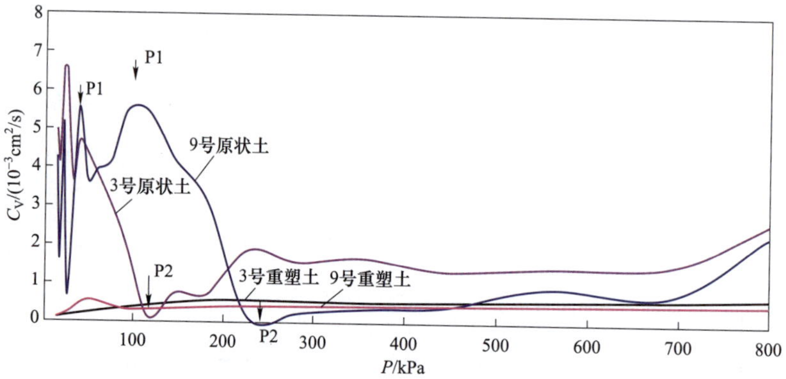

图 8-12　原状土的固结系数随压力的变化

可见，在固结系数随着固结压力的变化曲线上（见图 8-13），存在两个重要的转折点 P1 和 P2。第一个转折点 P1 之后，固结系数开始迅速减小，在一定的压力值之后到达最小值；第二个转折点 P2 之后，固结系数从最小值开始随着压缩系数的减小有微小上升，但基本上恒定于一较小的值。可见在固结压力超过一定值之后时，固结系数将迅速降为与重塑土相同；但这也不是一个骤变过程，也是经过一定的压力。

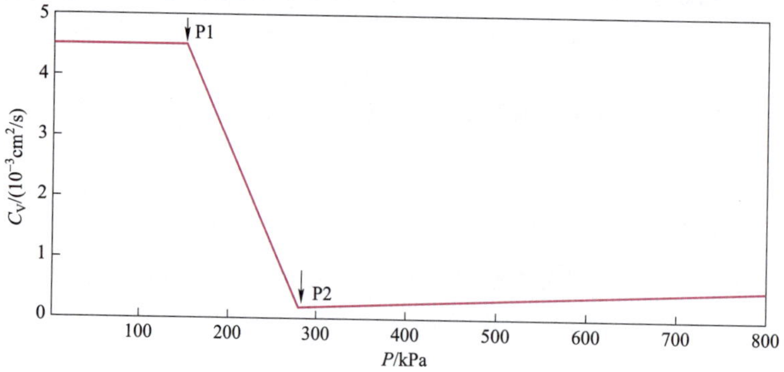

图 8-13　原状土的固结系数随压力的变化

在该模式中，第一个转折点 P1 之前，采用原状土的固结系数；第二个转折点 P2 之后，采用重塑土的固结系数。计算中，可以将 P1 视为土体的结构屈服应力，P2 对应于原位压缩曲线上的第二个转折点。称 P1 和 P2 两者的差值为 Q。可见，两个转折点所对应的压力值均和土体的深度相关，即各深度的土体均采用与该深度所对应的固结系数变化模式；从而可以考虑土体结构性随深度的变化。

2）模型的应用。

首先，对计算的土层，沿深度取一定的特征土样进行固结试验，求出固结系数随着压力的变化曲线，以及其结构屈服应力和土体自重压力的比值 OCR 随着深度的变化模式。

然后，根据 OCR 随着深度的变化模式确定出各深度土体的第一个转折点 P1 所对应的压力值，即结构屈服应力。结构屈服应力和土体自重压力的比值 OCR 随着深度的变化按土体结构性的成因，可分为两种方式：① 当结构屈服应力是由于土体的粘滞固结引起时，OCR 基本沿深度无变化，除了在表层受干燥作用会偏大；② 当结构屈服应力是由于地下水位的降低而引起时，OCR 沿深度逐渐减小，且结构屈服应力和土体自重应力的差值 q 为常数。相应地，可以确定土体的结构屈服应力：① 当结构屈服应力是由于土体的粘滞固结引起时，$\sigma_{z1}=OCR\times\sigma_{Z}$；② 当结构屈服应力是由于地下水位的降低而引起时，$\sigma_{z1}=\sigma_{Z}+q$。至此，求得各深度土体的第一个转折点 P1 所对应的压力值。

最后，根据试验得到的 P1 和 P2 两者的差值为 Q，确定第二个转折点 P2 所对应的压力值。

（2）软土结构性对固结沉降的影响

算例采用 IFCO 强制固结法处理厚度为 10m 的淤泥质滩涂软土。排水间距为 4m，深 8m。淤泥质滩涂软土的结构性是由于土体的粘滞固结引起时，其主要指标如下：$\gamma=16.5\text{kN}/\text{m}^3$，$\text{OCR}=2$，原状土的固结系数是 $6.582\times10^{-7}\text{m}^2/\text{s}$，重塑土的固结系数是 $0.604\times10^{-7}\text{m}^2/\text{s}$，$Q=50\text{kPa}$。

计算中，各深度的固结系数随着压力的变化关系中，P1 和 P2 两者的差值按下式计算确定：$P_1=OCR\times\sigma_Z$，$P_2=P_1+Q$。这里将考察深度为 1、4、7m 的三点的固结度随着时间的变化，并与按照原状土和重塑土的计算结果相比较。结果如图 8－14 所示。

从图 8－14 可以看出，考虑结构性的解答位于按原状土的固结系数计算的固结度和按重塑土的固结系数计算的固结度之间。若不考虑土体的结构性，按照原状土的固结系数计算固结度，将大大高估土体的固结。考虑结构性计算的固结度在固结初期与按原状土的固结系数计算的固结度大致相同；之后随着固结的发展、有效应力的增加、固结系数减小从而使固结速度放慢，与实际观测的规律相符合。

观察固结度的发展随深度的变化关系，可以看出深层土体的固结度相对于浅层土体发展较快。这是由于当 OCR 沿深度为常数时，土体的结构屈服应力沿着深度变化较大。浅层土体的结构屈服应力极小，而深层的结构屈服应力较大。因此，浅层土体的固结应力很快就超过了土体的结构屈服应力，造成固结系数迅速变小，从而使浅层土体的固结

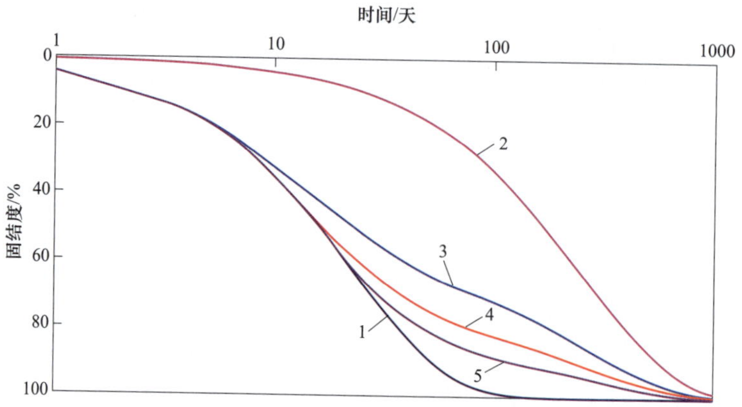

图 8-14 固结度—时间的关系曲线（Q=50kPa）

1—原状土；2—重塑土；3—考虑结构性（深度 1m 处）；4—考虑结构性（深度 4m 处）；5—考虑结构性（深度 7m 处）

速度放慢很多。而深层土体在固结应力发展到较大的值时才超过了土体的结构屈服应力，土体的固结系数在前期都比较大，从而使深层土体的固结度相对于浅层土体快。

8.2.3 滩涂软土的不排水强度

滩涂地区往往广泛分布软粘土，土体的不排水抗剪强度指标对滩涂变电站的设计过程具有重要影响，往往决定了变电站的基础形式和几何尺寸。饱和软粘土的不排水抗剪强度一直以来也都是土力学界关注的热点问题，工程中用于推求不排水抗剪强度的试验数据多是基于等向正常固结或者轻微超固结软土的三轴排水或者不排水压缩剪切试验，同时绝大多数的传统弹塑性本构模型，如原始剑桥模型和修正剑桥模型也都是采用各向同性假定。与之相反的是，天然软粘土在沉积过程中经历的通常是不等向的 K_0 固结过程，土体的塑性各向异性对不排水强度有很大的影响。因此，针对滩涂软土需要建立一套有效且简便的工程计算方法，仅由常规试验参数便可推求软粘土的不排水抗剪强度，同时又能考虑 K_0 固结诱发的土体塑性各向异性对不排水抗剪强度的影响。

1. 不排水抗剪强度指标

为了探究等向固结和 K_0 固结软土的不排水抗剪强度指标，本节搜集了 7 种软粘土试验结果，如表 8-2 所示。

表 8-2　各种软粘土的强度指标

强度指标	固结情况	剪切情况	Parry 1973 年	Atkinson 1987 年	Mitachi 1976 年			Mitachi 1979 年	Mitachi 1980 年	Ladd 1965 年	Vaid 1974 年	宁德重塑粘土	宁德原状粘土
M	I_{so}	压缩	0.88	0.95	1.51	1.42	1.47	1.23	1.23	—		1.26	1.29
		拉伸	0.63	0.80	—			1.13	1.13			1.22	1.22
	K_0	压缩	0.80	0.85	1.42	1.41	1.37	1.06	1.12	1.05	1.19	1.22	1.16
		拉伸	0.81	0.85	—			0.86	0.86	1.04	0.94	1.29	1.26

续表

强度指标	固结情况	剪切情况	Parry 1973年	Atkinson 1987年	Mitachi 1976年			Mitachi 1979年	Mitachi 1980年	Ladd 1965年	Vaid 1974年	宁德重塑粘土	宁德原状粘土
φ' (°)	I_{so}	压缩	22.6	24.2	37.2	35.1	36.1	30.6	30.6	—		31.4	32.1
		拉伸	20.5	27.5	—			44.2	44.2			50.2	50.0
	K_0	压缩	20.8	21.8	35.1	34.9	34.0	26.8	28.1	26.50	29.80	30.5	29.1
		拉伸	28.0	29.7	—			30.2	30.2	38.80	33.80	55.3	52.9

可以看出，K_0固结三轴压缩试验、K_0固结三轴拉伸试验以及等向固结三轴压缩试验的M值可近似认为相等，虽然许多试验数据表明K_0固结三轴压缩试验的M值略小于等向固结三轴压缩试验的M值，但是其偏差基本在10%以内，考虑到各试验设备以及试验条件等有所不同，这样的一个偏差范围无论对于工程实际还是理论分析都是可以接受的；K_0固结三轴压缩试验和等向固结三轴压缩试验的φ'值可以近似认为相等；拉伸剪切试验的φ'值明显大于压缩剪切试验的φ'值，前者基本上是后者的1～1.5倍。因此，对于三轴压缩剪切试验来说，土体的破坏线与初始固结应力状态无关。

在三轴加载状态，不排水强度比的求解须在不排水条件的基础上附加破坏条件。不同的破坏条件会得到不同的M_{tc}和M_{te}及其与破坏角φ'的关系，常见有广义Von Mises、Lade、SMP、Mohr－Coulomb等破坏条件。在选择破坏准则时主要需要考虑破坏准则对于三轴情况的适用性。

对三轴情况破坏准则的选择，通常的方法是：以三轴压缩试验的强度指标M_{tc}或φ'_{tc}作为参考，考察三轴拉伸试验的强度参数M_{te}或φ'_{te}与各破坏准则计算值的接近程度并最终选取合适的破坏准则。

对于工程中常用的Mohr－Coulomb破坏准则而言，表现在强度参数φ'_{tc}与φ'_{te}（或M_{tc}与M_{te}）的关系上有：$\varphi'_{tc}=\varphi'_{te}$，$M_{tc}>M_{te}$。而大多数软粘土的情况表明，无论是等向固结还是$K_0$固结情况，由三轴拉伸试验得到的土体有效内摩擦角明显大于三轴压缩试验得到的有效内摩擦角，即$\varphi'_{tc}<\varphi'_{te}$。Chang等（1999年）在利用修正剑桥模型分析K_0固结土体的不排水强度时也指出，由于Mohr－Coulomb准则没有考虑中主应力的影响，导致所选取的三轴拉伸有效内摩擦角小于实际情况，由该破坏准则得到的理论值可以认为是一个下限值。对于本节所关心的大多数软粘土来说，Mohr－Coulomb准则是不合适的。

对于K_0固结软粘土的不排水强度，在选取破坏准则时主要需要考虑K_0固结三轴压缩和拉伸试验强度参数的相互关系。对于大多数软粘土三轴压缩试验与三轴拉伸试验得到的M值比较接近，广义Von Mises强度准则$M_{te}=M_{tc}$的结果更符合三轴试验结果。

2. 滩涂软粘土 K_0 固结不排水强度公式

（1）用于不排水强度计算的屈服面方程

关于 K_0 固结软土屈服面在 $p'q$ 应力平面上近似为倾斜椭圆的事实已为大量的室内试验所证实（Graham 等，1983 年）。本节借鉴了 Wheeler 等（2003 年）S－CLAY 模型的研究成果采用了倾斜椭圆屈服面，并按照 Ohta 等（1985 年）模型中方法扩展到主应力空间中屈服面方程可写为：

$$\frac{p'_{\mathrm{c}}}{p'}=\frac{M^2-\alpha_0^2\eta_{\mathrm{K0nc}}^2+\eta^{*2}}{M^2-\alpha_0^2\eta_{\mathrm{K0nc}}^2} \tag{8-1}$$

式中：$\alpha_0\eta_{\mathrm{K0nc}}$ 为 $p'q$ 应力平面上椭圆屈服面倾角的正切值，即正常固结线 NCL 的斜率，与 Ohta 等（1985 年）模型相似有以下定义：

$$\eta^{*2}=\frac{3}{2}\left(\frac{s_{ij}}{p'}-\alpha_0\frac{s_{ij\mathrm{m}}}{p'_{\mathrm{m}}}\right)\left(\frac{s_{ij}}{p'}-\alpha_0\frac{s_{ij\mathrm{m}}}{p'_{\mathrm{m}}}\right) \tag{8-2}$$

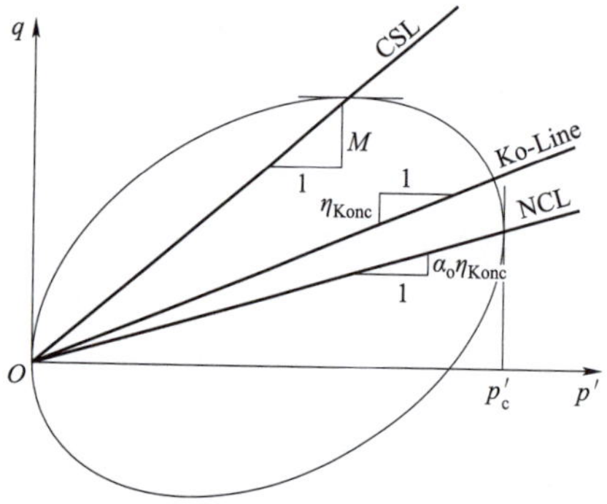

图 8－15　$p'q$ 应力平面上屈服面形状

式中：s_{ij} 为偏应力张量（下标“m”均表示一维固结历史上的最大应力）；M 为临界状态线 CSL 的斜率。

上述屈服面在 $p'q$ 应力平面上的形状如图 8－15 所示，本节基于修正剑桥模型采用的是椭圆形的各向异性屈服面；且屈服面中 NCL 在 K_0 固结线下方。此外，根据 Wheeler 等（2003 年）的分析，由模型一维压缩条件下的体积应变和剪切应变的比例关系，可推导出其初始值 α_0 为：

$$\alpha_0=\frac{\eta_{\mathrm{K0nc}}^2+3\eta_{\mathrm{K0nc}}-M^2}{3\eta_{\mathrm{K0nc}}} \tag{8-3}$$

对于常见范围内的软土，Wheeler 等指出 α_0 的取值范围为 0.58～0.7，同时通过拟合各种典型软粘土的屈服面试验，结果验证了其屈服面方程对于 K_0 固结软粘土的适用性。因此，只要获得了 K_0 值（可换算得 η_{K0nc} 值）和 M 值，屈服面的形状便确定了，而 K_0 值通常由 K_0 固结试验获得，在没有试验资料的情况下也可由经验公式 $K_0=1-\sin\varphi'$ 计算得到。

（2）K_0 固结软粘土的体积应变

由于本节屈服面考虑了天然软粘土 K_0 固结诱发的各向异性，屈服面形式较修正剑桥模型有所改进，与此相应的体积变形公式也有所不同，从初始屈服状态（对应图 8－16 中“1”点）到任一后继屈服应力状态（对应图 8－16 中“2”点）的应力路径及其对应屈服面如图 8－16（a）所示，1→2 过程中的总体积应变可表示为：

$$\varepsilon_v=\varepsilon_v^e+\varepsilon_v^p=\frac{\lambda}{v_0}\ln\frac{p_2'}{p_1'}+\frac{\lambda-\kappa}{v_0}\ln\frac{M^2-\alpha_0^2\eta_{K0nc}^2+\eta_2^{*2}}{M^2-\alpha_0^2\eta_{K0nc}^2+\eta_1^{*2}} \tag{8-4}$$

式中：ε_v^e，ε_v^p 分别为弹性体应变和塑形体应变。

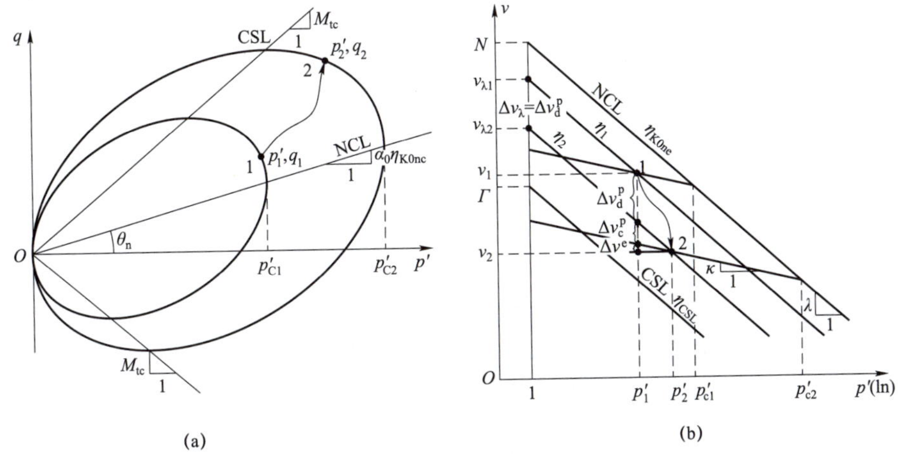

图 8-16　应力路径 1→2 对应的屈服面及其体积变形

（a）$p'q$ 应力平面；（b）压缩平面

（3）三轴条件下的不排水抗剪强度

主应力空间中，σ_1'（对应竖向应力 σ_v'），σ_2' 和 σ_3'（对应水平应力 σ_h'）不区分大小，最一般的三轴应力条件可写为 $\sigma_1'=\sigma_v'$，$\sigma_2'=\sigma_3'=\sigma_h'$，转化到 $p'q$ 应力平面可得 K_0 固结过程中最大应力为：

$$p_m'=\frac{1}{3}(\sigma_{1m}'+2\sigma_{3m}')=\frac{1}{3}(\sigma_{vm}'+2\sigma_{hm}')=\frac{1}{3}(1+2K_{0nc})\sigma_{vm}' \tag{8-5}$$
$$q=\sigma_{1m}'-\sigma_{3m}'=\sigma_{vm}'-\sigma_{hm}'=(1-K_{0nc})\sigma_{vm}'$$

而不排水试验过程中任一应力状态的应力为：

$$p'=\frac{1}{3}(\sigma_1'+2\sigma_3')=\frac{1}{3}(\sigma_v'+2\sigma_h'),\quad q=\sigma_1'-\sigma_3'=\sigma_v'-\sigma_h' \tag{8-6}$$

将上两式代入上述 η^{*2} 定义式并通过归并化简可得：

$$\eta^{*2}=(\eta-\alpha_0\eta_{K0nc})^2=(q/p'-\alpha_0\eta_{K0nc})^2 \tag{8-7}$$

联立不排水条件、临界状态条件和破坏准则同时利用 K_0 固结原位应力条件 $p_0'=\frac{1+2K_0}{3}\sigma_{v0}'$ 和不排水强度定义 $s_u=|q_f|/2$ 得三轴压缩和拉伸不排水强度比 s_u/σ_{v0}'：

三轴压缩：
$$\frac{s_u}{\sigma_{v0}'}=\frac{1+2K_0}{3}\frac{M_{tc}}{2}\left(\frac{M_{tc}+\alpha_0\eta_{K0nc}}{M_{tc}}\frac{\alpha_n OCR}{2}\right)^{\Lambda}$$

三轴拉伸：
$$\frac{s_u}{\sigma_{v0}'}=\frac{1+2K_0}{3}\frac{M_{tc}}{2}\left(\frac{M_{tc}-\alpha_0\eta_{K0nc}}{M_{tc}}\frac{\alpha_n OCR}{2}\right)^{\Lambda} \tag{8-8}$$

3. 滩涂软土不排水强度理论计算与试验结果比较

为验证模型的有效性，选取几种典型软粘土（同时包含正常固结和超固结情况）的试验结果进行计算。这里选择的 7 种粘土试验数据分别来源于 Ohta 等（1985 年）、Shogaki 等（2004 年）和 Chang 等（1999 年）引用的试验数据，7 种软粘土的名称和计算所需参数如表 8－3 所示。其中前 5 种软粘土为与 Ohta（1985 年）的计算结果对比，s_u/σ'_{v0} 和 *OCR* 的关系曲线与该文一致用双对数坐标表示；后两种软粘土为与 Chang 等（1999 年）计算结果对比，s_u/σ'_{v0} 与 *OCR* 关系曲线采用了与原文中相同的单对数坐标。计算对比结果如图 8－17 所示。

表 8－3　　各种粘土计算参数

软粘土名称	φ'	K_{0nc}	Λ	三轴试验	平面应变	比较模型
Ariake 粘土	39	0.47	0.96	压缩	—	Ohta（1985 年）
Weald 粘土	25.9	0.6	0.67	压缩	—	
Mito 粘土	40	0.36	0.93	压缩/拉伸	—	
Kimhae 粘土	34	0.44	0.79	压缩/拉伸	—	
Kahokugata 粘土	41	0.34	0.96	压缩/拉伸	—	
Boston Blue 粘土	33.4	0.45	0.75	压缩/拉伸	压缩/拉伸	Chang（1999 年）
New Jersey offshore 粘土	36	0.45	0.75	压缩/拉伸	压缩/拉伸	

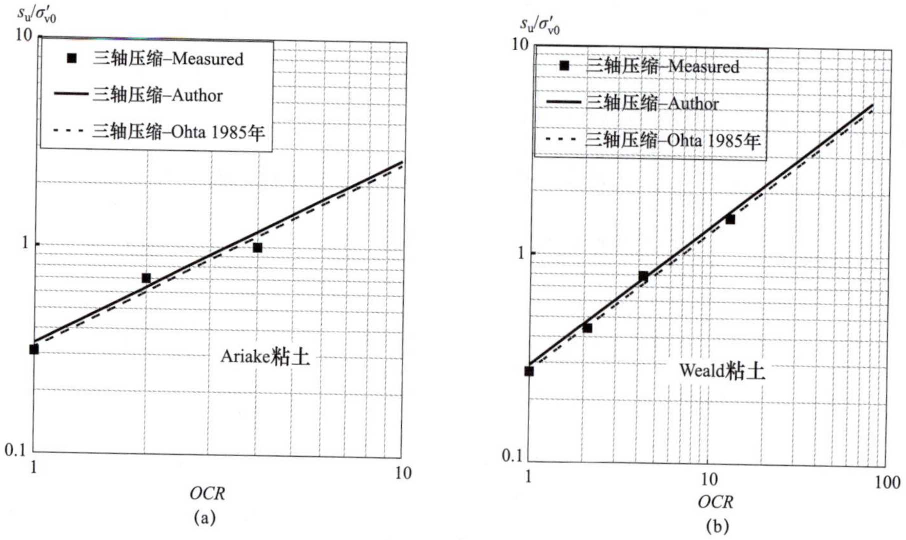

图 8－17　三轴试验不排水强度比 s_u/σ'_{v0} 计算结果对比（一）

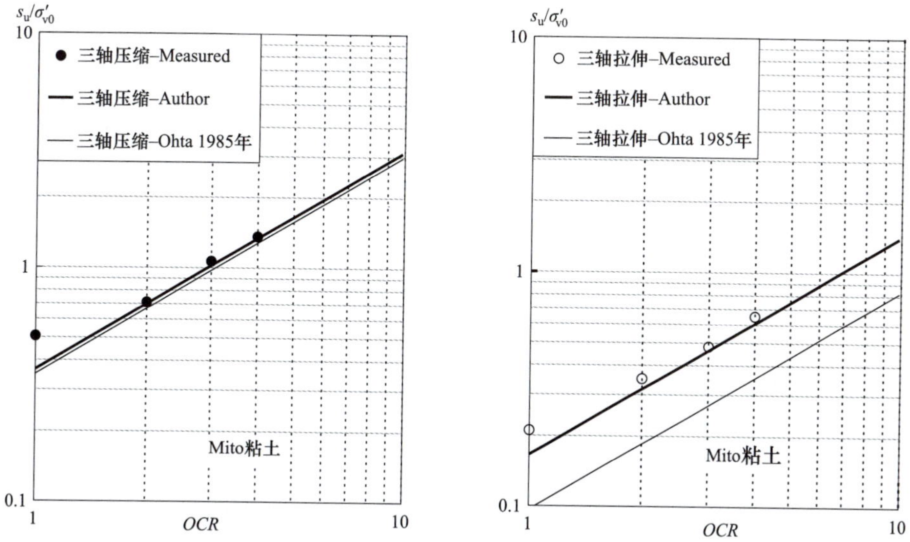

(c)

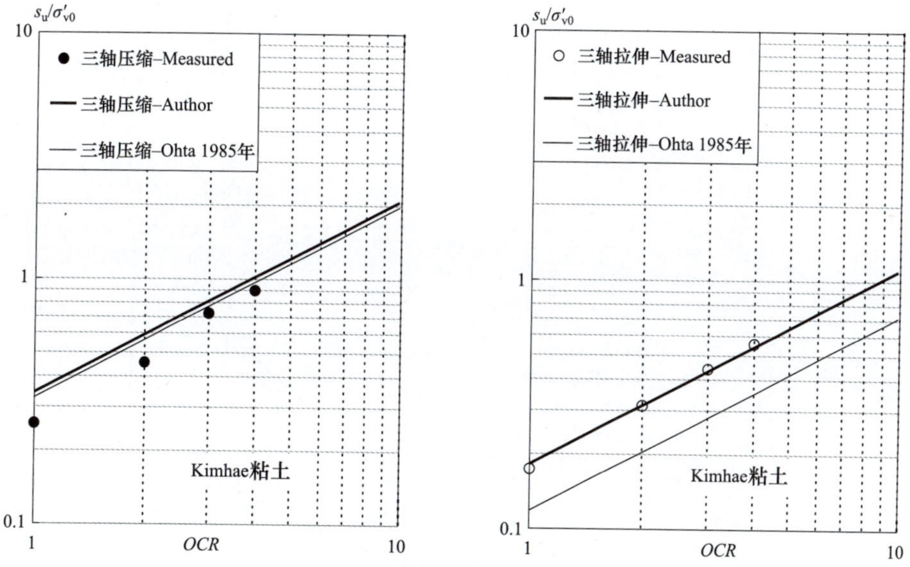

(d)

图 8-17　三轴试验不排水强度比 s_u/σ'_{v0} 计算结果对比（二）

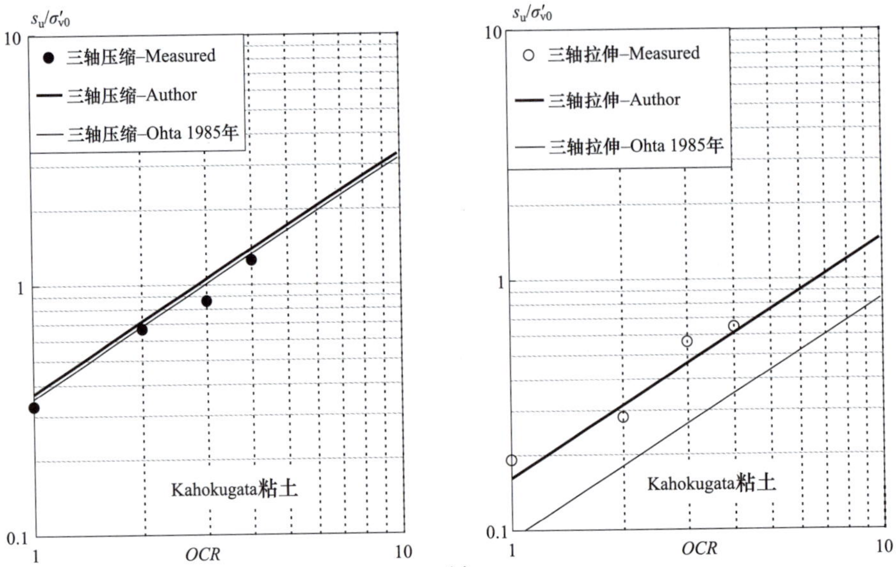

(e)

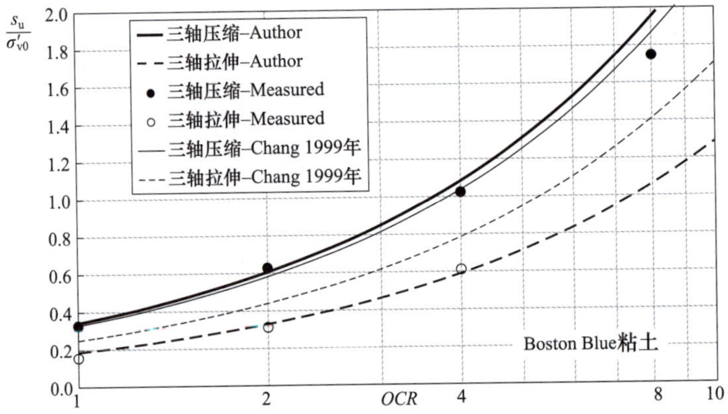

(f)

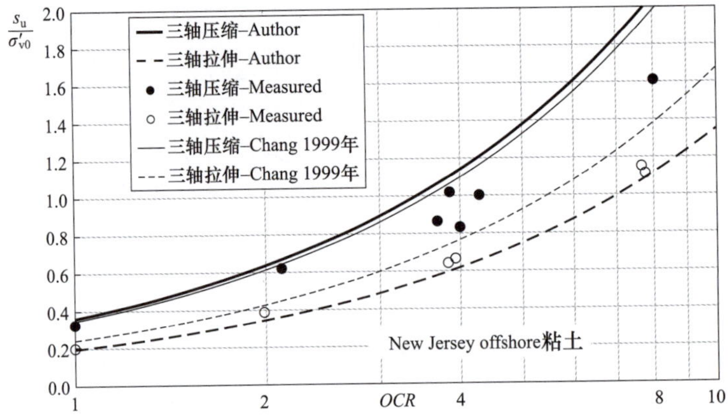

(g)

图 8–17　三轴试验不排水强度比 s_u/σ'_{v0} 计算结果对比（三）

4. 滩涂软土平均不排水强度的推荐值

为给出滩涂软土平均不排水强度的推荐值，对文献进行了梳理。Mayne（1980 年）收集了世界各地 105 种土的基本参数，整理分析后发现这 105 种土 Λ 的平均值为 0.63。而对于大多数土，Wood（1990 年）指出 Λ 基本落在 0.6～0.8 之间，而 φ' 一般为 20°～35°。由图 8－18 所示 Λ＝0.6～0.8、φ'＝20°～35° 的三轴和平面应变计算曲线和表 8－3 所示模型计算结果的平均值可见，在一定范围内无论三轴或平面应变情况均与 Bjerrum（1972 年，1973 年）、Mesri 和 Larsson 等基于堤坝失稳分析反演得到的 s_u/σ'_{v0}＝0.22 的结果接近（失稳堤坝主要在加拿大、斯堪的纳维亚半岛和泰国）。其中 φ'＝20°～25° 的计算结果略低于 0.22，φ'＝25°～30° 的计算结果略高于 0.22，而 φ'＝20°～30° 的计算结果平均值更接近 0.22。此外，本节计算结果表明，对于 φ'＝20°～35° 的正常固结软粘土，三轴与平面应变不排水强度平均值基本相同；而三轴压缩不排水强度略低于平面应变压缩不排水强度，这与通常关于不排水强度的认识是一致的，也与 Chang 等（1999 年）的计算结果一致。

在常规软粘土有效内摩擦角范围内，本节计算所得三轴和平面应变情况下不排水强度比的平均值相差不大，并与实际工程接近，可以作为工程应用的推荐值，实际应用时可根据滩涂软粘土的有效内摩擦角由表 8－4 或图 8－18（a）、（b）曲线确定相应的不排水强度比。

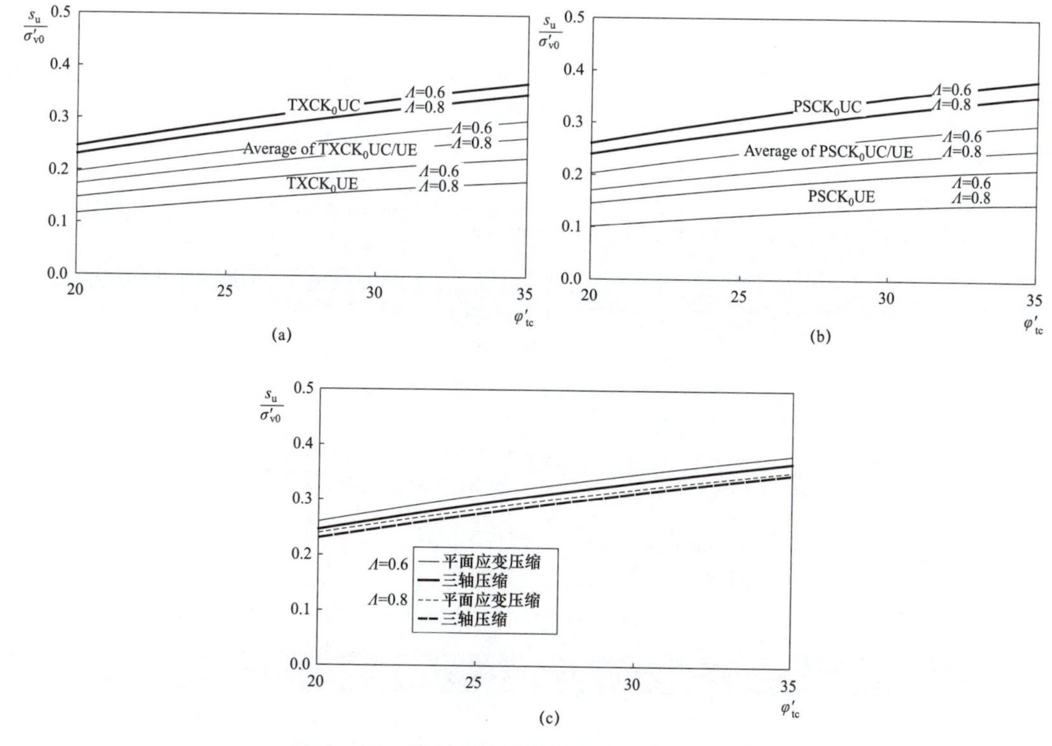

图 8－18　常见正常固结软粘土 s_u/σ'_{v0} 计算值

（a）三轴试验；（b）平面应变试验；（c）三轴和平面应变压缩试验对比

表 8-4　　滩涂软粘土不排水强度比平均值列表

摩擦角φ'_{tc}/（°）	三轴平均值 s_u/σ'_{v0}	平面应变平均值 s_u/σ'_{v0}
20～25	0.204	0.205
25～30	0.239	0.237
30～35	0.269	0.264

8.3 桩网复合地基处理深厚软土地基机理

8.3.1 桩网复合地基技术

桩网复合地基是一种新兴的、经济有效的软土地基处理技术，其典型处理断面如图 8-19 所示。桩网复合地基体系自上而下由路堤填料、加筋垫层、桩（带桩帽）和地基土体组成。桩网复合地基将竖向增强体（一般为钢筋混凝土桩）以及水平向增强

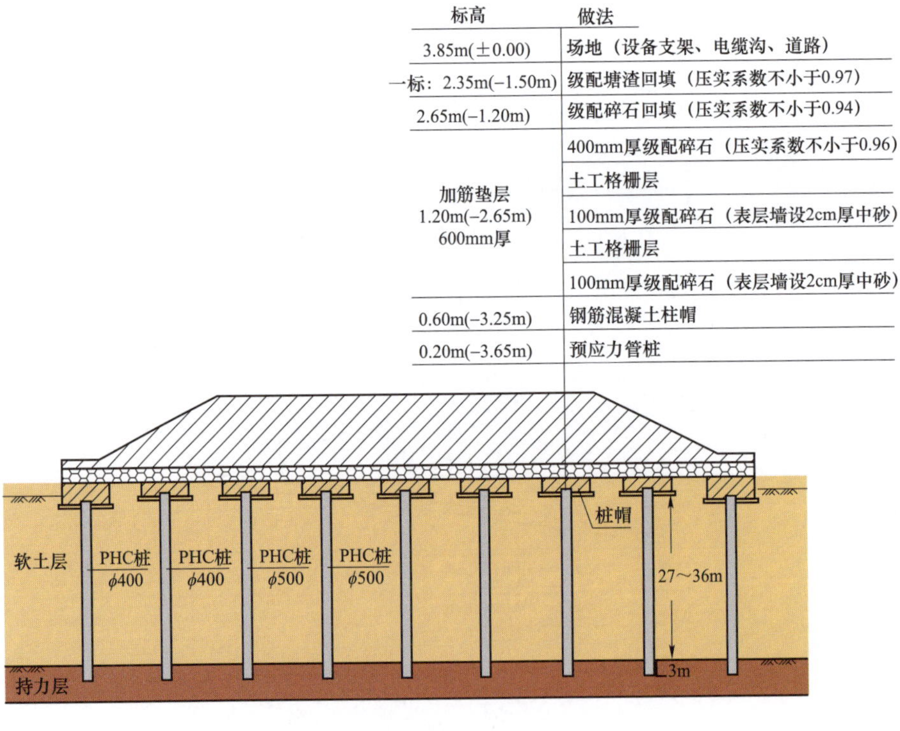

图 8-19　桩网复合地基受力原理（一）

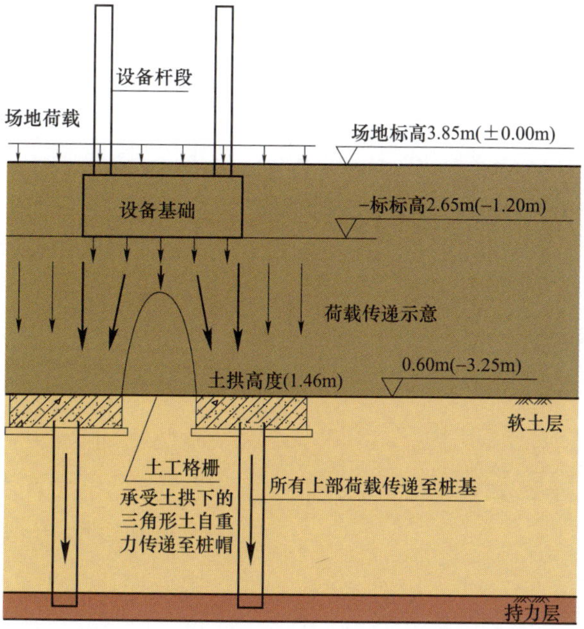

图 8-19　桩网复合地基受力原理（二）

体（一般为土工格栅加筋垫层）联合使用，该工法通过变形协调，充分发挥桩、土和加筋垫层的各自作用，具有桩体、垫层、排水、挤密、加筋、防护等综合效用，具有沉降变形小、工后沉降容易控制、稳定性高、工期短、施工方便等优点。

在回填土及其上的建构筑物荷载作用下，托板之间的软土沉降大于桩的沉降，在回填土中形成土拱。同时加筋垫层会发生弯沉而被拉紧，从而调动其抗拉能力，这就是拉膜效应。大部分填土荷载通过土拱和拉模效应传递到桩体上，并进一步传递到深层工程性质较好的土层。而土拱的架空和加筋垫层的兜提作用，使得桩间土承担的填土荷载较少，填土的沉降大大减小。土拱和拉模效应相当于桩筏基础的“虚拟筏板”，起到了分配上部荷载（填土荷载）到桩和桩间土的作用。桩网复合地基，往往以变形控制为主、承载力控制为辅，因此设计的时候可以采用“长桩长、宽桩距”的设计思想，充分发挥单桩的承载力，控制地基沉降。与目前软土地基变电站常采用的排水固结法、水泥搅拌桩法、CFG 桩法等相比，该技术具有显著的优点：① 地基承载力高，填土厚度可达 10～15m；② 工后沉降容易控制，处理后工后沉降在 10cm 以下；③ 填土可以一次填筑完成，无需对地基进行预压，施工速度快，工期短；④ 由于桩间距较大，地基处理费用较低；⑤ 建构筑物整体沉降变形，差异沉降小。

8.3.2 桩网复合地基机理研究

1. 建立数值计算模型

采用二维轴对称模型进行计算，有限元数值模型中路堤的几何尺寸与断面原型尺寸相同。有限元网格划分见图 8-20。为尽量减小模型尺寸的影响，分析宽度取 100m，相当于全幅路堤底面的 3 倍；桩端位于地下 35.4m，故模型深度取 80m，大于桩长的 2 倍。模型底面下设为刚性不透水层，即模型底面（$y=-80$）竖向位移限定为 0，且不允许水排出。地下水位设为地基表面（$y=0$），随深度线性增加。将路堤中心（$x=0$）、模型外边界（$x=100$）横向位移限定为 0，渗流边界条件设为不允许水排出。

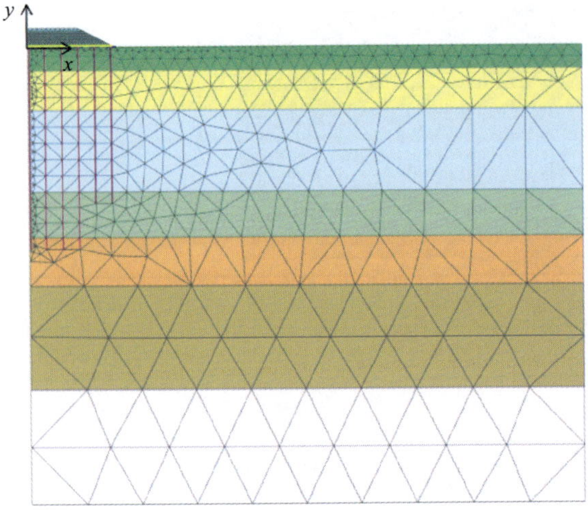

图 8-20　数值计算模型与网格图

2. 确定数值模型参数

前四层地基土（淤泥、黏质粉土、淤泥质粉质黏土、粉质黏土）采用修正剑桥模型（Modified Cam Clay），所需参数为：压缩指数λ，膨胀指数κ，临界状态切线斜率M，泊松比ν，水平渗透系数 k_x，垂直渗透系数 k_y，剪胀角ψ。路堤填土及其余地基土（粉细砂、砂质粉土、底层粉质黏土）采用摩尔－库伦模型（Mohr－Coulomb），所需参数为：黏聚力c'，内摩擦角φ'，剪胀角ψ，压缩模量E'。上述参数均根据室内试验结果及参数反演获得，其值如表 8-5 所示。桩体及托板采用线弹性模型，弹性模量 E 取 30GPa，泊松比ν取 0.2。土工格栅采用线弹性模型，抗拉刚度 EA 取 1660kN/m。

表 8-5　　数值模型参数

层序	材料	本构模型	γ (kN/m³)	e —	λ —	κ —	M —	ν —	k_x (×10⁻⁵m/d)	k_y (×10⁻⁵m/d)	c' (kPa)	φ' (°)	E' (MPa)
0	路堤填土	MC	22.00	1.000				0.3	3.46	2.04	1.0	35	33
1	淤泥	MCC	16.40	1.609	0.03	0.005	1.30	0.2	3.46	2.04			
2	粘质粉土	MCC	19.00	0.793	0.06	0.006	1.15	0.2	8.64	4.41			
3	淤泥质粉质黏土	MCC	17.10	1.320	0.10	0.010	1.00	0.2	3.00	2.51			

续表

层序	材料	本构模型	γ (kN/m³)	e —	λ —	κ —	M —	ν —	k_x (×10⁻⁵m/d)	k_y (×10⁻⁵m/d)	c' (kPa)	φ' (°)	E' (MPa)
4	粉质黏土	MCC	19.05	0.820	0.07	0.010	0.90	0.2	3.02	2.16			
5	粉细砂	MC	19.46	0.692				0.3	52.7	39.7	7.5	31	530
6	砂质粉土	MC	19.50	0.708				0.3	4.41	1.90	10.8	27.2	530
7	粉质黏土	MC	18.16	0.983				0.3	4.84	4.49	9.5	26.5	530

3. 数值模型正确性验证

图 8－21 和图 8－22 分别为现场沉降板与土压力盒（模型计算点）布置示意图，通过模型中选取与现场试验相同位置点进行对比分析，图 8－23 为地表沉降的实测与模拟值，图 8－24 为桩顶土压力的实测与模拟值。从图中可以发现，数值计算结果与实测吻合较好，说明数值计算模型及土层参数是合理的。

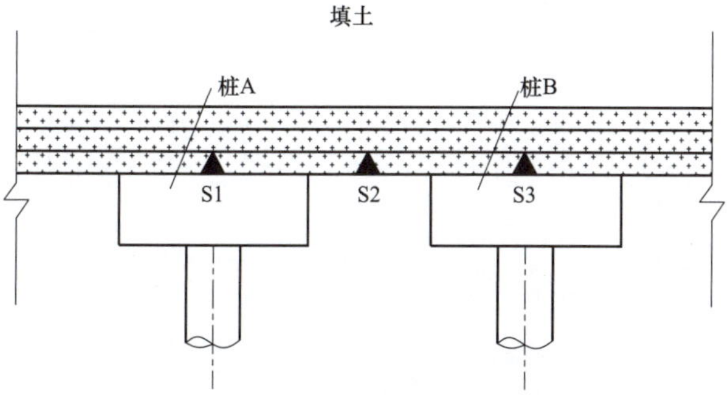

图 8－21　沉降板布置示意图

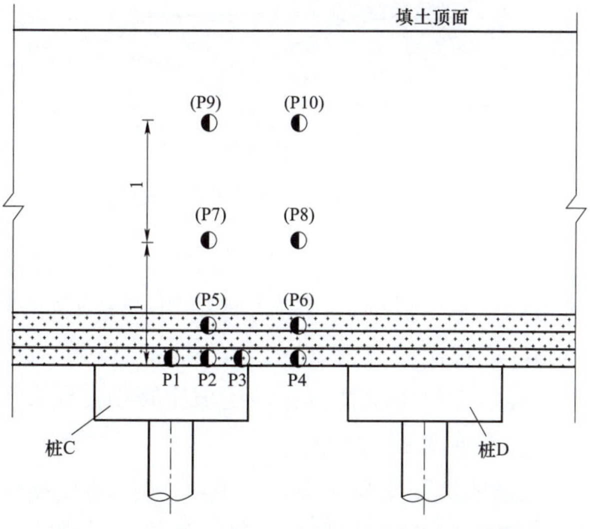

图 8－22　土压力盒（模型计算点）布置示意图

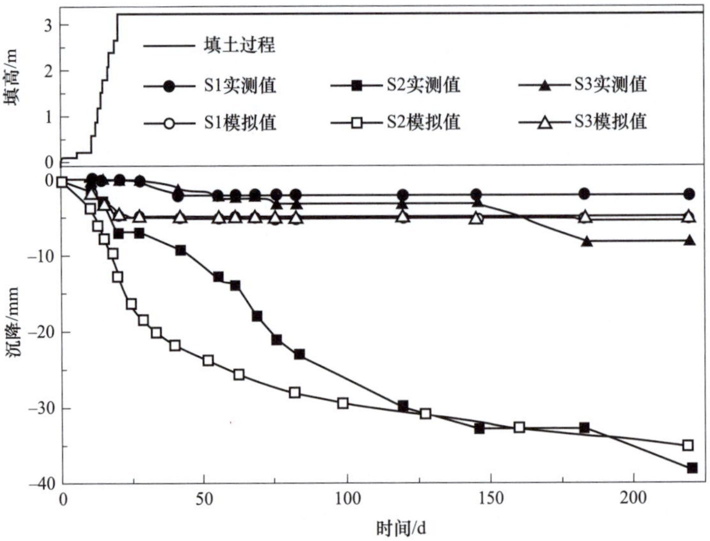

图 8-23 地表沉降的实测与模拟值

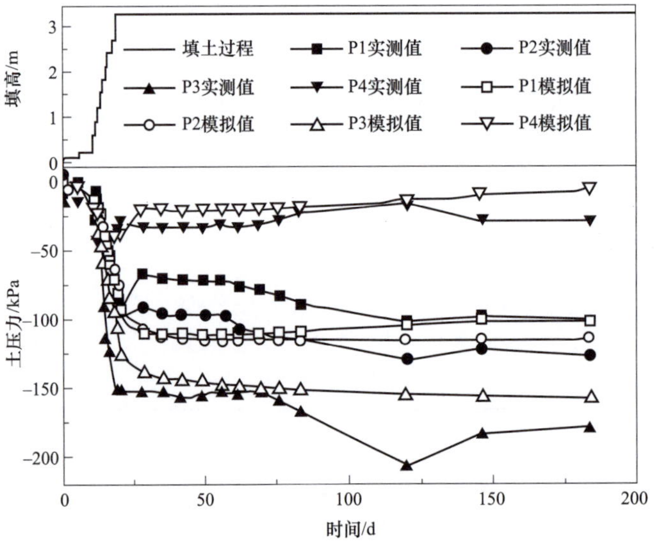

图 8-24 桩顶土压力的实测与模拟值

由图 8-23 可知，填筑前期桩间土（S3）与桩顶（S1、S2）沉降差异较小，随着填筑高度和固结时间的增加，桩间土沉降大幅增加，桩顶沉降几乎不变，200 天后桩间土沉降达到 36mm，桩顶沉降只有 5mm。在第 25～100 天数值模拟的沉降值大于实测，这可能是由于实际工程中土体固结，孔隙比减小，导致渗透率减小，减缓了固结速度，而有限元模拟没有考虑这一问题。

图 8-24 表明，填筑期桩顶土压力（P1、P2、P3）随填高快速增加，桩间土压力（P4）在填筑初期随填高而增加，填高达到一定高度后减小；固结期间桩顶土压

力小幅增加后趋于稳定，桩间土压力小幅减小后趋于稳定。此结果表明在填筑阶段，差异沉降对土拱效应影响较大，随着差异沉降的不断增加，填土内产生的土拱效应越来越明显，不断将填土荷载传递到桩体，桩间土只承担小部分荷载；后来随着固结时间的增加，沉降及桩土差异沉降均有所发展，土拱效应达到极限状态，差异沉降对土拱效应的影响减弱，桩顶与桩间土压力趋于稳定。

8.3.3 桩网复合地基设计技术发展历程

桩网复合地基技术来源于桩承式路堤技术，在国外 20 世纪 70 年代开始用于公路和铁路工程，例如伦敦 Stansted 机场的铁路连接线加宽工程、巴西圣保罗北部公路拓宽工程、荷兰的部分高速公路等。21 世纪初，浙江大学岩土工程研究所将该技术首次应用于沪杭甬高速公路拓宽工程，解决了高速公路拓宽时新老路变形协调的问题，取得了很好的效果。近年来国内沿海各地如浙江、广东等高速公路建设中也开始采用这种工法，并取得了较好的效果。

目前，国外可以参考的设计方法主要包括：英国规范（BS 8006，1995 年）、德国行业标准（EBGEO，2004 年）、北欧手册（NGG，2002 年）、日本细则法等。

英国规范中没有考虑桩间土的影响；对于桩土应力比和荷载分配是按土压力拱作用模型确定的；而对于沉降变形，仅提出了原则性的要求，没有给出具体方法。EBGEO（2004 年）是德国岩土工程协会在德国工业标准《地基、路堤和地基基础安全性验算》（DIN1054 2005－1）的框架和原则下，以多壳压力拱理论模型为基础，采用分项安全系数法所编写的加筋路堤桩土复合地基设计行业标准。该规范的设计和验算主要由两部分组成：安全性极限状态 GZ1 和使用极限状态 GZ2；安全性验算时，除了地基和路堤传统的破坏形式外，还须进行格栅的强度验算。与英国规范相比，德国规范中的应力计算公式考虑较为全面，格栅的计算模型中考虑了桩间土对于格栅的支撑作用。对于复合地基的工后沉降德国规范中并没有给出具体的设计、验算公式，只给出了一般性的建议。国外不同规程对网的变形形状进行了假设，在此基础上进行网的拉力计算，但仅限于单层加筋体，无法考虑多层加筋和垫层厚度。

国内方面，许峰（2004 年）根据路堤各部分的协调作用，考虑桩侧负摩阻力沿深度的变化和土拱效应、负摩阻力对应力应变的影响，推导得到桩、土的荷载传递基本方程，获得了关于荷载分担比、等沉面高度、沉降、桩身轴力、桩侧负摩阻力等计算方法，但上述方法不能考虑格栅的作用，也没有考虑群桩的相互作用。

周镜（2006 年）采用几种国外规程推荐方法对一个典型算例进行了分析，结果表明各种方法计算加筋体内力的差别较大，其中德国规程法计算结果最大，日本细则法最小，其差别与填土及上部荷载在桩与土之间的分配方式有关。我国《复合地基技术规范》，对桩网复合地基，采用刚性桩复合地基的承载力和沉降的计算方法，对桩体承载力计算沿用了《建筑桩基规范》的有关规定。

总体来说，上述规范的规定过于简略，对桩负摩阻力的计算、不同基础形式下填土高度和沉降计算等未给出具体的设计方法和准则，特别对多层加筋体内力变形的计算缺乏依据，远未达到指导设计计算或施工的水平。针对变电站不同结构物荷载特征、沉降要求，开展桩网复合地基关键技术参数和设计计算方法研究，对提高变电站软土地基处理技术水平有重要的意义。

8.3.4 桩网复合地基桩土荷载分担比、承载力和沉降计算方法

对于软基上的变电站等建构筑物而言，除了需要满足承载力要求外，还需要控制沉降在一定范围内，并避免地面出现明显的不均匀沉降。因此桩网复合地基的设计应该保证建筑物的稳定性、地面不出现明显的差异沉降且工后沉降应控制在一定范围内。即桩网复合地基设计应该达到稳定性和沉降变形两方面的性能要求。

对于桩网复合地基，由于桩抗压刚度大于桩间土抗压刚度，在上部荷载作用下，桩间土沉降大于桩沉降，填土中出现了土拱效应，大部分荷载由桩承担，桩间土仅承担小部分荷载。但是当桩承担的荷载大于其极限承载力时，桩的沉降就会急剧增大，桩承担的荷载就会转移到桩间土上，地基就可能发生失稳滑移。因此，对于桩网复合地基而言，要保证上部填土的稳定性就要确保在施工过程及后续地基固结过程中桩承担的荷载不超过其承载力。

当填土高度小于等沉面高度时，填土顶面会出现较大的差异沉降，而当填土高度大于等沉面高度时，填土顶面不会出现差异沉降。等沉面高度与桩帽净间距相关，因此在填土高度一定时，选用适宜的桩间距及桩托板大小，使得等沉面高度小于填土高度，就可以避免填土顶面出现差异沉降。对于桩网复合地基而言，沉降取决于桩端以下土层的沉降，因此调整桩长使得总沉降在一定的范围内从而可以实现对工后沉降的控制。

所以，桩网复合地基的设计思路可以这样考虑：根据工程地质条件，选择合适的桩型，确定合理的桩间距和桩长，充分利用桩间土和下卧持力层的承载能力，达到有效控制沉降、避免地面出现不均匀沉降，以实现降低工程造价，缩短施工工期，加快工程进度，提高工程质量等效果。

1. 桩网复合地基技术适用范围

当软土层未打穿时等沉面高度约为 1 倍桩托板净间距。根据现场试验的结果，软土层打穿情况下填土中土拱等沉面高度为 1.1～1.2 倍桩托板净间距，未打穿时等沉面高度为 1.1～1.5 倍桩托板净间距。Hewlett & Randolph（1988 年）指出，当填土厚度小于相邻桩的净间距时，土拱则无法形成。

2. 桩体荷载分担比计算

桩体荷载分担比是指桩体承受的荷载与单桩处理范围内填土总荷载之比，是桩网

复合地基设计中应明确的关键内容。桩体荷载分担比和填土土拱等沉面高度是桩网复合地基荷载传递最直接的表达方式，也是设计中应明确的内容。假定填土高度为 H，填料容重为 γ_c，单桩处理范围面积为 A，则单桩处理范围内的填土总荷载 P 为：

$$P=\gamma_c \bullet H \bullet A \tag{8-9}$$

根据陈仁朋等建立了托板桩单桩处理范围的内外土柱分析模型，可获得桩体荷载分担比的表达式。桩体荷载分担比 E_p 可用下式计算：

$$E_p=\frac{mD_i}{4fK_0h}\left\{\left[1+\frac{4fK_0}{D_i}(h-h_e)\right]\exp\left(4fK_0\frac{h_e}{D_i}\right)-1\right\} \tag{8-10}$$

式中：f 为内外土柱之间摩擦系数，$f=\tan\varphi$；φ 为填料内摩擦角；K_0 为静止土压力系数，$K_0=1-\sin\varphi$；h 为填土高度；h_e 为等沉面高度，$h_e=\psi S_a$，net；ψ 为等沉面高度影响系数，建议取 1.4～1.6；S_a，net 为桩托板净间距；S_a，$net=S_a-b$；S_a 为桩间距，b 为托板边长；D_i 为内土柱等效直径，$D_i=1.128b$；D_o 为外土柱等效外径，正方形布桩时 $D_o=1.128S_a$，正三角形布桩时 $D_o=1.05S_a$；A 为单桩处理范围的面积，$A=\pi D_o^2/4$；m 为托板面积置换率，$m=b^2/A$；单桩处理范围内的填土总荷载 $P=\gamma \bullet h \bullet A$，$\gamma$ 为填料重度。

当知道桩体荷载分担比 E_p 后，作用在桩托板上的上部荷载 P_p 和作用在桩间土上的荷载 P_s 分别为：

$$P_p=n \bullet P=E_p \bullet \gamma_c \bullet H \bullet A \tag{8-11}$$

$$P_s=P-P_p \tag{8-12}$$

桩网复合地基是由填土、桩、桩托板、地基土体组成的复杂体系，其通过填土中的土拱作用、桩土之间的摩擦作用、桩端持力层的支撑作用，实现荷载传递。因各组成部分之间的相互作用关系复杂、影响参数较多，桩体荷载分担比与主要参数之间的关系难以用简化的经验公式或表格来表示。

根据前述研究，在工程常用的设计参数条件下，建议桩体荷载分担比 n 的取值范围在 60%～80%之间。当软土层未打穿时荷载分担比取低值，打穿时取高值。当桩托板宽度与桩间距之比较小，桩体荷载分担比取低值；而当桩托板宽度与桩间距之比较大，桩体荷载分担比取高值。

3. 沉降计算

桩网复合地基的总沉降主要由以下几部分组成：填土自身的压缩量 S_{cb}、桩体自身的压缩量 S_{pb}、桩托板向上进入填土的位移 S_{pu}、桩端刺入下卧层的位移 S_{pd} 及下卧层的沉降量 S_b。

（1）填土自身的压缩量 S_{cb}

根据工程经验，填土自身的压缩量很小，一般在施工中已经完成，为 1～2cm。

（2）桩体自身的压缩量 S_{pb}

桩网复合地基中因桩侧摩阻力的作用，桩身轴力沿深度变化，故采用分层总和法计算：

$$S_{pb}=\sum_{i=1}^{n}\frac{Q_{pi}}{A_{p}E_{p}}\Delta T_{i} \tag{8-13}$$

式中：Q_{pi} 为第 i 个分段的桩身轴力；n 为桩身分段总数；A_p 为桩身截面积；E_p 为桩身压缩模量；ΔT_i 为桩身第 i 分段的高度。

当采用刚性桩时，因其桩身模量较高，桩身压缩量一般较小，通常为 5～15mm。当采用半刚性桩时，桩身压缩量不容忽视。

（3）桩托板向上进入填土的位移 S_{pu}

桩托板向上进入填土的位移可用桩顶平面处的桩土相对位移来代替。研究表明，软土层打穿时桩顶高度处桩土沉降差为 6～12mm，未打穿时为 27～42mm。现场试验观测得到的软土层打穿时桩顶平面处的桩土相对位移为 15mm 左右，而未打穿时为 15～50mm。因此，S_{pu} 可取在 10～50mm，软土层打穿时取低值，未打穿时取高值。

（4）桩端刺入下卧层的位移 S_{pd}

桩端刺入下卧层的位移一般都较小。现场试验观测得到的软土层未打穿时 G4 和 G5 断面桩端下卧层沉降与桩顶的沉降相差为 5～6cm。由于桩身的压缩较小，因此可以认为桩端的刺入变形为 5～6cm。

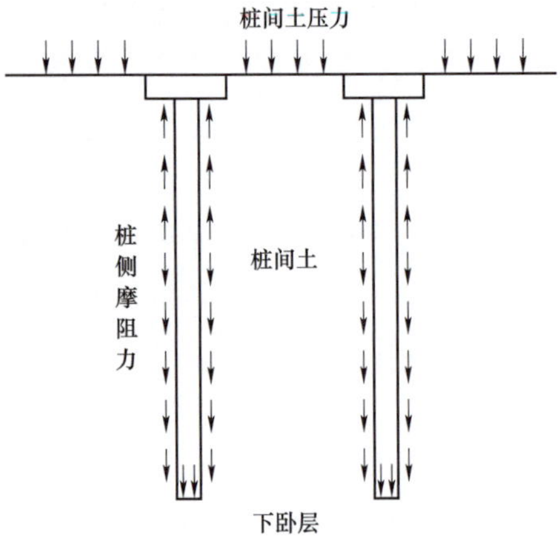

图 8-25　荷载传递示意图

（5）下卧层的沉降量 S_b

计算下卧层附加应力时将桩和土分开来考虑。上部荷载由桩和桩间土共同承担，其中作用在桩托板上的荷载通过桩侧摩阻力与桩端阻力传递到土层中去（见图 8-25）。用 Geddes 公式计算桩分担的荷载对下卧层任意一点所引起的竖向附加应力。用 Boussinesq 解来计算桩间土分担的荷载对下卧层任意一点所引起的竖向附加应力。最后将二者之和作为下卧层任意一点的总附加应力。

桩侧摩阻力（包括正摩阻力和负摩阻力）的分布如图 8-26（a）所示。为了计算上的方便，假定正负摩阻力都达到了极限值，用 β 法计算负摩阻力，中性点深度由竖向受力平衡条件求得，并假定桩间土上的荷载均匀分布。

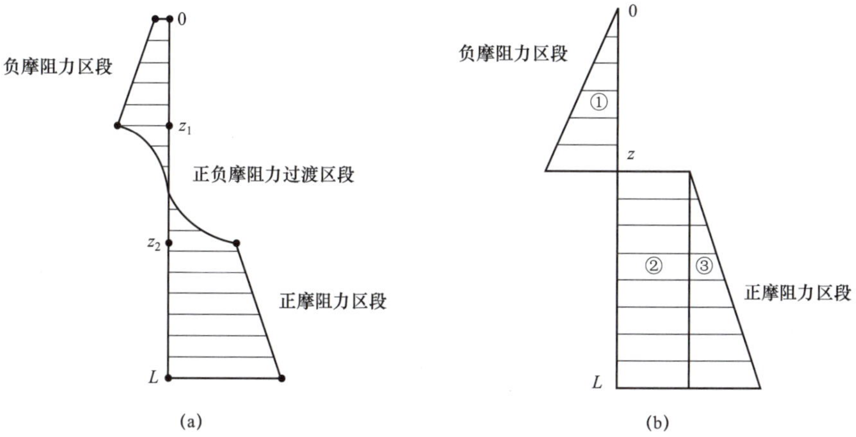

图 8-26　桩侧摩阻力示意图

（a）桩侧摩阻力分布图；（b）桩侧摩阻力计算简图

根据以上假定和 Geddes 方法原理，桩侧摩阻力对下卧层任一点引起的附加应力 σ_z 可以分为三部分进行计算（见图 8-27）：① 桩侧负摩阻力 P_1 引起的附加应力 σ_1；② 沿桩身均匀分布的正摩阻力 P_2 引起的附加应力 σ_2；③ 沿桩身线性增长的正摩阻力 P_3 引起的附加应力 σ_3。

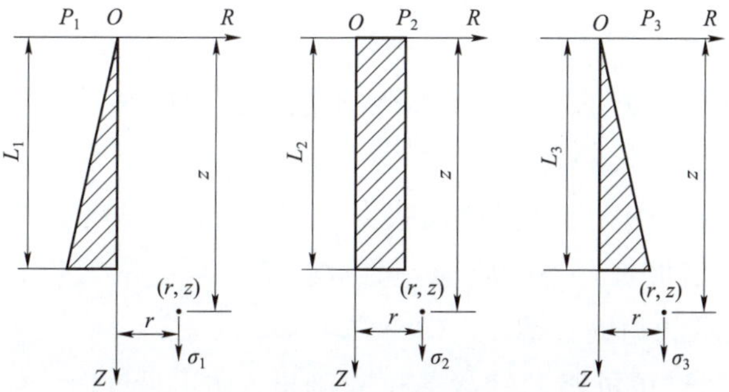

图 8-27　桩侧摩阻力计算附加应力示意图

所以下卧层任意一点的竖向附加应力 σ_z 可按下式求解：

$$\sigma_z = \sigma_1 + \sigma_2 + \sigma_3 = \frac{P_1}{L_1^2}I_1 + \frac{P_2}{L_2^2}I_2 + \frac{P_3}{L_3^2}I_3 \tag{8-14}$$

式中：L_1，L_2，L_3 分别为三个区段的桩长；I_1，I_2，I_3 为相应的应力影响系数。

群桩中任一根托板桩在其处理范围内除了引起自身沉降外，还会影响其应力传布范围内的邻桩，使它们也产生一定的沉降，从而导致群桩沉降增大。在填土荷载下，由于桩周土体中的塑性变形不明显，故可近似应用线弹性体理论和叠加原理进行沉降计算。把各根桩自身引起的附加应力及邻桩引起的附加应力进行叠加，最后按经典分层总和法求解下卧层沉降。

4. 桩身承载力计算

（1） 负摩阻力计算

桩侧产生的负摩阻力会对桩体产生下拉力。作用在桩上的极限下拉力 $Q_{\mathrm{g}}^{\mathrm{n}}$ 可按《建筑桩基技术规范》（JGJ 94—1994）中下面的公式进行计算：

$$Q_{\mathrm{g}}^{\mathrm{n}}=\Sigma\xi_n\gamma_i' z_i U L_i \tag{8-15}$$

式中：ξ_n 为桩周土负摩阻力系数；γ_i' 为第 i 层土层底以上桩周土按厚度计算的加权平均有效重度；z_i 为自地面起算的第 i 层土中点深度；U 是桩身周长；L_i 是中性点以上桩各土层的厚度。

（2） 中性点的确定

在地基固结过程中，中性点的位置是不断变化的。只有当固结完成后，荷载和沉降处于稳定时，中性点才会稳定在某一固定的深度处。按照《建筑桩基技术规范》（JGJ 94—1994），对于软弱地基，中性点深度为 0.5～0.6 倍的桩周沉降变形土层的下限深度。

软土层打穿时中性点随着地基固结而下移，当固结完成时，中性点在 0.59 倍桩长深度处；未打穿情况下，加荷瞬时和固结结束的中心点位置大致相同，中性点在 0.42 倍桩长深度处。理论方法研究发现，软土层打穿和未打穿时中性点在地基固结过程都出现下移。当固结完成后，打穿时中性点在 0.25 倍桩长深度处，未打穿时在 0.1 倍桩长深度处。此外，申苏浙皖高速公路软土层未打穿的桩承式填土现场实测的中性点一般在 0.32～0.4 倍桩长深度处。

所以，软土打穿时中性点位置建议取为 0.25～0.59 倍桩长；未打穿时中性点位置建议取为 0.1～0.42 倍桩长。当土质很差时取高值，反之取低值。

（3） 单桩竖向承载力的计算

单桩承载力应通过单桩竖向静载荷试验确定。初步设计时，单桩竖向承载力设计值 R 可按下式计算（不计负摩擦力段）：

$$R_{\mathrm{uk}}=Q_{\mathrm{sk}}+Q_{\mathrm{qk}}=q_{\mathrm{pk}}A_{\mathrm{p}}+u_{\mathrm{p}}\Sigma q_{si\mathrm{k}}l_i \tag{8-16}$$

$$R=\eta R_{\mathrm{uk}} \tag{8-17}$$

式中：R_{uk} 是单桩竖向极限承载力标准值；q_{pk} 和 q_{sk} 分别是桩端阻力和桩侧阻力标准值；A_{p} 是桩端面积；u_{p} 是桩身周边长度；l_i 是第 i 层土的厚度；η 是安全系数。由于托板桩处理地基中的桩体主要用于控制沉降，对于承载力方面只要能满足要求，稍有富余即可，所以建议安全系数 η 取 1.2。

单桩竖向承载力的验算：在托板桩处理地基中，桩间土始终参与承担上部荷载，充分发挥了桩间土的承载力。所以在工程设计时可以认为桩间土充分发挥承载力后分担了部分荷载，而其余的荷载都由托板桩承担。

（4）托板桩复合地基承载力

在托板桩复合地基中，一个重要设计思想是允许桩发生一定的沉降，以便充分发挥桩间土的承载力。在工程设计时，可以认为桩间土充分发挥了承载力。在单桩处理范围内，托板桩和桩间土的总承载力应大于桩顶平面以上填土总荷载。初步设计时，托板桩地基的竖向承载力特征值 f_{spk} 可按下式验算：

$$f_{spk} = m\frac{R_p}{b^2} + (1-m)f_{ak} \geqslant \gamma h \tag{8-18}$$

式中：m 为托板面积置换率；R_p 为单桩竖向承载力设计值；b 为托板边长；f_{ak} 为地基承载力特征值；γ 为填料重度；h 为托板顶面以上填土高度。

第 9 章
滩涂变电站施工关键技术

9.1　桩网复合地基施工技术

9.1.1　背景概述

桩网复合地基技术通过变形协调，充分发挥桩、土和加筋垫层各自的作用，具有施工速度快、沉降变形小、工后沉降容易控制、整体稳定性好等优点，在海洋输电技术中具有广泛的应用前景。

桩网复合地基在公路、铁路等软基处理中已得到了较多应用，在变电站建设工程中也有所应用。桩网复合地基桩型可以采用预制桩、就地灌注素混凝土桩、套管灌注桩等，施工工艺随桩体种类不同而有所变化，应根据设计要求和现场条件选用相应的施工工艺。

但目前桩网复合地基在海洋输变电工程中应用实例还很少，相应施工工艺及工法的研究也相对滞后，特别对沿海滩涂地区，桩网复合地基施工工艺也区别于常规高速公路、铁路工程，相关研究寥寥。

沿海滩涂地区，桩网复合地基施工主要有以下难点：① 沿海滩涂地区，往往表层淤泥层较厚，无法满足回填土直接填筑要求，且下卧深厚淤泥质土，工程性质极差；② 桩帽间回填夯实挤淤大，无法采用大型机械及压路机碾压夯实；③ 桩帽上回填夯实过程，部分压力集中在桩帽边时，承台下部管桩偏心受压容易造成断桩；④ 受腐蚀性环境及材料特性的限制，土工格栅选型困难。开展桩网复合地基施工工艺研究，特别是沿海滩涂地区施工工法研究，对推广桩网复合地基工程应用具有重要意义。

浙江宁波镇海 500kV 变电站是典型的滩涂地区变电站，该变电站首次在全站场地大规模使用桩网复合地基技术来处理软土地基，取得良好效果。镇海变电站场地原貌为围海滩涂，表面为浮泥，场地内分布的特殊性岩土主要有①层淤泥和③层淤泥质粉质黏土，该两层土层厚较厚，具有高含水量、大孔隙比、高压缩性、低强度和低透水性，属于欠固结土，岩土工程性质极差。其中，①层淤泥层厚 2.1～6.7m，地基承载力特征值仅 40kPa，压缩模量仅 1.9MPa；③层淤泥质粉质黏土层厚 9.3～20.8m，压缩模量仅 2.6MPa，场地典型地质剖面如图 9－1 所示。场地原始标高－0.28～0.38m，考虑百年一遇洪水位和海塘挡潮标准，场地设计标高取 3.85m，平均填土厚度约 4.0m。该变电站桩网复合地基施工工艺基本流程如下：前期准备→围堰施工→抽水、清淤及降水→场地初平→测量放线→预应力管桩施工→桩帽承台施工→加筋垫层施工→上部回填。

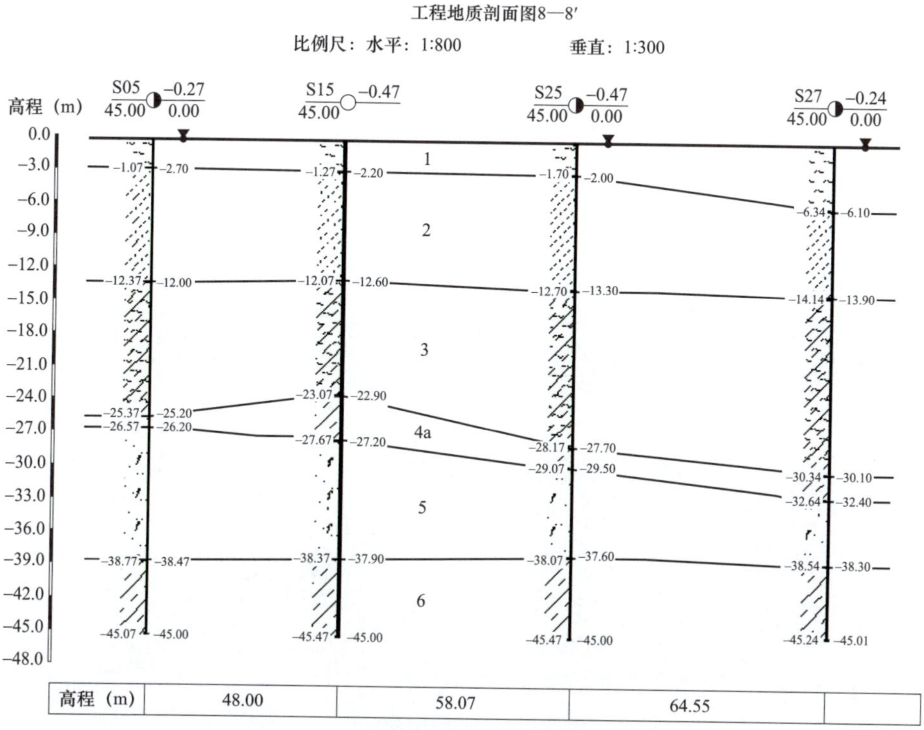

图 9－1　镇海 500kV 变电站典型地质剖面

9.1.2　软弱滩涂地基回填土施工工艺

场地表面为浮泥，站址区为回水淤积区，大部分为水域覆盖，施工难度很大。场地需大面积回填土 4m 厚，而浅层①层淤泥，抗剪强度极低，无法满足回填层填筑要求，快速加载易造成地基失稳破坏。如果条件允许，建议先对场地进行排水固结（如真空预压），通过排水固结提高浅层地基土的抗剪强度，使地基土承载力和稳定性都得到提高，这样也有利于后续土方施工和桩基质量控制。但排水固结往往周期较长，输变电工程建设周期短，往往无法满足工程进度要求。

如果直接在滩涂上回填塘渣，一方面由于淤泥厚度大，抗剪强度极低，承载力特征值较低，回填过程中机械无法行走，势必用人工搬运，效率低下。另一方面直接回填后，快速加载容易造成地基失稳破坏。还有土方回填过程中由于挤淤效应，会造成实际回填土方量较理论回填方量成倍增加，产生大量淤泥需要外弃，不符合环保政策，现场施工管理困难。桩网复合地基施工工艺需要解决滩涂地区回填层无法直接填筑，快速加载易造成地基失稳破坏的难题。结合镇海 500kV 变电站的施工经验，提出软弱滩涂地基上回填土施工工艺如下。

（1）首先对滩涂施工围堰，然后排干积水，并去除表层浮泥，如图 9–2 所示。围堰外侧采用拉森钢板桩围护，迎水面铺设防渗土工膜，在土工膜上铺上淤泥作为围堰闭气层，如图 9–3 所示。围堰封合完成后可隔断场地和外界的浅层水力联系，为创造施工场地和场地排水创造条件，同时围堰还可以作为场平运输道路。去除表层浮泥时，利用压力水枪将表层浮泥冲到沟槽中，然后利用泥浆泵将表面浮泥抽到运输船上，将浮泥外运到指定地点堆放。表层浮泥无法承压，通过去除层浮泥，可有效提升滩涂表面的承压能力。

图 9–2　滩涂围堰施工

图 9–3　围堰外侧拉森钢板桩围护

（2）在场地填方区内按等间距在纵横方向挖明沟用于降水、排水，以提高表层淤泥的承载力。明沟间距在 28～32m 之间，明沟宽 0.8～1.2m 之间。明沟间距及沟宽和沟深需根据场地实际情况和当地降水情况确定具体值，排水明沟也可采用压力水枪冲击成槽，以方便排水的同时有效降低施工工作量。

（3）对施工滩涂上铺设土工布，如图 9-4 所示。土工布顶破强度不小于 2.4kN/m^2，梯型撕破强度不小于 0.45kN/m^2，土工布搭接长度大于 1000mm，搭接范围采用机械三道缝接。土工布承压效果好，也便于人员在上面进行施工。

图 9-4　滩涂上铺设土工布

（4）在土工布上铺设纵横交错的毛竹条网格，毛竹条之间绑扎牢固。毛竹条为扁平条，毛竹条之间用铁丝绑扎，如图 9-5 所示。采用扁平条，一根毛竹可切割成 3～5 条，材料使用少，有效降低成本，降低材料的运输量，铁丝绑扎快速牢固。

图 9-5　土工布上毛竹条铺设

（5）在纵横交错的毛竹条网格上铺设毛竹加强网，毛竹加强网与毛竹条之间绑扎固定，使毛竹加强网连接成片，如图 9－6 所示。连成片的毛竹加强网，可减少回填土对表层淤泥的挤压。

图 9－6　毛竹条网格上铺设毛竹加强网

（6）在毛竹加强网上分层回填铺设土方，土方回填时按照从中间往外围的次序回填。因表层土承载力极低，回填土方时采用轮压荷载小的小型机具回填和分层压实。使毛竹加强网的承载能力不超负荷，保证机具不下沉，实现有效施工。铺设的土方厚度在 0.9～1.1m 之间，该厚度能够有效实现土石方的正常施工，便于大型施工机具的行走，如图 9－7 所示。场地回填后承载力应满足打桩需求，以保证管桩沉桩的质量，发现桩机晃动，场地有下陷或隆起现象时，及时增加填方的厚度，以提高地基承载力，直到满足桩机施工需求为止。

图 9－7　小型机械回填土方

9.1.3　PHC 桩基施工工艺

管桩施工采用静压法或锤击法，施工工艺为清理整平、桩位放样、机械就位、调整垂直度、吊桩、压桩或打桩、接桩、重复以上工艺至成桩。

结合桩位布置图，按中间向四周、先长后短、先高后低的原则，间隔跳桩施工，直至全部施工任务完成，如图 9-8 所示。本工程为摩擦端承桩，施工过程以控制贯入度为主，标高作为参考指标。每根桩的锤击数宜在 1500 击以内，最多不得超过 2000 击。

图 9-8　PHC 桩基施工

1. 确保有效桩长满足要求，桩端全截面进入持力层

将各区域管桩有效桩长与地质勘探报告复核。

2. 确保沉桩的质量和一类桩的合格率

根据桩的密集程度，为避免沉桩过程挤土效应造成管桩倾斜、断桩等质量缺陷，提前规划桩机行走路线和管桩沉桩顺序，对密集桩采用跳打方式以减少打桩挤土效应造成桩位偏差、倾斜或断桩等缺陷。

及时对已完成沉桩的桩位偏差进行监测，发现存在挤土效应造成桩位偏差时，采取降水、挖沟槽或打孔填竹笼做挤土应力释放。锤击桩沉桩期间不得同时开挖基槽，待锤击桩沉桩完毕后相隔适当时间，桩基稳定后方可开挖。

沉桩前以及接桩过程，应利用经纬仪或靠尺检查桩身垂直度，确保管桩成桩的垂直度满足要求（见图 9-9），管桩连接焊缝要求达 2 级焊缝，且探伤检测不得小于

10%，施工过程中，派专人对焊缝进行验收把关，并委托第三方检测单位常驻现场，24h 随机抽取管桩连接焊缝检测，做到全过程跟踪监控管桩连接焊缝质量，并经现场监理见证后，涂刷防腐涂料后隐蔽。

图 9－9 焊缝探伤检测

管桩沉桩过程产生的挤土会对超孔隙水压力产生一定的影响，打桩速度过快和锤击打桩量过多造成短时间内挤土量猛增，引起超孔隙水压力迅速上升，造成管桩上抬或桩位倾斜，在施工区域内及外围布置观测点，采用全站仪和水准仪进行定期观测，对土体表层隆起、位移和已完成桩顶标高、轴线等进行观测，并如实记录观测结果，发现管桩桩顶标高抬（隆）起或位移，及时采取有效措施。

桩网复合地基检验应在桩身强度满足试验荷载条件时进行。试验数量宜为总桩数的 0.5%～1%，且单体工程的试验数量不应少于 3 点。应抽取一定比例的桩数对成桩质量和桩体完整性进行检测。

9.1.4 桩帽（桩托板）施工工艺

桩帽的施工工序为下承层平整夯实、模板安装、绑设钢筋、混凝土浇筑养护。桩帽施工质量检验项目主要有轴线偏位、平面尺寸、厚度，以及混凝土强度等，抽检比例不少于 2%。

1. 桩帽开挖

土方开挖采用小型挖掘机开挖，基底预留 200mm 人工开挖。为减少表层淤泥的挤土造成管桩倾斜或偏位，土方开挖边坡按 1:3 放坡，边坡 10m 内禁止堆土及车辆通行。对靠近开挖边坡处的三排桩采用钢管顶托支撑加固，避免桩基开挖后，管桩顶部受挤压造成的桩位偏移或断桩，如图 9－10 所示。

图9－10 开挖边坡部位管桩加固措施

2. 桩身完整性检测

管桩开挖后，对桩基单桩承载力进行检测，并对管桩桩身完整性低应变检测进行100%检测。

3. 垫层施工

表层淤泥深厚，承载力特征值低，填方夯实度要求高，桩帽承台间级配碎石回填以及桩帽承台上加筋垫层级配碎石回填夯实度必须满足设计要求，为防止桩帽承台间级配碎石回填夯实过程出现挤淤下沉，桩帽承台垫层混凝土采用整浇，以提高表层淤泥的承载力，如图9－11所示。垫层间隔两排桩设置300mm宽的排水沟，防止雨水或地下水浸泡回填土，影响回填夯实的质量。

图9－11 整浇混凝土垫层

9.1.5 加筋垫层施工工艺

桩网复合地基加筋垫层施工工序如下：桩帽间级配碎石回填→加筋垫层回填→级配碎石（塘渣）回填。

1. 桩帽间级配碎石回填

根据桩网复合地基受力示意图，土工格栅承受土拱下土体的自重应力并传递至桩帽上，如果桩帽间填土未压实将对土工格栅受力不利。同时，为防止回填过程管桩受压产生剪切应力造成断桩，应采用小型机械回填夯实。

级配碎石拌和采用挖掘机现场拌和，拌和时配料根据试验确定的配合比进行配料。施工过程，严格控制级配碎石及级配塘渣的最佳含水率，经现场见证取样检测，确定级配碎石的最优含水率，最大干密度等相关压实参数。

桩帽间级配碎石回填，采用长臂挖掘机摊铺，人工铺平，利用 0.5t 滚轮式手扶式压路机夯实，如图 9－12 所示。回填时，采用长臂挖掘机将已拌和均匀的级配原料运输到基坑内，按平行倒退法进行铺筑，用人工进行平整，严禁运输车辆直接将填筑料运到基槽内。部分长臂挖掘机填筑不到位的区域，采用人力手推车运送，人工平整，然后用滚轮式手扶压路机反复碾压 4～6 遍。级配碎石回填完并夯实后，采用灌砂法或灌水法检测压实度。级配碎石压实完成后表面拉线找平。

图 9－12 桩帽间回填夯实

2. 加筋垫层回填及土工格栅铺设

土工格栅应采用高强聚酯双向土工格栅，通过试验，纵、横向抗拉强度宜为不小于 250kN/m 的土工格栅，同时在抗拉强度为 80kN/m 时，应保持延伸率≤5%，这样可以具备足够的强度和刚度。

以镇海变电站为例，加筋垫层组成为 80 厚级配碎石 + 20 厚中粗砂 + 下层土工格栅 + 土工布 + 80 厚级配碎石 + 20 中粗砂 + 上层土工格栅 + 400 厚级配碎石。

首层级配碎石铺设完成，经夯实后，铺设 20mm 厚的中粗砂以防止级配碎石破坏土工格栅。格栅的宽幅为 5.3m，长度为 50m，在铺设时可以将格栅的长度方向顺着场地的纵向铺设；采用搭接法连接，搭接接头位置在桩帽顶面，上下层土工格栅搭接位置错开。搭接宽度大于 300mm，搭接处采用聚乙烯扎扣措施连接，绑扎点间距不大于 200mm，两副搭接接头强度不应小于原有强度的 70%；在土工格栅平铺完成后，为保证摊铺好的格栅保持平顺，不出现凸凹现象，采用“T”型不锈钢销钉进行固定，特别是格栅连接处，布设销钉间距为 3m 一个点，成梅花状布置，上下层土工格栅接头位置错开 0.5m，如图 9－13 所示。为避免土工格栅在施工中受损破坏，在填料前任何运输机械或现场设备不得直接压在土工格栅上；回填需采用长臂挖掘机将回填料摊开。边缘四周土工格栅铺设时先预留 2m 的反包长度，待填料完成后，将四周边缘的土工格栅回折反包，如图 9－14 所示。

两层土工格栅间级配碎石回填厚度为 100mm，压实度达 0.97，施工过程严格控制级配碎的含水率及最大干密度，采用 0.5 吨小型用手扶双钢轮压路机分层回填静力压实，经现场压实度取样检测（400m^2 一组）。土工格栅上层 400 厚级配碎石，施工过程严格控制级配碎的含水率及最大干密度，采用 0.5 吨小型用手扶双钢轮压路机分层回填静力压实，经现场压实度取样检测（400m^2 一组）。

土工格栅上层铺设一层土工布，防止两层土工格栅之间的级配碎石从格栅孔隙中渗漏，而减小格栅之间的层厚，如图 9－15 所示。

图 9－13　土工格栅铺设及搭接

图 9-14 土工格栅反包

图 9-15 土工布铺设

3. 级配碎石回填

加筋垫层上方回填级配碎石（塘渣），采用长臂挖机摊铺，分层回填、压实到初平标高，垫层铺设应采用静力压实法，如图 9-16 所示。严格控制回填虚铺分层回填厚度，级配碎石回填分层厚度为 250mm，现场按间距 3m 设置回填虚铺厚度标杆，采用机械摊铺完成后，用人工进行平整和修复。分段施工时，接槎处应做成斜坡，每层接槎处的水平距离应错开 0.5～1.0m，并充分压实。

铺筑的级配碎石应级配均匀，回填时如发现级配原料成堆现象，应将该处级配原料挖出，重新填入级配良好的级配原料。铺筑级配碎石在夯（压）实前，应根据其干湿程度和气候条件，适当地洒水，以保持砂石的最佳含水量，一般含水率为 6%。

图9-16 上部级配碎石夯实

4. 混凝基础防腐及防水

工程位于沿海滩涂地域，为海洋氯化物环境，基础表面需要防腐处理。基础表面根据《工业建筑防腐蚀规范》要求涂刷 10mm 厚聚合物砂浆防腐。防腐砂浆涂刷前应对基层表面油污、灰尘等进行清理，并洒水润湿，防腐砂浆涂刷完成后表面应平整，不得有起砂、空鼓、裂缝等缺陷，防腐砂浆涂刷完成，应及时派专人养护。此外，桩帽顶中心 1.2m×1.2m 区域内涂刷 2mm 厚聚氨酯防水涂料，如图 9-17 所示。

图9-17 桩帽应力集中处涂刷防腐（水）涂料

9.1.6 土工格栅选型

理论计算，要求土工格栅材料实测纵、横抗拉强度不小于 80kN/m，相应的延伸率小于 5%。同时，对位于沿海滩涂地域的工程，属于海洋氯化物环境，土工格栅应满足防腐蚀和耐老化要求，要求采用光照老化法测试加筋体的拉伸强度不小于原有强度的 70%；抗生、化学降解，抗氧化 100%，耐老化大于 60 周年。为保证加筋垫层碎石与土工格栅嵌锁，土工格栅网格尺寸不大于 50mm，格栅宽幅不小于 4m。

土工格栅需要同时满足受力性能和耐腐蚀抗老化性能。

经过调研，目前市场上销售的土工格栅主要分为玻璃纤维双向土工格栅、钢塑双向土工格栅、塑料双向土工格栅和高强聚酯纤维经编双向土工格栅四大类，为选择各项技术参数均满足设计要求的土工格栅，特对各类土工格栅的特性及适用范围展开研究。

1. 玻璃纤维双向土工格栅

材料特性：高抗拉强度、低延伸率，材料实测最大抗拉强度为 80kN/m，相应断裂延伸率小于 3%，网眼尺寸大于 25.4。具备在长期荷载的情况下抵抗变形的能力，玻璃纤维的熔化温度在 1000℃以上，承受热的稳定性良好，耐磨耐老化，使用寿命长一般在 30 年以上。

适用范围：广泛应用于沥青路面、水泥路面及路基的增强和铁路路基、堤坝护坡、机场跑道、防沙治沙等工程项目。

2. 钢塑双向土工格栅

材料特性：钢塑双向的纵横肋条的钢丝经过高密度聚乙烯包裹后编织成网，钢塑双向土工格栅蠕变量极低，材料实测最大抗拉强度为 120kN/m，相应的断裂延伸率小于 3%，网眼尺寸为 100mm×100mm，钢塑双向土工格栅的幅宽可达 6m，实现高效、经济的加筋效果。钢塑双向土工格栅在常温下不会受到酸碱及盐溶液，或油类的侵蚀；不会受到水溶解或微生物的侵害。能抵抗紫外线辐射所造成的老化，不会产生结点的拉裂或破损，主要受力为钢丝，蠕变量极低。

适用范围：广泛运用于公路、铁路、路堤、桥台、施工便道、码头、护岸、防洪堤、水坝、滩涂治理、货场、渣场、机场、运动场、环保建筑、软土地基加固、挡墙、护坡和路面抗劣等土木工程。

3. 塑料双向土工格栅

材料特性：塑料双向土工格栅以聚丙烯、高密度聚乙烯为原料，经特别挤压、双向拉伸而制成，具有较高抗拉强度，其最大抗拉强度为 50kN/m，延伸率为 13%～15%。加筋效果好、使用寿命长、重量轻、造价省、施工方便，弯曲环绕性好。

适用范围：公路、铁路、堤防、码头、市政、环保等工程软基加强加固、边坡治理、面层抗裂、支挡防护等。

4. 高强聚酯纤维经编双向土工格栅

材料特性：高强聚酯纤维经编双向土工格栅强度高、蠕变小，纵、横向强度差异小，有利软土土基加筋处理，提高地基的稳定性，抗拉强度可达 200～800kN/m，网

眼尺寸≥40mm，有利于土或碎石的嵌锁，幅宽≥5m，延伸率低以及抗老化、耐腐蚀等特性，断裂伸长率10%左右

适用范围：广泛用于高等级公路、高速铁路、客运专线、堤坝、挡土墙、水利、港口、机场等工程。

5. 比选结论

玻璃纤维土工格栅：使用寿命一般在30年左右，耐老化性能不满足60周年的使用要求，不适于变电站工程。

钢塑土工格栅：网眼大于50mm，钢塑土工格栅主要受力为钢丝，施工过程钢塑土工格栅表面的聚乙烯容易受到破坏，钢丝外露后容易钝化腐蚀，影响使用年限，不适用于沿海腐蚀环境工程。

塑料双向土工格栅：最大抗拉强度仅有50kN/m，延伸率为13%～15%，抗拉强度及延伸率不满足要求，不适用于变电站地基处理等对受力性能要求较高的工程。

高强聚酯纤维经编双向土工格栅：抗老化及耐腐蚀性能好，但受材料的特性限制，其断裂延伸率为10%，延伸率不能满足要求。通过多次试验，该土工格栅纵、横抗拉强度选择200kN/m以上时，实测土工格栅纵、横抗拉强度在80kN/m时，其延伸率小于5%，为确保土工格栅的延伸率满足要求，将高强聚酯纤维经编双向土工格栅纵、横抗拉强度提高到250kN/m，适用于沿海变电站工程建设。

9.1.7　小结

沿海滩涂地区的桩网复合地基施工工艺区别于常规高速公路、铁路工程，主要有以下特点：① 沿海滩涂地区，往往表层淤泥层较厚，无法满足回填土直接填筑要求，且下卧深厚淤泥质土，工程性质极差；② 桩帽间回填夯实挤淤大，无法采用大型机械及压路机碾压夯实；③ 桩帽上回填夯实过程，部分压力集中在桩帽边时，承台下部管桩偏心受压容易造成断桩；④ 受腐蚀性环境及材料特性的限制，土工格栅选型困难。

（1）本节提出了软弱滩涂地基上回填土施工工艺，表层淤泥不需要排水固结处理，利用土工布结合成片的毛竹加强网减少回填土对表层淤泥的挤压，使填土荷载更均匀地分摊到表层淤泥上，能有效减少后期回填土方时的大量挤淤，降低淤泥层的回填沉降量，降低工程造价，并用小型机械逐步推进回填，有效地解决了由于软弱滩涂地基承载力低，回填土施工困难及回填料方量难以控制的难题，便于大型施工机具的后续行走施工。

（2）PHC桩施工时，合理规划桩机的行走路线和沉桩顺序，以减少挤土效应的影响，重视焊缝质量的检测。

（3）桩帽施工时，土方开挖采用小型挖掘机开挖，桩帽承台垫层混凝土采用整浇，以提高表层淤泥的承载力。

（4）加筋垫层施工时，为防止回填过程管桩受压产生剪切应力造成断桩，采用小型机械回填夯实。土工格栅采用搭接法连接，格栅铺设平顺，采用“T”型不锈钢销钉进行固定。

（5）土工格栅选型需要同时满足受力性能和耐腐蚀抗老化性能要求，经调研比较，选用高强聚酯纤维经编双向土工格栅。

9.2 桩网复合地基实施效果监测

本节通过现场试验研究桩网复合地基处理滩涂软土地基的实施效果，验证不同时期地基土超孔压、沉降、差异沉降、土压力、桩体荷载分担比的变化规律。

9.2.1 传感器布置

现场测试主要分为全站大面积实施前的工程试点区和大面积实施过程中的工程监测区，不同位置的测试点布设位置见图 9－18 和图 9－19。

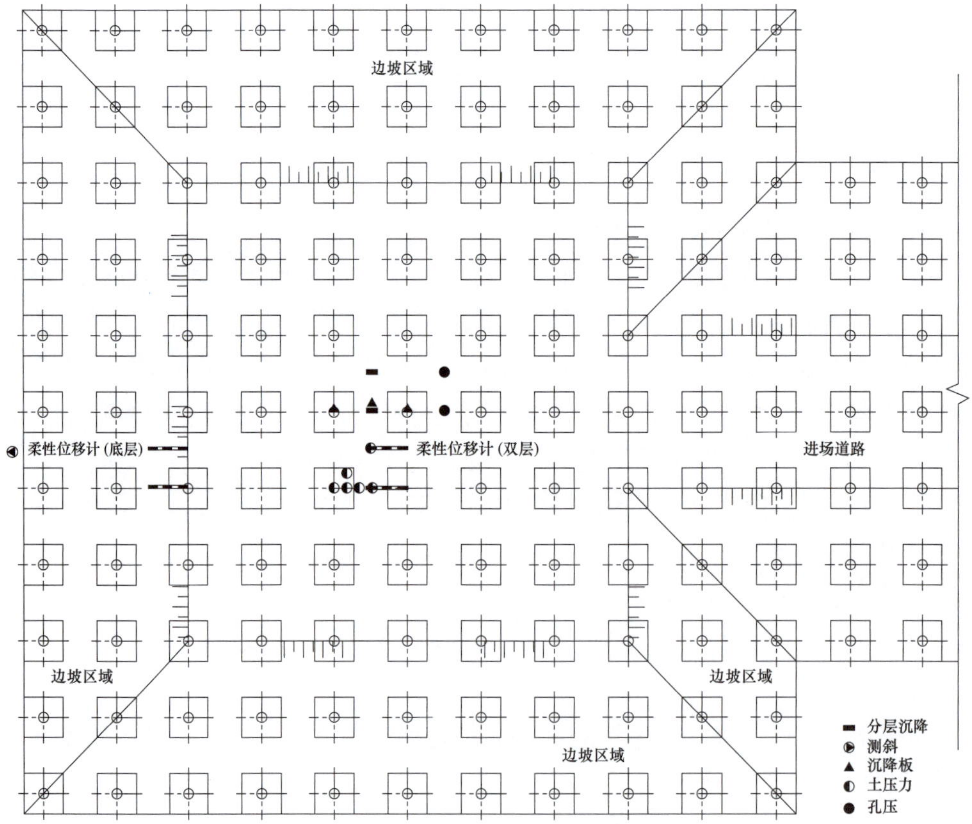

图 9－18　试点区监测点平面布置图

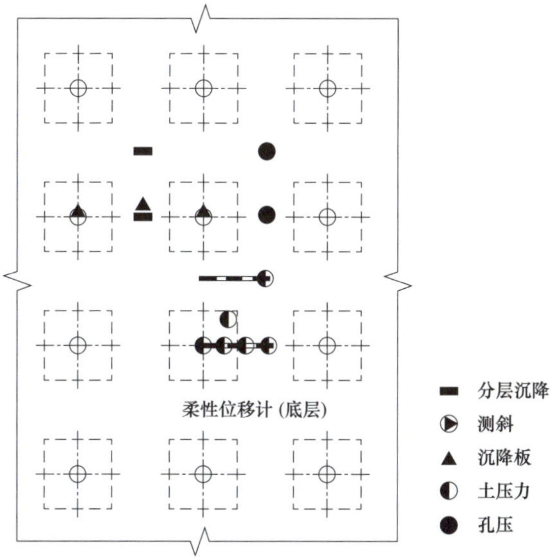

图 9－19　实施监测区监测点平面布置图

1. 填土分层沉降测试

填土分层沉降采用沉降板进行测试，沉降板由钢板、测杆和保护套管组成。如图 9－20 所示，底板尺寸可根据具体测试要求定做，测杆垂直固定于底板上，测杆外侧设置保护套，保护套采用钢管套管，套管尺寸以能套住测杆并使标尺能进入测头为宜。随着填土的增高，测杆和套管亦相应接高，每节长不超过 55cm。接高后测杆顶面应略高于套管上口。不测量时套管上口用帽封住管口，避免填料落入管内而影响测杆自由下沉。

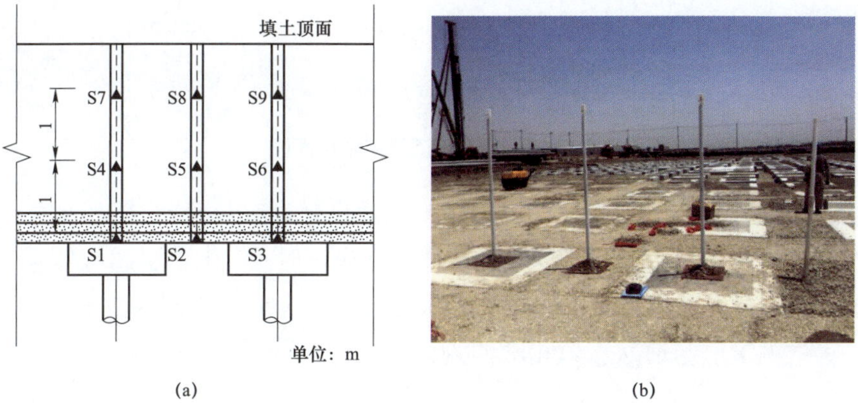

图 9－20　填土分层沉降监测剖面图和现场布置图

（a）填土分层沉降监测剖面图；（b）分层沉降监测现场布置图

2. 深层土体分层沉降测试

采用电磁感应式分层沉降仪观测分层沉降变化情况，测量磁环在深度上设置如

图 9－21 所示。沉降分辨率：1mm；测量深度：50m；探头尺寸：长 20cm，直径 35mm；工作电压：直流＋12V。

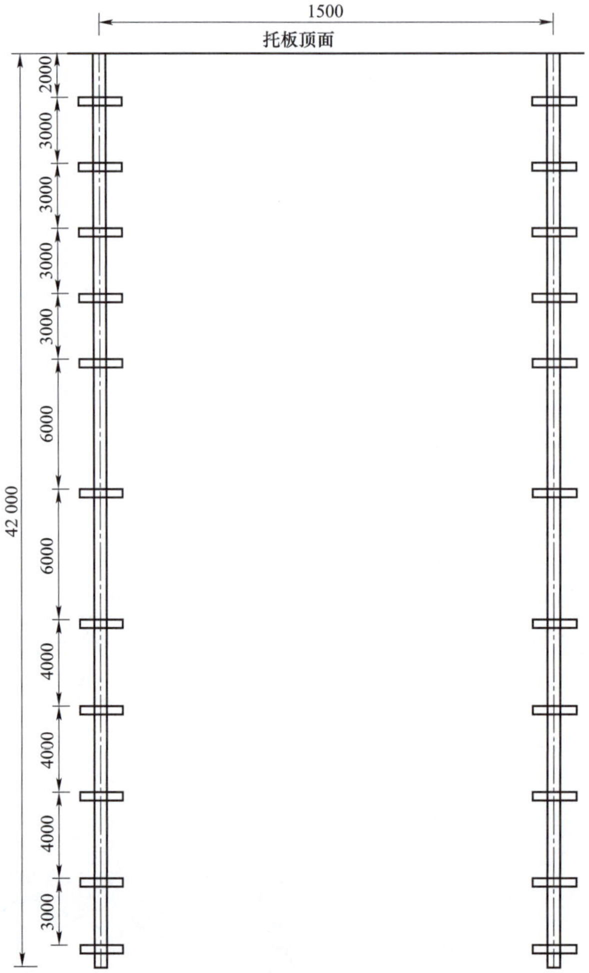

图 9－21　分层沉降监测剖面图

分层沉降仪所用传感器是根据电磁感应原理设计，将磁感应沉降环预先通过钻孔方式埋入地下待测的各点位，当传感器通过磁感应环时，产生电磁感应信号送至地面仪表显示，同时发出声光报警。读取孔口标记点上对应钢尺的刻度数值，即为沉降环的深度。每次测量值与前次测值相减即为该测点的沉降量。

安装施工：

1）根据成孔孔深，备好规格合适、总长足够的塑料管，在各管子外部按照预定测点深度的位置装上感应金属环，最底端的管口必须作封堵处理，以防泥沙堵塞。

2）每段管子逐根放入孔内后，应在地表管口上施加压力，使孔底部的管头插入土层中，再向孔壁与管外壁之间的空隙中填入中细砂，以利于感应环更好地随着土层垂向变化而上下移动。

3）管子全部到位后，应在上部管口作较耐久的标记，以此作为测试时的参照点。测量出每个感应环的初始深度位置，即为以后测试初始参考值。

3. 深层土体孔压测试

采用振弦式压力计来观测地基的孔隙水压力变化情况，其上部应采用密封泥球进行封闭处理，保证数据准确性。钻孔时，首先要用直径 ϕ130mm 钻具开孔，然后用直径 ϕ110mm 钻具钻进，在达到要求的深度或标高后，先在孔底填入部分干净的砂，然后将探头放入，再在探头周围填砂，最后采用膨胀性黏土或干燥黏土球将钻孔上部封好，使得探头测得的是该标高土层的孔隙水压力。图 9－22 为孔隙水压力探头在土中的埋设情况，其技术关键在于保证探头周围垫砂渗水流畅，其次是断绝钻孔上部水的向下渗漏。原则上一个钻孔只能埋设一个探头，但为了减少钻孔数量，也有在同一钻孔中埋设多个设于不同标高处的孔隙水压力探头，在这种情况下，需要采用干土球或膨胀性黏土将各个探头进行严格相互隔离，否则达不到测定各层土层孔隙水压力变化的作用。各测头电缆按一定路线集中于观测站中。

4. 填土内部土压力测试

在填土内部不同高度以及不同位置处配置了 16 个土压力盒，以监测土压力随不同工况的变化规律。在桩顶平面桩顶和桩间不同位置处埋设了 7 个土压力盒；在 2、5、7 号土压力盒上方 0.2、1、2m 处各埋设了土压力盒，以研究土工格栅的荷载传递机理。具体土压力盒监测平面图、剖面图、埋设图见图 9－23～图 9－26。

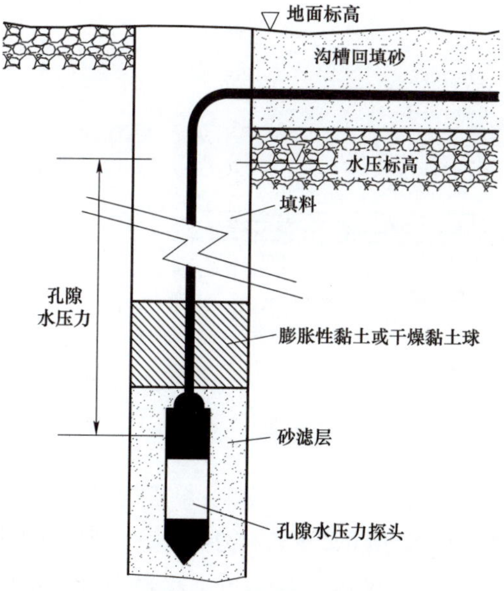

图 9－22 孔压计埋设示意图

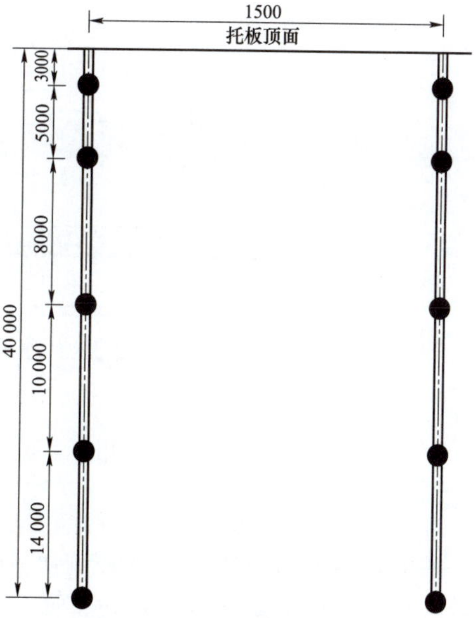

图 9－23 孔压监测剖面图

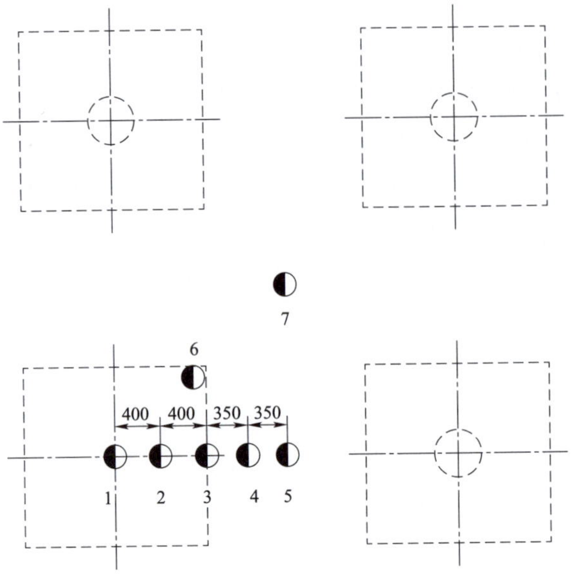

图 9-24　土压力监测平面布置图

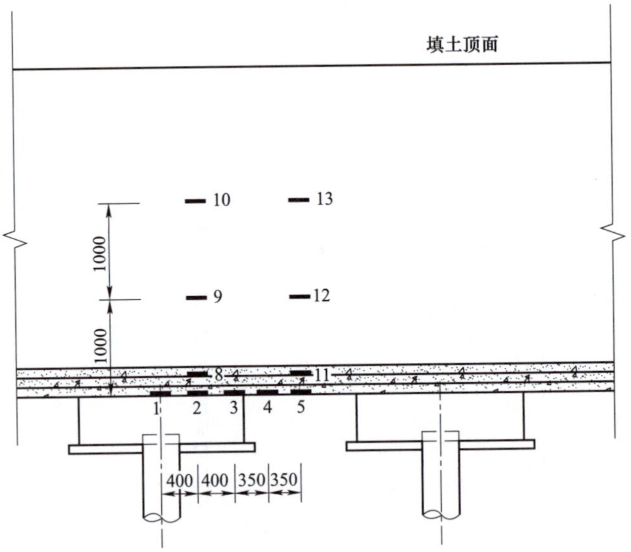

图 9-25　土压力监测剖面图（7 号土压力盒上方参考 2、5 号布置）

5. 格栅内力测试

土工格栅拉力由柔性位移计测试，如图 9-27 所示。FY-DJ903 型系列智能数码柔性位移计采用电感调频原理设计制造，具有高灵敏度、高精度、高稳定性、温度影响小等优点，适用于长期观测。安装顺序如下：

1）根据试验要求选定测试点。

2）在待安装土工布或土工格栅上打好安装孔。其中安装标距 L 要求大于位移计标距。

3）将柔性位移计预拉至一定长度后（保证能够测量拉伸或压缩方向的变形）用紧固螺钉安装到土工布或土工格栅上，并拧紧螺钉。

4）在传感器四周用细砂填满，并用手轻轻压实。

5）连接仪表并调零。

① 在 1～4 条完成后，将柔性位移传感器的导线与振弦检测仪依序连接好。

图 9-26　土压传感器埋设图

② 按检测仪的开关键打开仪器，然后按下 F1 键进入测量状态。按 F2 调零键 5s，调零使振弦检测仪显示的位移差值为零，并记录下零点位移值，按保存键将零点位置保存在仪器内。

6）登记好每个测试点安装的位移计编号并保存好记录资料。

7）将引出导线穿入蛇纹管内后引出。

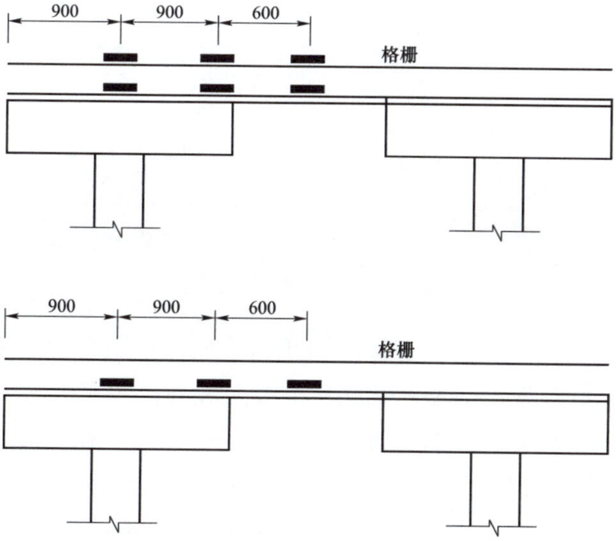

图 9-27　柔性位移计布置细部图

6. 桩身内力测试

预估桩长 40m，选取 2 根试桩进行测试，沿深度方向每隔 4.5m 分别布置 2 个钢筋应力计，共 32 个钢筋应力计。埋设方案如下：

1）现场先将钢筋应力计用钢筋螺纹连接（相邻两个钢筋应力计的间距为 4.5m）。

2）预应力管桩打到设计标高。

3）将连有钢筋应力计的钢筋从预应力管桩中间放入至桩底。

4）在钢筋与管桩中间空隙处浇筑 C30 微膨胀混凝土。

9.2.2 测试结果分析

在镇海变电站工程现场进行的监测，得到了填土累积沉降、深层土体水平位移、超静孔隙水压力、填土内部压力、格栅内力、桩身内力随时间和深度的变化规律。

1. 填土累积沉降

填土沉降监测分 3 层共布设 9 块沉降板：1、3 号沉降板在相邻承台表面，2 号沉降板在 1、3 号中间；其上方 1、2m 处相应布置了沉降板，布设位置及编号如图 9－28 所示。

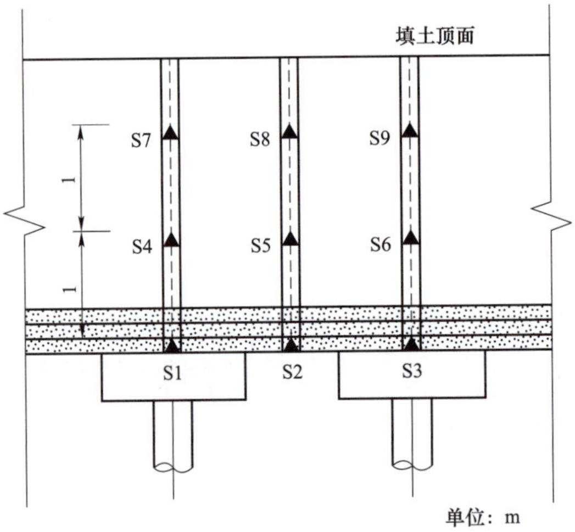

图 9－28 沉降板布设图

由图 9－29 可知，1、3 号沉降板测得承台处监测期间累积沉降量较小，分别为 2mm 和 8mm；2 号板测得桩间土填筑期压缩变形 8mm，工后固结变形 32mm，累计沉降 40mm。如图 9－30 所示，监测承台面上 1m 处 4、5、6 号板沉降相对较大，但在监测后期沉降趋于稳定，4、6 号板监测期间累计沉降 30mm，桩间 5 号板沉降比 4、6 号板沉降多 25mm。图 9－31 表明，承台面上 2m 处 7、9 号板监测期间累计沉降 68mm，桩间 8 号板沉降比 7、9 号板沉降多 10mm。图 9－32 表明，差异沉降随时间逐渐增大并趋于稳定。

沉降监测结果表明，桩顶区域的沉降小于桩间区域的沉降；差异沉降在承台处最大，为 35mm，向上至路堤顶面逐渐减小至 0。

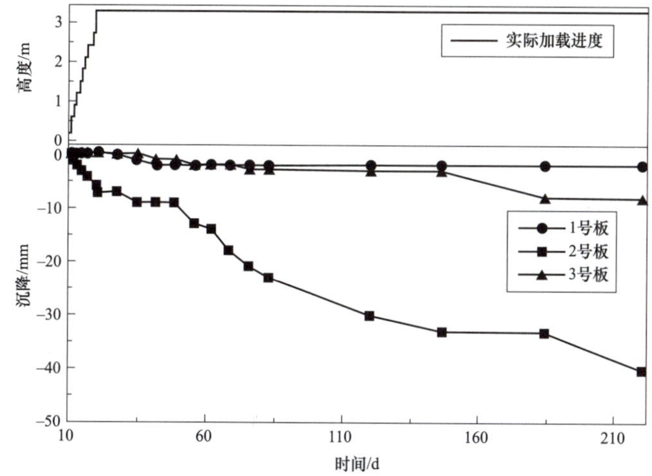

图 9-29 承台处沉降板累计沉降时间曲线

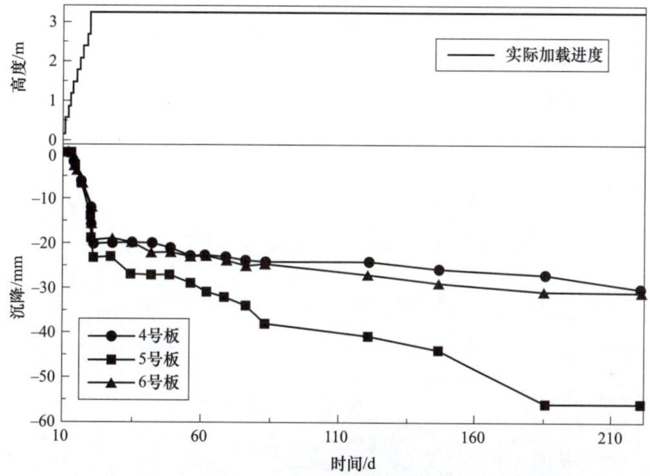

图 9-30 承台上 1m 处沉降板累计沉降曲线

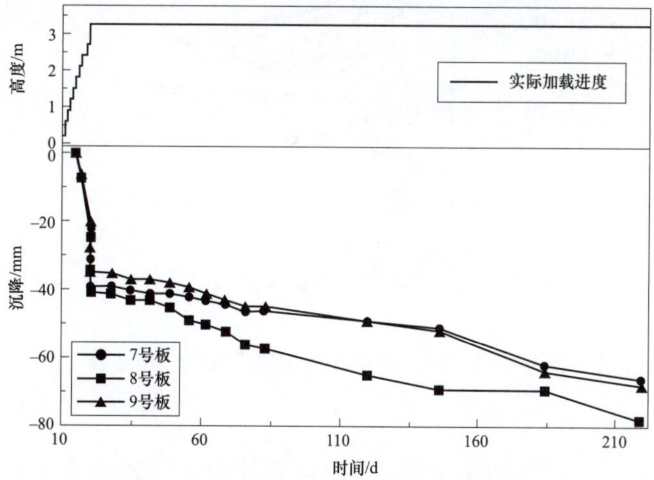

图 9-31 承台上 2m 沉降板累计沉降曲线

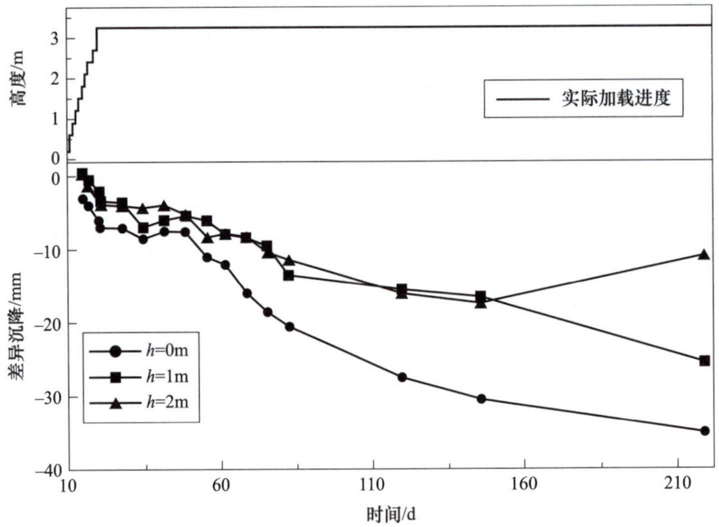

图 9-32 差异沉降随时间的变化曲线

2. 深层土体水平位移

图 9-33 为 CX1 不同时间土体水平位移沿深度分布曲线。可以从图中看出填土及堆载期间，深层土体水平位移不断向外发展，但位移不大，其中埋深 7.5m 测点在堆载结束时测得测向位移达到 3.09mm，无明显变形趋势。

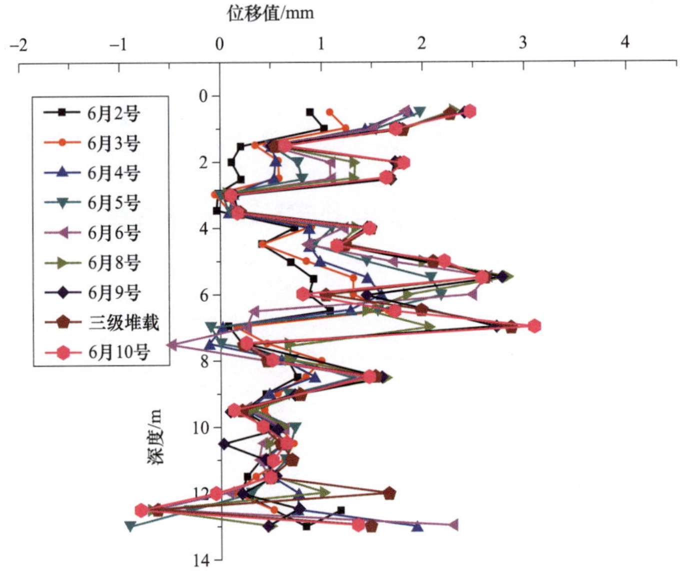

图 9-33 CX1 深层土体位移沿深度分布曲线

3. 超静孔隙水压力

如图 9-34 所示，桩顶填土之前，3 个位置处存在初始超静孔隙水压力，该孔压值即为沉桩引起的超静孔隙水压力。24m 处超孔压值最大，为 42kPa。17m 和 14.8m 处略小于 24m 处的超孔压值，分别为 38.9kPa 和 33.63kPa，沉桩引起的超孔压随埋深增加而增加。

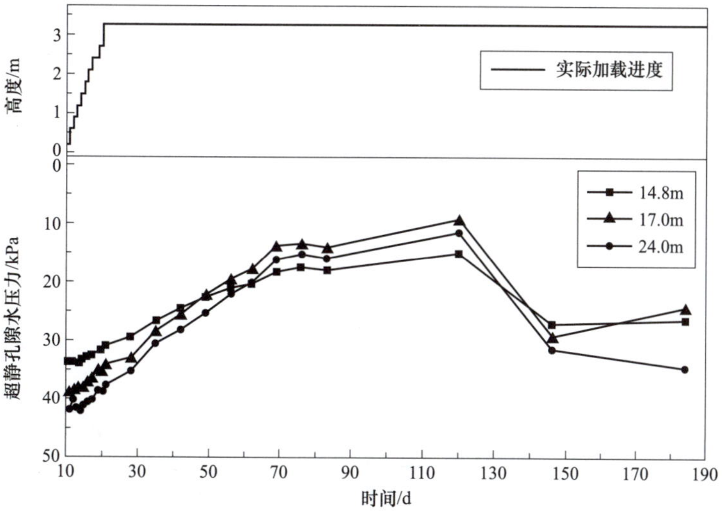

图 9－34　超孔压随时间变化图

填土期间，超孔压未增加反而逐渐减小，分析原因为：孔压点位于堆载坡趾处，附近应力扩散到该点位后明显降低；现场采用桩网复合地基，填土产生的荷载主要由桩基承担，分配到地基土上荷载较小，导致沉桩引起的超静孔隙水压力随时间消散速率大于填土引起的超静孔隙水压力增加速率。固结期间，在土拱效应与加筋体拉膜效应的共同影响下，大部分上覆荷载向桩顶传递，超静孔隙水压力迅速消散，地基土逐渐固结。120 天后，周边边坡开始填土，原先位于堆载坡趾处的孔压点位变为处于堆载中心处，附加应力明显增加，超静孔隙水压力增加，堆载完成后逐渐消散。

4. 填土内部土压力

（1）填筑期间土压力

由图 9－35 可知，承台间布置的 4、5、7 号土压力盒，其土压力前期随填高的增加缓慢增加，当填高达到 1.2m 时，土压力出现负增长，后逐渐趋于稳定，其稳定值小于填土自重应力的 50%。承台上布置的 1、2、6 号土压力盒，其土压力随填高的增加持续增加，土压力与填土自重应力大小基本一致。承台边缘处 3 号土压力盒的土压力随填高增加的增长幅度最大，在填高达到 1.2m 以后，土压力实测值可以达到填土自重应力值的 2 倍左右。

在第二层格栅处（承台面上 0.2m）布置了第二层土压力盒，由图 9－36 可知，其承台间以及承台上方的土压力实测值与第一层土压力盒的实测值规律相近。承台间布置的 11、14 号土压力盒，随填高的增加其土压力缓慢增加，当填高达到 2m 时，土压力出现负增长，后逐渐趋于稳定，其稳定值小于填土自重应力的 50%。承台上方 8 号土压力盒的土压力随填高的增加增长较快，土压力实测值可以达到填土自重应力的 1.6 倍左右。

在承台面上 1m 处布置了第三层土压力盒，由图 9-37 可知，承台上方布置的 9 号土压力盒和承台间布置的 12 号土压力盒，其土压力随填高增加而增加，未出现土压力负增长的情况，但 9 号土压力盒土压力的增加速率大于 12 号土压力盒。

在承台面上 2m 处布置了第四层土压力盒，由图 9-38 可知，其承台间及承台上布置的 10、16 号土压力盒土压力增长趋势基本一致，并接近上覆荷载自重应力。

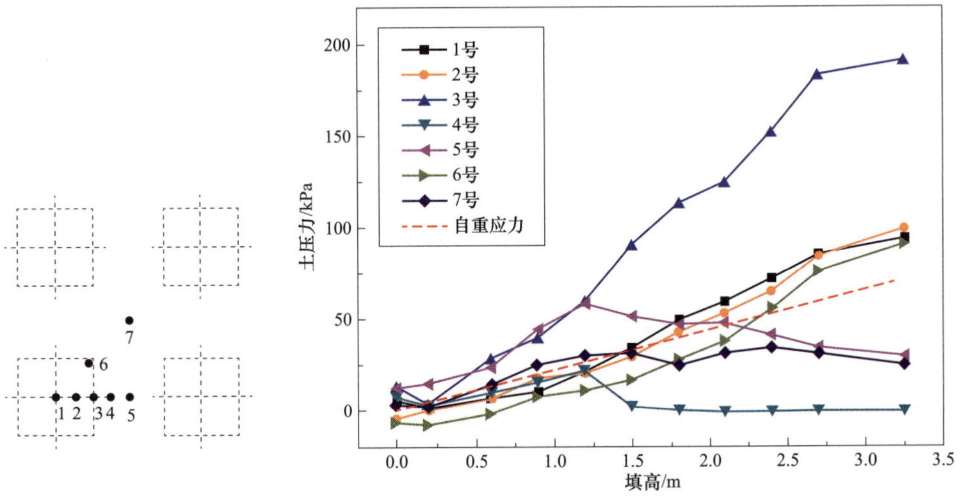

图 9-35 承台面处不同位置土压力随附加应力变化曲线

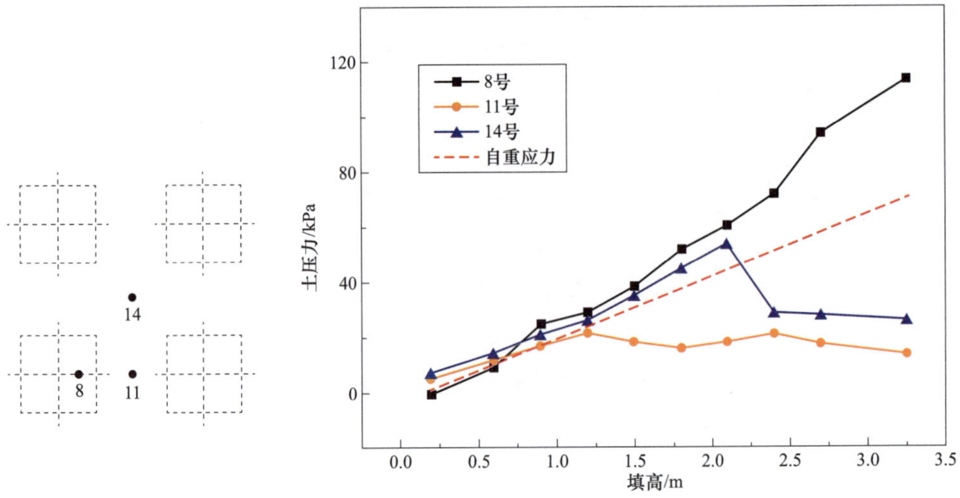

图 9-36 第二层土工格栅上不同位置土压力随附加应力变化曲线

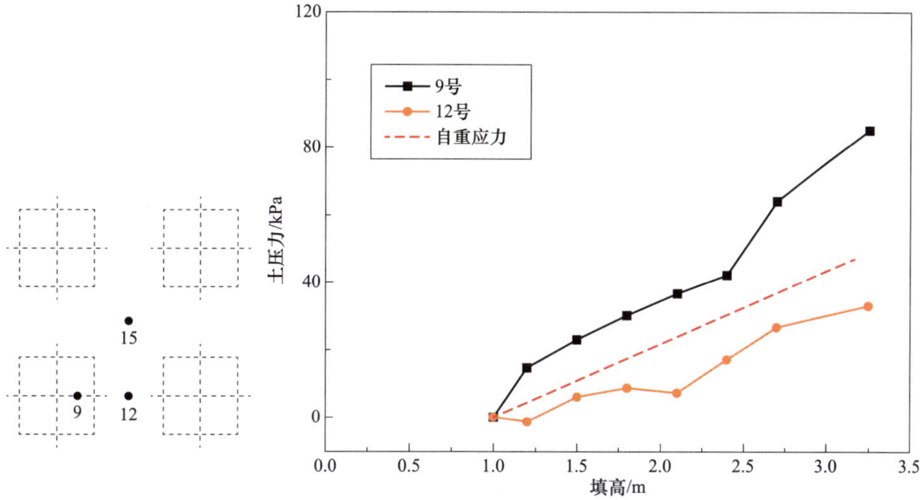

图 9-37　承台上 1m 处不同位置土压力随附加应力变化曲线

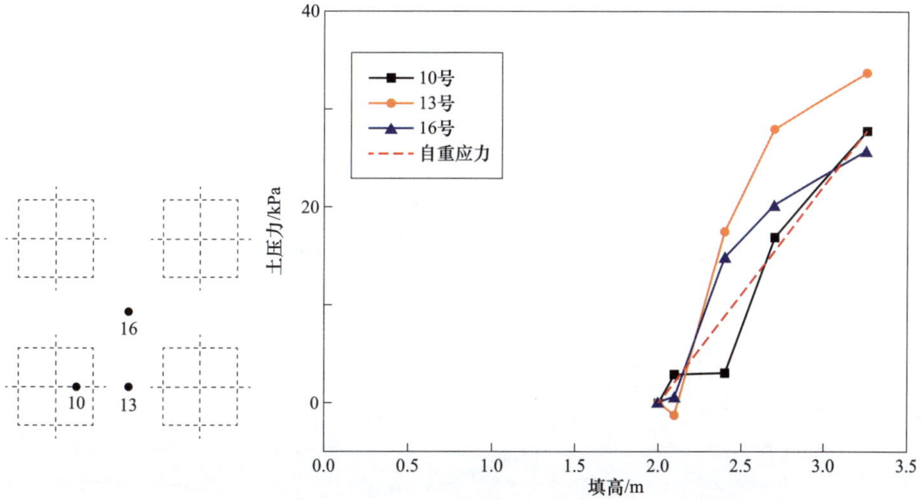

图 9-38　承台上 2 m 处不同位置土压力随附加应力变化曲线

（2） 固结期间土压力

承台面处不同位置土压力随时间变化曲线如图 9-39 所示。1、2、3 号土压力盒，在卸载后其土压力骤降。后又随时间逐渐上升并趋于稳定。承台角点上的 6 号土压力盒的土压力在卸载后没有降低，其值依然随时间稳步增加且趋于稳定。承台间布置的 4 号土压力盒（靠近承台），填土堆载期间土压力一直维持在较低的数值，卸载后，其土压力随时间逐渐缓慢增加且趋于稳定。承台间布置的其余 2 个土压力盒的土压力随时间呈现降低趋势。

在第二层格栅处（承台面上 20cm 处）布置的第二层土压力盒，其承台间以及承台上方的土压力实测值与第一层土压力盒的实测值规律相近。承台间布置的 11、14

号土压力盒，在卸载后，其土压力随时间逐渐降低后趋于稳定。而承台上方的 8 号土压力盒的土压力在骤降后又随时间稳步增加。第二层土工格栅上不同位置土压力随时间变化曲线如图 9-40 所示。

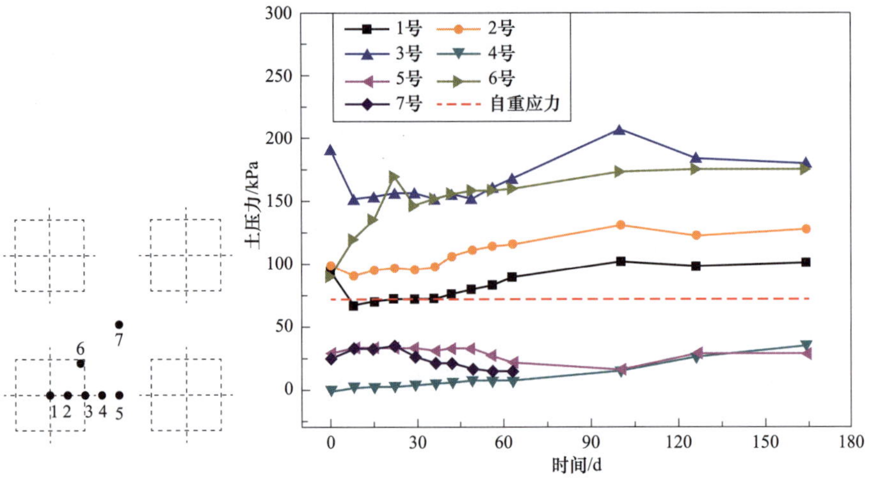

图 9-39　承台面处不同位置土压力随时间变化曲线

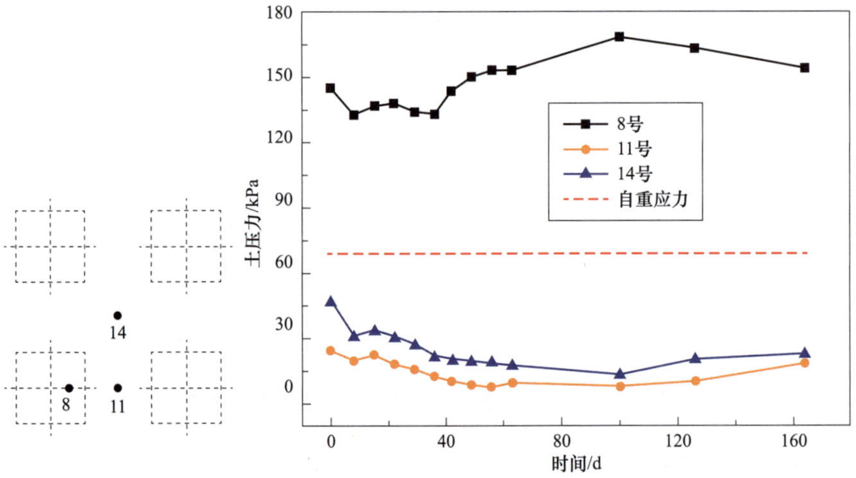

图 9-40　第二层土工格栅上不同位置土压力随时间变化曲线

承台面上 1m 处布置的第三层土压力盒，在卸载后其承台间以及承台上方的土压力均发生骤降。之后承台间 12 号土压力盒的土压力随时间逐渐降低且趋于稳定，而承台上 9 号土压力盒的土压力在骤降后又随时间逐渐增加且趋于稳定，监测后期 9 号土压力盒的土压力均稳定在 110kPa 左右。承台上 1m 处不同位置土压力随时间变化曲线如图 9-41 所示。

承台面上 2m 处布置的第四层土压力盒，其承台间及承台上布置的 10、16 号土压力盒，在卸载以后，土压力均出现骤降，之后其土压力随时间显著降低。承台上

2m 处不同位置土压力随时间变化曲线如图 9－42 所示。

填土内不同高度土压力变化曲线如图 9－43 所示。

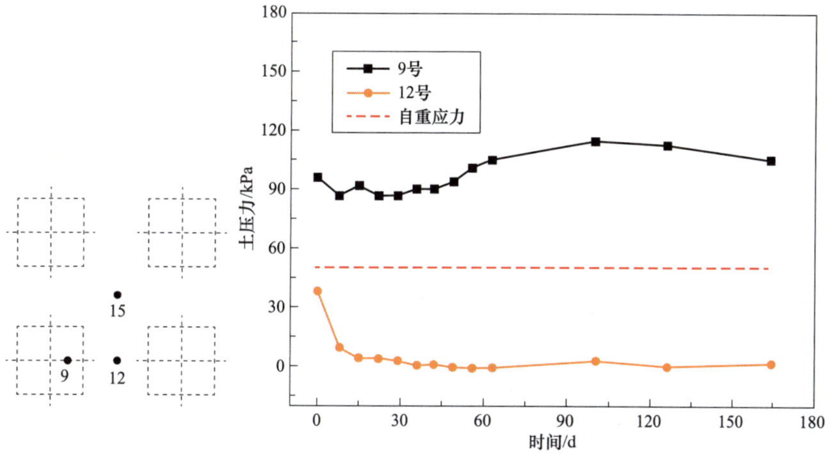

图 9－41　承台上 1m 处不同位置土压力随时间变化曲线

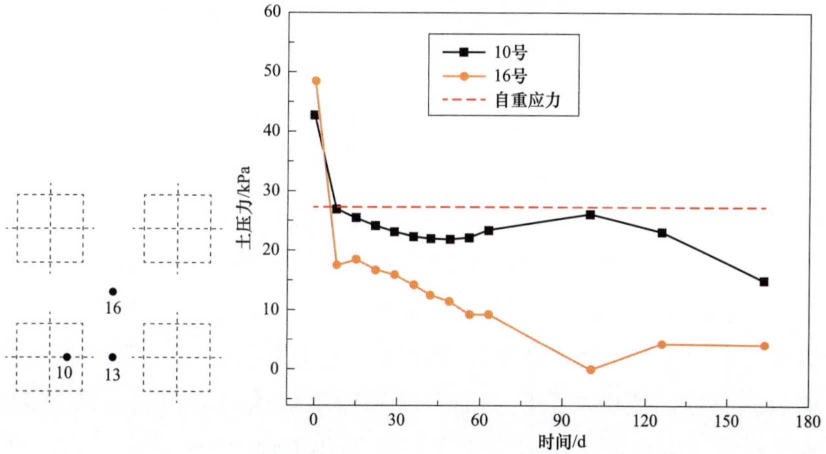

图 9－42　承台上 2m 处不同位置土压力随时间变化曲线

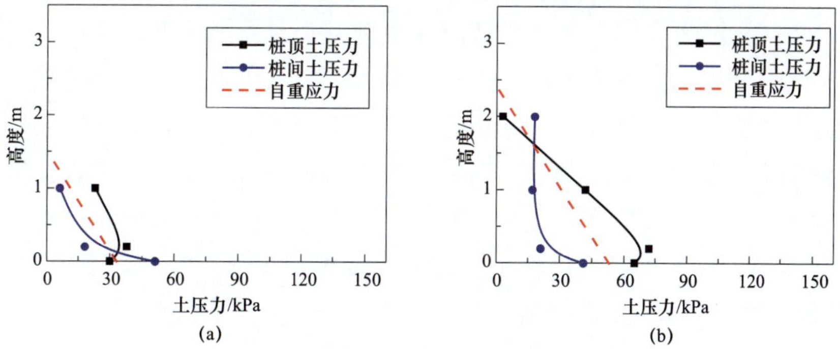

图 9－43　填土内不同高度土压力变化曲线（一）

（a）填高 1.5m；（b）填高 2.4m

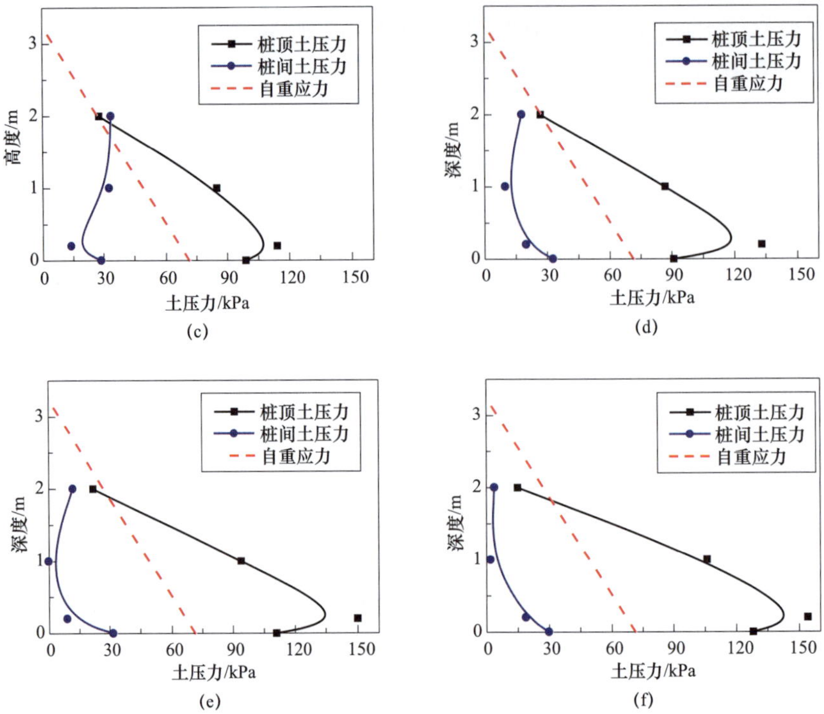

图 9-43　填土内不同高度土压力变化曲线（二）

（c）填高 3.25m；（d）固结 8d；（e）固结 49d；（f）固结 164d

监测结果表明：填筑过程中，随着填高增加，承台面和第二层土工格栅处桩顶区域的土压力均呈现增长趋势，而桩间土区域内土压力则呈现先增长后减小的趋势；承台上 1m 处，不论桩顶还是桩间区域，土压力均随填高增长，但桩顶上方土压力增长速率大于桩间；承台上 2m 处，桩顶及桩间区域的土压力的增长速率随填高的变化基本相同。填筑完成后，桩顶、桩顶上 1m、桩顶上 2m 荷载分担比分别为 71%、62%、37%。固结过程中，承台面、第二层土工格栅处和承台上 1m 的土压力，桩顶区域土压力随时间逐渐增大并趋于稳定，桩间区域土压力随时间逐渐减小并趋于稳定；承台上 2m 处，桩顶及桩间区域土压力均随时间逐渐减小。监测后期，桩顶、桩顶上 1m、桩顶上 2m 荷载分担比分别为 80%、77%、20%。这一结果说明填筑过程中土拱效应即开始发挥作用，本该由桩间土承担的荷载转移至桩顶，并且，土拱效应传递荷载的能力由承台面向路堤顶面逐渐下降；随着固结天数的增加，各高度荷载分担比变化幅度小于填筑期间，土拱效应逐渐稳定，固结期间，桩顶桩体荷载分担比在 70%～80% 范围内；监测结束后，土拱高度在 1.5～2m 区间内。

5. 格栅内力

如图 9-44 所示共布置 18 个柔性位移计，路堤中心区两层格栅共 12 个，边坡区一层格栅共 6 个。

如图 9－45 和 9－46 所示，填筑完成后，格栅伸长量和拉力均呈现先增大后稳定的趋势；120 天后由于周边边坡填土，格栅拉力再次增加。区域一第一层格栅最大受力为 8.6kN/m，第二层格栅最大受力为 16.4kN/m，如图 9－45 和图 9－46 所示。区域二第一层格栅最大受力为 15.2kN/m，均小于设计值（30kN/m），满足设计要求。

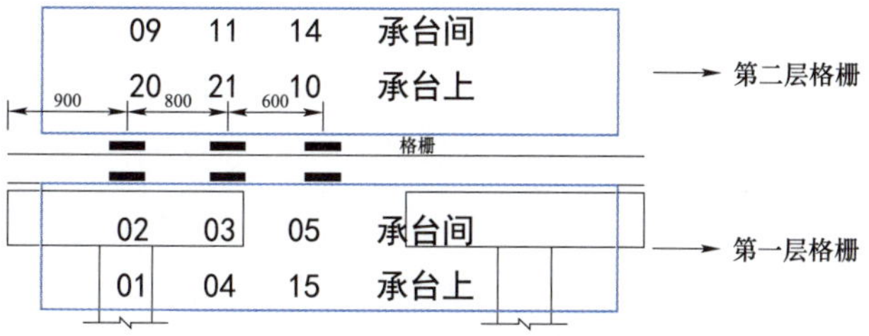

图 9－44　柔性位移计布置图

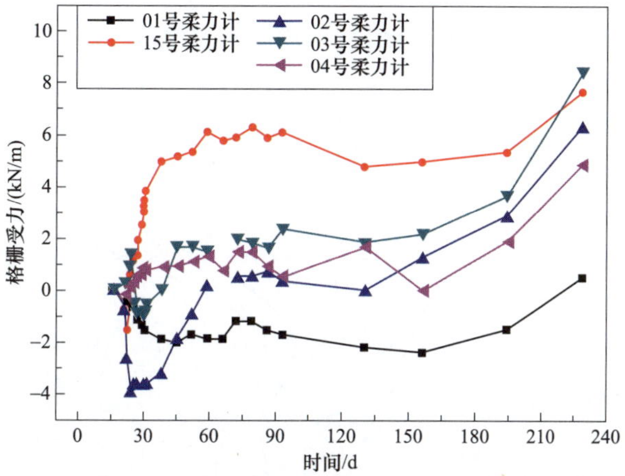

图 9－45　第一层格栅变形及受力随荷载变化曲线

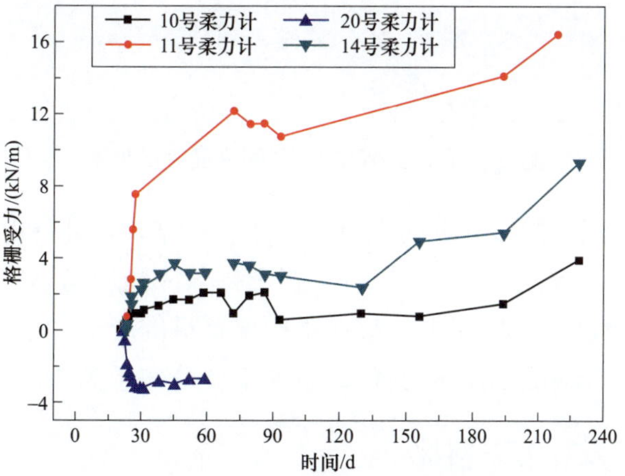

图 9－46　第二层格栅变形及受力随荷载变化曲线

监测结果表明，随着工后时间的增加，桩间土逐渐固结，桩土差异沉降不断增大，格栅所形成的半刚性平台逐渐发挥作用，这一现象的直观表现为格栅被拉伸，格栅拉力逐渐增长，加筋拉膜效应发挥作用，桩承担更大的荷载。并且由于桩间土沉降大于桩体沉降，桩间位置的格栅变形较大，受到的拉应力也较大，所以承台间和承台边缘处格栅拉力大于承台中心处格栅拉力。

6. 桩身内力

在桩身不同位置布设钢筋应力计，钢筋应力计与管桩一同受力，其结果反映不同位置处的桩身内力。图 9-47 为桩身内力随时间深度变化曲线，由图可知，最大桩身轴力为 2 号桩发生在固结 71 天后距地表 3m 深度处，为 480kN，远小于设计单桩承载力（825kN），满足设计要求。同时，从图中可以看出，填筑期间（6d、9d）桩身轴力沿深度先增大后减小，原因在于填筑期土拱尚未形成，桩间土相对桩体沉降，给桩体施加向下的负摩阻力。固结期间（20d、55d、97d、169d）桩身轴力沿深度先减小后增大再减小，原因在于桩体受荷增加，浅层土体固结逐步完成，浅层土体负摩阻力向正摩阻力转变。

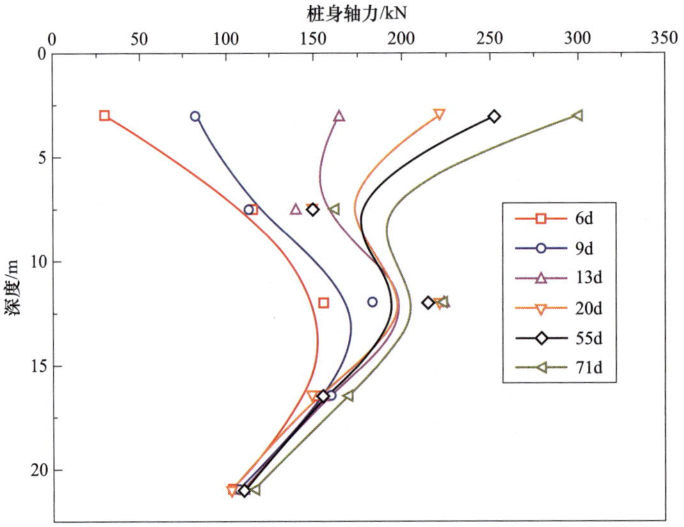

图 9-47　桩身内力随时间深度变化曲线

监测结果表明：填筑阶段，桩间土沉降大于桩的变形，桩身内力沿深度先增加后减小，桩顶附近存在负摩阻区。固结阶段，在土拱效应和加筋体的拉膜效应的共同作用下，桩顶承受荷载远大于桩间土，故在某些位置桩的变形大于桩间土的固结沉降，负摩阻区相应减小，监测后期，桩侧负摩阻区主要分布于第 2 层黏质粉土中。

9.2.3 测试结果与设计方案对比

1. 桩体荷载分担比

根据桩顶平面不同位置土压力监测结果，按照面积等效原则换算获得桩体荷载分担比随施工过程的发展变化过程，如图 9–48 所示。现场实测施工完成后桩体荷载分担比约为 70%～80%，与设计方案中的桩体荷载分担比结果吻合度高，且留有一定的安全储备。

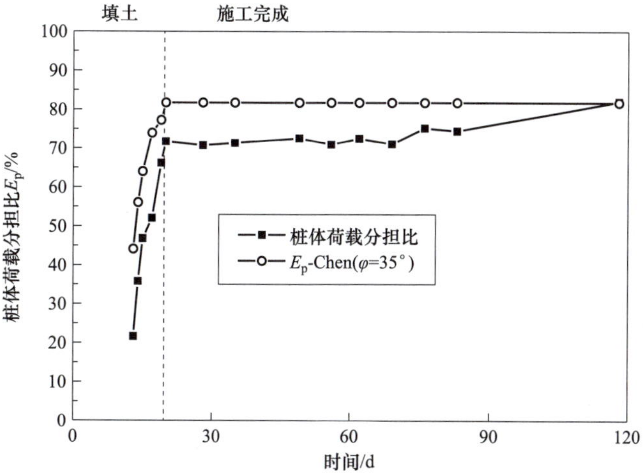

图 9–48　桩体荷载分担比监测结果

2. 沉降

现场监测了承台上 2m 处的沉降。图 9–49 为承台上 2m 沉降板累计沉降曲线。由图可见，沉降主要发生在填筑施工期内，施工完成（20 天）后沉降发展变化较小，最后一次监测时工后沉降 42mm，托板桩处理地基工后沉降小，地基处理效果好。承台上方 2m 处最后一次监测时沉降为 70mm，与托板桩地基沉降的计算值 S 为 80mm 基本一致。同时，土拱高度在 1.5～2m 之间，小于路堤填高（3.25m），差异沉降不传递至地表，满足设计要求。

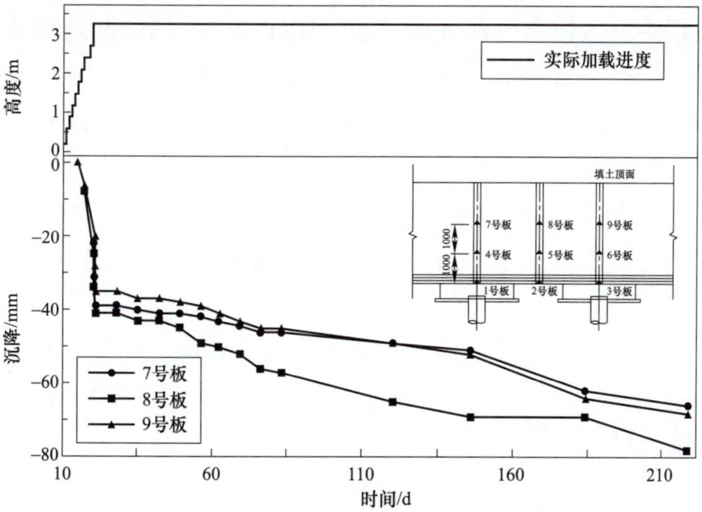

图 9–49　承台上 2m 沉降板累计沉降曲线

3. 单桩竖向承载力

监测区桩长 35m，桩间距为 3m，单桩处理范围面积为 9.026m²，作用在地基上的平均土压力 $p_k=\gamma h=22kN/m^3\times3.25m=71.5kPa$，取中性点深度 l0＝0.5l，则单桩竖向极限承载力特征值 $R_a=\pi\times0.4m\times71.5kPa\times(0.5\times35m)=1572kN>A_{pk}=645kN$。根据单桩竖向抗压静载荷试验结果，道路区域的单桩竖向抗压极限承载力为 825kN，将单桩极限承载力值除以安全系数 1.2，单桩承载力特征值为 688kN，满足设计要求。

4. 复合地基承载力

监测区桩长 35m，间距 3m，托板边长 1.8m，面积置换率 $m=36\%$，$f_{ak}=90kPa$，验算桩网复合地基承载力：

$$f_{spk}=36\%\times\frac{1572kN}{(1.8m)^2}+(1-36\%)\times90kPa=232kPa>\gamma h=71.5kPa$$

根据托板桩复合地基抗压静载荷试验，监测区托板桩复合地基极限承载力为 825kN，而承压板面积 $1.8m\times1.8m=3.24m^2$，$825kN/3.24m^2=255kPa$，静载荷试验说明托板桩复合地基承载力满足设计要求。

9.2.4 小结

为验证桩网复合地基施工效果，本节通过现场试验研究桩网复合地基技术处理滩涂软土地基的工作特性，验证不同时期地基土超孔压、沉降、差异沉降、土压力、桩体荷载分担比的变化规律，得到以下结论：

1）在填筑期和固结期内，桩顶土压力逐渐增大后趋于稳定，桩间土压力先增大后减小并趋于稳定，桩顶土压力始终大于桩间土压力；固结后期随着时间继续增加，桩顶土压力略有减小而桩间土压力略有增大。

2）沉桩过程中产生较大的超孔压，填筑期间超孔压随时间消散速率大于填土引起的超孔压增加速率。固结期间，在土拱效应与加筋体拉膜效应的共同影响下，大部分上覆荷载向桩顶传递，超静孔隙水压力逐步消散，地基土逐渐固结。

3）与一般工程相似，桩网复合地基处理滩涂软土地基能有效减少地基沉降及差异沉降；填筑完成时桩顶差异沉降占监测期结束时差异沉降的 25%；填土材料对后期沉降有较大影响，为保证托板桩法对滩涂极软地基的处理质量，应在选材、施工方面尽量提高填土密实度。

4）桩体荷载分担比在填筑期间迅速增大，填筑完成时约为 72%，在固结期间先增大后趋于稳定，随着固结时间继续增加，桩体荷载分担比略微减小，最终在 80% 左右，桩体在填筑期间即起到较大的承载作用。

第 4 篇

超高压海缆关键技术

目前，要实现大容量、远距离海上能源输送和安全可靠并网，在采用架空线路输电方式时，需要建造海中基础，施工措施费用大，造价高，环境影响大。为此，大多数情况下，选择采用海底电缆输电方法。为了满足输送容量需求，需使用超高压海缆，而原有 500kV 充油海缆制造、敷设技术被国外垄断，同时存在落差限制、绝缘油泄漏污染环境风险、国外敷设船只扫海影响国家安全等问题。交联聚乙烯海缆是公认的技术发展方向，国内最高仅 220kV，难以适应大容量超高压海上输电需求。

为此，开展超高压海缆设计、研发、制造、敷设、试验、运行维护等技术攻关，成为迫切的要求。

本篇主要从超高压海缆设计、交联聚乙烯海缆制造工艺、超高压海缆敷设施工、超高压海缆运维检修四个方面，来介绍超高压海缆关键核心技术与理论研究成果。

超高压海缆设计，从路由选择、导体截面积选择和输送容量、金属护套接地方式、电气参数及不平衡度校核、暂态电压和过电压特性、保护方案、载流量提升技术等方面进行详细阐述，提出考虑过电压及海缆长度影响的主绝缘厚度设计方法，建立基于电热匹配性能的海缆绝缘料和半导电屏蔽料的选型方法等。

超高压海缆制造工艺，从制造关键设备、制造工艺、接头制造关键设备、接头制造工艺、试验验证、海缆监造六个方面阐述，构建超高压海缆大长度连续生产工艺，提出 XLPE 海缆铅套—铠装短接点透水试验方法，建立型式、预鉴定试验体系，实现设计性能和长期运行性能考核。

超高压海缆敷设施工，从敷设施工装备、拖曳锚安装控制及施工关键技术、敷设工法及施工关键技术、敷设技术要求与分析理论四个方面阐述，建立了大截面、大长度 500kV 海底电缆敷设技术，研发了 500kV 海缆敷设万吨级平台及施工体系，解决了复杂海洋环境海缆高精度敷设难题。

超高压海缆运维检修，主要阐述前期准备管理、日常运检管理、智能监控管理等。运维检修过程中，强化落实运行管理标准化、制度化，同时明确了日常运维的基本标准要求，创新智能监控管理，四维精准管控。

第10章 超高压海缆工程设计

超高压海缆工程设计是通过一系列校核、核算确定海缆路由、载流量、接地方式、过电压、保护方案等的过程。舟联工程500kV XLPE绝缘海缆借鉴了220kV XLPE绝缘海缆相关设计经验，同时针对自身特点提出了相应的配套设计。本章将从路由选择、导体截面积选择和输送容量、金属护套接地方式、电气参数及不平衡度校核、暂态电压和过电压特性、保护方案、载流量提升技术等方面进行详细的阐述。

10.1 超高压海缆路由选择

海缆路由的优劣直接决定了海缆运行是否安全可靠，因此海缆路由选择是海缆工程设计的第一步。海缆路由选择时，应根据海缆线路的总体布局选择登陆点及海域路由。

10.1.1 路由选择的影响因素

影响海缆路由选择的因素主要包括海洋自然条件、人为因素、海岸条件和其他因素等。

1. 海洋自然条件

（1） 水深

水深与海缆敷设张力成正比，对于水深超过100m的深海区域，设计时必须考虑到水深对海缆选型、路由勘察以及海缆施工的影响；对于水深不超过100m的近海区域（我国大部分沿海海域均是如此），水深因素对海缆工程的影响较小。

此外，登陆点附近的水深影响着海缆登陆的施工难度。若登陆点附近水深较浅，则大型工程船只难以靠近，登陆施工难度大，故海缆登陆点往往选在海岸浅滩较短、水深下降较快的海岸。

（2） 不良海底地质

不良海底地质严重威胁海缆的运行安全，在海缆路由选择时应尽量避开不良海底地质区域。典型的不良海底地质区域主要为基岩、沙波、海底陡坡、海床冲刷区、海底地震区等。

1）基岩。当海缆直接敷设于海床基岩区域时，会造成海缆裸露以致摩擦损坏。因此，对基岩区，海缆敷设时必须采用专用水下岩石掘进机进行开岩作业，并将海缆水平敷设至基岩上开凿的海缆沟中，但水下开岩作业速度慢、费用高昂。对硬质海床也可采用抛石保护的方式，但也需专用施工船只施工，费用较高。一般来说，海缆路由避开基岩区域是更为合理、经济的选择。

2）沙坡。海底沙波种类较多，按照波长和波高进行分类，大体上可分为波纹、沙波、沙丘和沙脊。其中，沙波区是海缆埋设施工最困难的地区，该区域内一般有很多起伏连绵不断的沙波，而且纵横交错、相互叠置，在大沙波上往往还有很多小沙波。海底沙波非常容易在海流和波浪的作用下而发生运移，加之沙波之间地形高低起伏，非常容易引起埋设的海缆悬空，海缆敷设于沙坡上的情况如图 10－1 所示。悬空的海缆会因长时间受海流携带泥沙的冲刷而磨损，也可能会因捕捞渔具或船锚的钩挂而遭到损坏，因此海缆路由选择时应尽量避开沙坡区。

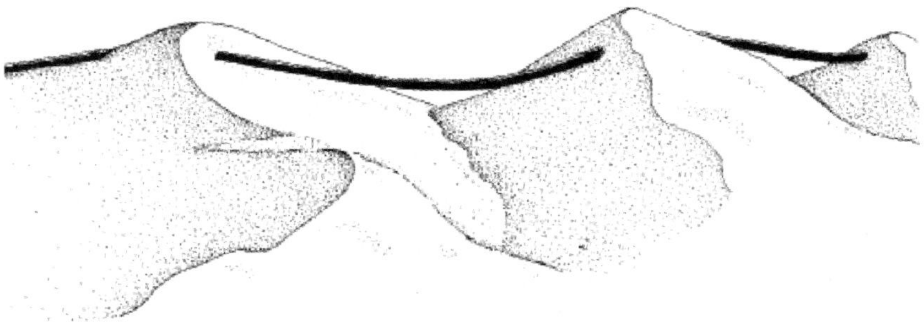

图 10－1　海缆敷设于沙坡上的情况

3）海底陡坡。在海流、地震、海啸、风暴潮等外界因素的影响下，海底陡坡区容易发生滑坡，对海缆安全造成严重影响，轻则使海缆暴露在海床表面，重则可能直接将海缆剪断，故海缆路由应尽量避开海底陡坡区。

4）海床冲刷区。当海缆埋设于海床冲刷区时，海缆周边的泥沙可能会被冲走，使海缆裸露继而悬空，最终可能导致海缆与暗流发生共振而疲劳损伤或者遭受船锚或渔具的损坏，故海缆路由应尽量避开海床冲刷区。在海缆路由无法避让海床冲刷区时，需要进一步考虑海缆防冲刷保护措施，比如抛石保护或者更深的埋深等。

5）海底地震区。海底地震具有很大的偶然性和不确定性，没有明显的规律性。地震不仅可以直接造成海缆断裂，还会诱发海啸、海底滑坡，导致海底沉积物运移，造成海缆裸露，为其他威胁海缆的因素（如船锚、捕捞渔具等）对海缆的破坏创造了条件。虽然海底地震具有很大的偶然性和不确定性，但鉴于海底地震有巨大的破坏力，海缆路由应尽量远离地震和火山活动区域。

2. 人为因素

根据国际大电网会议（Conference Internation Des Grands Reseaux Electriques，CIGRE）中国国家电缆研究委员会报告统计，1950—1980 年期间的海缆故障 70%以上是由人为因素造成的。因此，路由选择时必须合理评估人为因素的影响，并采取相应的措施进行避让。人为因素主要包括人为障碍物和人类活动区两部分。

人为障碍物包括：① 海底海缆，包括其他电力海缆、通信海缆、石油管道、燃气管道、给水管等；② 污水排水口；③ 沉船，尤其是码头和桥梁附近需特别注意；④ 码头、船坞、船坡道、基础等构筑物，有些可能是已废弃且位于水面以下的；⑤ 挖泥作业区和垃圾倾倒区；⑥ 海上油气平台；⑦ 限制区域，如军队训练区或测试区；⑧ 规划建设区域。

人类活动区包括：① 渔业捕捞、水产养殖等渔业活动区；② 海洋航运船舶抛锚区；③ 码头、桥梁等施工作业区；④ 疏浚作业区；⑤ 倾倒垃圾杂物区；⑥ 海缆或管道敷设及维护作业区等。

3. 海岸条件

从海岸性质分类，常见类型有基岩海岸、沙砾质海岸、淤泥质海岸、红树林海岸、珊瑚礁海岸。

1）基岩海岸海底及岸滩多石质基岩，海缆敷设后保护难度较大。在有更好的登陆点的前提下，尽量不选择基岩海岸作为登陆点。

2）沙砾质海岸常见于基岩海岸和淤泥质海岸之间或局部地段，其为堆积性海岸。沙砾质海岸底质适于埋设海缆，且施工方便，是较理想的海缆登陆点条件。

3）淤泥质海岸通常在山地丘陵海岸段中的港湾内，一般岸线曲折、港湾狭长窄小。淤泥质海岸多由淤积形成，海底底质较软，适于埋设海缆，但此类海岸一般近岸海水水深下降较慢，且多具备良好的渔场资源条件，各种海洋捕捞活动易危害浅海海缆安全。

4）红树林海岸和珊瑚礁海岸由于其生物多样性丰富，具有很高的生态价值，已被列为国家生态保护的海岸，禁止破坏性开发活动，因此选择海缆登陆点时应避开此类海岸。

4. 其他因素

（1） 路由长度。

一般海缆路由越长投资越高，因此在避开限制区之后，尽量选择较短的海缆路由。

（2） 路由宽度。

同路由内的相邻海缆间需要保持一定间距，间距主要由以下几个因素决定：① 避免一次锚害时同时伤及相邻海缆的可能性，限定故障范围；② 保证相邻海缆施工不互相影响；③ 方便海缆发生故障后的定位及打捞；④ 故障海缆重新接续及敷设至海底时，海缆自身刚性会导致修复后偏移原路由约 1 倍的水深，此时海缆修复后的路由不应与相邻海缆发生交叉。海缆修复后路由示意如图 10－2 所示。

综合以上因素，并参照《海底电力电缆输电工程设计规范》(GB/T 51190—2016)的有关规定，海缆间距不宜小于最大水深的 1.2 倍，在登陆段海缆间距可适当减小。

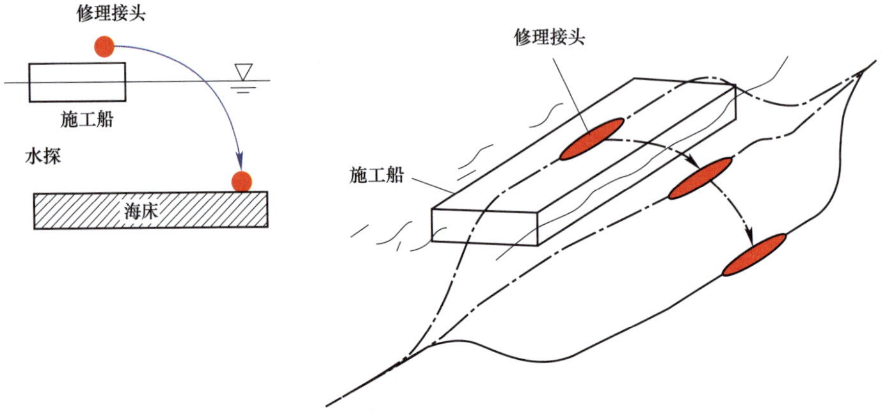

图 10－2　海缆修复后路由示意图

（3） 环境保护。

对于路由可能会途经的海洋环境保护区或环境敏感区域，也需要特别注意。在这些区域海缆的施工可能会被禁止或受到严格的监督，受损的区域可能还要进行修复。故在海缆路由选择时，宜避开海洋环境保护区、环境敏感区。

10.1.2　路由选择的原则

海缆路由的选择应综合考虑上一节所述的各种因素，以安全可靠、技术可行、经济合理、便于施工维护、对海洋环境影响少、能保持海洋环境可持续发展为原则。

1. 登陆点选择的原则

通过以上分析，海缆登陆点的选择一般应遵循以下原则：

1）登陆点选择应综合考虑线路长度，选择至海缆终端距离较近的岸滩。

2）登陆点宜选择在海岸稳定、全年风浪平稳、不易被冲刷与撞击的岸滩，避开红树林海岸、珊瑚礁海岸及基岩海岸等。

3）登陆点应避开线缆、管道及其他设施或岸滩障碍，选择潮滩较短、水深下降较快、工程船只易靠近的地点。

4）登陆点宜避开现有和规划中的开发活动热点区、港口开发区、填海造地区等。

5）登陆点应避开对海缆有损害的腐蚀污染区。

2. 海域路由选择的原则

海域路由的选择一般应遵循以下原则：

1）海域路由宜选择曲折系数小的路由。

2）海域路由宜避开选择海底地形平缓的海域，避开起伏剧烈的地形。

3）海域路由宜选择水动力弱的稳定海床，避开不良地质因素分布区。

4）海域路由宜选择水动力弱的海域，避开流速或海浪较大的海域或河道入海口。

5）海域路由宜避开自然或人工障碍物、渔业和其他作业区以及锚地等，选择少有沉锚和拖网渔船活动的海域。

6）海域路由宜选择施工运行与其他海洋开发活动相互影响最小的海域，路由宽度应充分结合建设规划需要进行确定。

7）海缆路由与已建其他海底海缆平行时，水平间距不宜小于下列数值：① 沿海宽阔海域为 500m；② 海湾等狭窄海域为 100m；③ 海港区内为 50m。

8）海缆路由应尽量避免与其他海缆交叉，若无法避免则应采取必要的安全措施。

9）平行敷设的海缆应避免交叉、重叠。相邻的海缆应保持足够的安全距离，间距不宜小于最大水深的 1.2 倍，登陆段可适当缩小。

10.1.3　舟联工程超高压海缆路由选择

舟联工程超高压海缆连接浙江宁波镇海、舟山金塘岛两地，两地直线距离约 15km。在桌面路由选择阶段，综合考虑路由沿线地质、规划及登陆点情况，规划了南、北两个路由方案。

南方案：镇海侧登陆点位于澥浦镇新泓口东顺堤海塘南部，距离南端（南横堤）约 1km。金塘岛侧登陆点位于大鹏山岬湾中北部的次级小湾内。线路从镇海新泓口东顺堤南部入海，登陆点位于镇金水管路由和册镇油管登陆点南侧 150m 和 250m；南段约有 7km 路由与镇金水管路由、册镇油管分别平行相距 100m 和 200m，然后转向东北、继而向东，至大鹏山西岸中北部的次级小湾登陆，路由长度约 16.5km。

北方案：镇海侧登陆点位于澥浦镇新泓口东顺堤海塘北部，距离北横堤约 800m。金塘岛侧登陆点与南方案相同。线路从镇海新泓口东顺堤北部入海，南段约有 5.5km 基本上平行位于镇海—马目海底输水管道（一期）南侧 300～400m 处，然后转向东略偏北，至大鹏山西岸中北部的次级小湾登陆，路由长度约 16.4km。

南、北方案比选如下：

1）登陆点条件评价：两方案镇海侧登陆点均位于新泓口东顺堤海塘，其为标准海塘，前沿海域为淤泥质边滩，后侧陆域地势低平，自然条件相似，均适合海缆登陆。大鹏山登陆点相同，为比较开敞的岬湾基岩海岸，前沿发育淤泥质边滩，比较适合海缆登陆。

2）海底地形地貌和底质条件评价：路由海域处于杭州湾口南部与舟山群岛西部交汇海域，海底一般很平缓，水深约 0～8m（海图水深），底质以淤泥质土为主，但大鹏山附近因发育潮流冲刷槽，最大水深约 50m，底质可能以砂砾和硬老地层（陆相）为主，局部也可能有岩石出露或浅埋。两方案最远相距约 1.3km，均穿越大鹏山潮流冲刷槽，因此海底地形地貌和底质条件相似，适合铺设本项目海底电缆。

3）海洋水文气象评价：路由附近海域风速、风向的季节变化明显，台风活动较多的七八月份风速较大，秋季风速较小。因此单从风况条件看，秋季较为适宜施工。路由所在海域流速较大，但流态稳定，底部流速较小，较有利于海缆施工。波浪以风浪为主，受舟山群岛的阻挡作用，整体波高不大。总体来看，路由海域水文气象条件较为适宜，但在台风等灾害性天气或恶劣情况下，应注意施工安全管理。

4）海洋开发活动评价：路由附近的海洋开发活动较多，主要有海底海缆、跨海大桥、港口区、航道锚地、渔业捕捞和围填海等。两方案登陆点均占用镇海新泓口海塘、路由穿越张网区和航道。

北方案交越册镇油管、镇金水管路由（拟建）和宁波至定海海底通信电缆（已停用），海洋活动对其有直接影响，路由距离金塘大桥大于 1.5km。南方案登陆点位于镇金水管路由（拟建）和册镇油管登陆点南侧 150m 和 250m；南段约有 7km 路由与镇金水管路由、册镇油管分别平行相距 100m 和 200m，向东间距越来越大，海洋活动对其没有直接影响。镇海侧约有 3km 路由距离金塘大桥小于 1.5km，距海岸约 1km 处的路由距离大桥最近 1km（7 号路由）。

路由穿越的海洋功能区包括杭州湾工业与城镇用海区、镇海特殊利用区、定海农渔业区、金塘工业与城镇用海区和定海港口航运区。本项目用海性质属于海底工程用海中的海底海缆用海，项目建设不改变各海洋功能区的海域自然属性，不会对附近海洋功能区产生明显影响，路由方案应与《浙江省海洋功能区划（2011—2020 年）》《宁波—舟山港总体规划》《舟山港域航道与锚地专项规划》和《浙江省滩涂围垦总体规划（2005—2020 年）》协调。

综上所述，两方案最远相距约 1.3km，且东段路由基本重合，因此路由条件和海洋开发活动相似，自然条件均适合铺设本项目海底电缆。但考虑到北方案的路由中部交越册镇油管，需将油管压于下方。但该管道因冲刷裸露等原因，持续进行过填埋等维护作业，于 2019 年重新深埋。因此北方案将会明显影响该管道今后的维护作业和安全，而南方案没有直接影响。因此，最终选择南方案作为本工程海缆路由方案。舟山 500kV 海缆路由如图 10－3 所示，舟山 500kV 海缆登陆点如图 10－4 所示。

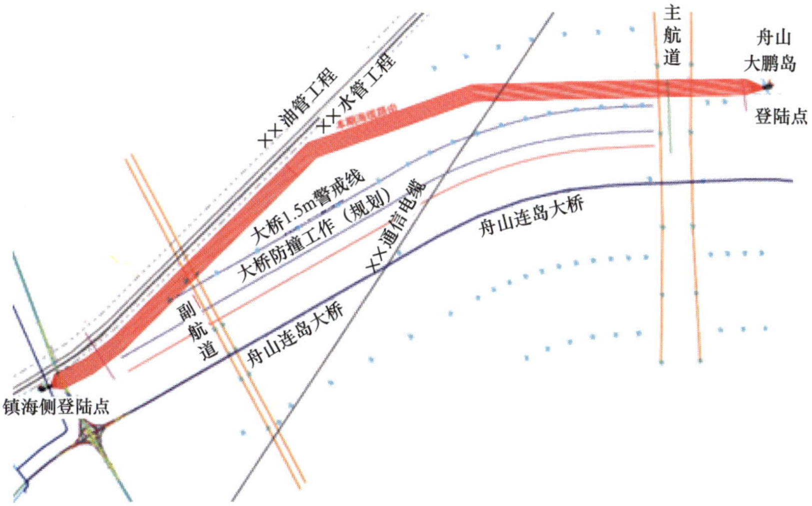

图 10－3　舟山 500kV 海缆路由图

(a)　　　　(b)

图 10－4　舟山 500kV 海缆登陆点

（a）大鹏山登陆点；（b）镇海登陆点

10.2　超高压海缆导体截面积选择和输送容量计算

海缆导体截面积一般由电力系统要求设计载流量计算得到，具体步骤如下：

1）根据电力系统远景规划要求，得到线路设计载流量。

2）对不同工况下，各种导体截面积的海缆载流量进行计算，得到对应的载流量表格。

3）根据线路设计载流量和载流量表格，选择最经济的导体截面积。

因此，导体截面积选择的关键在于计算海缆载流量。

10.2.1 载流量计算方法

电缆载流量计算方法主要有两种，一是基于电缆的等值热路分析法，即IEC 60287规定方法，这也是目前应用最广泛的一种方法；二是数值计算法，即通过温度场数值计算分析电缆周围温度分布情况。

1. 等值热路分析法

等值热路分析法基于稳态温度场理论，并做如下假设：① 大地表面为等温面；② 电缆表面为等温面；③ 叠加原理适用。基于以上假设，将电缆视为以其几何中心为圆心的分层结构，用集中参数代替分布参数，把电流作用于电缆的热平衡视为一维形式的热流场，借助与欧姆定律、基尔霍夫定律相似的热欧姆等法则，进行简明的解析求解。IEC 60287对实际情况的某些参数取值未作规定，部分情况如下：

（1）与电缆结构材料有关的参数（如绝缘材料热阻系数），只给出代表性数据。

（2）与环境条件有关的参数，其值可能变化范围较大，取决于电缆敷设现场的条件和状况。

为了准确计算电缆在特定环境下的载流量，选取相应参数时应特别加以考虑。对实际工程中存在的各种电缆敷设情况，可以在上述计算原理的基础上进行拓展应用。等值热路分析法适用于简单电缆系统和边界条件，具有载流量直接计算的优点，但在适应电缆多样化使用方面仍有不足。

2. 数值计算法

数值计算法是在给定电缆敷设、排列条件和负荷条件下对整个温度场进行分析，大地表面和电缆表面的温度都是待求量。因此，数值计算法的计算结果更加接近实际情况，据此确定的电缆载流量比等值热路分析法更加准确。

目前电缆温度场的主要数值计算法有有限元法、边界元法、有限差分法、有限容积法等。其中，有限元法适合处理复杂的边界条件，对分析复杂电缆群的温度场和载流量是一种有效的方法，已经较多地用于计算地下直埋电缆群的暂态、稳态温度场、桥架电缆群温度场和排管电缆群温度场。边界元法将无穷远处截断区域作为边界，不需像有限元法或有限差分法布置一个人为的边界，认为这个边界温度等于环境温度，但是当处理一个具有多层土壤的实际电缆沟问题或具有多根电缆敷设的问题时，边界元法的边界太多太复杂，计算量变得特别大。有限差分法很难表示复杂的边界条件，不易处理复杂问题。有限容积法适用于流体计算，可以应用于不规则网格，适于并行计算，但是精度基本上只达到二阶。

3. 等值热路分析法和数值计算法的比较

等值热路分析法的优点是可以用简单的公式近似计算电缆的载流量，但仅能解决一些几何上相对简单的问题。如在载流量计算中，将公式中的土壤的热传导率和热容设为常数，并假设大地表面为等温面，导体的电阻率为常数。

数值计算法更加接近实际边界条件。因此，数值方法更适合几何、物理上比较复杂的问题，在分析复杂电缆系统中有很大的灵活性，计算的结果也比等值热路分析法中的解析算法更准确。

但在实际应用中，等值热路分析法的应用要比数值计算法普遍，原因如下：

1）等值热路分析法计算电缆载流量已沿用已久。

2）对于由单回路或双回路构成的系统，等值热路分析法的准确度已能满足工程的需要。

3）等值热路分析法适用于多个回路以集群方式敷设的系统（如排管敷设和隧道敷设），需考虑回路间的电磁感应对电缆导体邻近效应和损耗的影响以及空气自然对流、热辐射和热传导等三种导热方式的耦合。而对简单结构和敷设的电缆系统，用数值计算法反而烦琐。

因此，舟山 500kV 海缆载流量计算仍采用等值热路分析法，计算公式为

$$I = \sqrt{\frac{(\theta_c - \theta_0) - W_d(0.5T_1 + T_2 + T_3 + T_4)}{RT_1 + R(1+\lambda_1)T_2 + R(1+\lambda_1+\lambda_2)(T_3+T_4)}} \tag{10-1}$$

式中：I 为海缆载流量，A；θ_c 为海缆线芯允许工作温度，℃；θ_0 为环境温度，℃；W_d 为单根海缆单位长度绝缘层的介质损耗，W/m；T_1 为单根导体和金属套之间热阻，K/（m • W）；T_2 为金属套和金属铠装层之间的内衬层热阻，K/（m • W）；T_3 为海缆内护套热阻，K/（m • W）；T_4 为海缆表面和周围介质之间的热阻，K/（m • W）；R 为海缆线芯的交流有效电阻，Ω / m；λ_1 为海缆内护套损耗相对于导体损耗的比率；λ_2 为海缆金属铠装层损耗相对于导体损耗的比率。

由式（10－1）可知，海缆的载流量由海缆导体允许工作温度、本体损耗、各部分热阻决定。其中，T_1、T_2、T_3 取决于海缆结构尺寸和材料，T_4 与海缆敷设环境有关。各部分热阻计算方法如下。

（1） 导体与金属套间热阻 T_1

$$T_1 = \frac{\rho_{T1}}{2\pi}\ln\left(1+\frac{2t_1}{d_c}\right) \tag{10-2}$$

式中：ρ_{T1} 为海缆导体与金属套间绝缘层热阻系数，K/（m • W）；d_c 为海缆导体的外径，mm；t_1 为海缆导体与金属套间绝缘层厚度，mm。

（2） 金属套和金属铠装层之间的内衬层热阻 T_2

$$T_2 = \frac{\rho_{T2}}{2\pi}\ln\left(1+\frac{2t_2}{D_s}\right) \tag{10-3}$$

式中：ρ_{T2} 为海缆金属套与金属铠装层间内衬层热阻系数，K/（m·W）；t_2 为内衬层厚度，mm；D_s 为海缆金属套的外径，mm。

（3）海缆内护套热阻 T_3

$$T_3=\frac{\rho_{T3}}{2\pi}\ln\left(1+\frac{2t_3}{D_a'}\right) \tag{10-4}$$

式中：ρ_{T3} 为海缆金属铠装层内护套热阻系数，K/（m·W）；t_3 为内护套厚度，mm；D_a' 为海缆金属铠装层外径，mm。

（4）海缆表面和周围介质之间的热阻 T_4

根据海缆工程线路敷设方式，需要计算单芯海缆在直埋敷设、空气中敷设时的外部热阻。计算空气中敷设条件下外部热阻时，不考虑风速的影响。

1）直埋敷设。

对于单芯直埋海缆，外部热阻计算方法如式（10-5）所示。

$$T_4=\frac{\rho_{T4}}{2\pi}\ln\left[\left(\frac{2L}{D_e}\right)+\sqrt{\left(\frac{2L}{D_e}\right)^2-1}\right] \tag{10-5}$$

式中：ρ_{T4} 为海缆外部土壤介质热阻系数，K/（m·W）；L 为地表面至海缆轴心的距离，mm；D_e 为海缆外径，mm。

考虑到相邻相海缆的散热影响，直埋敷设条件下的 T_4 可修正为

$$T_4=\frac{\rho_{T4}}{2\pi}\left\{\ln\left[\left(\frac{2L}{D_e}\right)+\sqrt{\left(\frac{2L}{D_e}\right)^2-1}\right]+\ln\left[1+\left(\frac{2L}{s_1}\right)^2\right]\right\} \tag{10-6}$$

式中：s_1 为相邻相海缆轴间距，单位为 mm。

2）空气中敷设。

海缆在空气中敷设时应免于日光照射。架空绝缘海缆免于日光照射时，T_4 计算公式为

$$T_4=\frac{1}{\pi D_e^* h(\Delta\theta_s)^{0.25}} \tag{10-7}$$

$$h=\frac{Z}{(D_e^*)^g}+E \tag{10-8}$$

式中：D_e^* 为海缆的外径，m；h 为热扩散系数，W/（m^2·K）$^{5/4}$，取 $Z=0.21$，$g=0.60$，$E=3.94$；$\Delta\theta_s$ 为海缆表面相对于环境温度的温升，K。

采用迭代方法计算 $\Delta\theta_s$。

$$K_A = \frac{\pi D_e^* h}{1+\lambda_1+\lambda_2}\left[T_1 + T_2(1+\lambda_1) + T_3(1+\lambda_1+\lambda_2)\right] \tag{10-9}$$

$$(\Delta\theta_s)_{n+1}^{0.25} = \left[\frac{\Delta\theta + \Delta\theta_d}{1 + K_A(\Delta\theta_s)_n^{0.25}}\right]^{0.25} \tag{10-10}$$

$$\Delta\theta_d = W_d\left[\left(\frac{1}{1+\lambda_1+\lambda_2} - 0.5\right)T_1 - \frac{n\lambda_2 T_2}{1+\lambda_1+\lambda_2}\right] \tag{10-11}$$

计算时，$(\Delta\theta_s)^{0.25}$ 初始值选为 2，当两次迭代结果之间差值小于 0.001 时中止计算。

10.2.2　舟山 500kV 海缆载流量计算

根据舟联工程可研报告，考虑 $N-2$ 时切除 20%以内的负荷，海缆线路输送容量需达到 1100MW，此时载流量必须满足 1411A。

海缆敷设环境按海床、滩涂、陆地、空气四种工况考虑，具体如下：

1）海床：低潮位以下区域，采用直埋敷设，埋深 2.5～3m，基岩区埋深不小于 1.5m，土壤温度 20℃，土壤热阻系数 0.7℃/（m·W），海缆缆间距 50m。

2）滩涂：堤脚至低潮位线之间的区域，采用直埋敷设，埋深 2.5m，土壤温度 25℃，土壤热阻系数 0.8℃/（m·W），缆间距 5m。

3）陆地：过堤以及之后的陆地段，采用海缆沟敷设，空气温度 40℃，混凝土路面，缆间距 5m，海缆沟敷设示意如图 10－5 所示。

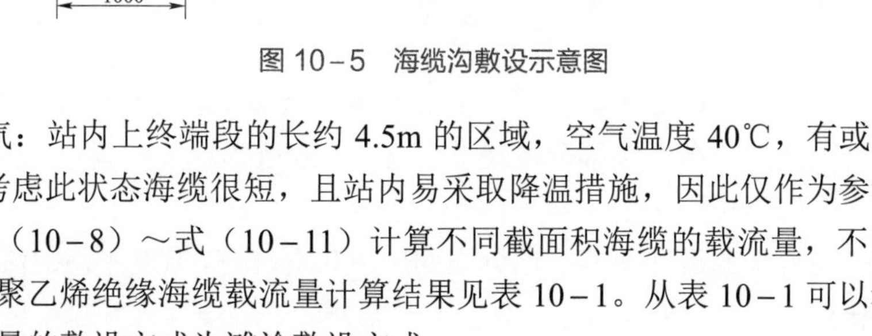

图 10－5　海缆沟敷设示意图

4）空气：站内上终端段的长约 4.5m 的区域，空气温度 40℃，有或无日照，缆间距 7m。考虑此状态海缆很短，且站内易采取降温措施，因此仅作为参考。

根据式（10－8）～式（10－11）计算不同截面积海缆的载流量，不同敷设环境 500kV 交联聚乙烯绝缘海缆载流量计算结果见表 10－1。从表 10－1 可以看出，制约海缆输送容量的敷设方式为滩涂敷设方式。

表 10-1　　不同敷设环境 500kV 交联聚乙烯绝缘海缆载流量计算结果表

海缆截面积（mm^2）	载流量（A）			
	海床直埋	滩涂直埋	陆地海缆沟	空气无日照
1600	1546	1471	1526	1526
1800	1611	1526	1600	1600
2000	1677	1589	1650	1650
2500	1809	1712	1790	1790

若考虑 $N-2$ 不切负荷，则每回海缆线路输送容量至少需达到 1600MW，此时海缆载流量必须满足 2053A，此时即使采用最大截面积为 2500mm^2 的海缆也不能满足要求。

若考虑 $N-2$ 切除 20%的负荷，则每回海缆线路输送容量需达到 1100MW，此时载流量必须满足 1411A。这时采用截面积为 1600mm^2 的海缆即可满足要求。此时，各截面积的选择也符合各海缆生产厂家根据海缆制造能力提出的海缆截面积控制在 1600～2000mm^2 的建议，且倾向于更成熟的 1600、1800mm^2 截面积。最终考虑一定设计裕度后，海缆截面积确定为 1800mm^2。

10.3　超高压海缆热控设计

海底电缆路由选线、埋设工法和深度地层岩性与岩土体物理力学参数不同，会导致海缆与埋设环境之间热传递发生变化。对于部分散热条件较差的海缆敷设段，负荷较高时海缆可能过热，这会加速海缆绝缘的老化，降低海缆的寿命，且增大海缆发生电、热击穿等故障的可能性。因此，有必要开展海缆热控设计。

研究表明，环境热阻对于电缆温度的影响占所有影响因素的 70%。海缆与环境间的热量传递方式主要为三种：热传导、热对流和热辐射。水体能够有效吸收高温物体的红外辐射波，通过电磁波辐射进行能量传递的热辐射在海缆的传热过程可以忽略。

热传导是指温度不同的物体各部分不发生相对位移，通过分子等微观粒子的热运动而使热能自高温部分向低温部分传递的过程。低渗透率埋设环境内，热传导在电缆与环境介质之间的热传递中占主导地位。

热对流是指流体的运动使其各部分之间产生相对位移，温度不同的流体相互掺混而引起热量传递的过程，热对流往往伴随着导热现象。海缆埋设环境中的土体为饱和多孔介质，由温差变化引起的孔隙渗流即热对流在电能损耗中占有重要地位。

表 10-2 为不同导热系数（k_s）、埋深（h）和渗透率（κ）情况下，应用 IEC 60287

标准和考虑热对流后计算的导体最高温度对比。

表 10－2　　导体最高温度对比

k_s [W/（m·K)]	h（m）	IEC T（℃）	考虑热对流后（℃）
			$\kappa_3=10^{-10}m^2$
1	0.5	64.2	56
2	0.5	51.4	50.5
3	0.5	46.6	46.8
1	1	70.1	56.4
2	1	54.4	52.2
3	1	48.1	48.7
1	2	81.1	56
2	2	59.2	52.6
3	2	51.6	50
1	5	92.7	55.4
2	5	66.3	52.4
3	5	56	50.3

如表 10－2 所示，针对 220kV 三芯铅护套 XLPE HVAC（交联聚乙烯，高压交流电）海底电缆，举例说明了其在埋设环境不同导热系数与不同埋深情况下，分别采用 IEC 60287 标准与有限元方法计算得到的导体最高温度。可以看出，当海缆埋设环境导热系数较小、渗透率较高时，海缆导体最高温度下降幅度达到 40%；而即使导热系数提升为 3W/（m·K），考虑热对流后海缆导体最高温度下降幅度仍可达 10%。显然，导体温度与埋设环境和海缆之间的热对流密切相关。在热对流的作用下，沉积物和海底电缆之间的流体循环形成一个高效的散热器，而沉积物中的渗流有助于在水平和垂直方向高效散热。综上所述，热传导和热对流两种传热方式共同生效，有助于海底电缆高效散热，海缆工程设计中应同时考虑这两种传热方式。

10.3.1　考虑热对流的海缆热控设计方法

了解海缆路由沿线埋设环境的土壤状况，能使海缆设计工程师更好地确定导体截面并设计海缆路由。路由途经高渗透率埋设环境时，应在海缆工程设计中同时考虑海缆的热传导及热对流来优化其截面及载流量。在这个过程中，有限元（FEM）计算软件是一个极佳的选择。在采用该方法时，在传热方程中引入达西定律和 Oberbeck-Boussinesq 近似来描述热对流对海缆热性能的影响。传热过程可采用下式表示

$$Q = -\nabla \cdot (k_p \nabla T) + \rho_f c_f \mathbf{u} \nabla T \quad (10-12)$$

式中：Q 为单位时间内单位面积热源的热量；k_p 为海缆埋设环境的导热系数；T 为温度；ρ_f 为流体的密度；c_f 为流体的比热容；$\mathbf{u}$ 为流体的速度域。右侧第一项为热传导项，右侧第二项为热对流项。埋设环境中，流体参与对流传热（对流项中的密度和比热容是流体性质），传导传热则是通过整个研究域实现。在对流项中，流体的速度域 $\mathbf{u}$ 是影响热对流的重要因素。考虑埋设环境中热致孔隙流体的浮力项（也称为 Oberbeck－Boussinesq 近似），达西定律可以表示为

$$\mathbf{u} = -\frac{\kappa}{n\mu}\{\nabla p - \rho_{f0} g [1 - \beta(T - T_0)]\} \quad (10-13)$$

式中：κ 为沉积物的渗透率；n 为沉积物孔隙率；p 为压力；β 为流体的热膨胀系数；ρ_{f0} 为参考温度 T_0 下流体的密度；g 为重力加速度。

通过引入达西定律和 Oberbeck-Boussinesq 近似，可以精细化确定海缆热性能，并在海缆热控设计中，尽可能选择小的导体截面，以节省可观的投资，或在同样导体截面下，设计更高的载流量，以提升海缆的利用效率。

10.3.2 埋设环境物性参数考量

针对海缆的热控设计，应重点考虑海缆埋深、埋设环境的渗透率和导热系数对于导体温度的影响。总体上，海缆埋深是影响热传导效率的重要因素，渗透率是影响热对流效率的重要因素。为说明海缆埋设环境对于热控设计的影响，仍以某 220kV 三芯铅护套 XLPE HVAC 海底电缆为例开展数值模拟，说明上述三种因素如何影响海缆的热特性。

1. 埋设环境的导热系数及渗透率

渗透率能够影响埋设环境的热对流，进而影响海缆热性能。图 10－6 为不同导热系数条件下，埋设环境由低渗透率沉积物（如黏土）向高渗透率沉积物（如砂土）变化时，导体最高温度的演化结果。可以看出，海缆导体的最高温度随渗透率增加先稳定不变，然后急剧下降，最深下降幅度达到约 45%。值得指出的是，随着埋设环境渗透率达到较高水平，即颗粒介质较粗时，热传导即埋设介质的导热系数对海缆的温度影响细微。在中、高渗透率下，海缆导体最高温度的急速下降是由于孔隙中的渗流开始启动，这种热对流能够有效地帮助海缆导体快速散热，间接地降低了热传导效应在海缆电能损耗中的影响。因此，在海缆路由设计中，

从海缆热控设计的角度出发，颗粒较粗、渗透率高（渗透率超过 $10^{-11}m^2$）的沉积物是埋设环境的较好选择。

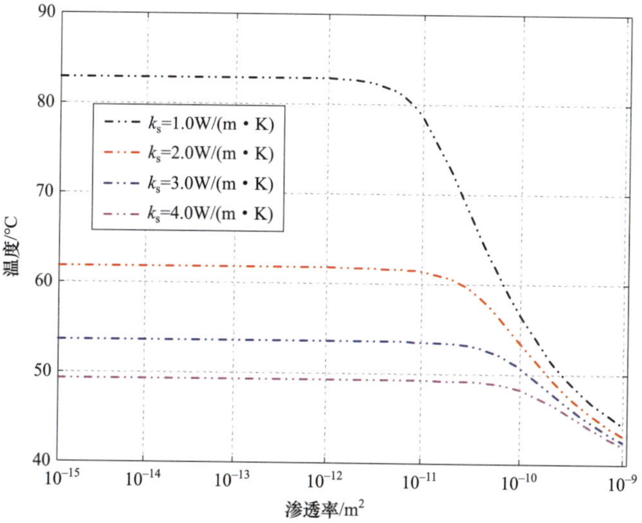

图 10-6 不同导热系数（k_s）条件下，海缆导体的最高温度变化图

2. 海缆埋深

调整海缆埋深是工程上一种提高载流量的典型方式。其埋深影响海缆与上覆海水层之间的沉积物厚度，进而影响海缆热性能。通常来说，与土壤颗粒相比，海水的热传导系数更低。然而，流动海水带来的热对流效应会携带走大量热能。因此，在图 10-7 中可以发现，浅埋深在低渗透率埋设介质条件下显著降低了导体温度，这是由于浅埋深条件下埋设区域泥面与海水形成了较大温差并发生了热对流。随着埋设环境由低渗透率沉积物（如黏土）向高渗透率沉积物（如砂土）变化，不同埋深条件下的海缆导体温度急剧下降且趋同。这是由于孔隙之间的渗流启动并加速，随着渗流速度增加，热对流带走了大量热能，并显著促进核心导体温度下降。数值分析结果也表明，当海缆的埋设环境为粗砂甚至是更大颗粒介质时，埋深的影响微乎其微。

分析表明，海缆工程设计中海缆路由环境土壤状况（包括导热系数、渗透率和孔隙率）是温度的关键影响因素。在海缆热控设计中应重点关注以下几个方面：

1）在海缆路由设计之前，应进行尽可能多的海底调查，建立沿整条海缆路由的埋设环境土壤状况图。

2）在海缆路由设计过程中，应根据路由埋设环境土壤状况图，同时考虑热传导和热对流效应，绘制整个海缆路由热性图，并进行载流量和海缆温度控制。

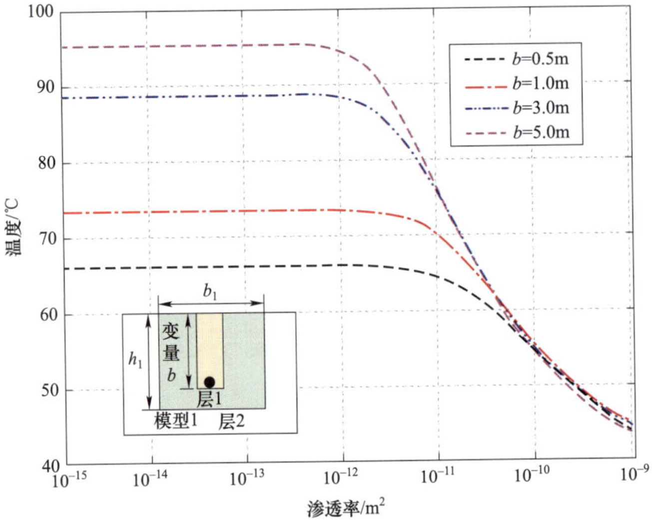

图 10－7 不同海缆埋深（b）情况下，导体最高温度与埋设环境渗透率的关系

3）鉴于高渗透率埋设环境有利于热对流效应发展，在保障海缆冲刷防护和避免不良地质条件下，可考虑高渗透率埋设环境以帮助海缆散热。

4）对于海缆的埋设深度，若埋设介质渗透率较小，即黏土或淤泥埋设环境中，较浅的埋深有助于海缆散热；对于中、粗砂等高渗透率埋设环境，埋深对海缆散热可不作为考虑因素。

10.3.3 分层埋设环境考量

海缆埋设环境在空间上呈现明显的水平和垂直分层现象。地质调查发现，在我国三亚湾内水深 5m 的海底沉积物是中－粗砂，在水深 10m 离岸区以粉砂－细砂为主，在水深 20m 处为粉砂－黏土，呈现明显的水平分层现象。在大陆架边缘海底埋深 0.5～0.6m 观察到沉积物垂直分层现象，由表面的黏土质粉砂突然过渡到砂质沉积物（包含长石、石英砂和岩屑等陆源沉积物）。海底沉积物的水平和垂直分层现象对海缆热性能造成的影响通过以下例子进行说明。

1. 水平分层现象

为说明水平分层现象对于海缆散热的影响，考虑在渗透率为 $10^{-14}m^2$ 的黏土层 2 中设置高渗透率埋设层，以埋设层水平宽度 b_1 作为研究变量，说明不同埋设环境渗透率对海缆导体温度的影响。从图 10－8 可以看出，随着高渗透率埋设层宽度的增加，海缆导体温度降低明显，热对流换热的降温效果显著。值得指出的是，高渗透率水平宽度延伸有利于热对流发展得更充分，利于多孔介质内环流的形成。

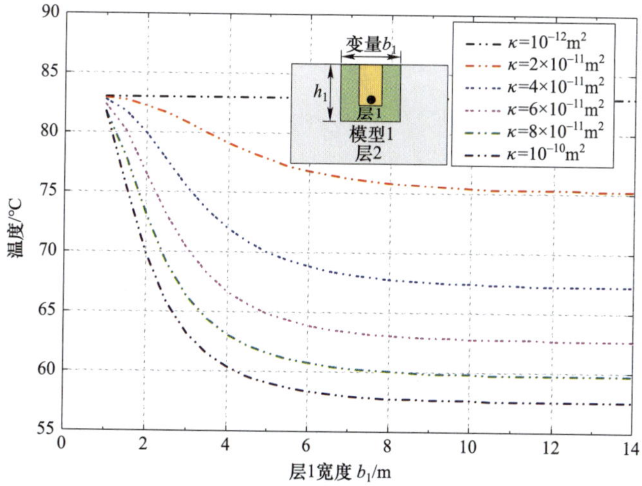

图 10-8　不同沉积物渗透率情况下，海缆导体最高温度与埋设层（层 1）宽度的关系

2. 垂直分层现象

以表 10-3 所示两种工况为例，说明埋设环境垂直分层对于海缆散热的影响，其中变化层渗透率在 10^{-15}～$10^{-9}m^2$ 之间。海缆导体最高温度与临近土层渗透率变化的关系如图 10-9 所示。分析表明，随着海缆周边土层渗透率增加，导体最高温度出现了不同程度下降。其中，埋设层渗透率对海缆导体温度影响最为明显，高渗透率埋设层中的热对流效应导致导体温度下降达到 40%～50%；海缆上方邻近土层渗透率较高时，也有利于海缆散热。这是由于埋设环境垂直分层现象会影响热致孔隙流，进而影响对流换热的效果；同时，海缆上方邻近土层渗透率较高时，上方土层中的渗流可将热能输运到海水中，并通过海水流动迅速散发，阻碍海缆周边热量的持续积累。

表 10-3　　工　况　表

土层	海缆埋深 4.5m				海缆埋深 3m			
	$s_1=3m$	$s_2=3m$	$s_3=3m$	$s_4=3m$	$s_1=2m$	$s_2=2m$	$s_3=2m$	$s_4=2m$
s_1（m^2）	变化层	10^{-14}	10^{-14}	10^{-14}	变化层	10^{-14}	10^{-14}	10^{-14}
s_2（m^2）	10^{-14}	变化层	10^{-14}	10^{-14}	10^{-14}	变化层	10^{-14}	10^{-14}
s_3（m^2）	10^{-14}	10^{-14}	变化层	10^{-14}	10^{-14}	10^{-14}	变化层	10^{-14}
s_4（m^2）	10^{-14}	10^{-14}	10^{-14}	变化层	10^{-14}	10^{-14}	10^{-14}	变化层

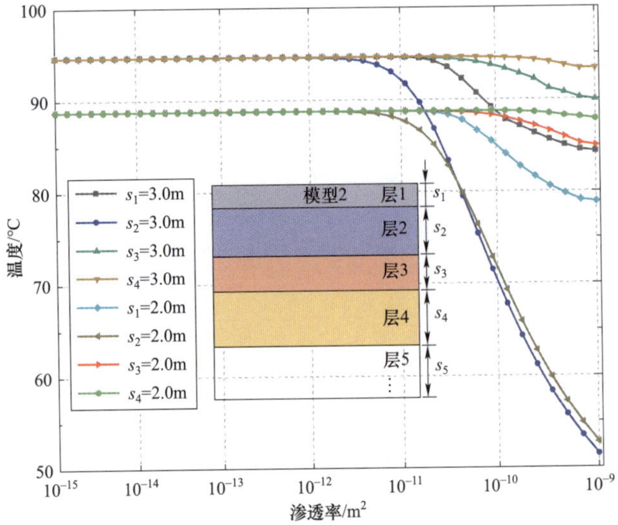

图 10-9 海缆导体最高温度与临近土层渗透率变化的关系

分析表明，沿海缆路由的埋设环境沉积物的水平及垂直分层现象会影响海缆的温升。在海缆工程设计中应关注以下几方面：

1）在海缆设计之前，海缆路由的埋设环境土壤状况图应同时关注沉积物水平分层及垂直分层现象，在海缆可能的埋深范围内详尽调查其垂直分层特征。

2）在海缆路由设计过程中，若存在小范围沉积物水平分层现象，选择高渗透率且水平分层区域范围较广的路由可增强海缆的热对流。

3）在电缆埋设过程中，若在埋设深度范围内存在沉积物垂直分层现象，从海缆热控设计的角度出发，海缆路由尽可能选择经过埋设层或埋设层上层含有粗颗粒沉积物区块。

10.4 超高压海缆金属套接地方式选择

海缆在运行时，由于磁力线交链金属套，将使它的两端产生感应电压。这时如果对海缆金属护套采用两端直接接地的方法，则护套内会形成很大的感应电流造成损耗，并且使护套发热，从而大大地降低了海缆的允许载流量。但是对于长距离的海缆线路，如果采取城市海缆常见的单端接地方式，则有可能在金属套非接地端形成一个很大的感应电压。以舟联工程 500kV 海缆为例，在单端接地方式下，正常运行时金属套上的感应电压为 0.608V/m，海缆长度为 17.7km，非接地端电压高达 10.76kV；在单相接地故障时，金属套上的感应电压为 14.307V/m，非接地端电压高达 253.23kV。所以对长距离海缆线路，不能采用常规的单端接地方式。同时，由于海缆采取整根制造，敷设于海底，无法人为制造护套分段点，而且海缆间距较远，无法实现交叉互联接地方式。综上所述，对于长距离海缆线路，为了限制金属套的感应电压，须在金属套和金属铠装层两端实施直接接地。

对海缆线路金属套采用两端接地后，工频状态下金属套的感应电压被强制限制到地电位。但在故障状态下，金属套上仍有可能出现很高的感应电压。因此，必须确定各种工况下海缆内护套的耐压值，并对金属套上的感应电压进行校验。

10.4.1　内护套绝缘要求

1）《海底电力电缆输电工程设计规范》（GB/T 51190—2016）规定，单芯海缆防腐层应能耐受金属套上的感应电压，电缆线路较长时，应采取措施限制金属套上的感应电压。海缆内护套采用绝缘材料分段接地的形式时，登陆段和陆上段金属套上的工频感应电压不应超过 300V，海域段金属套上的工频感应电压不宜大于 1000V。

2）《电缆外护层　第 1 部分：总则》（GB/T 2952.1—2008）规定，海缆内护套应能经受表 10－4 规定的直流或工频火花试验而不击穿。

表 10－4　　海缆内护套直流或工频火花试验要求

火花试验类型	试验电压（kV）	最高试验电压（kV）
直流	9*t*	25
工频 50Hz	6*t*	15

注：*t* 为护套的标称厚度，mm。

3）《电缆外护层　第 1 部分：总则》（GB/T 2952.1—2008）规定，海缆内护套应能承受表 10－5 规定的冲击试验电压正、负极性各 10 次而不击穿。

表 10－5　　海缆冲击试验电压要求

主绝缘耐受标称雷电冲击电压峰值（kV）	绝缘内护套冲击电压峰值（kV）
1550	72.5

4）《电力工程电缆设计标准》（GB/T 50217—2018）规定，可能最大冲击电流作用下护层电压限制器的残压，不得大于电缆内护层的冲击耐压被 1.4 所除数值。

综合上述标准，总结出了各工况下海缆内护套上的电压限值，海缆内护套电压耐压要求见表 10－6。

表 10－6　　海缆内护套电压耐压要求

工况	正常工作（V）	工频过电压（kV）	冲击过电压（kV）
限值	陆地段：300； 海洋段：1000	15	51.8

10.4.2 舟山 500kV 海缆线路金属套感应电压

按照海缆运行的工况，金属套感应电压包括工频感应电压、短路感应电压、冲击感应电压三类。设计时有必要对各类感应电压进行计算时，按照表 6－6 要求校核各种工况下的海缆绝缘内护套的耐压能力。

1. 工频感应电压

金属套工频感应电压由工频电磁感应电压和工频静电感应电压组成。

（1）工频电磁感应电压由线芯电流产生的交变磁场与金属套交链感应产生。在实际工程中，由于海缆呈水平排列，三相的间距不可能完全相等，又由于在长距离海缆无功电流的作用下（包括电容电流和高压并联电抗器的影响），海缆沿线每一小段金属套的工频感应电压不能完全被抵消，其对地电压的最大值出现在海缆的两端附近。根据舟山 500kV 海缆结构和排列方式，极限运行时，两端对地电压最大值的感应电压为 4V，基本可以忽略不计。

（2）工频静电感应电压由海缆电容电流在金属套上产生的电压降形成。对金属套两端互联接地的海缆，感应电压的最大值出现在海缆的中点处，且感应电压与金属套阻抗、单位长度电容电流以及海缆长度的二次方成正比，具体为

$$U_c=\int_0^{L/2} Z_c I_c x \mathrm{d}x \tag{10-14}$$

$$I_c = (U_1-U_2)\,\omega C_{12} \tag{10-15}$$

式中：U_c 为工频静电感应电压，V；I_c 为电容电流，A/km；C_{12} 为线芯对金属套的电容，F/km；U_1 为线芯相电压，V；U_2 为金属套感应电压，V；Z_c 为金属套的阻抗，Ω/km；L 为海缆长度，km。

根据舟山 500kV 海缆结构和金属套两端接地方式，单位长度电容电流约为 0.027A/m，工频静电感应电压最大值约为 93V，满足《海底电力电缆输电工程设计规范》（GB/T 51190—2016）的相关规定。

2. 短路感应电压

电力系统短路的典型方式有三相短路、两相短路、单相接地短路和两相接地短路 4 种。其中，单相接地短路发生在电缆段时，金属套上的感应电压最高。该电压由电磁感应电压、静电感应电压和地电位升组成。其中静电感应电压较小，可以忽略不计。故障电流的流向与两侧终端处金属套和金属铠装层的连接方式有关。根据工程需要，金属套和金属铠装层的连接方式主要有以下两种。

1）金属套与金属铠装层分开接地。若金属套与金属铠装层分开接地，则两者中的短路电流以金属套和海水作为回流通道（此时不考虑通过金属铠装层），金属套短路感应电压的最大值出现在线路的两端，表现为短路电流引起的地电位升。金属套电流及冲

击感应电压与工频接地电阻的关系见表 10－7，从表 10－7 可以看出，当系统提供的短路电流一定时，可以通过降低两端电缆终端处的工频接地电阻来有效地降低该感应电压。由于绝缘内护套的厚度一般大于 4mm，因此即使在较严苛的输入条件下，该短路感应电压仍小于绝缘内护套的短路耐受电压，对绝缘内护套的安全运行没有影响。

表 10－7 金属套电流及冲击感应电压与工频接地电阻的关系（金属套与金属铠装层分开接地）

工频接地电阻（Ω）	短路电流（kA）	金属套电流（kA）	金属套冲击感应电压（kV）
4	50	46.77	44.81
3		46.69	34.66
2		46.71	24.11
1		47.07	12.68
0.5		47.47	6.48

2）金属套和金属铠装层集中接地。事实上，工程中往往将金属套与金属铠装层连在一起集中接地（舟山 500kV 海缆采用此种接地方式），则并联连接的金属套和金属铠装层将和海水一同构成短路电流的回流通道。需要注意的是，金属层的短路感应电压为并联连接的金属套与金属铠装层的对地电压，而绝缘内护套所承受的电压为金属套和金属铠装层之间的电压差，因此在此工况下，绝缘内护套并不承受感应过电压。

3. 冲击感应电压

金属套冲击感应电压的来源是沿线芯传播的过电压侵入波，包括雷电过电压侵入波和操作过电压侵入波。舟山 500kV 海缆连接方式为海缆—架空线—变电站，对该连接方式，在校验金属套冲击感应电压能否满足设计要求时，一般仅考虑雷电过电压侵入波即可。

一般来说，海缆线路需配置相应的避雷器。因此在验算金属套冲击感应电压时，可认为过电压侵入波的幅值即为所配置避雷器的残压值。但有些工程在设计时，为使绝缘内护套在较为严苛的条件下仍能安全可靠的运行，将过电压侵入波的幅值取为相应工况电缆主绝缘耐受电压值的 0.85 倍。

海缆金属套冲击感应电压一般采用电容耦合法进行计算。该算法基于电容耦合原理由 S.Rusck 和 E.Uhlman 于 1962 年提出，它给出了海缆线芯承受阶跃型过电压侵入波时，随距离变化的金属套冲击感应电压最大值 U_{23} 的计算方法，具体表达式如下：

$$
\begin{aligned}
U_{23} &= \frac{U_{tr} C_{12}(1-e^{-\beta x})}{C_{12}+C_{23}} \\
\beta &= \frac{v R_s (C_{12}+C_{23})}{2}
\end{aligned}
\qquad (10-16)
$$

式中：U_{23}为金属套冲击感应电压最大值，kV；U_{tr}为过电压侵入波的幅值，kV；C_{12}为导体对金属套的电容，F/km；C_{23}为金属套对金属铠装层的电容，F/km；x为传播距离，km；R_s为金属套电阻，Ω/km；v为侵入波在海缆中的波速，km/s。

当海缆采用的接地方式为两端三相互联接地，中间不短接时，在雷击过电压工况下（电压侵入波幅值为1317.5kV），采用电容耦合法计算得到的金属套冲击感应电压为30.14kV。对500kV海缆，其绝缘内护套的冲击耐受电压为72.5kV，考虑绝缘配合系数1.4，冲击耐受电压的控制值应为51.8kV。

综上所述，舟山500kV海缆采取金属套和金属铠装层两端直接接地后，各类感应电压均可以控制在允许值以下。但实际实施时，考虑了更大的安全裕度，在海缆中部设置了一个金属套和金属铠装层的短接点。

10.4.3 舟联工程超高压海缆线路接地线选型

1. 终端站接地线选型

当海缆采取两端接地时，海缆金属套和金属铠装层需由接地电缆接入直接接地箱，三相互联后再通过接地电缆与终端站的接地网相连。

接地电缆耐压水平考虑到要与舟山500kV海缆内护套的耐压水平相匹配，绝缘厚度不小于4mm，可以选择8.7/15kV电压等级的交联聚乙烯绝缘电力电缆。考虑到要与海缆金属铠装层材料相匹配，接地电缆采用铜导体。

由于海缆线路需要采取金属层两端接地方式运行，因此在接地电缆截面积选择时，还应根据正常运行时金属层感应电流大小进行校验。两端接地时，流过金属层的感应电流与线芯电流相当。同时，接地电缆的截面积应当满足短路热稳定校验的要求，根据计算，各种截面积的接地电缆通流能力见表10－8。

表10－8　各种截面积的接地电缆通流能力计算结果

电缆截面积（mm^2）	载流量（A）	短路电流（kA）
300	780	42.9
400	910	57.1
500	1060	71.4
630	1230	90.0
800	1440	114.3
1000	1600	142.9
1200	1740	171.4

注：1. 载流量计算时，导体温度90℃，环境温度40℃，空气中敷设。

2. 短路电流持续短路时间取1s。

从短路热稳定校验的要求来说，接地电缆截面积不应小于 400mm²，但为满足金属护层上流过的感应电流的要求，接地电缆截面积宜为 800mm²。因此，舟山 500kV 海缆接地电缆采用 YJV－8.7/15－800。

2. 金属套—金属铠装层短接线选型

正常运行时，海缆短接点上流过电流为电容电流、镇海侧—短接点与大地回路的环流、短接点—舟山侧与大地回路的环流的叠加，由于镇海侧—短接点与大地回路的环流、短接点—舟山侧与大地回路的环流在短接点处基本相互抵消，故短接点上电流主要表现为电容电流。

舟联工程 500kV 海缆在设置一处短接点后，短接线上的电容电流可达 145A，厂家设置短接线时，短接线载流量按上述电容电流校核。同时，接地电缆的截面积应当满足金属套上流过的短路电流的热稳定校验要求。此外，短接线制作及运行过程中存在发热现象，设置短接线位置时应避开软接头位置。

10.5　敷设后超高压海缆的在位稳定性

10.5.1　垂向在位稳定性分析

海底海缆在安装过程中，在其垂直方向上受到自身重力、海缆悬垂部分的附加重力，以及铺缆作业伴随的其他动力效应的多重影响，可能会发生过度沉陷。同时，海缆的初始嵌入深度是影响其侧向、轴向缆土相互作用的重要因素。因此，垂向缆土相互作用研究对于分析海缆的侧向、轴向稳定性具有重要意义。

在垂向缆土相互作用的早期研究中，通常使用土体抗剪强度作为强度参数，如采用 Mohr-Coulomb 破坏准则时，通常采用黏聚力 c 作为抗剪强度。而在几何特征方面，曾将部分嵌入床面的海缆简化为传统的条形基础，进而估算其极限承载力（如 Prandtl-Reissner 解），同时采用基于实验结果反算获得的经验参数加以修正，考虑因缆土弧形接触面所带来的误差（Small et al.，1972 年）：

$$\frac{P_u}{2cr}=\begin{cases} N\sqrt{1-\left(\dfrac{r-e_0}{r}\right)^2} & (e_0<r) \\ N & (e_0\geqslant r) \end{cases} \tag{10-17}$$

式中：P_u 为海床土体对单位长度海缆的极限承载力；c 为床面土体黏聚力；r 为海缆半径；e_0 为海缆初始嵌入深度；N 为经验参数。

在之后的研究中，还发现海缆的地基极限承载力与缆土接触面积密切相关，后者又是海缆沉降量的函数。因此，采用 Prandtl－Reissner 解难以准确预测海缆地基的极限承载力。对于服从莫尔库伦屈服准则的海床土体，海缆地基的垂向极限承载力（Gao 等，2015 年）可表述为：

$$\frac{P_u}{D\sin\theta} = cN_c + qN_q + (0.5D\gamma'\sin\theta)N_\gamma \tag{10-18}$$

式中：P_u 为土体整体剪切破坏时的单位长度海缆临界垂向载荷，kN/m；D 为海缆外径；$\theta=\arccos(1-2e/D)$ 为海缆嵌入土体接触角的一半；e 为海缆嵌入土体的深度；$D\sin\theta$ 为缆土交界面的水平宽度；c 为土体的黏聚力；q 为海缆两侧上覆土层压力 [$e/D<0.5$ 时，$q=0$；$e/D>0.5$ 时，$q=(e-0.5D)\gamma'$；γ' 为土体的浮容重（kN/m^3）]；N_c、N_q、N_γ 分别为与土体黏聚力、上覆土层压力和浮容重相关的海缆地基承载力系数。

上述理论解是对传统平底面条形基础承载力理论的扩展，便于构建不同土体参数条件下的海缆沉降量随垂向载荷（包括海缆自重及附加外载）变化的外包络面，科学预测海缆的地基极限承载力。图 10－10 给出了光滑海缆地基的塑性滑移线场构型，其中土体服从莫尔库伦屈服准则。对于光滑海缆且沉降量趋于零的情况，该理论解可退化为传统条形基础的 Prandtl－Reissner 解。

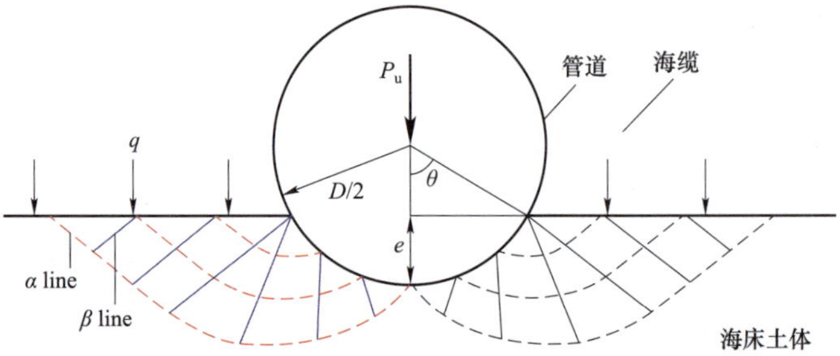

图 10－10　海床土体对海底海缆垂向承载力的滑移线场模型

对于排水能力较弱的黏性海床，海缆在安装过程中初始嵌入深度还受到铺缆动力效应的显著影响（Cheuk & White，2008 年）：位于铺缆船与海缆触地区之间的海缆悬链段受到水动力载荷和铺缆船起伏的影响而发生水平和垂直方向的周期性摆动（Hodder & Byrne，2010 年），其可能造成海缆触地段附近土体中超静孔压的积累和土体重塑，从而影响其强度特性和海缆初始嵌入深度（Anderson et al.，2007 年）。Lund（2000 年）通过水槽中加载实验讨论了上述动力作用对缆土相互作用与海缆嵌入深度的影响。研究发现，该影响主要来源于触地区海缆的侧向摆动；研究采用动力作用下的初始嵌入深度和静力嵌入深度的比值作为动力效应系数，并提出对于剪切强度为 2～4kPa 的软黏土，其动力效应系数范围在 1.0～3.0 之间；而对于剪切强度达到 100kPa 的硬黏土，则其动力效应系数范围为 5.0～8.0。

10.5.2　侧向在位稳定性分析

波浪和海流会对铺设于海床之上的海缆施加升力和拖曳力，如图 10－11 所示。升力使得缆土接触界面的压力减小，进而削弱土体对海缆的摩擦阻力；拖曳力则直接对海缆施加侧向作用，当拖曳力超过土体所能提供的最大侧向阻力时，海缆即可能出现侧向在位失稳。

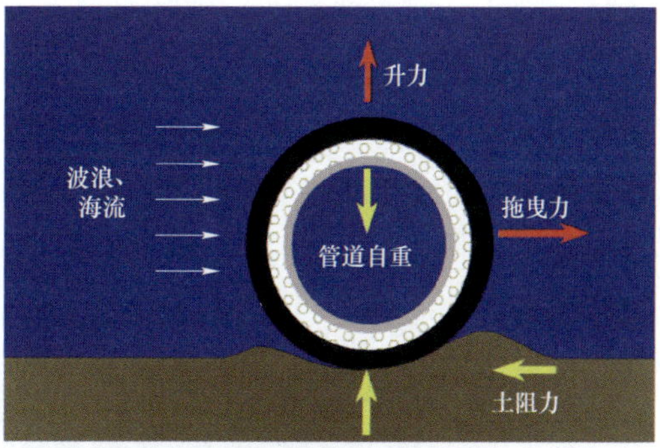

图 10－11　波流作用下海缆受力

试验发现，海床对海底海缆的极限侧向土阻力与海缆表面粗糙度、海床土性参数、缆土接触面积和滑移方向等因素密切相关；证实了经典库仑摩擦理论难以准确地描述海缆失稳过程。为系统研究浅水波浪载荷下的海缆与土体的相互作用，准确估算海床土体对海缆的侧向土阻力，挪威科技工业研究院（SINTEF）和挪威水利实验室（NHL）于 1983～1987 年间开展了海缆稳定性重大研究项目——“PIPESTAB Project”；之后，在美国天然气协会（AGA）的资助下，SINTEF 又开展了大量补充试验——“AGA Project”（Wagner et al.，1989 年；Brennoden et al.，1989 年）。基于这些试验结果，Wagner et al（1989 年）推进了描述海底海缆侧向失稳的经验模型发展，考虑了土体侧向被动土压力对极限土阻力的贡献。

在上述试验中，通过对模型海缆施加水平荷载以模拟拖曳力，同时施加一定比例的垂向荷载以模拟升力，从而模拟海缆失稳过程中海缆所受的水动力载荷。机械加载方式所模拟的水动力载荷直接施加于海缆结构，而无法反映波流载荷对海缆附近海床土体的作用（Gao et al.，2002 年；Teh et al.，2003 年）。在海底水动力环境和地质条件下，海缆在位失稳是波流、海缆和海床之间复杂的动力耦合作用过程，床面边界层流动、表层土体颗粒起动与运移、土体内部孔隙水压等过程相互耦联并影响着海缆稳定性。波流载荷会导致海床土体内超静孔隙水压力的产生（如 Damgaard and Palmer，2001 年；Teh et al.，2003 年），还可能诱发海缆附近表层土体颗粒起动与运移，甚至海床土体的渗流破坏（Sumer et al.，2001 年）。缆土相互作用过程中海缆嵌入深度及缆土接触边界条件的变化，又转而会影响绕流流场，改变水动力载荷的大小和方向（Cokgor，2001 年，2002 年；吕林，2003 年），进而影响海缆的稳定性（Tian et al.，2011 年）。

相似理论分析和物理模型实验是揭示海缆侧向失稳机理的重要手段。相似理论分析表明，波浪或振荡流模型实验可同时满足 Keulegan-Carpenter 数（简称 *KC* 数，$KC = U_mT/D$，式中：U_m 为波浪诱导水质点最大运动速度；T 为波浪周期）和 Froude

数（简称 Fr 数，$KC=U_{\mathrm{m}}/\sqrt{gD}$，式中：$g$ 为重力加速度）两个水动力学相似准则数。试验观测发现，海缆侧向失稳具有显著的流固土耦合特征，即结构绕流、土体局部冲刷、海缆附加沉降与侧向位移之间存在动力耦合作用。波浪作用下海缆侧向失稳过程通常包括土体局部冲刷、海缆周期性持续颤晃并伴有附加沉降、海缆突然发生大幅值的侧向位移而失稳的三个典型阶段如图 10－12 所示；而单向海流作用下，海缆则沿水流方向相继发生小位移、大位移如图 10－13 所示。土体局部冲刷导致土水界面渐变演化；海缆周期颤晃可使海缆结构附加沉降增大；而海缆侧向失稳则表现为突发的侧向大位移。可见，水动力载荷引起的海缆的侧向失稳涉及波/流、海缆和海床之间复杂的流固土动力耦合作用过程（Fredsøe，2016 年）。

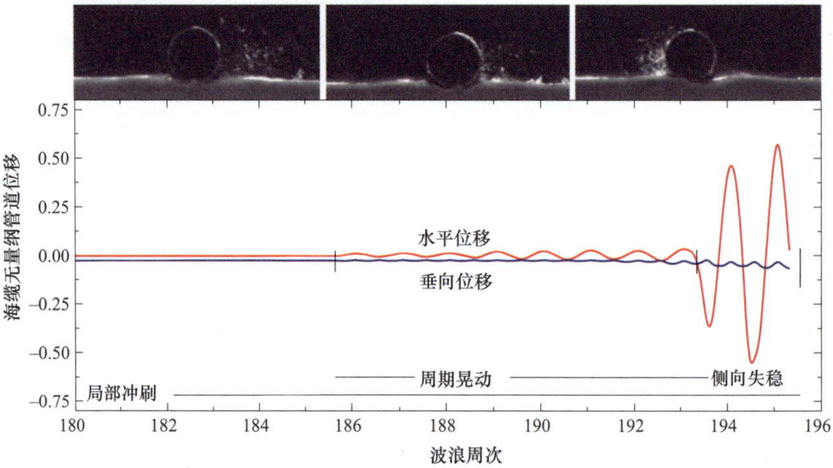

图 10－12　波浪作用下海缆侧向失稳

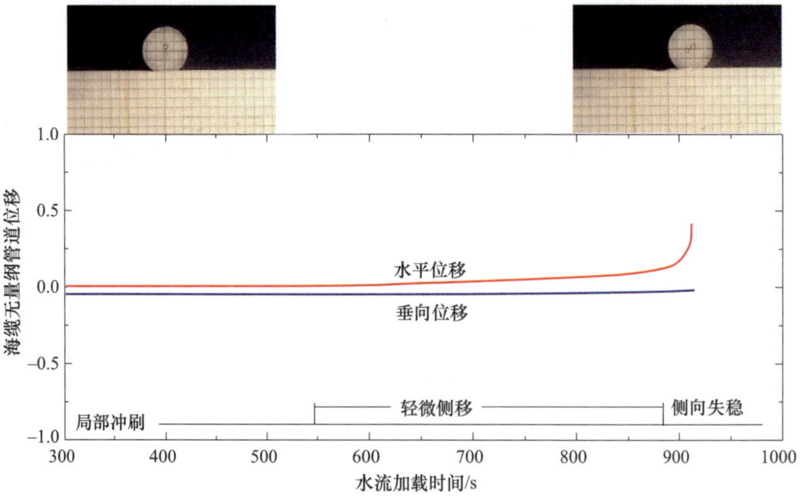

图 10－13　海流作用下海缆侧向失稳

海缆侧向失稳判据是海缆在位稳定性设计的关键。通过相似理论分析及水动力试验结果，Froude 数被确定为控制海缆侧向稳定性的关键水动力参量，另一控制参量是无量纲海缆水下重量 G［$G=W_s/(\gamma' D^2)$］，而 KC 数仅控制海缆两侧涡的产生和脱落（Gao et al.，2007 年）。基于水槽试验结果，建立了描述周期波浪和稳态海流作用下反映流固土耦合效应的海缆侧向稳定性定量判据（见图 10－14）：

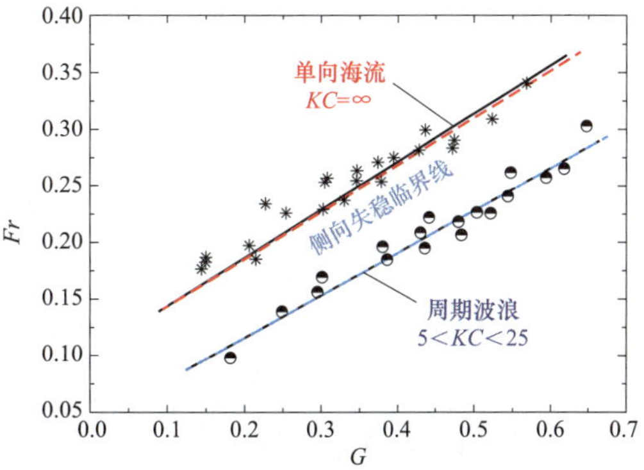

图 10－14　波流或海流作用下海缆侧向失稳

$$Fr_{cr}=a+bG \tag{10-19}$$

式中：Fr_{cr} 为波浪或海流荷载引起海缆侧向失稳的临界 Froude 数：

$$Fr_{cr}=U_{CL}/\sqrt{gD} \tag{10-20}$$

式中：U_{CL} 为水质点最大运动速度；g 为重力加速度；a 和 b 为常数，二者的取值与水动力载荷类型（波浪、海流）、海缆端部约束条件等因素相关。该失稳判据在波流、结构和土体的关键参量之间建立了关联。需要注意的是，对于周期性波浪和单向海流两种典型水动力载荷情况，海缆侧向稳定性存在差异：在相同海床土体和海缆参数条件下，海缆波浪力的惯性力效应使得波浪载荷引起海缆失稳的临界 Froude 数小于稳态海流情况。该判别依据是在海缆埋深非常小（$e/D<0.05$）的条件下得到的，此时海缆前方的被动土压力可以忽略不计。相比于 DNV 规范推荐做法中的极限土阻力模型，该失稳判据在波流、结构和土体的关键参量之间建立了耦合关系；当 Fr 数较小时，二者结果趋于一致；随着 Fr 数增大，二者差异变大，表明流固土耦合效应愈加显著。

10.5.3　局部冲刷

1. 海缆冲刷悬空触发的渗透侵蚀破坏机制

当波浪或海流与铺设在海床之上的海缆发生相互作用时，海缆前方和后方均会形成漩涡结构如图 10－15 所示。这些局部漩涡在海缆附近前后方床面产生压力差，导致海缆下方海床土体内部出现渗流，并可进一步诱发类似于管涌现象的渗透破坏，使得海缆下方土体产生冲刷。一般而言，基础结构（如桩基础）周围的局部冲刷主要侧重于分析床面表层土颗粒的推移质及悬移质运动，而海缆下方冲刷触发的机理与其存在本质不同。水槽试验研究发现，海流作用下海缆冲刷触发发生在海缆下游侧壁的渗流出口处，继而沿缆线轴向扩展而形成悬跨。研究者在缆线上游砂土表面放置一块不透水隔板，如图 10－16 所示，当不透水隔板足够长时可以有效地抑制海缆悬空现象的出现，验证了海缆上下游压力差引起的海床土体渗流是诱发海缆悬空的关键。

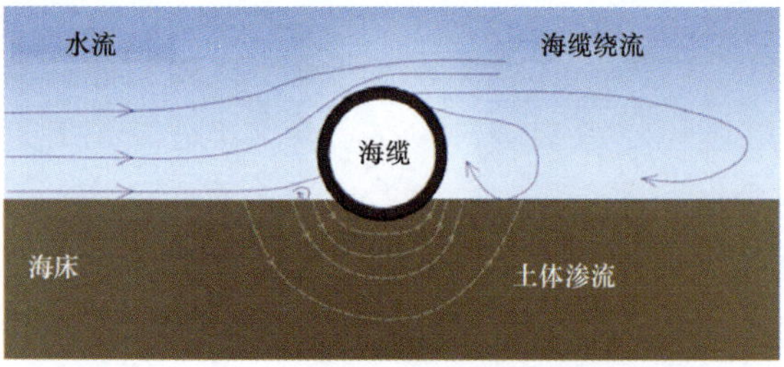

图 10－15 海流作用下海缆周围扰流流场及渗流场

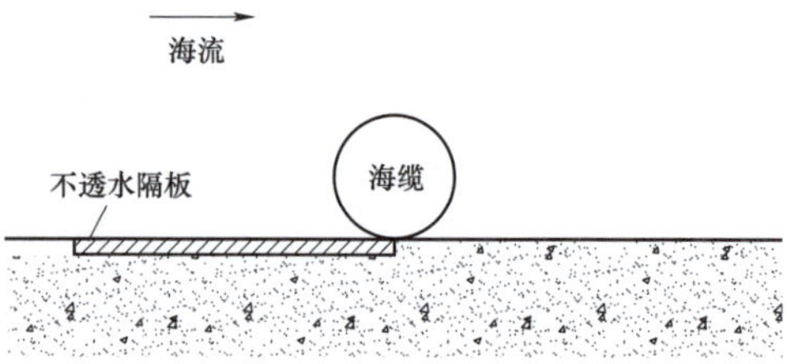

图 10－16 不透水隔板对海流作用下海缆局部冲刷的影响

为定量预测海流作用下侵蚀悬空的触发，须建立渗透破坏的临界条件。在诸多研究（Sumer et al.，2001 年；Zang et al.，2009 年；Zhang et al.，2016 年）中，传统的渗透破坏（渗流方向竖直向上）临界水力梯度 i_{cr0} 被采用，即：

$$i_{cr0} = (1-n)(s-1) \qquad (10-21)$$

式中：n 为砂土的孔隙率；s 为砂粒的比重。但是，渗流出口处的流动与海缆表面相切倾斜向上，而非垂直于床面向上。基于此，Gao 和 Luo（2010 年）考虑土体内摩擦角影响及沿切线向上的渗流破坏机理，推导了临界水力梯度：

$$i_{cr} = (\sin\alpha + \cos\alpha \tan\varphi)(1-n)(s-1) \qquad (10-22)$$

式中：φ 为海床土体的内摩擦角；α 为海缆嵌入海床角度的一半，$\alpha = \arccos(1-2e/D)$。进而建立了诱发海缆悬空的临界流速 U_{CT} 的预测公式：

$$\theta_{cr} \approx 2.51 + 0.068\varphi \ (0 < e/D < 0.25) \qquad (10-23)$$

式中：θ_{cr} 为以海缆嵌入土体深度 e_0 为特征长度的修正希尔兹数：

$$\theta_{cr} = \frac{U_{CT}^2}{e_0 g(1-n)(s-1)} \qquad (10-24)$$

波浪作用下海缆冲刷悬空出发的机理与海流作用时类似，也是由前述的渗透破坏所引起。波浪作用时海缆前后方海床表面压差值主要受波浪 KC 数影响。

当海底的流速或者波浪 KC 数超过临界值时，海缆下方的海床土体可发生渗透破坏。一旦海缆悬空，下方间隙的水流速度和床面剪切应力增大，进而造成土颗粒输运量的增大，下方土体不断被掏蚀；下游尾迹涡的存在又使得海缆前方土体被冲刷；冲刷深度和范围不断发展，导致悬跨的出现以及海缆的变形。

2. 冲刷深度

侵蚀破坏导致海缆下方土体冲刷贯通，缆土间的间隙内流动导致冲刷通道不断扩展，直至最后达到平衡状态。图 10－17 给出了海流作用下海缆下方床面冲刷深度及冲刷形态的典型发展过程。在冲刷起始阶段，土颗粒的运动主要发生在海缆下方，土颗粒在海缆下游沉积形成土垄（berm）。之后，土垄随冲刷进一步发展而逐渐向下游移动，同时最大冲刷深度位置也逐渐向下游发展。海缆背流侧交替脱落的尾迹涡含有较大的脉动流速，能够将土垄处大量的土颗粒裹挟至远场，使得海缆下游的冲刷范围扩展。此外，土垄外形在尾迹涡的作用下逐渐趋于流线型，有效减小了其对海缆下方流动的阻力，这也有助于海缆下方冲刷进一步发展。

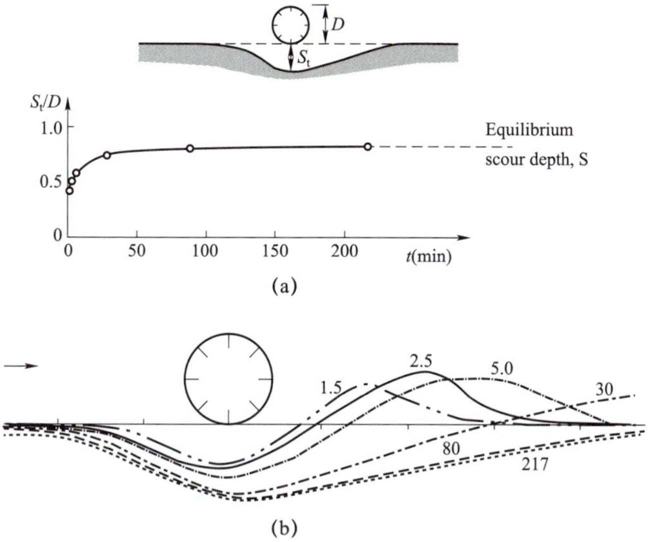

图 10－17　海流作用下海缆下方

（a）最大冲刷深度随时间的变化；（b）不同时刻床面冲刷形态

海流作用下海缆下方的最终冲刷深度 S 约为 0.3～1.0 倍缆径，如图 10－18 所示。图中 θ 代表 Shields 数，用来表征床面剪应力的大小，其定义为

$$\theta=\frac{\tau_b}{\rho g d_{50}(s-1)} \qquad (10-25)$$

式中：τ_b 为床面剪应力；d_{50} 为中值粒径；ρ 为水体密度。Re 代表用海缆直径定义的雷诺数，其定义为

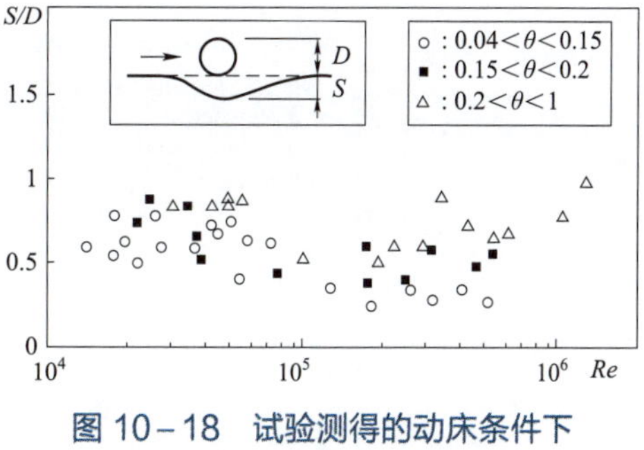

图 10－18　试验测得的动床条件下海缆下方平衡冲刷深度

$$Re=\frac{UD}{\nu} \qquad (10-26)$$

式中：ν 为水体的运动黏滞系数。从图 10－20 中的数据，可以给出如下的冲刷深度平均值和标准差

$$S/D=0.6,\ \sigma/D=0.2 \qquad (10-27)$$

Chiew 等（1991 年）针对海流作用时海缆下方平衡冲刷深度开展研究，对大量实验数据进行了整理和分析，观察到最大的平衡冲刷深度一般出现在清水冲刷和动床冲刷的临界条件下（对应 Shields 数范围约为 0.045～0.050）。在清水条件下，远离海缆处的海床土颗粒处于静止状态，冲刷坑内的土体无法得到补给，因此试验测得的冲刷深度往往小于已有研究中的经验公式预测结果。

在波浪作用的情况下，海缆前后两侧会交替出现尾迹涡的脱落，这使得海缆下方冲刷坑相比于海流单独作用时更为平坦和趋于流线型。尾迹涡街沿水流方向的长度 L 如图 10－19 所示，主要取决于波浪诱导水质点往复运动的幅值，该幅值的无量纲形式即为 KC 数。随着 KC 数的增大，冲刷坑的宽度随之增加，同时冲刷坑形貌也更加趋于流线型，这一定程度上解释了冲刷深度随 KC 数增大而增加的规律，如图 10－20 所示。从图 10－20 还可以看出，在较小的 KC 数条件下，波浪诱导的冲刷深度小于海流单独作用的情况，这是由于此时波浪诱导产生的尾迹涡街长度小于海流对应的尾迹涡街长度。而在较大的 KC 数条件下（$KC\geqslant 50$），由于尾迹涡街长度的影响已变得相对次要，同时波浪诱导的冲刷形貌更加平坦，因此此时波浪诱导的冲刷深度大于海流单独作用的情况。如图 10－20 所示，波浪作

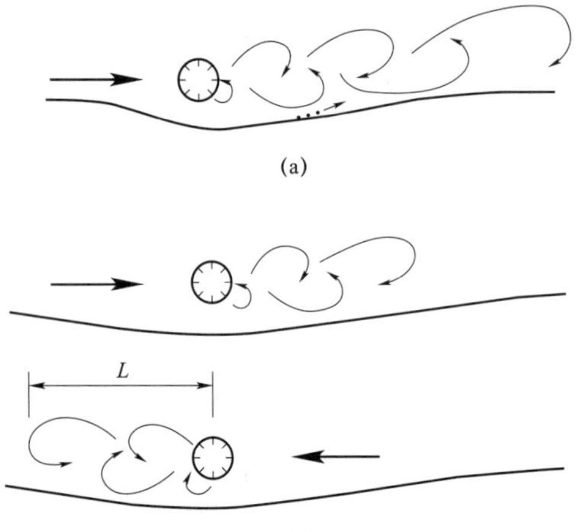

图 10－19　尾迹涡街示意

（a）单独海流；（b）单独波浪

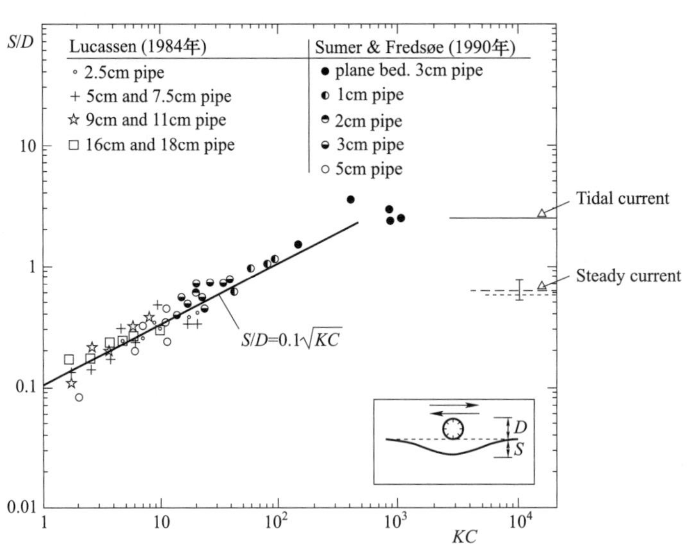

图 10－20　波浪作用下海缆下方平衡冲刷深度随 KC 数的变化（动床条件）

用（动床条件）下海缆下方平衡冲刷深度随 KC 数的变化规律可用如下的经验关系式进行表示：

$$S/D = 0.1\sqrt{KC} \tag{10-28}$$

本节中上述关于海缆下方冲刷深度的变化规律，都是针对一种特定的海缆垂向位置，即海缆最下方恰好与床面接触。而在实际工程条件下，海缆可能与床面存在一定的间隙，或是部分海缆嵌入海床。海缆在竖直方向与床面的相对位置对冲刷深度具有重要的影响，在评估冲刷深度时，其影响可用如下的公式予以考虑：

海流单独作用情况：

$$S/D = 0.625\exp(-0.6e/D) - 0.25 \leqslant e/D \leqslant 1.2 \tag{10-29}$$

波浪单独作用情况：

$$S/D = 0.1\sqrt{KC}\exp(-0.6e/D) \tag{10-30}$$

式中：e 为海缆最下方位置与床面之间的距离，e 为正代表海缆位于床面之上，e 为负代表海缆嵌入海床之中。

3. 涡激振动对冲刷的影响

海缆发生冲刷悬跨之后，在波浪或海流作用下可能发生涡激振动（vortex-induced vibration，VIV）。涡激振动是一种典型的流固耦合响应，结构涡激振动的激发范围、振幅和频率响应特性直接关系到结构的疲劳安全性。波浪或海流与海缆发生相互作用后，在海缆后方会产生周期性脱落的尾迹涡，尾迹涡的交替脱落使海缆表面的压力产生周期性的变化，进而使海缆受到周期性波动的拖曳力和升力。尾迹涡的涡脱落频率遵循 Strouhal 定律

$$f = S_t U/D \tag{10-31}$$

式中：S_t 代表 Strouhal 数，是雷诺数 Re 的函数；在亚临界雷诺数范围内（$300 < Re < 3.0\times10^2$），$S_t \approx 0.18$。当尾迹涡的涡脱落频率与海缆的固有频率接近时，涡脱落频率则会突然与结构振动频率联锁在一起，即锁频现象，此时尾流能量将有效地传递给海缆结构从而使其产生高幅值振动。涡激振动的激发范围，通常采用约减速度 V_r 进行表征，V_r 的定义式为

$$V_r = U/f_n D \tag{10-32}$$

式中：f_n 为海缆的固有频率。已有实验研究表明，对于远离壁面的圆柱体而言，VIV 激发范围主要依赖于结构质量比 m^*，m^* 的定义式为

$$m^* = 4m/\pi\rho_w D^2 \tag{10-33}$$

式中：m 为单位长度缆段质量；ρ_w 为水的质量密度。

涡激振动会在海缆结构周围诱导产生附加的脉动流速，增大瞬时的床面剪应力，并进而导致冲刷坑范围的进一步扩展。海缆涡激振动与局部冲刷全耦合物理模型实

验发现，具有初始嵌入深度的海缆涡激振动触发是涉及床面冲刷地形演变、尾涡脱落和结构振动的流固土耦合过程（Gao et al.，2006 年）。该耦合过程包含两个典型阶段：① 在海缆发生悬空的初期，受底床边壁对涡脱落抑制影响，海缆仍处于静止状态，此时局部冲刷在垂向和流向两个方向均持续扩展；② 当冲刷深度发展到临界值时，涡激振动将被触发，继而诱导更强烈土体冲刷并最终达到极限平衡状态，如图 10－21 所示。由于海床土体对海缆的近壁面效应，地形冲刷演变不仅影响海缆振动幅值，而且对振动频率影响显著：随着冲刷深度的增大，振动频率逐渐减弱达 20%；当冲刷深度和振动幅值达到极限平衡时，振动频率趋于恒定值。

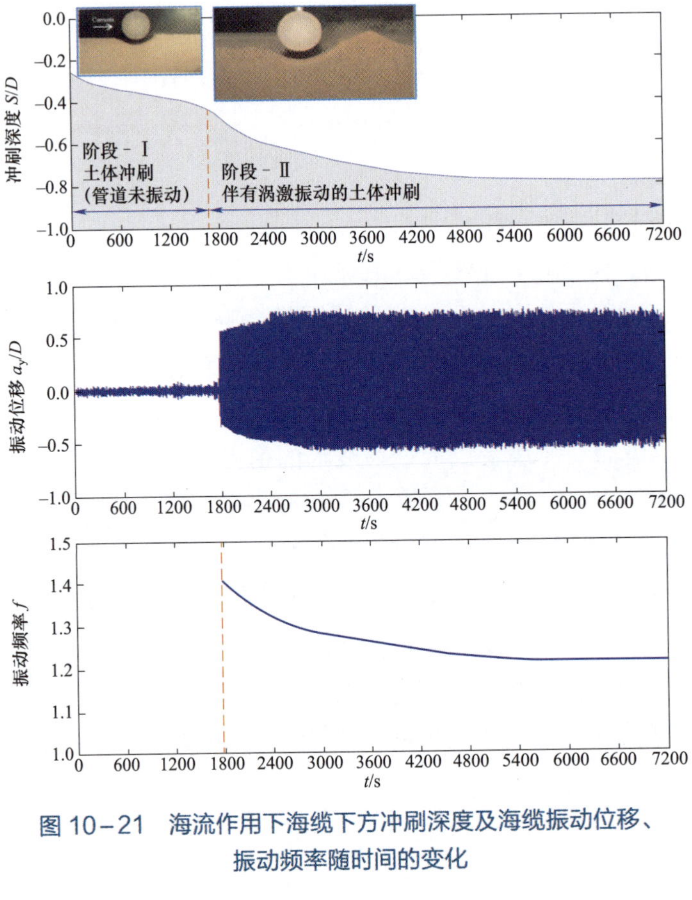

图 10－21 海流作用下海缆下方冲刷深度及海缆振动位移、振动频率随时间的变化

4. 冲刷的三维扩展

尽管在悬跨段的海缆冲刷发展可以看作一个二维过程，但实际当中整体的海缆冲刷呈现出三维特征，尤其是在悬跨段跨肩。在跨肩处，海缆周围流动呈现出显著的三维特征（见图 10－22），局部流场中螺旋形涡流生成机理与桩柱前缘处马蹄涡生成机理类似，都是海缆和与来流边界层相互作用导致的流动分离而引起。

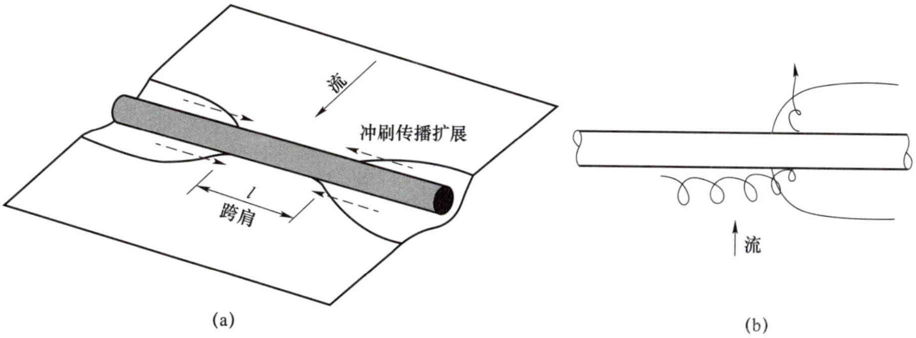

图 10－22 三维冲刷

（a）海缆三维冲刷扩展过程；（b）三维冲刷扩展过程中跨肩处流场

在单向海流作用下，海缆局部冲刷坑沿海缆方向的扩展可分为主扩展（primary propagation）和二次扩展（secondary propagation）两个阶段（Cheng et al.，2009 年）。两类典型的海缆冲刷扩展过程如图 10－23 所示。当海缆初始埋深较浅时，以主扩展过程为主，此时冲刷坑的扩展速率较大；而当海缆初始埋深较大时，则会首先发生主扩展，冲刷坑扩展至一定范围后扩展速率变小，进入二次扩展阶段。冲刷扩展速率在主扩展阶段和二次扩展阶段存在显著的差异，其原因是：在冲刷扩展开始阶段，海缆悬跨长度较小且海缆上下游的压差较大，冲刷坑周围形成了复杂的三维流动，大量水体被裹挟流经海缆与冲刷坑之间的间隙，导致局部床面剪应力的放大，最终形成了较大的冲刷扩展速率；随着冲刷的扩展，海缆悬跨长度增加，海缆上下游的压差逐渐减小，冲刷坑附近流场的三维效应逐渐弱化，冲刷坑的扩展主要受跨肩处流动主导，因此冲刷扩展速率显著降低。试验研究还发现，冲刷过程中，跨肩区的局部冲刷坑坡角与土体的自然休止角接近。

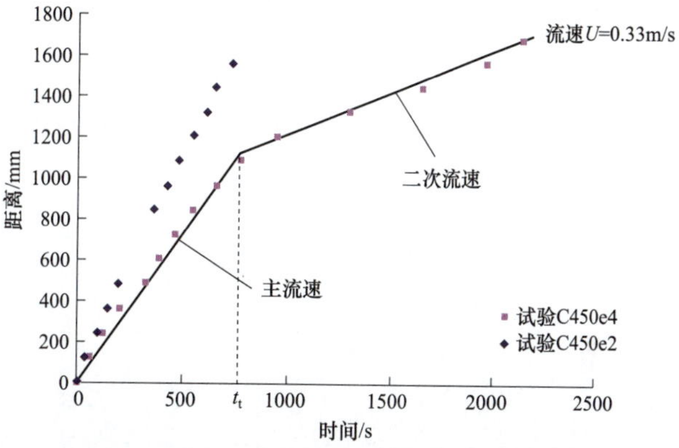

图 10－23 两类典型的海缆冲刷扩展过程

10.5.4 波浪—海床—海缆的液化评估

当波浪在海洋表面传播时会在海床水土交界面上形成一个瞬变的波压力场，海床土体内部的孔隙水压力将随着波压力场的变化而改变。室内试验和现场测试的研究表明，波浪荷载作用下海床孔压响应的机理根据超静孔隙水压力增长方式的不同可以分为两类，即与瞬时体积应变趋势有关的瞬时振荡孔压响应和由永久压密趋势引起的累积残余孔压增长，如图 10－24 所示。

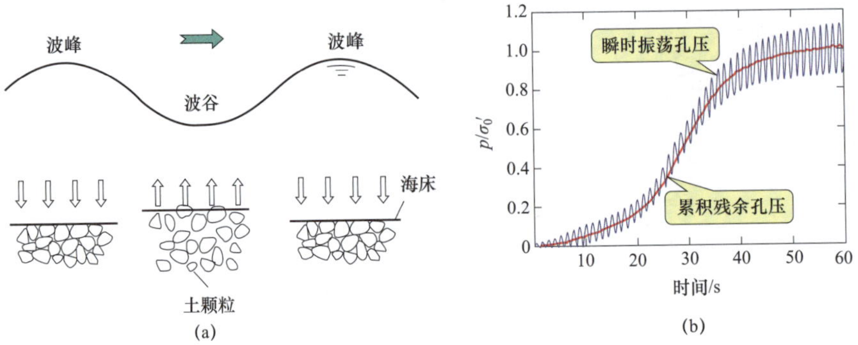

图 10－24　波浪引起的海床液化

（a）瞬时振荡液化；（b）累积残余液化

1. 海缆周围海床瞬态液化

对于较大的波浪荷载作用需要考虑海床的瞬时液化，潘冬子、Thompson 等所提出的贴体坐标转换基础上应用有限差分法，对波浪—海床—海缆的相互作用问题进行分析。考虑沿 x 正方向稳态推进波的作用，计算简图如图 10－25 所示，其中：H_0 为波高；d 为水深；h 为海床厚度；b 为埋深；R 为半径；k 为波数；ω 是波浪频率，$\omega = 2\pi / T$。

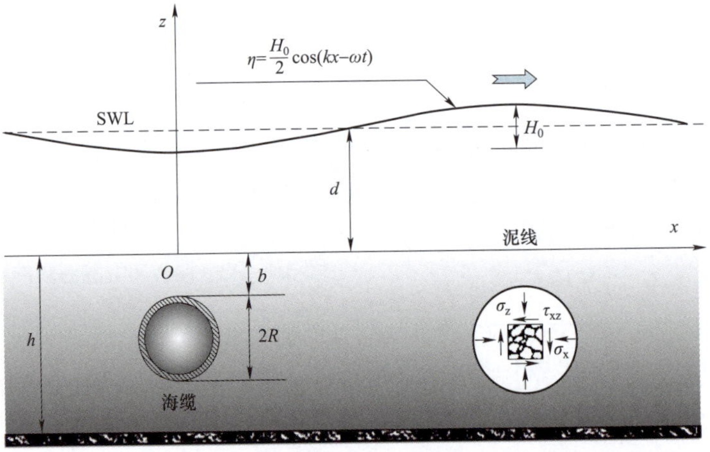

图 10－25　计算简图

为了求解土骨架位移 $\bar{u}_x, \bar{u}_z$ 和超孔隙水压力 $\bar{p}$，该分析的基本假定如下：

1）海床是水平、均质、高饱和、渗透各向异性且具有有限厚度。

2）土骨架和孔隙水的压缩系数是常数，土颗粒是不可压缩的。

3）土骨架的应力—应变关系满足 Hooke 定律。

4）孔隙水的渗流服从 Darcy 定律。

5）不考虑波浪在传播过程中的能量损耗。

6）作用于海床表面的波压力等于相同深度处不透水刚性水平海床表面的波压力。

控制方程可以表述为

$$G\nabla^2\overline{u}_{\mathrm{x}}+(\lambda+G)\frac{\partial\overline{\theta}}{\partial x}-(1-\vartheta)\frac{\partial\overline{p}}{\partial x}+\omega^2(\rho_0-\rho_{\mathrm{w}}\vartheta)\overline{u}_{\mathrm{x}}=0 \tag{10-34}$$

$$G\nabla^2\overline{u}_{\mathrm{z}}+(\lambda+G)\frac{\partial\overline{\theta}}{\partial z}-(1-\vartheta)\frac{\partial\overline{p}}{\partial z}+\omega^2(\rho_0-\rho_{\mathrm{w}}\vartheta)\overline{u}_{\mathrm{z}}=0 \tag{10-35}$$

$$\nabla^2\overline{p}+\frac{n\beta\rho_{\mathrm{w}}\omega^2}{\vartheta}\hat{p}+\frac{1-\vartheta}{\vartheta}\rho_{\mathrm{w}}\omega^2\overline{\theta}=0 \tag{10-36}$$

$$\overline{\theta}=\frac{\partial\overline{u}_{\mathrm{x}}}{\partial x}+\frac{\partial\overline{u}_{\mathrm{z}}}{\partial z} \tag{10-37}$$

式中：$\vartheta=\dfrac{\rho_{\mathrm{w}}\omega n}{\rho_{\mathrm{w}}\omega-inb}$，$b=\dfrac{\rho_{\mathrm{w}}g}{k_{\mathrm{z}}}$；$\rho_0=(1-n)\rho_{\mathrm{s}}+n\rho_{\mathrm{w}}$；$\rho_{\mathrm{s}}$和$\rho_{\mathrm{w}}$分别为土粒和孔隙流体的密度，$n$ 为土体的孔隙率；k_{z}为竖向渗透系数，假定渗透各向同性；λ和 G 为 Lame 常数，$\lambda=2G\mu/(1-2\mu)$；μ为泊松比。

边界条件可以表述为

$$\begin{cases}z=-h,\overline{u}_{\mathrm{x}}=\overline{u}_{\mathrm{z}}=\dfrac{\partial\overline{p}}{\partial z}=0\\ z=0,\overline{\sigma}'_{\mathrm{z}}=\overline{\tau}_{\mathrm{xz}}=0,\overline{p}=p_0\cos(kx)\\ r=\sqrt{x^2+(y+b+R)^2},\dfrac{\partial\overline{p}}{\partial n}=0\end{cases} \tag{10-38}$$

式中：p_0为海床表面波压力幅值，对于线性波，$p_0=\dfrac{\gamma_{\mathrm{w}}H_0}{2\cosh(kd)}$，波数$k=\dfrac{2\pi}{L}$；频率$\omega=\dfrac{2\pi}{L}$；$L$ 为波长；T 为周期；b 为埋深；R 为海缆半径；n 为海缆外法线方向；$\overline{\sigma}'_{\mathrm{z}}$为 z 方向有效正应力；$\overline{\tau}_{\mathrm{xz}}$为剪应力，由位移表示的物理方程得

$$\begin{cases}\overline{\sigma}'_{\mathrm{z}}=2G\left(\dfrac{\partial\overline{u}_{\mathrm{z}}}{\partial z}+\dfrac{\mu}{1+\mu}\overline{\theta}\right)\\ \overline{\tau}_{\mathrm{xz}}=G\left(\dfrac{\partial\overline{u}_{\mathrm{x}}}{\partial z}+\dfrac{\partial\overline{u}_{\mathrm{z}}}{\partial x}\right)\end{cases} \tag{10-39}$$

为了考虑海床在波浪荷载作用下的液化特性，采用 Jeng 提出的瞬态液化判别准则：

$$-\frac{1}{3}(1+2K_0)(\gamma_{\mathrm{s}}-\gamma_{\mathrm{w}})z+(p_{\mathrm{f}}-p)\leqslant 0 \tag{10-40}$$

式中：γ_{s}和γ_{w}分别为土和水的重度；K_0为土体静止压力系数；p_{f}为海床表面的波压力；p 为波浪引起的海床深度 z 处的孔隙水压力。

结合水槽模型试验，潘冬子给出了不同埋深的情况下，海缆周围液化破坏区域的分布（水槽模型试验的参数如下，在数值计算中，为了有明显的瞬时液化效果，计算中波高提高到 $5H_0$，其他参数不变）。

（1）波浪参数

周期 $T=1.5\text{s}$；水深 $d=0.4\text{m}$；波长 $L=2.614\text{m}$；波高 $H_0=0.1\text{m}$。

（2）海床参数

厚度 $h=0.3\text{m}$；渗透系数 $k_x=k_z=6.1\times10^{-4}\text{m/s}$；泊松比 $\mu=1/3$；孔隙率 $n=0.3$；剪切模量 $G=1.3\times10^7\text{N/m}^2$；饱和度 $S_r=1$；土颗粒比重 $G_s=2.685$。

（3）海缆参数

外径 $D=40\text{mm}$；密度 $\rho_p=1.39\times10^3\text{kg/m}^3$；埋深 $b=0.3h$。

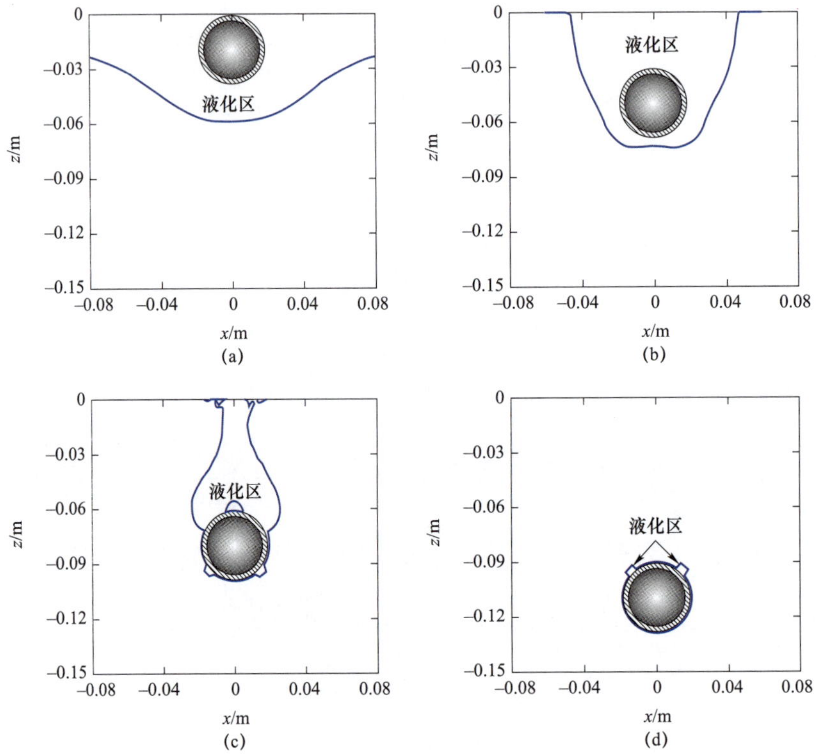

图 10-26　海缆周围的液化区域分布

（a）$b=0.0h$；（b）$b=0.1h$；（c）$b=0.2h$；（d）$b=0.3h$

从图 10-26 可以看出，液化区域在海缆周围沿管剖面竖向中轴线基本上呈对称分布，由于海缆的存在，海缆周围区域海床液化势增大，随着埋深的增加，液化区域逐步减小。

2. 海缆周围海床残余液化

针对海床残余液化问题，潘冬子基于多尺度分析的思想（即选取瞬时振荡的高频为第一个特征频率，选取累积残余的低频为第二个特征频率），将基于贴体坐标的有限差分法进行了推广，考虑累积孔隙水压力的增长，对波浪—海床—海缆的液化进行评估。

为描述累积孔隙水压力u_g，McDougal等假定u_g与周数比N/N_1满足线性关系

$$u_g = \sigma_0' \frac{N}{N_1} \tag{10-41}$$

其中，初始液化时的振动次数N_1定义为

$$N_1 = \left[\frac{1}{\chi}\frac{|\tau_{xz}|}{\sigma_0'}\right]^{1/\zeta} \tag{10-42}$$

式中：χ和ζ由土性条件决定；$|\tau_{xz}|$为剪应力幅值，它由瞬时震荡量给出；σ_0'为初始有效固结应力，定义为

$$\sigma_0' = -\gamma_s' z \frac{1+2K_0}{3} \tag{10-43}$$

式中：γ_s'为土体有效重度；K_0为土体静止压力系数。

结合 Sumer 等的模型试验进行管缆周围海床残余液化特性的分析。该试验作用粉土特性如表10-9所示。

表10-9　一种粉土的土性参数

中值粒径 d_{50}/mm	0.045	相对密度 D_r	0.85
比重 G_s	2.65	式（10-42）中系数 x	0.48
天然含水量 w	20.3%	式（10-42）中系数 ζ	-0.29
饱和重度 γ_t/（kN·m^3）	20.54	渗透系数 k_z/（m·s^{-1}）	5.37×10^{-8}
有效重度 γ'/（kN·m^3）	10.73	剪切模量 G/（N·m^{-2}）	5.4×10^6
饱和度 S_r	1.00	剪切模量 E/（N·m^{-2}）	1.46×10^7
孔隙比 e	0.54	泊松比μ	0.35
孔隙率 n	0.35	固结系数 C_v/（m^2·s^{-1}）	1.28×10^{-5}
最大孔隙比 e_{max}	1.13	摩擦角φ	36°
最小孔隙比 e_{min}	0.44	静止土压力系数 K_0	0.41

Sumer等的模型参数：波浪周期T为1.6s；波长L为2.89m；水深d为0.42m；波高H_0为6.6～16.6cm；海床厚度h为0.17m；海缆半径R为2cm。

图10-27讨论了波高对孔压累积的影响，计算中取海缆埋深$b=4R$。

从图10-27可以看出，波高越大，海缆周围孔压增长越迅速，峰值也越大；同等波高情况下，海缆顶部孔压增长速度较底部要快，数值也大。

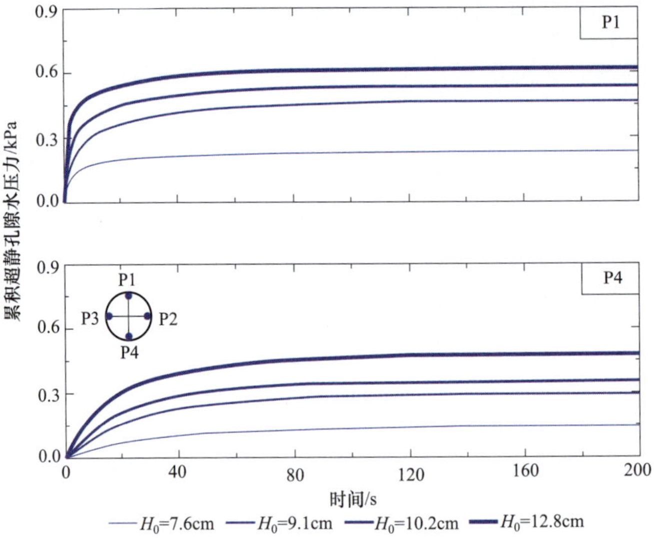

图 10-27 波高对海缆周围孔压累积的影响

图 10-28 讨论了埋深对孔压累积的影响，计算中取波高 $H_0=7.6$cm。从图 10-28 可以看出，埋深越浅，计算得到的海缆周围孔压增长越迅速，峰值也越大；但是实际上由于埋深越浅，初始竖向有效应力就越小，海缆周围的土体很快就已经液化，图中虚线和点划线分别表示埋深为 0.5R 和 1.5R 时管顶位置对应的初始竖向有效应力。

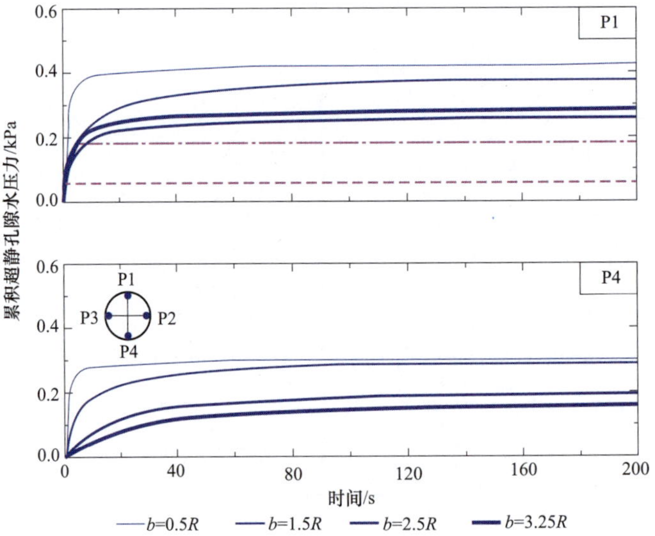

图 10-28 埋深对海缆周围孔压累积的影响

定义累积孔隙水压力和初始竖向有效应力之比 $u_g/\sigma_0'=1$ 时为液化临界状态，图 10-29 给出不同波高的波浪作用下，$t=200$s 时浅埋海缆（$b=0.5R$）周围及床面附近的液化区域分布。

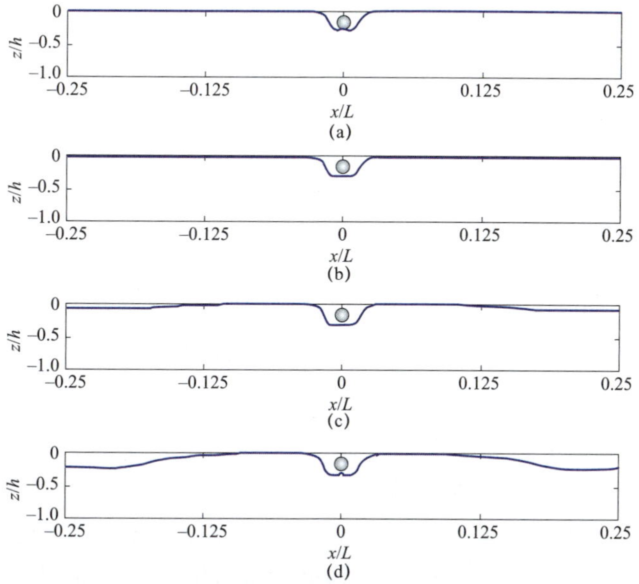

图 10－29　波高对浅埋海缆及床面附近液化区域的影响

（a）H_0=9.1cm；（b）H_0=10.2cm；（c）H_0=11.4cm；（d）H_0=11.8cm

从图 10－29 可以看出，对于浅埋海缆，其周围的液化区域大致呈梯形分布；随着波高的增加，海缆周围的液化区域变化不大；当波高达到 11.4cm 时，$x=\pm0.25L$ 床面附近出现较大的液化区，该液化区随着波高的增加，深度和范围都有所增大。

图 10－30 给出不同波高的波浪作用下，t=200s 时深埋海缆（b=4.0R）周围及床面附近的液化区域分布。

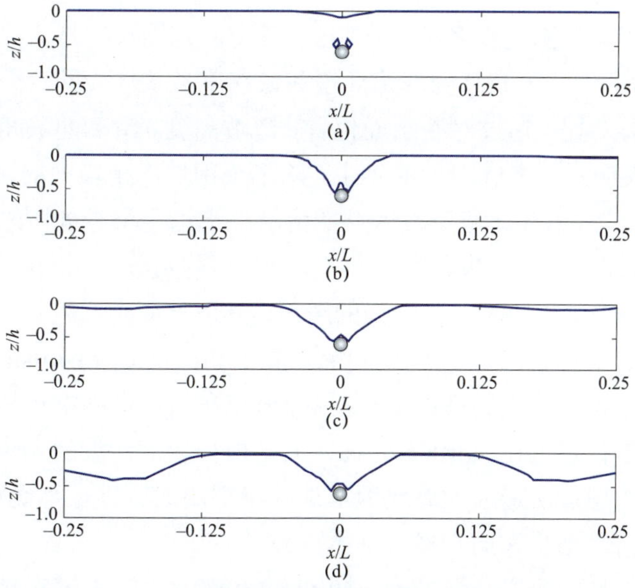

图 10－30　波高对深埋海缆及床面附近液化区域的影响

（a）H_0=9.1cm；（b）H_0=10.2cm；（c）H_0=11.4cm；（d）H_0=11.8cm

从图 10－30 可以看出，对于深埋海缆，其周围的液化区域大致呈三角形分布；随着波高的增加，在床面其他地方未出现液化区之前，海缆周围的液化区域增加明显；当波高达到 11.4cm 时，$x=\pm0.25L$ 床面附近出现较大的液化区，该液化区随着波高的增加，深度和范围都有所增大，此时海缆周围的液化区域变化不大。

10.5.5 海底滑坡对海缆的影响

海床在多种机制的共同作用下，即使是在小于 1° 的缓坡下，也非常容易发生滑坡。海底滑坡严重影响着海洋结构物的稳定性，会造成海缆失效等重大性事故。海底滑坡非常普遍，尤其是地震和飓风容易造成海底滑坡的发生。1992 年格兰德班克斯（Grand Banks）地震造成了 20km^3 体积的海底滑坡；伊万卡特里娜（Ivan and Katrina）飓风造成了大量的海底滑坡和泥石流。

通过对海底斜坡失稳现象的统计分析，发现海底滑坡可以发生在坡度小于 1° 的斜坡上，且海底滑坡体积及滑动距离要超过陆地滑坡。并且海底泥石流可以在 0.5° 到 3° 的角度滑行几百千米。海缆比其他海底结构更容易受到海底滑坡和泥石流的影响，主要是由于两个原因：① 海缆非常长，使其在海底滑坡作用下受到的冲击范围大；② 海缆抗力相对更小。

对海洋海缆作用力的研究目前主要有两种方法，土力学方法和流体力学方法。海缆在侧向和轴向运动的同时，还会受到侧向和轴向的土体抗力。土体抗力的大小与土体的强度和海缆埋深等有密切关系，并且已经有了许多针对海缆在非稳定斜坡上的海缆土相互作用的研究。

海底滑坡的影响范围受到多种因素制约，其空间范围尺度是研究海底滑坡的重要方面。Canals 等对分别位于高纬度严寒环境和低纬度炎热环境的八个范围较广的海底滑坡易发生区进行对比，通过对断裂面位置、滑坡高度、滑动面坡角等重要参数进行分析比较，研究表明对于海底滑坡的发生，除了个别坡度角较大的滑坡壁外，大部分的滑坡面坡度都比较小。从海底滑坡区域的滑坡壁上沿至失稳处所影响到的末端边沿的水平距离为滑移距离，它与失稳沉积物崩解程度、初始破坏程度以及搬运历史有关。黏粒含量少、易崩解、初始破坏程度强的滑坡，其滑移距离比较长。早期开展对海底滑坡沉积物研究的学者中，Prior 等在分析加拿大 Province of British Columbia 基地马特峡湾海底滑坡沉积物特征的基础上，提出碎屑流在搬运过程中较易发生沉积。Llstad 等对 20 世纪 90 年代发生在 North Norway 的斐内德峡湾滑坡的调查报告进行研究，并对由于沉积物的搬运所造成的海底地形地貌特征的改变进行了研究，并且进行了室内模型试验，其研究结果和调查报告基本一致。

我国对海底滑坡的研究开展较晚。20 世纪 80 年代初，随着全球海洋油气的大规模开发和高分辨率地球物理调查技术和设备的引进，我国正式开展海洋油气资源勘测与调查工作。在这些专项研究中，1988 年青岛海洋大学与美国 Louisiana 大学海岸研究所、加拿大地质调查所太平洋地质中心等单位合作，研究了现代黄河三角洲区的重力再沉积和底坡不稳定性。1996 年国家海洋局第一海洋研究所和法国海洋开发院合作进行了“东海沉积地层和古环境合作研究” 项目，对东海陆坡的稳定性进行了研究。冯志强和刘锡清等对南海陆架和海盆的海底失稳现象进行了描述和研究。杨作升和许国辉等对波浪作用下黄河三角洲底坡不稳定性进行了研究。

海底滑坡最普遍的类型是失稳岩土体的块体滑动。典型的海底滑坡系统通常包含三大部分：① 上部的滑坡源区，发育裂隙带，构成许多阶梯状张裂隙断层和断壁陡坎。② 中部滑坡沉积物的输送区。③ 下部滑坡体的堆积区，受到挤压作用形成褶皱，表面呈现出挤压迹象；滑坡体的边缘形成上凸的陡缘；滑动体的外表面常有从滑坡体上分离出来的块体、次级剪切面和变形的碎屑流动构造。海底边坡土体失稳后，许多未固结沉积物在滑移过程中逐渐崩解演变为碎屑流和泥流。碎屑流和泥流在流动过程中，其较粗的碎屑都是由间隙流体和细粒沉积物的混合体所支撑。它们的区别在于基质成分不一样：碎屑流基质中粗颗粒物质含量一定大于一半，而泥流基质中细颗粒物质占绝大比例。关于海底滑坡的诱发机制，Locat 认为 St.Laurent 峡湾的滑坡是由地震引的；Urgeles 发现 Canary 群岛水下滑坡的块体运动与夏威夷群岛水下滑坡相似，它们的发育与海底火山有关；Mc Adoo 对比分析了 Oregon 州、California 州、Texas 州和 New Jersey 海域大陆坡上发育的 83 个滑坡体，并比较了滑坡体的面积、滑动距离、滑坡壁高度、滑动面坡度、裂隙以及周围海底的坡度后，发现引起海底滑坡的不同因素是海底物质的沉积方式、侵蚀方式和区域海平面变化。

海缆因海床运动而发生破坏实际上是海床—海缆—外力三方面相互作用的结果。砂质海床在地震和波浪作用下会发生液化现象，淤泥质海床也存在很大的流变性，当海缆铺设在这些性质不稳定海床上时很可能由于海床塌陷、冲蚀而发生强度或变形破坏。海底滑坡导致的泥石流对海缆的冲击已被广泛认定为是引起海缆破坏失效的一个重要原因。因此，研究海底滑坡对海缆在位稳定性的影响对于海洋油气资源的开发利用有着十分重大的意义。

1. 滑坡下海缆稳定性分析

当海底滑坡作用的时候，海缆将受到海底滑坡的拖曳力的作用。拖曳力作用在海缆的有限长度范围内，并且可以分解成三个分量：侧向拖曳力、轴向拖曳力和与作用角度有关的竖向拖曳力。作用在海缆上的侧向抗力和海缆铺设后的形态有着密切的关系，Bruschi 等（2006 年）指出，铺设后的海缆主要有三种形式：自由悬跨海缆、铺设于海床上的海缆和埋入海床的海缆。自由悬跨和铺设于海床上的海缆容易直接受到海底滑坡和泥石流的作用。

Randolph 等（2010 年）提出来一套解析方法，并进行了参数分析。这套解析方法简单，求解快速。这个方法的重要缺陷在于：首先，海缆弯矩不连续造成解析计算结果与数值计算结果的明显差距；其次，侧向抗力假定均匀分布，这跟实际情况不同；最后，求解的精度只能控制在一定的范围内。

袁峰（2013 年）提出一套改进的解析模型来分析表面海缆和埋设海缆在滑坡作用下的性能。海缆根据其受力性能，被划分为四个部分。沿着海缆的位移、倾角、弯矩和剪力都是连续的。海缆受到的侧向土体抗力根据实际情况分布，并采用一套数值计算方法来求解，其结果经过 ABAQUS 计算验证。

2. 滑坡下海缆受力分析

当海缆的轴向沿着坡度最陡的方向时，是最安全的。而海底滑坡对于海缆的侧向作用作用力是危险的（Bruschi 等，2006 年）。海缆的受力情况如图 10－31 所示。

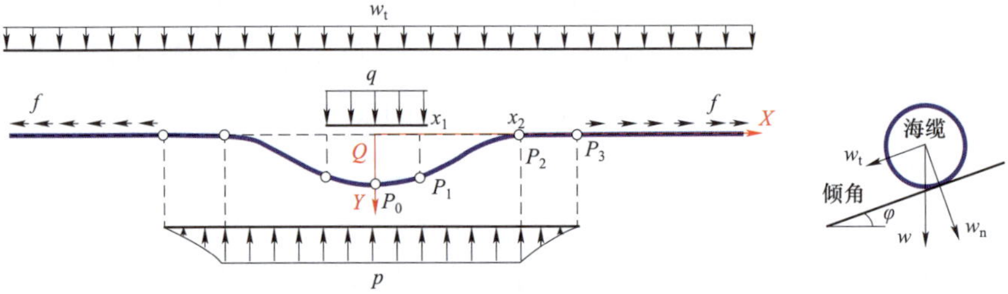

图 10－31　海缆受力分析模型

Q—垂直作用于海缆的滑坡拖曳力；P—海缆受到的被动土体抗力；φ—倾角；w_t 和 w_n—海缆浮重度 w 沿着倾角的切向和法向分量；f—海缆受到的轴向摩擦力

Zakeri（2006 年，2009 年）指出目前针对滑坡拖曳力的研究有很多。这些研究的结果相互间都存在差别，有时候甚至会出现相反的结论（Demars，1978 年；Swanson 和 Jones，1982 年），这就给计算海缆拖曳力及其对海缆影响带来了很大的不确定性。

传统的设计中，海缆侧向运动时土体的响应采用线弹性理想塑性模型（White 和 Cheuk，2008 年），由此可以得到图 10－32 所示双线性的 $p-y$ 关系。Bruton 等（2008 年）指出位移和土体抗力之间的关系和海缆重量有关系。对于浅埋的海缆，海缆运动过程中的残余土体抗力基本保持为一个常量，而对于深埋的海缆，当海缆侧向运动时的土体抗力会逐渐增加。Hodder and Cassidy（2010 年）通过实验得到了浅埋海缆的土体响应，并得到一个双线性的塑性模型。海缆的抗力 p 以 k 的增长率线性增长，直到其达到最大值。

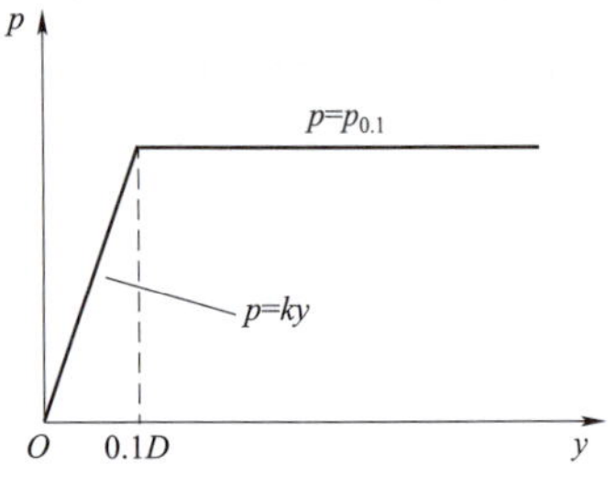

图 10－32　荷载位移关系

达到其最大抗力 $p_{0.1}$ 所需要的海缆位移为 0.1D，其中 D 是海缆的外直径（Brennodden 等，1986 年；Wanger 等，1989 年）。所以，位移在 0.1D 以内的海缆抗力增长率为 $k=10\,p_{0.1}/D$。White 和 Randolph（2007 年）建议了一个简单的方法来计算海缆抗力的最大值，直接将海缆重量与摩擦系数相乘，而摩擦系数介于 0.2～0.8。

3. 滑坡下海缆安全影响因素

（1） 滑坡作用力

滑坡作用力和多种因素紧密相关，比如滑坡速度、流动土体的抗剪强度等。滑坡力 q 越大，海洋海缆的位移 y/D 也越大，侧向位移的海缆也越长。同时，最大应力和弯矩随着滑坡力而增大，海缆的总应变 ε 是由弯矩和轴力共同作用造成的。所以，海缆的总应变最大值迅速增加，不利于海缆安全。

（2） 滑坡宽度

海底滑坡的宽度充满着不确定性，可能是几十米、几百米，甚至上千米。随着海底滑坡宽度的增加，海缆的侧向位移和发生侧向位移的海缆长度都迅速增加。且随着滑坡宽度的增加，最大海缆应变中由轴向拉力引起的部分稳定增长。由弯矩造成的应变部分先增长后又不断减小。在轴力和弯矩的共同作用下，随着滑坡宽度的增加，最大应变不断变大。对于宽度比较小的滑坡，弯矩应变总是超过轴力造成的应变。Randolph 等（2010 年）和袁峰（2013 年）认为对于比较宽的滑坡，弯曲应变通常非常重要，而 Parker 等（2008 年）的观点相反，认为海缆最后的破坏是由于拉力造成的。

（3） 侧向土体抗力

随着土体抗力的减小，海缆逐渐偏离初始位置，发生侧向位移的海缆长度随着侧向抗力的减小而增大。随着侧向抗力的增大，弯矩和轴力的变化是相反的，最大轴向应力和应变随着轴力减小而变小。当侧向土体抗力增大，最大弯曲应变稍微增大，其中由轴力引起的部分不断减小。这就导致了非常小或者非常大的侧向土体抗力都会导致大的海缆应变，而一个中等大小的侧向土体抗力却有利于海缆的安全。因此，工程师应该根据土体的特性，选择一个合理的海缆铺设路径，优化海缆受到的土体抗力大小。

（4） 轴向土体抗力

在滑坡作用区域的两侧的海缆末端可能是自由端，或者是被锚固的固定端。海缆末端的边界条件可以通过一个恒定的轴向摩擦力 f 来表示，轴力越大，最大应力和最大应变也随之减少，海缆的在位稳定性就越好。

但需要注意的是，虽然更大的轴力对海缆的在位稳定性是有利的，且弯曲应变随着轴力的增大而减小，但是总应变却随之增大，不利于海缆的安全。

因此，对于受到小宽度滑坡和小轴力作用的海缆，可以主要采取减小海缆弯矩的手段来保证海缆安全；而当作用在海缆的滑坡较宽，或者轴向抗力较大，主要措施应该是减小轴力。

（5） 海缆初始应力

海缆形态随着初始应力状态不同而变化，初始轴向拉力的存在对海缆的在位稳定性是有利的。更大的初始应力使得更长的海缆发生侧向位移，而更大的压力缩短了发生侧向位移的海缆长度。

轴力的变化趋势与弯矩是相反的。当海缆的初始应力从拉力变化到压力，最大轴力随之减小。轴向拉力在海缆总应变中是一个控制性的因素，当初始拉力不断增大，海缆的弯曲应变不断变小。

第 11 章 超高压海缆保护技术

海缆面临的风险可分为人工风险和自然风险。人工风险包括船舶的抛锚、拖锚、人工捕鱼、海底施工作业等；自然风险包括地质灾害、冲刷等。其中，人工风险是最主要的风险。实际工程中需针对海缆工程的海缆敷设方式，综合评估风险等级，提出合理的海缆保护方案，确保工程安全可靠运行。

11.1 海缆敷设保护措施

海缆敷设保护的措施主要有埋设保护、套管保护、覆盖保护等。

1. 埋设保护

经过多年实践，通常认为最经济、最有效的海缆保护方式是进行埋设保护，即使用专业设计的海缆埋设机械（各类型号的埋设犁或水下机器人）将海缆埋设至海床表面以下常见的渔具、锚具无法触及的深度，最大限度地保护海缆，使其免受外部风险的威胁。对 1960～2000 年间拖网及其他渔业活动造成的海底通信电缆事故进行统计，渔业活动造成的海底通信电缆事故统计分析如图 11－1 所示。从图 11－1 可以看出，自采用埋设保护后，事故率（故障数/1000km）显著降低。因此，现在几乎所有的海缆都采用埋设的保护方式。

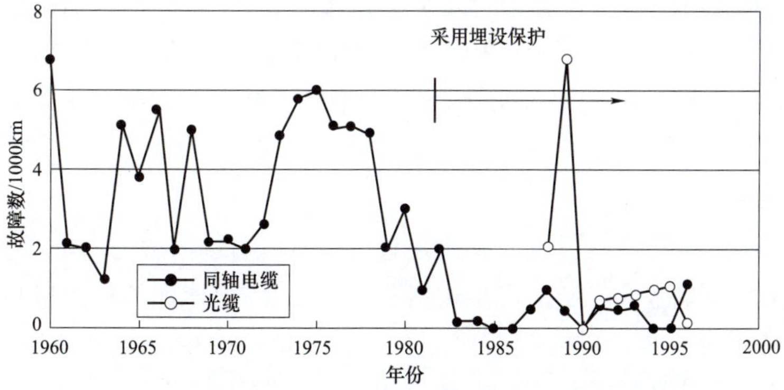

图 11－1　渔业活动造成的海底通信电缆事故统计分析

2. 套管保护

海缆路由近海浅滩段的渔业活动频繁，是渔船作业抛锚的频发点，当海缆埋设深度达不到要求时，可采用铁套管、玻璃钢套管保护和预埋钢管或钢筋混凝土管保护。

套管由两个半片对称连接组装，而后用螺栓紧固。施工中水下潜水员首先在已被流砂掩埋的海缆路由地带寻找到海缆位置，而后使海缆暴露在海床上；撬起海缆下部，先安放下半片套管，而后对接上半片，同时将螺栓孔紧固。延伸长时大口套小口，套口圆形状可防止脱落，以此类推。穿管保护如图 11－2 所示。

图 11－2　穿管保护

预埋钢管或钢筋混凝土管保护也是近海浅滩段常用的海缆敷设保护方式。一般在近海浅滩段预先挖好沟槽，并在沟槽中布置好钢管或钢筋混凝土管，然后回填，敷设海缆时应使其从保护管中穿过。坚硬的钢管或钢筋混凝土管对捕捞渔具和渔船船锚具有较强的抵御能力。

3. 覆盖保护

当海床为礁岩难以埋设、埋深不满足设计要求或者因海缆与其他海缆交叉而无法埋设时，可采取覆盖保护的方式，即采用岩石、混凝土块、水泥沙袋等将海缆覆盖起来，从而起到保护的作用。常用的有抛石保护、混凝土垫保护和混凝土袋（沙袋）保护。

抛石保护是典型的覆盖保护方式之一。通过在抛石船上加装托架固定抛石导管的方法，将抛石导管延伸到海缆上面1～2m处抛石。抛石全过程采用水下机器人监控，如发现悬空部分则补充抛石。因为抛石导管是延伸到海缆上方1～2m处才开始抛石，因此对海缆的冲击力很小，并且能够比较准确地定位。抛石保护如图11－3所示。抛石保护需要使用特殊施工机械，且施工速度慢、费用高昂，不宜大范围使用。

图11－3　抛石保护

混凝土垫保护也是常用的覆盖保护方式之一。近百块大小相同的混凝土块通过钢筋连接在一起，构成一个保护垫，通过吊装设备将保护垫整体吊放在海缆上部，从而起到保护的作用，混凝土块垫保护如图11－4所示。由于混凝土垫需要特殊加工，且需要吊装设备进行安装，施工有所不便，因此一般适用于海缆交叉等局部区域。

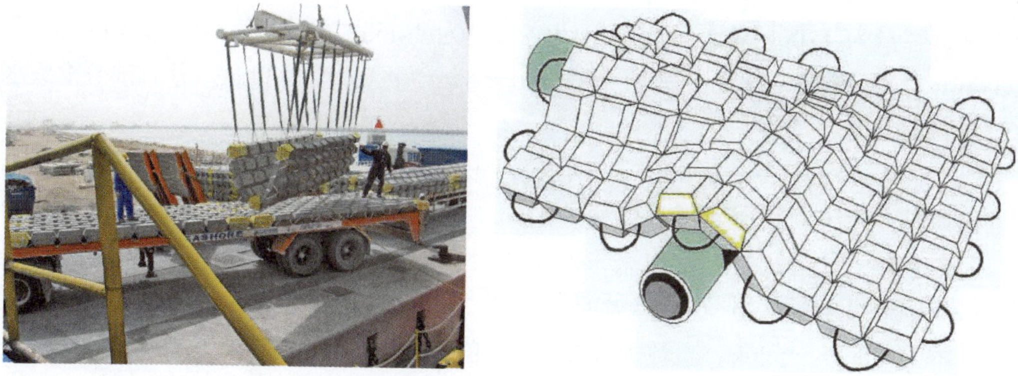

图11－4　混凝土块垫保护

除了抛石保护、混凝土垫保护外，还有混凝土袋（沙袋）保护。该方式是将混凝土或沙制成的袋子堆放到海缆的上部，以起到固定和保护海缆的作用，混凝土袋（沙袋）保护如图11－5所示。该保护方式需要潜水员将混凝土袋（沙袋）搬运至准确位置，工作量巨大，一般作为埋设保护和沟槽保护埋设深度不够时的辅助措施。

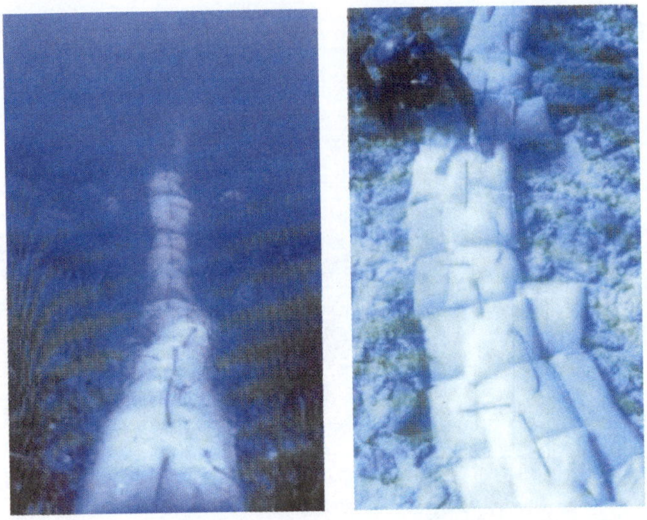

图 11-5 混凝土袋（沙袋）保护

11.2 国内外海缆保护工程经验

国内外已实施的海缆工程众多，具体工程实施中均采用了适合自身工程特点的海缆保护方案。因此调研国内外成功的海缆保护经验，对舟山 500kV 海缆保护设计具有指导意义。

1. 加拿大本土—温哥华岛 500kV 交流海缆工程

加拿大本土—温哥华岛的输电系统是建设两回平行的输电线路。每回输电线路的额定输送容量为 1200MW。每回输电线路长度为 148km，其中架空线路 109km，海缆 39km。海缆被 Texada 岛分为两个部分，一部分海缆长度为 9km，另一部分海缆长度为 30km。

该工程最大海深接近 400m。该工程仅对最低潮水位时海深小于 20m 的海缆进行了埋设保护。海床为硬土地质时埋深为 1.5m，海床为砂土地质时埋深为 2m，其他部分在海中直铺。该工程自运行以来未发生过海缆损坏事故。

2. 日本 Kii 海峡±500kV 直流海缆工程

日本 Kii 海峡±500kV 直流海缆工程长度为 49km，最大海深为 75m。电缆保护采用的是全程掩埋敷设的保护方式。对海缆的埋设深度，日本进行了详细的试验研究并进行了现场试验，最终确定海缆埋深为 2～3m（硬土为 2m）。2000 年投运以来未发生海缆损坏事故。

3. 西班牙—摩洛哥跨越直布罗陀海峡 400kV 海缆工程

西班牙—摩洛哥联络线跨越直布罗陀海峡 400kV 充油海缆工程电缆长度 26km，

最大海深 615m。采用的是浅海分段掩埋敷设的保护方式，掩埋深度为 1～3m。

该工程海缆的埋设方法如下：

1）在西班牙侧海岸（总保护长度 3.5km）：海深＜10m 时，埋深 3m 并采用铁护套保护；

海深 10～26m 时，埋深 2m；海深 26～80m 时，埋深 1m。

2）在摩洛哥侧海岸（总保护长度 1.5km）：海深＜5m 时，采用预埋钢管保护，埋深 1m（长 100m）；海深 5～12m 时，开挖电缆沟，埋深 1m，并加铁护套（长 400m）；海深 12～30m 时，海缆直铺在海床上，在海缆上加盖水泥沙袋和碎石保护。

3）其他部分均直铺在海床上。

该工程运行以来未发生过海缆损坏事故。

4. 南方主网与海南电网第一回联网工程 500kV 海缆工程

南方主网与海南电网第一回联网工程 500kV 海缆工程起于广东徐闻终端站，止于海南林诗岛终端站，跨越琼州海峡，路由长度约 31km，共敷设 3 根海缆。该工程最大海水深度约 100m，所经海底陡坡最大约为 10°。该工程采用全程埋设和覆盖保护的方法，埋深 1.5～2m。电缆埋设主要采用 Nexans 的 CAPJET 挖沟冲埋机，利用水力进行挖沟冲埋，对海床较硬、不能挖沟冲埋的部分采取抛石保护。该工程 2009 年正式投入运行，运行情况良好。

5. 厦门交流 220kV 李安线跨海电缆工程

厦门交流 220kV 李安线跨海电缆工程的最大海水深度为 20m，海缆路径部分基本为淤泥和海沙，海缆采用全程埋设保护方案，电缆埋在淤泥和海沙下 2m 左右，电缆上面无专门的保护层。该电缆工程始建于 1987 年，1989 年正式投入运行，已安全运行了 30 年。

6. 其他工程

（1）英法海峡直流联网工程、新西兰南北岛直流联网工程、菲律宾 Leyte-Luzon 高压直流联网工程等海缆工程均采用了浅海区埋设保护、深海区不保护的海缆保护方案。

（2）菲律宾海缆工程全部 4 条海缆在尚未保护的施工期间被另一条光缆埋设船全部拉断。

（3）国内舟山群岛敷设有较多海缆线路，采用的保护方式基本为浅海区埋设保护、深海区（大于 40m 海深）不专门设置保护。

综上所述，对国内外同类工程的海缆保护方式的调研结果显示，国内外海缆工程保护主要采用电缆埋设保护，掩埋深度取决于海水深度和地质条件等因素。大部分的海缆工程都是采取的是浅海区埋设保护、深海区不保护的分段保护方式。

11.3 舟联工程 500kV 海缆保护方案设计

舟联工程 500kV 海缆路由穿越金塘大桥主、副航道，航道上来往的大吨位船只的落锚及拖锚是可能破坏海缆的最主要因素。当船舶主动或被动抛锚时，船锚在海水中自由下落，下落过程中受到重力、浮力和海水对锚的阻力作用，不同型号、质量的船锚在不同水深的情况下的触底速度不同。落锚首先要在海床土中贯入一定的垂直距离，然后在锚链的拉力作用下拖动船锚。拖锚开始后，船锚逐渐倾倒，船锚与海床土壤的垂直方向接触面积减小，海床土对船锚的竖直方向阻力可能不足以与重力平衡，因此在拖动过程中，船锚可能会继续向下穿透。随着穿透深度的增加，船锚所受阻力也逐渐增大，向上的净阻力使贯入海床土中的船锚做减速运动，直到垂直方向速度减为零，达到最大穿透深度。船锚的贯入深度取决于锚的质量和形状，还取决于水深及土壤特性。船锚贯入及拖动示意如图 11－6 所示。

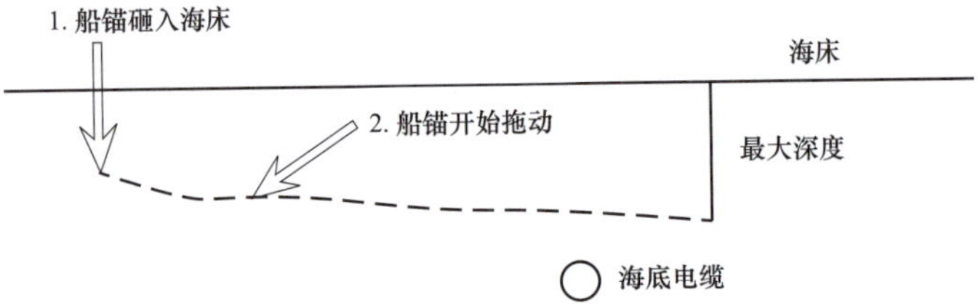

图 11－6 船锚贯入及拖动示意图

根据对海缆路由上的通航船只锚重的统计可知，舟山 500kV 海缆路由主航道区间的船只锚重等级包括 500、1000、2100kg 三个等级，其他区域船只锚重等级均小于 500kg 等级；潮间带区域存在渔船捕捞活动，锚重 1t 左右。根据海缆路由的底质勘察报告，将海缆路由海底底质分为 6 种类型。针对不同锚重及不同海底底质情况，分别仿真计算出每段海缆路由上的最大船锚贯入深度。设计海缆埋深时，埋深必须大于最大船锚贯入深度，并考虑一定的裕度。

经过仿真计算及经济性比选，舟山 500kV 海缆保护方案最终采用埋设保护为主，覆盖保护为辅的保护方案，舟山 500kV 海缆路由各区域船锚贯入深度及相应海缆保护方案设计见表 11－1。部分区域介绍如下：

（1）冲刷区及冲刷区两侧合计 2km 区域（KP8.2～KP10.2），埋深为 4m。

（2）航道区（淤泥质粉质黏土地质）电缆埋深为 3m，航道区（亚黏土地质）电缆埋深为 2.5m。

（3）潮间带电缆埋深为 3.0m，露滩区域考虑盖混凝土联锁排。

（4）其余区域考虑 2.5m 埋深。

表 11－1　舟山 500kV 海缆路由各区域船锚贯入深度及相应海缆保护方案设计

区域	路由区	锚重等级（kg）	船锚最大贯入深度（仿真计算结果）（m）	海缆保护方案设计
潮间带区域	KP0.03～KP0.5	1000	1.87	电缆埋深 3m，露滩段盖混凝土联锁排
水下敷设区域	KP0.5～KP8.9	500	1.154	电缆埋深 2.5m
水下敷设区域	KP8.9～KP9.8	500	0.86	电缆埋深 4m
水下敷设区域	KP9.8～KP14.2	500	1.16	电缆埋深 2.5m
水下敷设区域（金塘跨海大桥主航道）	KP14.2～KP15	2100 或 1000	2.68	电缆埋深 3m
水下敷设区域	KP15～KP16.05	500	1.197	电缆埋深 2.5m
潮间带区域	KP16.05～KP16.5	1000	1.852	电缆埋深 3m，露滩段盖混凝土联锁排

注：舟联工程海缆路由以镇海侧登陆点为起点，KP 代表至登陆点的路由里程，例如 KP1.5 表示距离登陆点 1.5km。

第12章 超高压海缆制造

超高压海缆作为海洋输电的关键设备，其制造工艺是确保设备长期运行可靠性的关键因素。海底电缆本体的制造包括导线拉制绞合、阻水处理、绝缘挤包及屏蔽处理、金属套及外护套制造、外护层制造等环节。海底电缆工厂接头的制造包括导体焊接、绝缘及屏蔽恢复、绝缘硫化、阻水层及铅套恢复等环境。由于超高压海缆截面大、机械性能和绝缘电气强度要求高，因此制造设备、制造工艺都是需要关注的环节，本章主要介绍海缆本体、工厂接头的制造设备、制造工艺及性能验证试验手段。

12.1 海缆制造关键设备

12.1.1 单丝拉制

单线拉制是将铜杆或铝杆施加牵引，经过多道拉丝模拉拔，使之产生塑性变形，截面积及外径减小，从而获得工艺需求的尺寸的一种加工方式。拉丝工艺一般有圆线、型线、扁线等加工工艺，海缆导体用圆金属单线，需经多次拉伸，常用的设备是带连续退火功能的多模滑动式拉丝机，简称铜大拉机。典型铜大拉机如图 12－1 所示。

图 12－1 典型铜大拉机

目前国内铜大拉机设备可以满足最大 4.5mm 圆形铜单丝的拉制，可满足截面积为 1800mm^2 的紧压圆形导体单丝的拉制。

12.1.2 阻水导体绞制

导体绞合是将拉制好的单丝绞合成规定截面积的海缆导体的工艺过程。采用绞合导体可提高海缆的柔软性和可弯曲性能，高压海缆一般采用具备纵向阻水性能的绞合导体。导体绞合设备种类很多，从结构上分有框式、笼式、盘式、叉式、管式、筒式、无管式和跳绳式等绞线机；从绞合根数上分有 7、12、18、24、…、127 盘等绞线机。大截面积的海缆导体绞合一般采用 91 盘或 127 盘框式绞线机，简称框绞机。127 盘框绞机如图 12－2 所示。

图 12－2　127 盘框绞机

12.1.3　交联生产线

高压交联聚乙烯绝缘线芯的生产线目前主要有立式连续硫化（vertical continuous vulcanization，VCV）生产线和悬链式连续硫化（catenary continuous vulcanization，CCV）生产线两种。CCV 生产线由于其悬链式布局的特点，生产过程中未交联的聚乙烯树脂会在硫化管中受热下垂，造成偏心度过大。VCV 生产线包括 U 型、L 型、V 型几种，该生产线凭借其垂直布局的特点，可以从根本上解决因为绝缘受重力作用下垂造成的偏心。VCV 生产线的核心装备是三层共挤生产设备，通过绝缘料和半导电屏蔽料在洁净条件下三层一次性挤出，保证绝缘线芯具有良好的电气绝缘性能。

舟联工程中 500kV 交联聚乙烯（XLPE）绝缘海缆选用的交联生产线为 VCV 生产线，引进德国 TROESTER 公司的三层共挤设备，如图 12－3 所示。该设备配备了导体前后置预热装置及在线测偏仪，机头采用 90 型大流道设计，具有连续长时间运行而不产生老焦的特点（绝缘料挤出量超过 140t）。

图 12－3　VCV 交联生产线三层共挤设备

12.1.4 导体加热除潮设备

舟联工程采用的长距离 500kV 交联聚乙烯（XLPE）绝缘海缆导体规格达到 $1800mm^2$，导体单重约为 16kg/m，收线装置推荐采用水平旋转托盘设备进行承载，以降低导体生产过程中的内应力。托盘装置可根据海缆制造长度定制，承重建议不低于 2000t，托盘外直径为 15m 及以上。导体最外层应绕包一层非吸湿性绑扎包带，确保在进入下一道工序之前，导体外表面或半导电绕包带不受外伤，包带结构可在下一道工序生产过程中去除。导体绞合后应尽量降低储存时间，避免长时间暴露在空气中导致导体氧化及包带吸潮。

为了便于长距离 500kV 海缆运输需要，海缆生产基地一般临近江河湖海，空气中湿度较大，若同时遇到阴雨天气时，导体中的阻水材料长时间放置会吸潮变质，影响导体阻水性能和绝缘挤出质量，这就要求旋转托盘装置同时还应具有加热除潮的功能，保证导体一直处于干燥的状态。

目前，常用的导体除潮设备有专用电加热烘房、旋转式鼓风加热转盘等，电加热烘房除潮的形式一般先将导体收线在可移动盘具上，然后将盘具放置到烘房中加热除潮，这种除潮方式的优点是移动灵活、除潮周期短，一般适用于短段海缆导体线芯；旋转式鼓风加热转盘则采用密封式固定转盘进行加热，优点是可在导体生产过程中实现一边收线一边除潮，同时转盘形式可承载更大长度的导体线芯，也方便下一道工序的流转生产，缺点是固定形式、移动不灵活。舟联工程 500kV 海缆项目为长距离、大规格海缆项目，所以选用旋转式鼓风加热转盘作为导体除潮设备，转盘直径根据导体存储需求配置，转盘内部具备温度控制和监测功能，每天安排专人定期进行检查确认，确保导体除潮温度达到要求。

12.1.5 绝缘除气设备

根据 XLPE 绝缘制造原理，XLPE 绝缘料经过化学交联后会产生甲烷、水、枯基醇、苯甲酮等小分子副产物，积聚在绝缘层中会影响海缆的产品性能。因此需采取合理的方式，以消除绝缘内部气体副产物，实现固体副产物减少和再分布，达到脱气平衡点，进而保障海缆性能不受影响，目前比较成熟的方式为加热除气法，通过专用除气设备实现厚绝缘副产物的去除。

1. 除气设备类型及加热方式

常见海缆除气设备分为盘具专用除气烘房和地转盘式除气烘房两种。盘具专用除气烘房由储热烘房、地面轨道、载盘轨道车、承缆托盘、加热装置和电气控制系统组成，其优点在于结构设计简单、占地空间小、设备初始投资少等，适用于短段陆缆和海缆的绝缘副产物除气处理。地转盘式除气烘房主要应用于大长度绝缘线芯除气，由地转盘本体、缓冲垫层、保温层、电加热装置、热导流系统以及电气控制系统组成，其优点在于设备空间充足、性能稳定、温控准确、除气效率高等，但设备初始投资较大。

按照加热方式分类，除气烘房设备还可分为电加热和蒸汽加热两种。电加热方式采用电加热箱作为加热装置，以鼓风机作为主要热导流设备，利用热传导法由热空气慢慢渗透到海缆中去逐渐排出气体，电加热具有设备安装方便、温控准确、工艺成熟等优点，但设备能耗成本较高；蒸汽加热利用管道蒸汽作为热源，以加热瓦作为加热装置，同样采用鼓风机作为主要热导流设备，其优点在于使用成本低，但初始设备改造成本较大。

2. 500kV 交联聚乙烯（XLPE）绝缘海缆除气设备

舟联工程 500kV 交联聚乙烯（XLPE）绝缘海缆单根长度达到 18.25km，绝缘标称厚度为 31mm，制造模式为大长度生产，故除气设备采用了地转盘式除气烘房，电加热方式，保证除气加热温控准确。

传统热导流系统采用地转盘式电加热设备进行热传导，热风从外周进入缆芯内部，升温缓慢，除气时间过长，对生产效率和产品交付周期产生影响。针对这一问题，舟联工程项目在传统除气设备基础上优化了换气及温控装置，形成热对流型可旋转式烘房除气系统，如图 12-4 所示。

图 12-4　可旋转式烘房除气系统

12.1.6　铅套挤包

一般海缆挤铅机设备主要由熔铅炉、主机、冷却系统、电气控制系统、放线和收线装置等部分组成，挤铅机设备组成如图 12-5 所示。主机分为模座、机身、传动机构、主电动机、底座等。主电动机采用直流电动机，机头有液压机构用于调整铅层厚度和更换模具。出口铅管的厚度由四只调节螺栓调节，在出口处有冷却水管用来快速冷却铅套以保证得到细密的晶体组织。机身由螺套和螺杆组成，螺套内有凹槽，螺套外有电热器槽可安装电热器及螺旋冷却水管，以便调整和控制机身上下各部分的温度，使进入机身的液体经冷却凝固后被挤出。

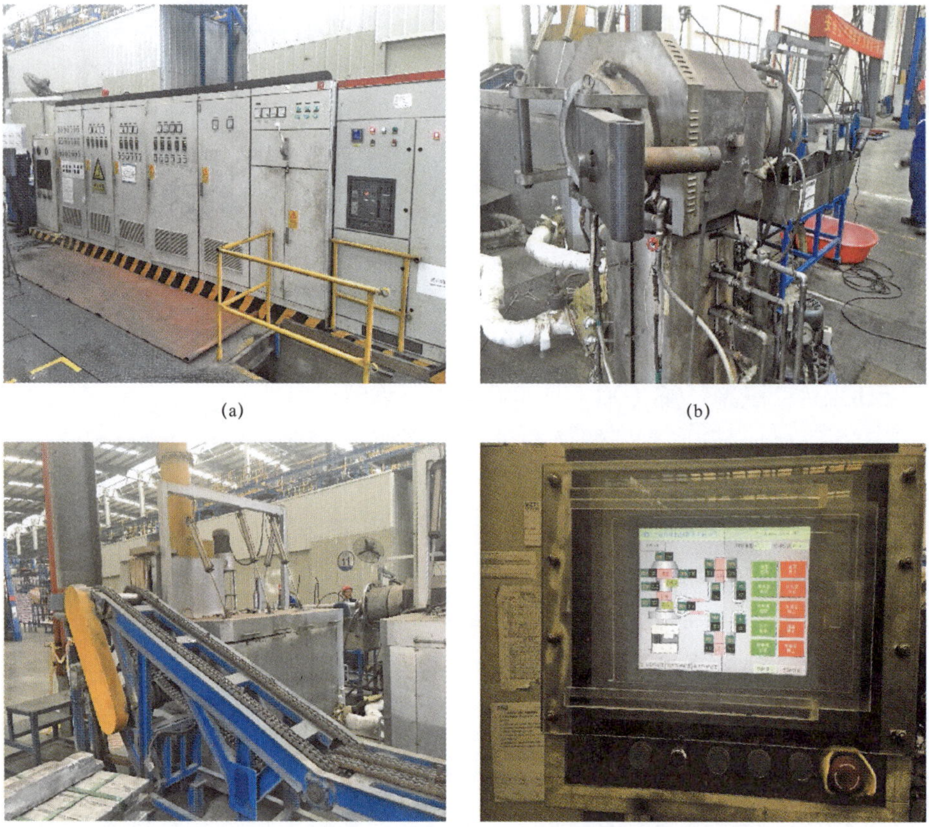

(a) (b) (c) (d)

图 12-5 挤铅机设备组成

（a）温度控制系统；（b）主机；（c）熔铅炉；（d）控制界面

12.1.7 内护套挤出

海缆的内护套挤出是采用连续挤压的方式进行的，其挤出设备一般采用单螺杆挤塑机。线芯从放线轮引出，穿过挤塑机头，将熔融的塑料挤包到铅套表面，形成密封的塑料套。熔融的塑料套在水槽中冷却成型，通过收线装置将挤塑成品整齐地排放到收线转盘上，此时完成了整个挤塑的生产过程。

国内海缆厂家一般配套挤塑机设备的螺杆直径为 200mm，最大聚乙烯（polyethylene，PE）挤出速度可以达到 1000kg/h，内护套挤出前外径可达 160mm，挤出后内护套线芯外径可达 180mm 左右。

500kV 交联聚乙烯（XLPE）绝缘海缆内护套通常采用热塑性聚乙烯或半导电聚乙烯材料，内护套挤出采用挤塑机即可完成，通过挤塑机螺杆挤压，将聚乙烯材料挤包到金属套上，挤塑生产线通常由放线装置、挤塑主机、冷却装置、火花试压机、计米器、牵引装置和收线装置组成，挤塑主机如图 12-6 所示。

对 500kV 交联聚乙烯绝缘海缆，通常采用挤铅挤塑联动生产线，挤铅挤塑联动生产线如图 12－7 所示。挤塑机设置在挤铅生产线之后，与铅套挤包同步完成，可避免多次倒盘对海缆产生损伤以及铅套直接收盘造成黏连破损。

图 12－6　挤塑机

图 12－7　挤铅挤塑联动生产线

12.1.8　光纤复合及铠装

多芯海缆成缆是指在立式成缆机上将几根绝缘线芯绞合在一起，并用填充材料填充圆整，最后用包带绕包的操作过程。单芯海缆则无须进行立式成缆工序，但在光单元复合成缆过程中，也需要使用填充材料将光单元一起绞合缠绕到单芯缆芯表面。铠装是指在包有内垫层的缆芯上螺旋形缠绕铜丝或钢丝的生产过程，铠装生产线如图 12－8 所示。铠装生产后需要进行防腐材料的涂覆工序，常见的涂覆材料为沥青，主要起到防腐和黏结钢丝的作用，防止钢丝松散；最后进行外被层的生产即可，一般外被层的材料与内垫层相同，外被层主要起到保护与标识的作用。

图 12－8　铠装生产线

12.1.9 储存和运输

海缆成品长度长、外径大、质量重，通常可采用固定式储缆池和智能旋转收线转盘两种形式进行储存。其中，智能旋转收线转盘可实现海缆无扭转储存，即海缆在收入转盘时，其转盘可与海缆同步转动，避免海缆本体扭转及受力损伤，一般适用于大规格、大长度高压海缆的生产储存。国内常用海缆收线转盘如图 12－9 所示。转盘包含中心托盘、排线架和大功率牵引装置，中心托盘包括支撑底座、回转支撑轴和小转盘，排线架由龙门导辊支架、排线位置移动装置构成。

图 12－9　国内常用海缆收线转盘

高压海缆的运输及施工船舶也须采用转盘形式，才可实现大长度海缆的正常敷设施工，海缆运输及施工图如图 12－10 所示。通常的海缆运输采用船运或是特定的海缆施工船，在海缆制造厂家码头装船，海缆从工厂的缆池中通过倒缆架输送到海缆施工船上；由于船上一般装备配备履带牵引机、退扭架、海缆仓或盘缆架等专业设备，海缆所受的牵引张力、侧压力以及最小弯曲半径等都能得到很好的控制，具有速度快、保证产品质量的显著优势。这种方案的优势是不需要倒缆，避免在倒缆过程中对海缆造成伤害。

图 12－10　海缆运输及施工图

500kV 交联聚乙烯（XLPE）绝缘海缆由于其电压等级高、制造长度长、产品规格大，对设备的自动化水平要求高，对设备的精密等级要求严格，各环节需严格质量控制，各生产线之间需合理设计和布局，才能生产出质量可靠、性能稳定的产品。舟联工程 500kV 交联聚乙烯（XLPE）绝缘海缆总质量接近 1400t，可采用大型智能旋转转盘设备进行存储，该设备能够完全保障超高压海缆的存储和运输过程。

12.2 海缆制造工艺

12.2.1 导体工艺

导体是海缆承载电流的主体，海缆工程敷设、运维难度大、整体造价高，因此海缆导体普遍采用相对昂贵但电阻率低、载流能力强、损耗小的铜材料，以避免二次建设产生的高成本。另外，海缆应用在数十米、数百米甚至上千米水深的环境中，受到海水高静水压的持续作用，因此导体通常采用紧压圆形结构，以增强结构稳定性，内部填充阻水材料能够实现导体纵向阻水。特定情况下，会使用异型铜丝绞制成超高紧压系数的型线绞合导体，以抑制截面积增大带来的导体直径的增加和承受更深的应用水深带来的更大静水压。

1. 阻水导体的绞制

（1） 紧压圆形阻水导体

海缆的导体一般采用紧压圆形结构，在电阻和紧压系数达到要求以外，还须具备纵向阻水功能。海缆在分层绞合的同时完成紧压成型，以均衡导体内应力的分布，导体表面应光滑无毛刺。

1800mm^2 导体是国内工程中截面积最大的紧压圆形导体，以往具有工程应用案例的紧压圆形导体最大截面积为 1600mm^2。两者比较，前者绞合根数更多，绞合单丝更粗，对导体设计和工艺控制提出了相当高的要求。单丝根数多、单丝粗造成导体绞制和紧压时应力大，极其容易造成导体散股。因此，需要精确计算每层紧压系数的配比，合理选择分层紧压模具尺寸，严格控制绞合节径比不超过 16 倍，模具采用纳米涂层金刚石材料，保证单丝充分屈服，导体紧实不松散。

为保证能生产 1800mm^2 大截面积的阻水导体，各海缆厂均配置了 127 盘框绞机，以实现 1800mm^2 导体一次性绞合紧压成型，导体绞制现场如图 12－11 所示。牵引轮直径达 4m，可以充分保证大截面积导体过轮时的弯曲半径；放线张力自动控制，同时配备断丝报警装置，保证单丝不拉细、断丝不进入导体；阻水材料采用绕包方式，充分填充导体间隙，使其间隙无空缺，阻水性能相较纵包方式更有保证。

图 12－11 导体绞制现场

（2） 型线导体的绞合

型线绞合铜导体因其本身为同心绞结构，故采用不退扭方式生产，可采用普通框式绞线机绞合，以保证导体绞合圆整成型，型线导体绞合如图 12－12 所示。根据完全不退扭绞合导体节距特性，导体单丝进行绞合时，一个节距范围内型线会自转一圈。如果直接按照上述完全不退扭绞合方式，因型线本身的特有形状，会导致型线在一个节距内自转但未达到 360°，容易出现单丝在模前翻身及过模后翘边，使导体不规整，也会使型线在绞合时产生较大的内应力。

为了消除绞合过程中形成的扭应力，保持单丝绞合后的紧密贴合性，在单丝进模具之前应预先进行与绞线同方向的扭转塑形变形（根据单丝截面积的不同，一般情况下扭转圈数为 1～1.5 圈）。可通过在分线板处增加导轮，达到矫直牵制效果，防止型线单丝翻身，也可选择安装型线定位装置，以保证单丝绞合时按照预先要求角度进入模具。

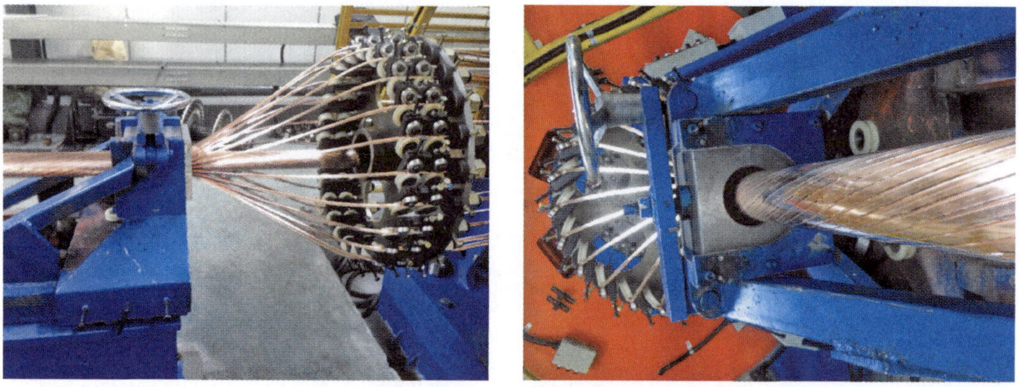

图 12－12 型线导体绞合

2. 生产环节工艺控制

1800mm^2 紧压圆形导体生产现场如图 12－13 所示。具体工艺控制的要求如下：

1）选用优质的铜丝和阻水带材料，所用铜丝 20℃时电阻率为 0.017 000Ω·mm^2/m 左右，远优于《电工圆铜线》（GB/T 3953—2009）要求的 0.017 241Ω·mm^2/m，确保导体电阻达到标准要求。

2）每层导体间内中心线平拖单面半导电阻水带，其他内层纵包单面半导电阻水带。单面半导电阻水带纵包时不应翻边，不应漏出导体。

3）导体外重叠绕包两层半导电阻水绑扎带，单层搭盖率控制在 10%～30%，两层带子搭盖处应错开，绕包应平整紧密无漏包；绕包半导电阻水绑扎带后再重叠绕包 2 层无纺布做其保护层，搭盖率控制在 20%～30%。

4）半导电阻水绑扎带接头应采用专用半导电胶液黏结，接头应牢固，接头处要求处理平整、无凸起、无棱角。

5）所用的阻水带材在生产过程中应保持干燥，注意防潮及保持带材的清洁，带材不允许提前开箱和拆包装，以防其受潮。

图 12-13　1800mm^2 紧压圆形导体生产现场

6）导体最外层应使用酒精擦拭，防止导体表面产生油污、铜屑等。

7）外层使用两层包带绕包保护，防止导体和半导电绕包屏蔽损伤。

12.2.2　绝缘工艺

交联聚乙烯既继承了聚乙烯击穿场强高、介质损耗小、绝缘电阻大、质量轻等优点，又能通过反应将聚乙烯分子的线性结构变为立体网状结构，提高了力学和耐热性能，改善了耐环境老化性，例如聚乙烯绝缘海缆长期允许工作温度为 70℃，而交联聚乙烯绝缘海缆的工作温度可以达到 90℃，使海缆的载流量得以显著提高，因此交联聚乙烯绝缘海缆得到了越来越广泛的应用，电压等级已经达到了 500kV。

交联方法主要分为物理交联和化学交联两大类，高压海缆主要采用过氧化物交联方法，该方法的原理是在聚乙烯树脂中加入比重约 2.5%的交联剂、约 0.5%的抗氧剂等助剂，在受热后交联剂过氧化二异丙苯（dicumyl peroxide，DCP）分解为化学活性很高的游离基，这些游离基夺去聚乙烯分子中的氢原子，使聚乙烯主链上产生活性游离基，被活化的聚乙烯分子链相互结合，产生 C－C 交联键，从而使聚乙烯分子由线性结构变成立体网状结构。由于导体表面存在单丝绞合形成的凹凸，造成电场分布不均和绝缘老化，因此在绝缘生产过程中，需要在绝缘内外各增加一层半导电屏蔽层，内侧导体屏蔽层由半导电绕包带和挤包半导电屏蔽料组成。半导电绕包带需要选用具有半导电功能且表面光滑的材料，例如半导电尼龙带、半导电特多龙带等。高压海缆半导电屏蔽料主要由乙烯丙烯酸乙酯（ethylene ethyl acrylate，EEA）作为基料，加入约 50%的超细炭黑和抗氧剂、交联剂和润滑剂等助剂。交联聚乙烯绝缘料和半导电屏蔽料供应商主要有北欧化工、陶氏化学、NUC、LG 化学、韩华化学等。

绝缘三层共挤现场如图 12－14 所示，屏蔽层和绝缘层的质量是影响 500kV 交联聚乙烯（XLPE）绝缘海缆运行稳定性和寿命的关键性因素，因此在生产过程中，需规避以下不良情况的发生。

1）屏蔽层和绝缘层挤出工艺不良，有塑化不好的颗粒或混有烧焦粒子。

2）屏蔽层存在向绝缘层方向的凸出，甚至导体屏蔽存在漏包、表面露铜等现象。

3）屏蔽层和绝缘层黏合不好，产生分层和缝隙。

4）绝缘屏蔽层太薄，表面凹凸不平。

5）绝缘厚度不足、偏心大、交联不充分等问题。

具体工艺控制措施如下：

1）采用高洁净度屏蔽料和低焦烧绝缘料，绝缘料介电强度达到 40kV/mm。

2）开机前充分检查模具、挡胶板、过滤网、分流体、螺杆等，确保表面光亮无损伤、无残留胶料。

3）检查前后置预热器、加热系统、测偏仪的工作状态，确保各系统正常工作。

4）检查整个加料环节，保证清洁度达到要求。开机后用工艺转速排胶 4h，确保流道清洁。

图 12－14　绝缘三层共挤现场

12.2.3　绝缘除气工艺

舟山 500kV 交联聚乙烯（XLPE）绝缘海缆绝缘厚度大、长度长，传统外加热及同步通风的热传导方式效率不足，为解决这一问题，研制了热对流型烘房除气装置，热对流高压海缆除气系统及风向示意如图 12－15 所示。

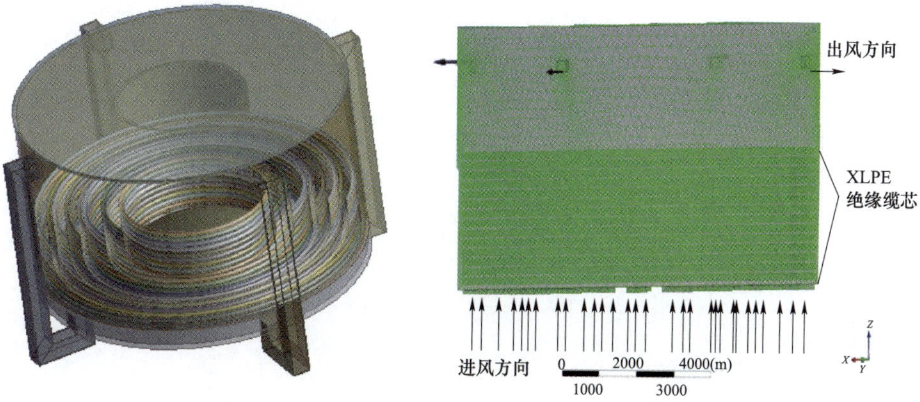

图 12－15　热对流高压海缆除气系统及风向示意图

绝缘除气装置具体除气工艺控制措施如下：

1）烘房内配备空气循环系统，使烘房内加热均匀。

2）绝缘线芯排缆时，底层海缆为间隙排列，使热空气易于在间隙中穿过，达到快速加热海缆的效果，提高除气速度和均匀性。

3）烘房内海缆交联线芯上层、中层和下层分别布置一个或多个测温点，测温点位于两层缆芯间隙内，紧贴于缆芯表面。同时采集数据软件自动处理，当温度过低时，自动调节进风口加热温度，保证温度恒定；当温度过高时，降低加热温度并进行自动报警。通过自动控温系统，保持内部温度恒定。

4）除气过程中，定期安排专人检查除气温度和除气效果，做好数据记录，保证除气过程稳定可靠。

5）在除气后端部取样进行分析，确认除气效果。

12.2.4　铅套挤出工艺

铅套挤出为交联线芯绕包阻水带后的一道工序，超高压海缆一般输送容量要求高，导体截面积和绝缘厚度均较大，因此最终交联线芯直径均较大，其直径可达到 100mm 以上，因此掌握大直径铅套挤出工艺将有助于高压海缆的稳定生产，大直径铅套挤出工艺是海缆生产的关键控制工艺之一，所使用的主要设备就是挤铅机。挤铅机典型模具参考图纸、挤铅机模具实物分别如图 12－16 所示。

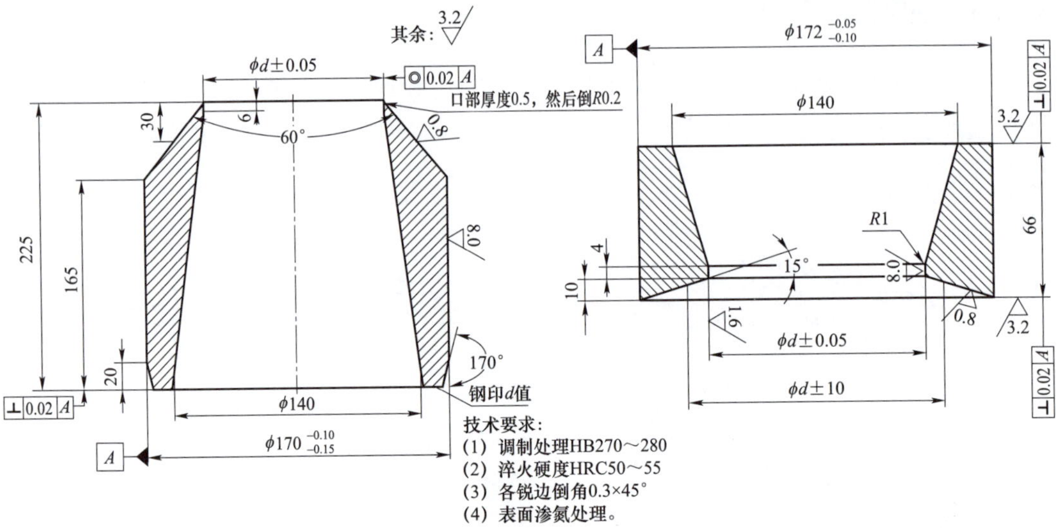

图 12-16　挤铅机典型模具参考图纸

铅套挤出工艺流程如图 12-17 所示，一般通用要求为：

1）挤铅机模具应根据上道工序缆芯外径进行配置，保证配模合理。实际生产以控制最小厚度为主，最小厚度应满足相关海缆标准要求。一般可采用多点测量法配备专用电子检测设备进行铅套厚度检测和控制。

2）挤铅前缆芯放线时需要保证半导电阻水层表面完好。如包带有翘边、破损、松包或漏包等缺陷，应在缆芯进机头前进行修复，包带修复方法应参照专用 SOP（standard operation procedure）流程执行。

3）挤铅过程中需要控制铅套冷却水温度，保证挤出铅套冷却，不会烫伤缆芯，铅套表面应平整、外径均匀，无刮划、松套等缺陷。

4）铅套收排线过程中，如与内护套分开生产，收线时应对铅套表面进行包裹防护，防止铅套压伤、擦伤，排线应整齐无交叉。

图 12-17　铅套挤出工艺流程

针对舟联工程，金属铅套挤出工艺还提出了以下的控制要求和控制措施。

（1）工艺控制要求。

1）通过机头调偏装置，调整挤出铅护套的偏心度，控制最薄点和最厚点的厚度差绝对值在 0.5mm 以内。

2）控制螺杆转速，确保出铅量稳定，铅护套厚度达到 4.1mm 以上。

3）控制铅的熔温在 250℃左右，使铅锭熔化充分。

（2）工艺控制措施。

1）开发了适应大长度、大直径海缆挤铅需要的新型挤铅机头，改装了机头的冷却系统，使线芯在慢速通过机头时能够确保不被高温所烫伤，达到了大直径海缆的无缺陷挤制要求。

2）为适时控制压铅过程中铅护套的均匀性，对生产过程中的铅护套进行在线超声波检测。

3）改造了护套生产线，将压铅工序和护套工序整合使压铅后的海缆直接进入护套挤塑生产线，实现了两道工序的流水化生产，保证了产品质量也提高了生产效率。挤塑生产线如图 12－18 所示。

图 12－18 挤塑生产线

12.2.5 内护套挤出工艺

金属套后采用挤包内护套，挤包前在金属套表面均匀涂覆一层沥青防腐层。对两端互联接地的大长度单芯海缆，挤包内护套一般采用 ST7 型材料，以减少海缆沿线铅套与铠装层间的电位差。

沥青防腐涂层涂覆采用浇盖式，并用锥形开口式沥青刮板刮覆均匀，刮板开口直径一般比海缆金属套外径小 10～15mm。生产过程中需实时观测沥青涂覆质量，确保铅套外表面全部均匀涂覆沥青，沥青涂覆如图 12－19 所示。

(a)　(b)

图 12－19 沥青涂覆图

（a）沥青浇覆；（b）通过刮板后均匀涂覆

图 12－20 典型可调挤出机头

内护套挤出设备可采用$\phi150$ 及以上挤塑机生产线，典型可调挤出机头如图 12－20 所示，分流体流道进料口经过改进，有效增大机头内料的压力，增强塑化效果，有效提高了大长度海缆内护套的挤出稳定性，减少内护套外观质量问题。

内护套挤出的一般通用要求为：

1）生产前应确保护套料无杂质和受潮等现象，并充分烘干，材料受潮后易导致护套熔融挤出后内部水汽受热汽化，从而出现在护套内部产生气孔、护套表面产生麻点等不良现象。

2）内护套挤出时宜采用分段冷却方式，通过逐段冷却可保证护套挤出后不会因为较大温差产生骤冷收缩，从而导致出现水点、起皱、竹节、不光滑等不良缺陷。护套表面应光滑、圆整、连续，挤包紧密无松动，正式挤出前应检查护套断面是否有气孔。

3）生产中应控制护套的最小厚度，保证护套最小厚度满足相关标准要求，同时还需保证护套圆整度不小于 90%。

4）缆芯收排线过程中，海缆两端部应避免进水。大长度高压海缆护套线芯宜采用电动旋转托盘进行收线，转盘内需做好充分防护，防止缆芯刮伤，同时还需保证护套与盘具绝缘。

5）护套生产过程中还需进行计米印字，护套表面可印刷产品项目信息和分相标识（对于多相海缆而言），常用印字方式有激光打印、喷墨打印、压轮印字等，印字标识应清晰，并间隔固定距离。

6）对绝缘型护套，进挤塑机前还需在内护套挤出后进行火花电压试验，以检测护套的电气性能是否满足使用要求；半导电型护套由于护套内含有导电材料，与金属铅套形成通路，则不做此要求。

针对舟联工程，铅套挤出的专用控制要求和控制措施如下。

（1） 工艺控制要求。

1）控制挤塑机加料口温度维持在 130℃以下，确保材料不提前熔融。

2）控制挤塑熔融段温度维持在 170℃以上，确保材料塑化良好。

3）控制生产线速度和螺杆转速与压铅速度匹配，使压铅和挤塑高度同步。

4）控制挤塑机前后牵引系数在 10 以上，使线芯通过模芯时不发生大幅度抖动。

5）控制挤塑机用模芯和模套的拉伸平衡比在 1.02 左右。

6）通过机头调偏装置，调整挤出铅护套的偏心度，控制最薄点和最厚点的厚度差绝对值在 0.6mm 以内。

（2）工艺控制措施。

1）原材料使用前经过（45±5）℃烘制，使用过程中加料斗的加热装置开启，以确保原材料干燥，避免生产过程中出现气孔。

2）挤塑机模具使用前经过充分检查和打磨抛光，确保表面光滑，不影响挤出质量。

3）挤塑机开机前彻底清理其机身、螺杆和机头，确保无老胶残留。

4）挤塑机开机前检查各加热瓦工作状态，确保运行正常，同时用沸水校准热电偶，确保加温系统工作正常。

5）铅套和内护套同步挤出生产过程中，采用了备用电源设备，保证整条生产线在生产过程中不会因为突然的电气线路故障引起生产设备停机；同时收放线转盘的电机设备均采用“一备一用”模式，有效地保障了生产的稳定性。

12.2.6 铠装及光缆填充工艺

1. 内衬层

（1）无光缆

内衬层一般选用绕包聚丙烯绳（polypropylene rope，PP绳），PP绳排列需紧密，没有突出、缺失等不良现象。PP绳根数和节距可根据实际情况由工艺文件确定。为保证测量节距的方便性，可使用黄色和黑色PP绳绕包。生产过程中，需要对PP绳绕包质量进行检查，若发现PP绳断线，应停机处理。

（2）有光缆

针对单芯光电复合海缆，光缆复合工序采用圆形PE填充条和光缆同时绕包在内护套上，填充条直径略大于光缆直径以达到保护光缆的目的。同时光缆多于1根时需要均匀分布。光缆复合工序后绕包两层无纺布作为保护层，无纺布外绕包PP绳。

2. 铠装层

金属丝铠装层的作用主要是对海缆进行机械保护，以保证海缆安全运行和有足够长的寿命。

金属丝铠装的技术要求如下：

1）金属丝排列必须紧密、整齐，不得有跳线、重叠现象。金属丝之间的总间隙应不超过单根金属丝的直径。

2）金属丝的间隙一般可以通过调节金属丝的节距来实现。金属丝绕包节距应为绕包前海缆直径的9～12倍，金属丝直径应符合工艺规定，其直径的负偏差不大于金属丝直径的5%，绕包方向为左向。

3）金属丝接头应对准中心，接头要平整、牢固，焊接处应经反复弯曲检查，以防止虚焊，若焊接处有毛刺、凸起的尖角，必须锉平。

3. 外被层

海缆外被层通常由两层绕向相反的 PP 绳绕包形成，外层 PP 绳绕向为左向，金属丝铠装外层应均匀涂覆沥青以达到防腐效果，内层 PP 绳表面也需均匀涂覆一层沥青，沥青可以防止海缆在海水里被腐蚀，同时也可以提高 PP 绳的附着力，可以避免海缆在生产制造运输过程中出现断线导致的外层 PP 绳散开，影响外观。

大长度海缆生产过程中，光缆填充和铠装工序是生产的最后一道制造工序，同时也是对海缆起到机械防护的关键工序，金属丝铠装所用的设备是铠装机，铠装机如图 12－21 所示。单芯海缆光缆填充和金属丝铠装一般通用要求如下：

1）为了保证成缆的圆整度，复合光缆与填充条材料需一起绞合在内护套缆芯表面。其中，复合光缆可均匀分布在缆芯外侧，复合光缆和填充条一起绞合时绞合张力应适中，绞合过程中不能有光缆跳出或填充材料压盖光缆的现象。

2）金属铠装绞合时铠装金属丝在笼绞机绞合头前的分线盘上应均匀排列，金属丝根数允许适当变更，但间隙不能过大，通常建议平均间隙不得超过单根金属丝的直径。

3）内衬层和外被层的聚丙烯缠绕绳的绞合节距应调节到保证聚丙烯绳覆盖整个海缆表面不露间隙为准，排列应紧密。

4）若有要求，铠装过程中铅套与铠装金属丝应进行短接操作，以实现海缆的接地，从而减小实际海缆运行时铅套和铠装金属丝内的感应电流，降低海缆的损耗发热。

5）最外层缠绕绳可使用不同颜色进行标识，特殊位置如工厂接头、分段点等处（若有）也可以缠绕不同颜色的聚丙烯绳以作标识。同时海缆成品表面每隔一段距离还需进行计米标识。

6）高压海缆一般采用旋转托盘收线，按顺时针或逆时针排列，盘绕应整齐。

7）由于复合光缆规格相对海缆线芯较小，生产过程中不能受力过大，因此生产过程中每隔 1km 左右需进行光纤监测，检测光纤生产过程中是否受到外力损伤，保证生产的可控性和安全性。

舟联工程 500kV 交联聚乙烯（XLPE）绝缘海缆铠装现场及参数设定如图 12－21 所示，该工程除了上述要求外还提出了以下工艺控制要求和控制措施。

（1） 工艺控制要求

1）项目采用铜丝铠装，铠装铜丝的根数和节距均应按照工艺要求严格执行。在并线前，铠装铜丝需经过预扭器进行预扭，消除内部应力，使铜丝绞合时更加服贴在缆芯表面。

2）铠装铜丝放线盘张力均匀，包括各放线盘张力在一定范围内一致，浅盘与满盘张力在一定范围内一致。

3）铠装铜丝的接续采用电动液压冷焊方式，保证焊接质量满足要求。

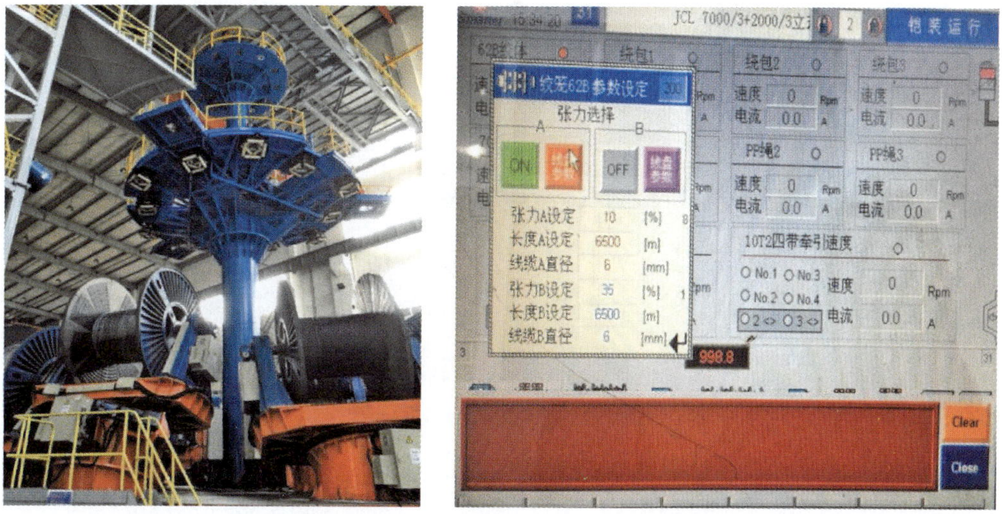

图 12－21　舟联工程 500kV 交联聚乙烯（XLPE）绝缘海缆铠装现场及参数设定

（2） 工艺控制措施

1）开机前通过拉力计来校准铠装机张力监控传感器。

2）铠装铜丝在分线板上分布应均匀。

3）并线模具的大小和粗糙度应合适。

4）整机主要部位均安装在线监控设备，可全方位监测生产过程。

5）铠装过程使用光时域反射设备（optical time domain reflectometer，OTDR）实时检测光纤的通断和衰减，确保光纤复合生产过程稳定可控。

12.3　海缆工厂接头制造关键设备

12.3.1　超高洁净净化房

工厂接头制作的部分工序，如绝缘注塑工序及绝缘硫化工序，对施工环境的要求非常严格，包括温度、湿度、空气洁净度都需控制在一定范围内。绝缘注塑工序及绝缘硫化工序应在净化环境中进行，结合多次工厂试验结果并参考海缆绝缘生产环境要求，确定绝缘注塑工序及绝缘硫化工序的环境要求为，温度范围：20～26℃；湿度范围：≤70%；空气净化要求：空气中大于或等于 0.5 μm 的粒子数不超过 35 200pc/m^3。

500kV 海缆工厂接头制作专用的超高洁净净化房，满足了工厂接头制作要求结合操作可行性，如图 12－22 所示。

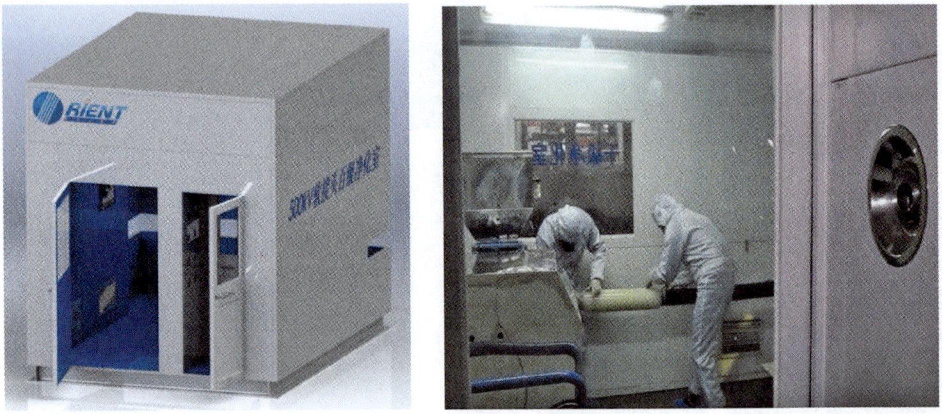

图 12-22 超高洁净净化房

净化房由温度控制模块、湿度控制模块、空气净化模块、风淋模块、照明模块、移动操作间组成。

1）温度控制模块，用于移动净化房温度控制，控制范围为 16～30℃。

2）湿度控制模块，用于移动净化房湿度控制，除湿量为 288L/d，循环风量 3000m^3/h，湿度控制范围 10%～90%。

3）空气净化模块，用于移动净化房空气净化，含 FFU 送风单元 8 台，风量 1800m^3/h，风速 0.45～0.6m/s，过滤效率为 99.995%。0.3μm LPC-301 激光型尘埃粒子计数器 1 台，空气净化等级可达到百级。尘埃粒子浓度范围为：粒径大于或等于 0.5μm 的粒子数不超过 3520pc/m^3。

4）风淋模块，用于移动净化房人和物料进入前的除尘，喷口风速≥27m/s，循环风量 800～1000m^3/h。

5）照明模块，分顶部照明和底部照明，使海缆接头部位 360° 都达到可视亮度，便于接头部位细节的处理。

6）移动操作间，大小为 3000mm×4000m×3200mm。操作间前方中部位置开海缆槽，海缆可从开槽的侧边进入净化房，槽大小为 3000mm×250mm×800mm。配置可开合盖板，在海缆进入后合上盖板，隔绝外部尘埃颗粒。操作间底部带万向轮，可实现移动。完成接头后，可通过推动撤出移动净化房，使海缆迅速进入下一道工序。移动操作间外部设置温湿度、空气洁净度数码显示，使相关人员在外部也能了解操作间内部的环境情况。

12.3.2 X 射线高清无损检测系统

为实现工厂接头的无损检测要求，检测内部杂质、微孔的数量和大小以及考察工厂接头的偏心和界面融合情况，研发设计了一套操作性强、安全可靠、图像灵敏度高、缺陷评定准确的高清无损检测系统，如图 12－23 所示。该系统主要依靠 X 射线对物体内部进行无损评价。

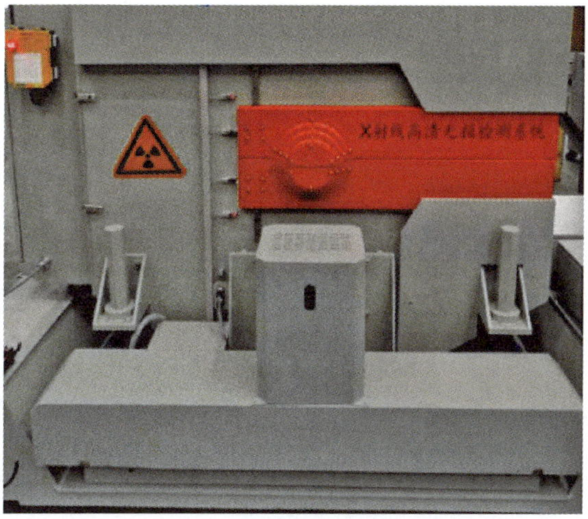

图 12－23　X 射线高清无损检测系统

12.3.3　绝缘注塑模具

注塑模具是绝缘注塑恢复工序的一个关键装备。其设计包括流道设计、出气孔设计、温控设计、密封设计等。每个环节的设计都决定了注塑成品的好坏。比如流道设计或出气孔设计不好，就会造成气泡卷入而无法脱出；温控设计不好就会造成注塑绝缘收缩不均匀，造成空洞；密封设计不好就会造成熔体压力无法提高。

注塑模具的示意图如图 12－24 所示，含四个均匀分布的加热模块、模具内置冷却通道，有利于精确控制温度，保证整个模具温度均匀，可保证良好的挤塑效果。增加了加强筋设计，使模具结构更加稳定不易变形。注塑口位于模具中部，形成对称式双流道内浇口设计，该设计可使绝缘注塑更加紧实，有效避免注塑过程中的气泡集聚。

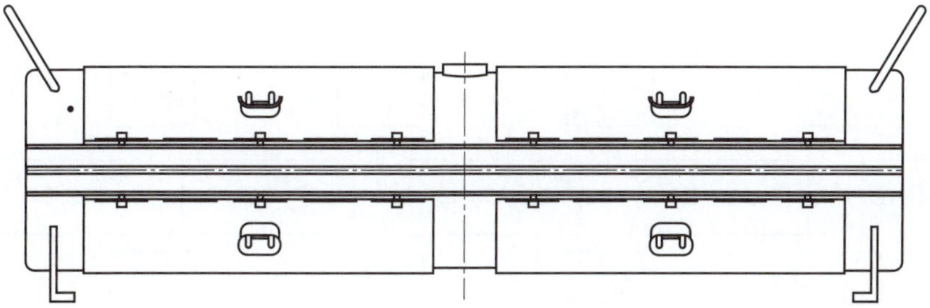

图 12－24　注塑模具示意图

12.3.4　绝缘硫化模具

绝缘硫化模具采用了特制钢材，使模具在高温时结构稳定，不易变形，其外形如图 12－25 所示。模具布置了 8 块环状均匀分布温控管，并提供了可与模温机匹配的接口，可将温度精度控制在 1℃以内。通过精确控温，使模具温度均匀分布，提高了硫化效果。在模具的两端设置了分体模块化设计的水冷套，使得在硫化时海缆端部不会因模具过热而变形。

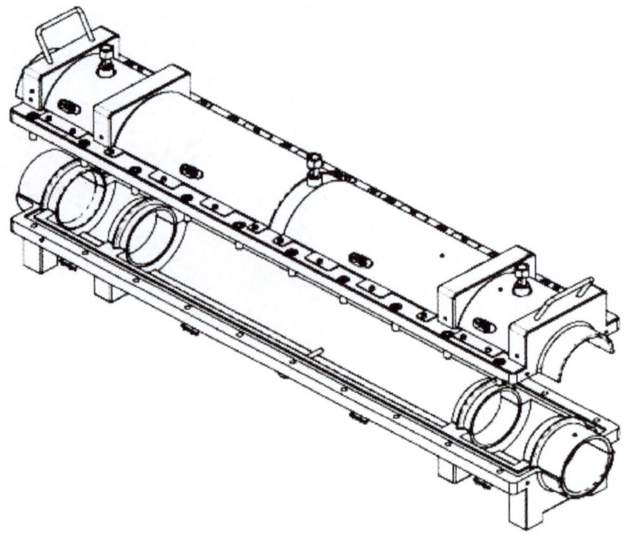

图 12－25　绝缘硫化模具

12.4　工厂接头制造工艺

工厂接头制造包含多个复杂工序，工艺参数繁多，部分工序对环境控制要求严格，使用的工具都是根据制造要求设计的专用工具。为了保证工厂接头的性能和可靠性，在每个工序完成后，都会依据规范进行检验，只有通过检验才会进行下一道工序。具体工艺流程如图 12－26 所示。

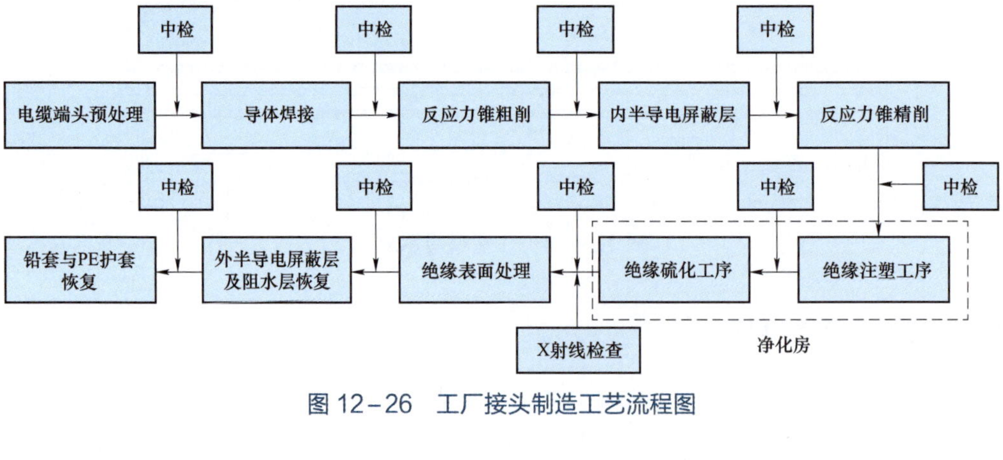

图 12－26　工厂接头制造工艺流程图

12.4.1　海缆端头预处理

海缆端头的预处理主要包括在海缆端头剥除适当长度的内护套、铅套以及加热矫直等工作。海缆端头加热矫直是工厂接头制作的一个重要工序，进行加热矫直主要考虑以下两方面原因。

1）经过盘绕的海缆会出现一定的弯曲变形，这种弯曲变形会影响工厂接头的制作，即使是一些较小的弯曲变形也会影响工厂接头的绝缘偏心度。

2）刚生产出来的海缆绝缘线芯，内部会有一些热应力残留。

由于上述原因，在工厂接头制作前，需要对海缆的端头进行加热矫直，一方面有助于工厂接头制作时绝缘偏心度的控制，另一方面也有助于消除海缆制造过程中残余的热应力。如果海缆弯曲变形较大，可先用海缆矫直器进行初步矫直，如图 12－27 所示，然后再进行加热矫直。

图 12－27　海缆矫直器

海缆的加热矫直，可采用加热带或者加热毯来加热保温，同时采用刚性笔直的角铁绑扎海缆，温度控制在（75±3）℃，配置热电偶及温控箱保证温度的恒定，保温时间 8h 以上。

12.4.2　导体焊接

1. 导体焊接方式的选择

为保证工厂接头导体连接后的强度满足使用要求，需要充分考虑导体的连接方式，目前一般采用导体焊接工艺实现导体连接，而焊接方式也有多种，如钎焊、放热焊、爆炸焊、分层焊等。不同导体焊接方式特点比较见表 12－1。

表 12－1　不同导体焊接方式特点比较

导体焊接方式		焊接原理	优缺点
整体焊接	钎焊	通过将导体整体切断，然后通过乙炔和氧气的混合气体配合银钎焊条加热熔化导体达到整体连接的焊接方法	优点：① 焊接速度快，节省焊接时间；② 适用于小截面导体。 缺点：① 焊接处断面不易焊透，易出现夹渣、虚焊等现象，影响导体焊接强度；② 大截面导体不易焊透，焊接后外径比本体要大，影响外层结构接续
	放热焊	利用金属化合物化学反应热作为热源，通过过热的熔融金属，直接或间接加热导体，在特制的石墨模具的型腔中形成整体焊接接头	优点：① 焊接点的载流能力（熔点）与本体相同，焊接前后的直流电阻比率变化率非常小；② 焊接相对比较简单，进行焊接时，无需外接电源或热源。 缺点：① 需要配置专用模具和焊药；② 对于大截面导体焊接，焊接后强度仍不如分层焊接方式
	爆炸焊	爆炸焊是以炸药为能源，进行金属间的焊接方法。这种焊接是利用炸药爆炸时的冲击波，使金属受到高速撞击，在十分短暂的冶金过程中相结合	优点：① 爆炸焊接头常形成波状界面，结合强度高；② 适用于分割导体等大截面导体焊接。 缺点：① 爆炸焊需要以炸药作为能源，对操作人员操作水平要求较高；② 焊接后导体外径较大，不利于后续接头制作

续表

导体焊接方式	焊接原理	优缺点
错位分层焊	将两段导体固定在夹具后，端部切割整齐，逐层向内，每层取不同距离扎紧沿节距翻开，最终由里向外逐层焊接恢复导体	优点：① 分层焊接法导体焊接强度大，受力分布均匀，弯曲性能好；② 保证每一根铜丝被焊接，适用于各种截面和形状单丝的紧压圆形导体焊接，易于操作；③ 可保证每层单丝错位焊接，避免焊接处温度过高造成导体过度退火软化，降低导体拉力；④ 焊接后导体外径与本体相比几乎没有变化，便于后续结构恢复。 缺点：导体焊接时间相对较长

根据上述导体焊接方式比较，500kV 交联聚乙烯绝缘（XLPE）海缆导体由于截面较大，可选用放热焊和错位分层焊两种方式，图 12－28 为两种焊接方式现场图。通过对两种导体焊接方式进行对比试验，发现放热焊焊接速度快，热量影响时间短，但工艺控制较为复杂，需要考虑潮气、焊药配比和药量等因素，控制不好容易出现夹渣和气孔等缺陷。而分层错位焊虽然操作时间长，存在热量集聚并传导到本体绝缘的问题，但通过适当的循环冷却措施，可及时带走焊接产生的热量。通过拉力试验分析，发现分层焊样品的拉断力要显著高于放热焊样品。而且分层错位焊采用钎焊工艺，可以选用含银量高的焊材，降低焊点的电阻。因此选用分层错位焊接作工厂接头的导体焊接方式是最优方案。

(a)

(b)

图 12－28　放热焊和分层错位焊现场图

（a）放热焊；（b）分层错位焊

2. 导体分层焊接步骤

首先进行导体开剥，使用专用的开剥工具剥除一定长度绝缘和屏蔽，露出导体，如图 12－29 所示。

导体焊接前，在靠近焊接点与本体绝缘间安装冷却水模，不断通过低温冷却水带走焊接产生的热量，保证与本体绝缘接触的导体温度不会超过绝缘的耐受温度。每层铜丝逐层翻开如图 12－30 所示。按图 12－31 所示对每层导体长度进行修剪，使每两层导体焊接后的焊点位置能够互相错开。

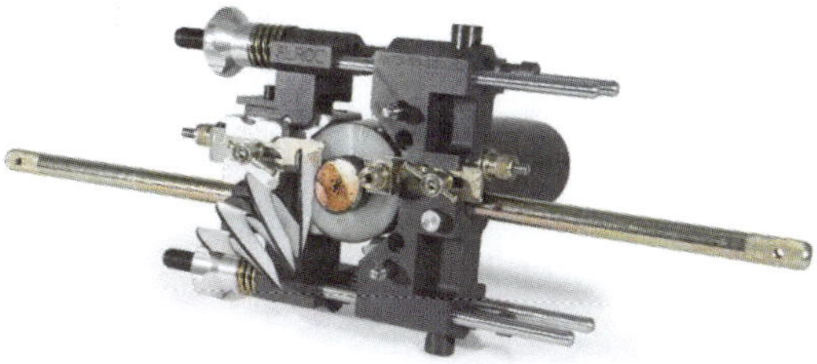

图 12－29　专用海缆绝缘剥除工具

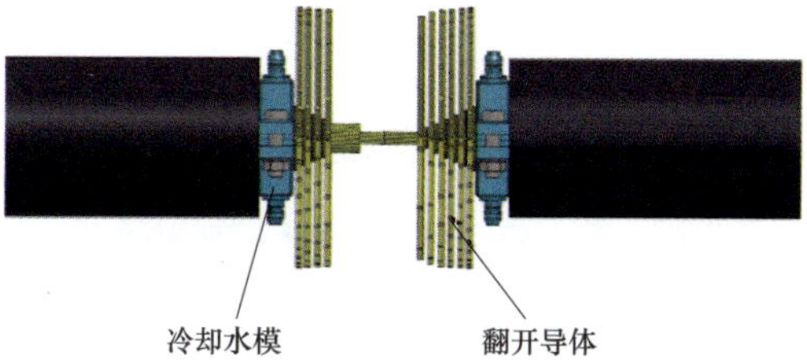

图 12－30　导体分层错位焊接示意图

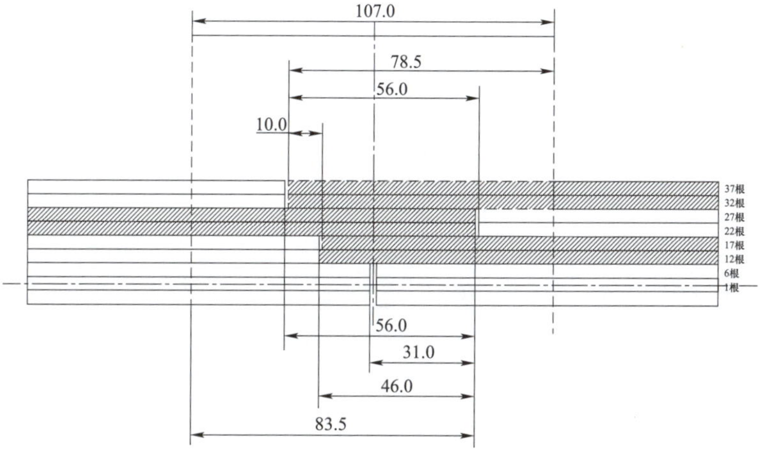

图 12－31　分层错位焊每层铜丝排布

12.4.3　反应力锥粗削

反应力锥的作用：一是增加本体绝缘与恢复绝缘的接触面积，增大两者的黏结力；二是本体绝缘与恢复绝缘界面的耐场强能力最弱，通过增大锥面长度，大幅减小沿着锥面的切向场强，可大大降低沿锥面击穿概率。

反应力锥的剥削采用专用的高压海缆主绝缘层削尖器，如图 12－32 所示。该设备能调节反应力锥剥削的角度和长度，设定好角度参数后，通过旋转切削绝缘。

绝缘剥削时，预留一段本体内屏蔽层，用于与恢复内屏蔽之间的过渡。预留的本体内屏蔽层端部削成锥形，提高恢复内屏蔽之间的黏结力。反应力锥剥削完成后，使用上述海缆绝缘削尖器，在接头两端各剥除一段外屏蔽，并将外屏蔽端部削成锥形，如图 12－33 所示。通过削尖器剥削出来的反应力锥，还存在台阶状的刀印，需要进一步打磨。

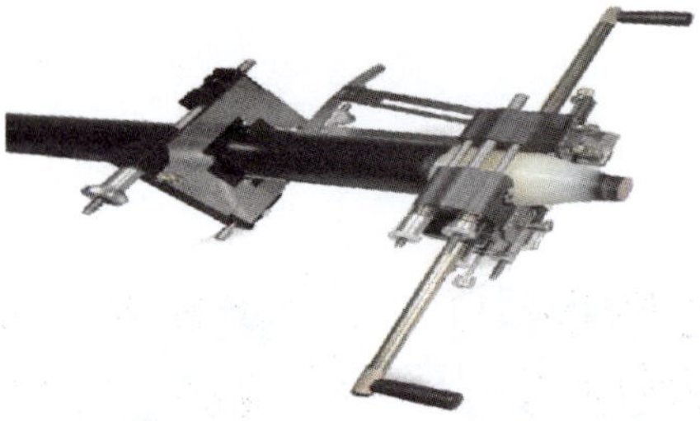

图 12-32 高压海缆主绝缘层削尖器

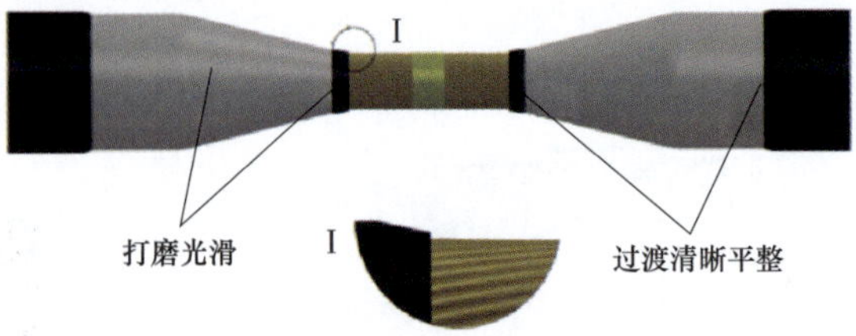

图 12-33 反应力锥剥削

12.4.4 导体半导电屏蔽层恢复

导体半导电屏蔽层，是为了均匀线芯外表面电场，避免因导体表面不光滑以及线芯绞合产生的气隙而造成导体和绝缘发生局部放电。在交流海缆的工厂接头中，施加电压状态下，场强由内到外是逐渐减小的，内屏蔽与绝缘间的场强是最大的。在内屏蔽表面出现的突起、气孔最容易引起电场畸变，导致击穿。因此对内屏蔽的加工要求也是最高的，要保证内屏蔽表面的光滑程度以及恢复屏蔽与本体内屏蔽的良好过渡。

内屏蔽的恢复采用绕包后模压型式。由于屏蔽层只有 1～2mm，采用绕包方式能够保证屏蔽恢复的厚度均匀、偏心度小。包带由本体相同牌号的半导电材料制成，采用压延工艺，薄厚均匀，平整度良好，拉伸强度高。包带制作过程中严格控制温度，防止提前交联。

绕包时注意衔接好预留的本体内屏蔽接口，使用一定强度的均匀张力重叠绕包，绕包后包带应紧密包覆导体表面，无松散或翘起，包带重叠宽度应保持一致，如图 12-34 所示。

图 12-34 半导电包带绕包

绕包完成后，在绕包区安装哈夫型的压模，如图 12-35 所示。压模的内径与本体内屏蔽外径相匹配。压模含加热模块，加热温度在（125±5）℃，保温 2h 左右，一边加热一边拧紧压模上的螺栓，直至压模的上下模具紧贴在一起。保温结束后，慢慢冷却至室温，取下压模，检查内屏蔽表面应无气泡杂质等缺陷。然后小心去除多余的飞边并进行精细打磨，直至内屏蔽表面光滑，并与本体内屏蔽表面平齐。为检验内屏蔽表面光滑程度，可采用粗糙度检测仪进行检测，如图 12-35 所示。

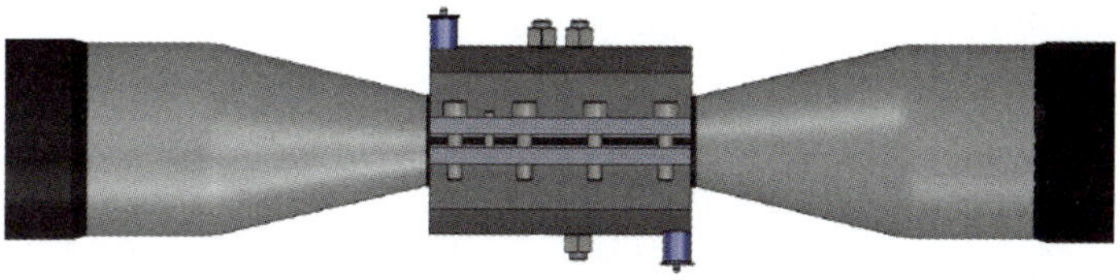

图 12-35 导体屏蔽模压恢复

12.4.5 反应力锥精削

导体屏蔽恢复完成后，需对绝缘表面包括反应力锥进行精削打磨。先用粗砂纸打磨，直至绝缘表面留下的剥削刀印消失，绝缘表面平滑，然后再用细砂纸进行打磨。特别注意的是绝缘和内屏蔽的过渡段，一定要光滑过渡，如图 12-36 所示。打磨完成后使用无水酒精或专用的绝缘清洁纸擦拭绝缘及导体屏蔽表面，然后使用保鲜膜进行隔离，防止灰尘积聚。完成后，推动移动净化房，将接头区域置于移动净化房内。

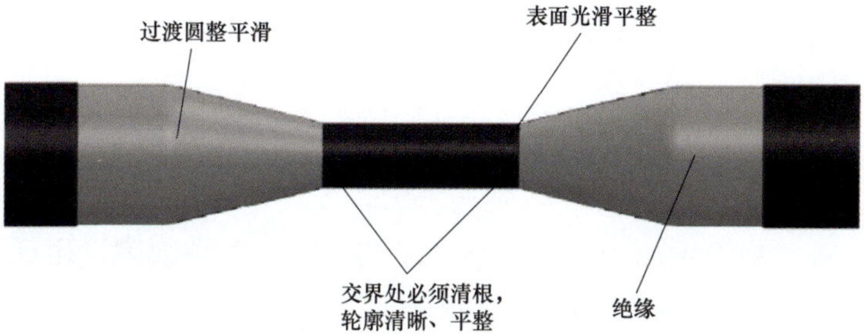

图 12-36 反应力锥精削示意图

12.4.6 绝缘注塑恢复

绝缘注塑恢复工序，是通过专用的挤出机将与本体相同牌号的绝缘料注入特制的绝缘注塑模具中，然后经过加温加压恢复绝缘与本体绝缘间紧密融合。该工序是工厂接头制作过程中对环境净化要求最高的工序，为防止灰尘等杂质进入到绝缘中，需要在移动净化房中进行，其塑工序操作步骤如下。

1）接头表面清洁。启动移动净化房空气净化系统，当内部的净化等级达到要求后，首先对接头表面所有位置进行进一步清洁。清洁完成后，使用 500 倍以上的高倍电子显微镜检查接头表面，清理观察到的杂质，直至所有杂质清理完毕，如图 12-37 所示，红圈内为观察到的杂质。

2）注塑模具装配。将注塑模具安装到接头注塑区域，调节模具位置使接头中心轴线与模具中心轴线重合，防止接头出现偏心。密封注塑模具，上紧螺栓。

3）模具预热。在绝缘注塑前，模具需进行预热，防止导体过冷导致注入的绝缘收缩，也可使恢复绝缘与本体绝缘获得更好的黏结效果。

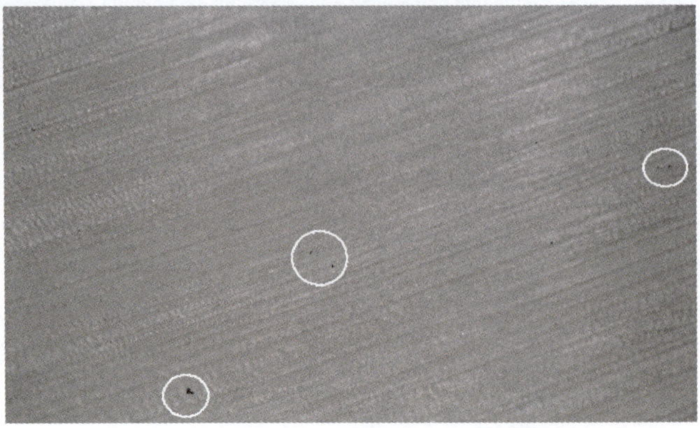

图 12－37 电子显微镜检查接头表面

4）绝缘注入。同时开启挤塑机进行预热，预热完成后，将螺杆中的洗机料排出。连接模具与挤出机口，将绝缘料注入模具中。

5）模具保温保压。待模腔内熔体压力达到规定压力时，停止绝缘料注入，按规定时间进行保温保压。

6）模具冷却。保温保压结束后，关闭电源使模具缓慢降温，待模腔温度达到室温时，开启注塑模具。

7）绝缘检查。绝缘表面应光滑平整，无凹陷或空洞等缺陷，用强光照射绝缘内部，无肉眼可见杂质或气泡，如图 12－38 所示。

图 12－38 注塑完成的绝缘表面

12.4.7 绝缘硫化

恢复绝缘的硫化与海缆生产时的硫化工艺相似，需要加热及氮气加压。温度控制在 170～240℃之间，保温时间不小于 8h，氮气压力保持在 1.5MPa。绝缘硫化操作步骤如下：

1）在接头区域，组装硫化模，然后进行气密性检查，打入 0.8MPa 氮气，查看是否有漏气现象。

2）加温开始硫化，达到保温温度后，调节氮气压力至 1.5MPa，进入保温保压阶段。

3）保温保压时间到达后，让模具冷却至室温后，打开硫化模。

12.4.8　绝缘 X 射线检查

绝缘硫化完成后，需要一种检测方法来确认接头处是否有偏心、杂质、气孔等缺陷，以保证绝缘恢复的质量。由于无法进行破坏性的检测，所以选择了 X 光射线这种既对接头无害，又可检测接头内部情况的检测手段。

针对 500kV 交联聚乙烯绝缘（XLPE）海缆工厂接头，X 射线检测结果需要满足以下要求：

内屏蔽与绝缘界面处无大于 20μm 的微孔；内屏蔽与绝缘界面无大于 50μm 的突起；绝缘中无大于 75μm 的杂质、无大于 20μm 的微孔；工厂接头各界面无分层现象；工厂接头偏心度不大于 15%。图 12－39 显示的是工厂接头检测出杂质以及检测合格的情形。

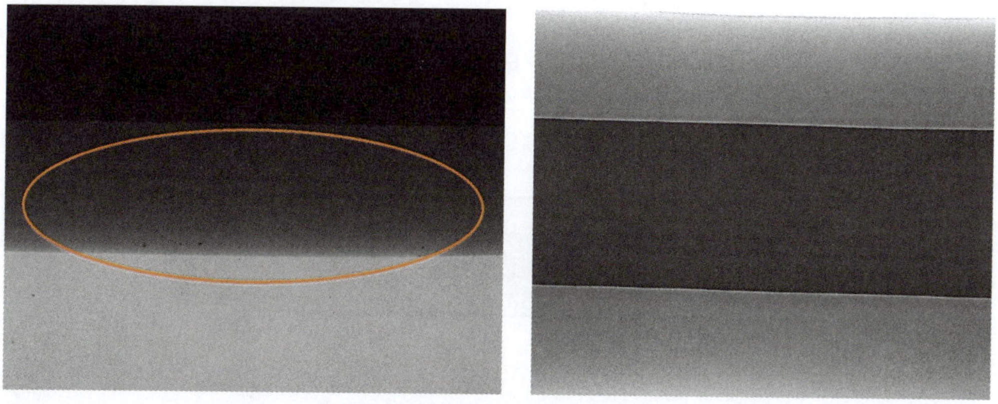

(a)　　(b)

图 12－39　测试样本

（a）检测有杂质；（b）检测合格

12.4.9　绝缘表面处理

为达到设计的绝缘及应力锥结构，绝缘硫化完成后，需要将多余的绝缘切削，并对外表进行打磨，如图 12－40 所示。

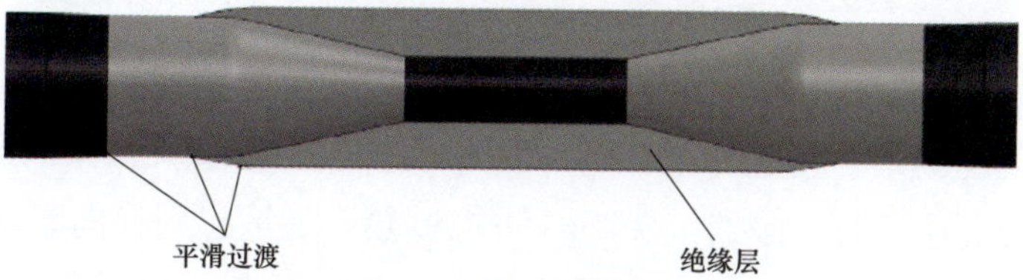

图 12－40　绝缘表面处理示意图

切削和打磨时需保证绝缘同心度。先使用粗砂纸进行打磨，然后使用细砂纸进行打磨，直至绝缘表面光滑、平整，可选用手工或者电动的打磨方式，如图 12－41 所示。最后使用无水酒精或专用的绝缘清洁纸擦拭绝缘表面。

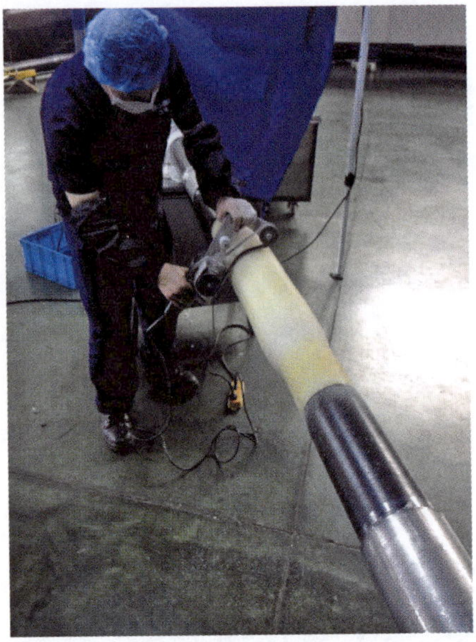

图 12－41　工厂接头绝缘外表面处理现场图

12.4.10　外半导电屏蔽层及阻水层恢复

外半导电屏蔽层，也称外屏蔽，外半导电屏蔽层与绝缘层外表面接触，且与金属套等电位，避免因海缆绝缘表面缺陷而与金属套发生局部放电。

外屏蔽的恢复采用绕包模压恢复，如图 12－42 所示。包带由本体相同牌号的半导电材料制成，采用与内屏蔽包带相同的工艺制成。通过特制的加热装置加温加压，在与绝缘融合的同时完成硫化，如图 12－43 所示。绝缘屏蔽表面应无鼓包、气泡等缺陷。

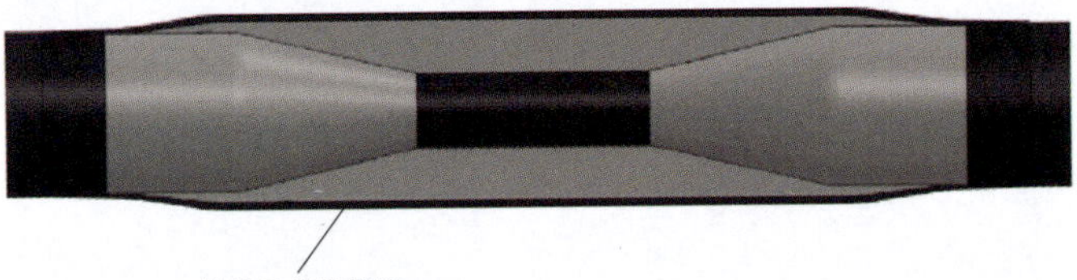

图 12－42　外屏蔽绕包恢复示意图

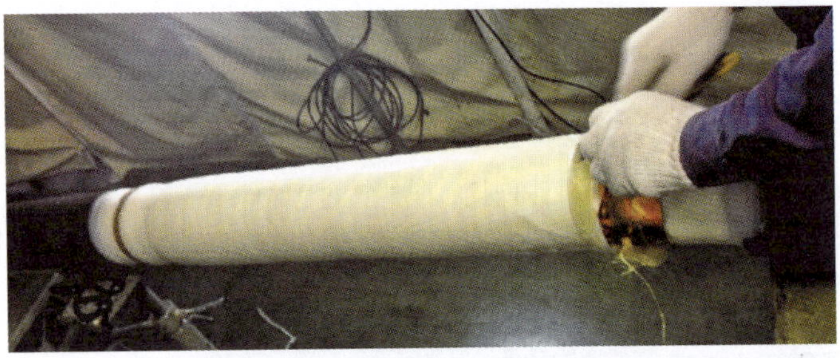

图 12－43　外屏蔽绕包加温加压

外屏蔽恢复完成后，绕包一层半导电阻水缓冲带，如图 12－44 所示。这有三个作用：一是在铅套焊接时，保护接头绝缘防止过热；二是起到径向阻水的作用；三是在海缆达到工作温度时，避免因工厂接头膨胀而破坏铅套，起到缓冲作用。

图 12－44　阻水层恢复

12.4.11　铅套与内护套恢复

铅套的恢复采用氢氧气焊，因其具有火焰集中以及热量小的优点，可以有效避免对内部绝缘的影响。焊接的焊材使用与本体相同的合金铅。铅套恢复的方式有两种方案，一是在导体焊接前套入比工厂接头缓冲阻水带外径稍大的完整铅套，放在一边；二是将预制铅套纵向切割后套入接头，再进行纵向焊接。第一个方案是工厂接头铅套恢复的首选方案，其避免了纵向焊缝，减小了风险。第二个方案主要是在条件受限时使用。套入的铅套与本体铅套再进行环向焊接。焊接时，需控制焊接热量，防止绝缘烫伤。

内护套的恢复与铅套恢复相似，使用专用的熔接机，将预制套筒与本体熔接。

12.5　试验验证

12.5.1　海缆本体试验

1. 生产过程的中间检测试验

对海缆生产过程中的拉丝、导体绞制、绝缘挤出、铅套及内护套挤出工序的中间过程进行检查试验，具体检测项目及要求见表 12－2。

表 12－2　海缆生产工序中间过程检测

工序	检验项目	检验要求	判定标准
拉丝	外观检查	铜单丝表面应光洁无油污、无氧化，不应有毛刺、锐边、断裂的单线或凸起等不良现象	
	外径测量	使用千分尺对铜单丝进行测量，并记录下最小值和最大值	

续表

工序	检验项目	检验要求	判定标准
拉丝	铜单丝电阻率测量	取 1.5m 铜单丝样品，放置 20℃恒温室中 1h 以上，将样品固定在测量电阻夹具上，测量 1m 单丝电阻，换算电阻率。 单丝电阻率换算公式为 $R_{20}=(3.14\times D^2)/4\times R_t$ 式中：R_{20} 为 20℃时单丝电阻率，Ω·mm；D 为单丝直径，mm；R 为实测单丝电阻值，Ω	《电工圆铜线》（GB/T 3953—2009）
	铜单丝伸长率试验	取 30cm 单丝样品，在样品上标距 20cm 后，在拉力机上进行拉伸，直至单丝拉断，换算单丝伸长率。 单丝伸长率计算公式为 $\delta=(L_h-20)/20\times 100$ 式中：δ 为伸长率，%；L_h 为拉断后最终标距长度	《电工圆铜线》（GB/T 3953—2009）
导体绞制	外观检查	1）绞线的表面应光洁，无油污、无氧化，不应有毛刺、锐边、断裂的单线或凸起等不良现象； 2）单线允许焊接，但相邻两焊接点的距离应不小于 300mm，焊接要牢固，接头处要修光修圆，绞线不允许整根焊接； 3）绞线各层单线的绞向符合要求。 4）半导电带、阻水带等要求包覆平整，不得有破损、断裂、折皱和松散等现象	—
	尺寸测量	1）用游标卡尺测量圆形绞线外径； 2）对绞线的各层节距进行测量；假设此层有 n 根单线。选择一根单线作记号 A，从该点开始沿绞线的轴向在第 $n+1$ 根单线上作记号 B；用卷尺量记号 A 与 B 之间的距离，得到的长度即为该层的节距。 3）半导电带重叠率。半导电带绕包应平整、重叠均匀。应测量包带宽度 b 和重叠宽度 a，计算绕包重叠率 重叠率$=a/b\times 100\%$	—
	导体直流电阻测量	对绞线首端，取 1.5m 样品，放置 20℃恒温室中 1h 以上，将样品固定在测量电阻夹具上，测量 1m 电阻，如图 12－45 所示。 每千米绞线电阻换算公式： $R=R_t\times 1000/L$ 式中：R 为 20℃时每千米的电阻值，Ω；R_t 为实测电阻值，Ω；L 为样品长度，mm	《电缆的导体》（GB/T 3956—2008）
	导体截面积	取长为 200～300mm 的导体样品，放在电子天平上称重（量程不够时可拆分进行称重），并记录测量数据。 导体截面积计算公式为 $S=W/(L\times\rho)$ 式中：S 为导体截面，mm^2；W 为样品质量，g；L 为样品长度，cm；ρ为铜导体材料密度，g/cm^3，取 8.89	—
绝缘工序	外观检查	线芯表面应光滑、平整、色泽均匀，无明显的缺陷；内外屏蔽半导电层应均匀地包覆在导体和绝缘表面上，无明显的尖角、颗粒、焦料或擦伤的痕迹	—
	尺寸测量	用直径尺（外径大于 25mm 以上）/游标卡尺测量绝缘线芯的外径； 每根海缆取一片厚度为 0.5mm 的待测试样，用投影仪进行绝缘厚度测量，计算平均厚度； 利用测得的绝缘最小厚度和最大厚度来计算绝缘偏芯度； 偏芯度＝（最大厚度－最小厚度）/最大厚度×100%； 利用测得的海缆最小直径和最大直径来计算圆整度	—

续表

工序	检验项目	检验要求	判定标准
绝缘工序	绝缘线芯硅油检查	对于高压和超高压XLPE绝缘海缆，每根海缆取1个长约6cm的试样，放入硅油容器并加热，待绝缘呈透明状时取出进行目测检查，如图12－46所示。 1）导体屏蔽光滑，绝缘与屏蔽之间不得有凸起； 2）绝缘中不得有杂质等不良现象； 3）绝缘中若有气泡现象应记录并标识，待绝缘线芯去气结束后再次进行硅油试验，此时绝缘中不得含有气泡	
	绝缘热延伸试验	从被试绝缘层的内中外分别取样进行试验	《额定电压 10kV（U_m=12kV）至 110kV（U_m=126kV）交联聚乙烯绝缘大长度交流海底电缆及附件》（JB/T 11167—2011）
	绝缘中微孔、杂质和突起检查	在显微镜下检测并统计样片各项微孔、杂质数量，对半透明棕色物资及突起测量其尺寸并标识	《额定电压 10kV（U_m=12kV）至 110kV（U_m=126kV）交联聚乙烯绝缘大长度交流海底电缆及附件》（JB/T 11167—2011）
	过滤网的检查	绝缘工序开工前检查并记录所采用的过滤网目数等，并在交联结束后及时从绝缘机头处取出过滤网，在强光下目测过滤网的颜色、绝缘烧焦物等。必要时可在油浴中加热过滤网，检查绝缘烧焦物颜色及大小	—
铅套工序	外观检查	挤出前的半制品的包带绕包应连续、前后一致，其表面应平整、紧密，不可有撕裂、折皱等不良现象且包带需干燥。挤出的铅套表面应光滑、平整，无目力可见的砂眼、气孔、杂质和明显的纵向挤出纹路等；若金属套外涂敷沥青，要求沥青涂覆均匀，无明显堆积	—
	尺寸测量	1）使用游标卡尺测量铅套挤出后的海缆外径，卡尺的读数即为所测的数据； 2）厚度检查。沿垂直于金属套平面切取一段约 20mm 长铅套圆环样品；使用精度不低于±0.01mm 的球面千分尺来测量厚度，该球面的半径约为3mm；如球面千分尺的测量头不能伸入样品管内自如地测量时，需将样品沿着纵向切开；沿着试样四周足够多的点上测量厚度，以确保能测量到最薄点厚度。 3）使用超声波测厚仪沿着铅护套四周进行测量	JB/T 11167—2011《额定电压 10kV（U_m=12kV）至 110kV（U_m=126kV）交联聚乙烯绝缘大长度交流海底电缆及附件》
	铅护套扩张试验	沿垂直于铅套的平面切取一段约 20cm 长的样品，去除铅套内缆芯、包带等，制成空管试样，在圆锥体上扩张至铅套前海缆直径的1.3倍不破裂	—
内护套	外观检查	1）内护套应紧密挤包在缆芯金属套上，其表面应光滑、圆整、色泽均匀、断面不得有肉眼可见的气孔或烧焦以及划伤、松套等不良缺陷； 2）在收线过程中，海缆的内护套应没有受挤压、异物或其他原因造成的机械损伤	—
	尺寸测量	用直径尺（直径25mm以上）/游标卡尺测量海缆的外径；沿垂直于内衬层/隔离套和内护套的平面切取薄片，将样品置于投影仪的工作面上，切割面与光轴垂直，按照操作规程使用投影仪，或使用游标卡尺测量；径向测量 6 点，厚度的平均值为 6 次测量值的算术平均值	《额定电压 10kV（U_m=12kV）至 110kV（U_m=126kV）交联聚乙烯绝缘大长度交流海底电缆及附件》（JB/T 11167—2011）
	工频火花试验	试验电压值按 $6t$ 计算，t 为护套的标称厚度，但试验电压最高不超过 15kV；护套在试验过程中应无击穿	《电线电缆电性能试验方法 第10部分：挤出护套火花试验》（GB/T 3048.10—2007）

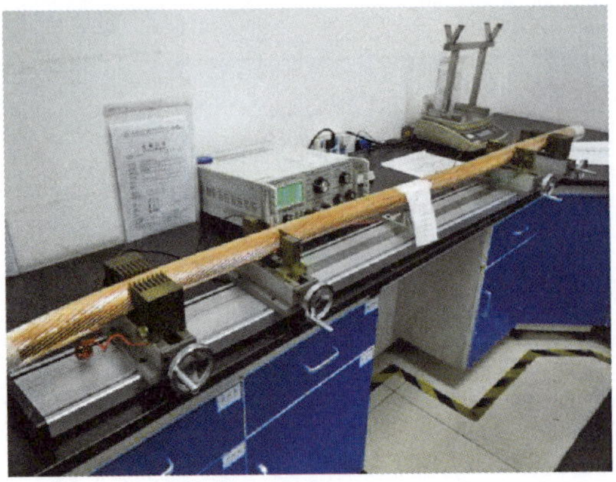

图 12-45 导体绞制过程导体直流电阻测试

图 12-46 海缆绝缘线芯硅油测试

2. 半成品试验

半成品电气性能试验在 500kV 交流海缆铅套或聚乙烯护套挤出工序结束后，一般需要对半成品缆芯进行局部放电（取样）和交流耐压电压试验，如图 12-47 所示，以保证前期交联聚乙烯绝缘缆芯的电气性能符合要求。试验通过后，才可进行后续工序生产。局部放电（取样）和交流耐压电压试验标准依照《额定电压 500kV（U_m=550kV）交联聚乙烯绝缘大长度》（Q/GDW 11655.1—2017）执行。

图 12-47 半成品耐压试验

导体焊接完成时，预先对每个工厂接头的导体焊接进行 X 射线检验，以表明焊接质量完好。工厂接头交联绝缘层制作完成后，需接受恢复绝缘 X 射线检验。使用 X 射线检验恢复绝缘界面质量和可能存在的金属杂质的状况，以表明工厂接头质量完好。用 X 光机进行拍照，检查接头处是否有偏心、杂质、气孔等缺陷。工厂接头制作完成后进行交流耐压试验，检测合格后继续后续工序生产。所有工厂接头在半成品缆芯接续后也要经受电压试验，试验方法和参考标准与海缆本体一致。

3. 成品海缆例行试验

（1） 局部放电试验

按《电线电缆电性能试验方法 第 12 部分：局部放电试验》（GB/T 3048.12—2007）规定的方法，局部放电检测设备灵敏度要求为 10pC 或优于 10pC。试验电压逐步上升至 508kV（$1.75U_0$），保持 10s，然后缓慢地下降至 435kV（$1.5U_0$）。在 435kV 下，制造长度海缆应无超过申明灵敏度的可检出的放电。

假如制造长度海缆相对较短，局部放电测试灵敏度可以达到 5pC 或优于 5pC，则可在每根制造长度海缆上进行局部放电测试。

假如制造长度海缆很长、局部放电脉冲衰减很大，而使局部放电测试灵敏度达不到上述要求，制造长度海缆应按海缆抽样试验的局部放电试验程序进行试验。

（2） 电压试验

施加频率和波形符合标准的工频试验电压，试验电压逐步升高至 580kV（$2U_0$），保持 60min。如因海缆长度太长而无法采用工频电压试验，可对制造长度海缆采用频率 10～500Hz 交流电压进行例行试验。

12.5.2 海缆工厂接头试验

工厂接头在制作过程中，需要进行电气、机械和环境性能方面的检测，以保证工厂接头的质量满足使用要求。在工厂接头的研发和生产制作阶段，需开展一系列试验验证，主要试验项目和检测指标与海缆本体一致，具体检测项目见表 12－3。

表 12－3　工厂接头主要检测项目

序号	检测项目	检测要求	检测设备
1	抽样试验（S）		
1.1	导体接头拉力试验	导体截面≤800mm^2，导体抗拉强度≥180MPa； 导体截面＞800mm^2，导体抗拉强度≥170MPa	微机控制拉力机
1.2	XLPE 绝缘热延伸试验	负荷下最大伸长率≤175% 冷却后最大永久伸长率≤15%	空气热烘箱
1.3	局部放电试验	无超过申明的灵敏度的可检出的放电	局放耐压成套设备
1.4	交流耐压试验	580kV，60min，绝缘无击穿	
1.5	雷电冲击试验	1550kV，正负极性各 10 次，绝缘无击穿	冲击电压发生器
2	例行试验（R）		
2.1	局部放电试验	同 1.3	变频串联谐振试验系统
2.2	交流耐压试验	同 1.4	
2.3	X 射线检验	目视检查，接头处导体和绝缘是否有偏心、杂质、气孔等缺陷	多功能 X 光测试仪
2.4	工厂接头铅套外径检查	工厂接头恢复后铅套外径应不超过海缆本体铅套外径的 10%	游标卡尺

由表 12－3 可知，除了与海缆本体相同的检测项目外，工厂接头还需要进行接头径向透水试验、导体接头拉力试验、X 光射线检查等特有项目的检测。

一、导体接头拉力试验

相关海缆标准规定，对于导体截面积为 800mm^2 及以下导体之间焊接的抗拉强度应不小于 180MPa，截面积 800mm^2 以上导体之间连接的抗拉强度应不小于 170MPa。

具体试验方法为：截取焊接后的导体试样长度不小于 500 mm，焊接处应靠近试样的中间部位，两端头用低熔合金浇灌。将试件夹持在试验机的钳口内，夹紧后试件的位置应保证试件的纵轴与拉伸的中心线重合。启动拉力试验机时，加载应平稳、速度均匀、无冲击，当试件被拉伸断裂后，读数并记录最大负荷，试验结果抗拉强度按下式计算：

$$\sigma=\frac{F}{S} \tag{12-1}$$

式中：σ 为导体抗拉强度，N/mm^2；F 为最大试验拉力，N；S 为试样的标称截面积，mm^2。

二、接头径向透水试验

工厂接头处需开展径向透水试验，以检验接头在最大水深时阻止径向透水的性能。海缆试样应尽量符合真实的安装状况，在试验前试样一般要经受张力试验或张力弯曲试验以及热循环试验，以使试样受到适当的张力和径向膨胀。

具体试验方法为：

1）从已经受机械试验的接头中取试样，采用电流加热，使导体温度达到 95～100℃。至少经受 10 次热循环，每次热循环包含 8h 加热和随后 16h 的冷却，在每次热循环结束前应保持导体温度至少 2h。

2）在热循环过程中，对接头施加压力的部位进行水压试验。用封帽将接头试样的海缆两端密封，试样一端应置于专用压力容器内。试样浸入对应 100m 水深的加压水中，持续 48h，试验时压力容器内水温为 5～35℃。到达试验时间后，将试样从水中取出，并解剖接头，目视检查接头内部情况。

试验后，工厂接头处应满足以下的检测要求：

1）阻水隔离结构应无水侵入迹象；

2）金属铅套无明显不规则突起缺陷。

三、工厂接头导体焊接及绝缘无损检验

在导体焊接完成时，可预先对每个工厂接头的导体焊接进行无损检验，观察导体焊接是否存在虚焊、金属夹渣等缺陷。同时，工厂接头的绝缘和屏蔽层恢复制作必须

在千级净化室的洁净房内进行，控制洁净度，交联绝缘层制作完成后，也需接受恢复绝缘的无损检验。检验恢复绝缘界面质量和可能存在的金属杂质的状况，以表明工厂接头质量完好。

常用的无损检测技术主要包括：超声检测、射线检测、磁粉检测、渗透检测、涡流检测。其中，磁粉检测和涡流检测主要适用于金属材料的缺陷检测；渗透检测需要在被测对象表面涂覆染料；超声波检测一般可检测各种物体内部缺陷情况，但输出显示一般为波形图像，不够直观；射线检测主要通过检测穿透性强的高能粒子射线的投射强度来实现内部结构检测的一种方法，一般通过照片成像反映物体内部结构，其中易于穿透物质的有 X 射线、γ 射线、中子射线三种，实际工程应用最多的为 X 射线和 γ 射线。因此，针对海缆导体和绝缘检测，通常选用射线检测方法进行，易于直接观测。

12.6　海缆监造

大容量海缆制造技术是海洋输电技术的关键技术之一。本节总结了海缆监造关键技术的主要内容与质控要点。

12.6.1　监造关键技术工作

监造关键技术工作有：制造图纸审查、工艺文件审查、评估供应商技术方案、参与中试试验与型式试验验证工作、评估生产流水线提升改造符合性、参与新生产线投料试车活动、编制监造细则、确定质量验收量化指标、编制 14 道工序验收用《质量见证记录表》、检查开工条件、监督制造进程、参与出厂试验等。

1. 监造准备工作

（1） 制造设计图纸审查

招标阶段的海缆设计图纸是业主方提出的，制造厂在此基础上进行机械性能、电气性能数值计算；建立海缆及附件 3D 模型，进行电场、温度场模拟分析、海缆强度分析等，然后进行样品试制图纸设计、制造样品。

1） 图纸审查内容。

设计图纸审查的内容集中在主要设计参数和电缆的特性等两方面，包括：导体、绝缘、金属套、铠装丝、外护套结构型式、选用的材料和几何尺寸；额定电压 U_0、U 和 U_m 值；导体最高设计温度；防止导体和金属屏蔽或金属套下纵向透水的方法；海缆允许的敷设水深和安装时的最大张力值。

图纸审查技术要点：

① 选用的各原材料、部件、附件的分供商，必须是国家电网公司合格供应商名

录中的厂家且与投标文件一致。

② 此表中注明标称直径或厚度、产品净重、损耗量、备料量、供应商名称等以边监造方判定其是否足额采购贵重材料。

2）图纸审查目的。

审查目的是熟悉受监海缆的结构特征；比照投标文件与技术协议、确认的材料明细表，比照原材料采购清单，为监造方判定其采购的原材料的规格、型号、数量、分供商的符合性、判断与生产线匹配性检查提供依据。

（2） 工艺文件审查

工艺文件是制造作业指导书。监造方主要检查工艺文件的目的是检查工艺参数。

审查主要指标有：大截面导体阻水生产工艺措施；卷绕参数；绝缘料洁净度控制保证措施；绝缘线芯纠偏措施及三层共挤生产工艺控制措施；不同厚度缓冲层的热膨胀匹配性、导体与铅套的阻水工艺措施；屏蔽带、铅套消除内应力的措施；铅套接地方式；铅套与护套的串联连续生产工艺措施；铜丝铠装工艺的铠装绞笼转速、铠装节距、放线张力等。

导体屏蔽层＋绝缘层＋绝缘屏蔽层等三层共挤工艺是有效避免分层挤出而造成各层可能存在间隙引起的局部放电现象等风险的核心工艺。其控制要素有生产线允许的最大连续挤出量、熔融料温度、熔融压力。

绝缘挤出量直接关系到海缆的连续制造长度；该参数与滤板孔型与锥度匹配性、模具角度与分流体角度匹配性、熔融压力控制系统精度、温控系统温度控制精度等要素紧密相关。

在绝缘挤出过程中，随着绝缘材料的挤出，交联剂逐渐析出，绝缘料在挤出机、连接管以及机头中受阻力作用停留时间若稍长或堆积，就易形成焦烧（过交联）现象；这类焦烧物若通过滤网进入海缆绝缘层，极易造成绝缘击穿、局放不合格等质量问题。熔融料连续挤出作业时间过长或熔融料温度设置偏高时，都会出现熔融料烧焦现象，表现为绝缘熔融压力持续增加，因此，判断交联过程中是否焦烧的关键依据是检查绝缘熔融压力控制曲线是否异常。

由于导线绞制时是边绞制边收线；交联时，由导线盘放线进入交联生产线，边绞合边收线，再倒入铠装工序；这些工序转序时，很容易出现划伤、挤压等质量问题，需在工艺上采取预应对措施；监造方应对各工序旋转托盘承载能力、收放线的操作参数设置进行检查。

海缆对原材料纯度控制要求特别高，一旦绝缘层交联时有细微杂质混入，则工程投运后、海缆内部电场强度马上偏离设计值、导致局部过热，进而导致绝缘失效。而海缆的绝缘监测本来就是业界难点，目前的光单元根本无法检测海底那段电缆过热；现有的局放试验、交流耐压试验检验，只能判断短期绝缘效果，无法判定长期绝缘效果。监造师在开工前需检查净化室的实际清洁度是否与工艺文件匹配。监造查看工艺文件，关注其纯度控制要求与控制手段，严防制作时杂质混入绝缘层。

另外，在交联工序开始时，至少应有300m空挤段，以净化交联通道；交联结束后，首尾应取样进行热延伸试验、浸油试验。

（3）编写监造细则

由于这型号海缆并无设计标准、质量验收标准，如何确定海缆制造质量验收指标，尤其是编制三层共挤等关键工序质量验收指标，技术难度非常大。监造方的做法是：

1）依据220kV海缆、500kV陆缆，初步拟定了各工序检验指标，构筑质量验收指标框架；

2）依据500kV海缆工艺流程图、招标文件包、各制造厂投标文件、完善指标框架；

3）邀请业界制造、试验专家评估这批指标；

4）报国家电网公司技术保障组审查，按审查意见修改后，出版第一稿；

5）结合技术支撑单位的科研成果，动态修改验收指标、出版修订稿。

海缆本体各阶段主要检查项目与关键检验指标见表12－4。

表12－4　海缆本体制造关键检验指标

阶段	检验对象	关键检验指标
原材料采购	铜杆	外观、直径、抗拉强度、延伸率、电阻率、抗扭性、成分等
	铜丝	外观、线径、抗拉强度、伸长率、电阻率等
	屏蔽料	外观、密度、抗张强度、伸长率、电阻率、永久变形率等
	XLPE绝缘料	抗张强度、断裂伸长率、热延伸性能、电阻率等
	半导电阻水带	厚度、拉断力、膨胀速率、膨胀高度、电阻率等
	PE护套料	外观、伸长率、密度、流动性、碳黑度、介电强度、电阻率等
	合金铅	铅锭化学成分、密度
工序质检	导体绞制	绞合体外观与直径、导体截面、直流电阻、紧压系数等
	三层共挤工序	外观，半导电层厚度，绝缘厚度与偏心度，绝缘层微孔、杂质和半导体电层与绝缘界面凸起分布，热延伸率等
	脱气工序	除气温度、除气时长等
	合金铅套与＋护套挤制工序	铅套厚度、护套厚度、护套表面质量、护套印字等
	铠装、成缆工序	铜丝数量、直径、节距，海缆外径，铠装后交流耐压测试等
试验检测	半成品、成品海缆厂内检测	导体紧压系数与导体直流电阻第三方检测，绝缘层厚度复测，局部放电试验，交流耐压试验等
	成品海缆第三方抽样试验	成品各结构层直径测量，金属套厚度测量，外护层厚度测量，铠装铜丝物理量测量； XLPE绝缘热延伸试验； 成品海缆导体直流电阻与金属套电阻率测量，导体屏蔽层与绝缘屏蔽层电阻率测量，半导电护套电阻率测量，电容测量，局部放电试验，雷电冲击试验，耐压试验等

注：此表不包括涉及敏感知识产权的软接头检验指标，也不包括组成海缆系统其他附件的质控点。

2. 工装与生产线符合性检查的关键技术

（1） 工装检查

工装，就是完成海缆制造工艺所需要的加工设备、试验设备、专用工具、工装托架等全部装备。

检查各工序主要加工设备是否状态完好，运行正常，按要求进行检定、保养；

检查试验及检验设备是否都标识清楚、在有效检定期内；

检查工厂从材料及零部件进厂到海缆出交付全过程质量控制程序文件的执行情况。

（2） 生产线符合性检查

生产线符合性检查目的是摸清楚各制造厂设备性能，判断其出力是否满足受监产品制造需求，判断其使用可靠性。

为满足全球首制海缆大吨位绝缘料一次性挤出需求，制造商通常需要投入新的生产线或者对原有生产线进行提升改造；调研生产线提升改造情况，检查生产线符合性，主要是检查改造后生产线最长连续开机时间、曾生产的海缆最大截面、生产速度的数据历史记录，其额定出力、最大出力是否与工艺文件一致；维护保养记录是否完整；以确认实际出力是否满足本项目的指标要求。

（3） 检查设备保养记录与保障措施

对设备正确、良好的维护保养，不仅使设备耐用，而且也能减少运行中出现事故，从而提高产品质量，达到工艺对设备的要求，所以必须经常维护保养，定期检修。

如绝缘工序开机前，监造方与制造厂进行了 300 多项检查，确保水汽路通畅、润滑冷却系统安全运转；并要求制造厂与属地供电公司协调，加大线路巡视密度，确保供电可靠。

首制产品研发风险很大，某海缆制造厂在制造时因生产线电源模块异常，导致海缆交联停机，此时海缆制造长度已达到 8.278km；造成进口原材料与工期的双重重大损失。

3. 监造实施阶段主要技术工作

这阶段主要工作是：

1） 监控生产工艺参数变化、并与工艺文件中对应参数进行对比。

2） 为试验段海缆与工程产品的原材料、工艺控制流程一致性把关。

3） 进行各工序质量检查。

4） 见证阶段性试验验证工作与出厂试验工作。

5） 关注供货边界及用户对边界内设备的特殊要求。

海缆终端例行试验见证项目，包括压力泄露试验、真空漏增试验、电缆接地箱密封试验，是附件厂做的；监造方深入分供商制造车间查验试验。

12.6.2　监造管理创新方法

1. 检查记录盖章报备

此项目把监造的技术要求写在订货技术协议里，开创了“监造细则作为技术协议的一部分，与协议具有同等效力”的先河；业主赋予我们合同化监督权，我们深感责任重大；为此，开工前的监理检查记录连同制造厂提供的书面资料盖红章，报呈业主方备案。

2. 完善技术协议的指标

由于招标文件、技术文件没有制造允许偏差值，监造细则依据陆缆国标完善了检验指标的偏差值。

招标文件里没有明确本工程的铠装铜丝用 GB3953TY 硬铜还是用 GB3956 导体铜；鉴于 GB3953TY 硬铜的抗拉强度指标比较好，而且导电性能较差，我们在审查图纸阶段，明确铠装铜丝采用硬铜，在设计图纸里明确线径。

3. 焊接探伤检验方法

软接头焊接后的 X 射线探伤，工厂现有设备只有 40mm 穿透力，制造厂提出分层检测。我们借鉴发电工程焊接检验技术，提供了超高厚度焊件的焊接质量检验方法。

4. 稳妥处理知情权与技术保密的矛盾

技术保密限制了监造方的知情权与监督权，对监造工作的正常开展会产生影响。为此我们在开始监造前，请制造厂提供涉密部分的范围，明确交联生产过程与海缆接头制作技术为机密的内容，签订保密协议，除保密范围内的资料外，其他受监设备的所有文字资料、制作过程皆为本设备的监造人员可看的内容。用这种方式，圆满处理了知情权、监督权与技术保密的矛盾。

交联工序是核心机密之一，交联生产过程中，监造人员不进入制作车间就可以看见显示仪表显示的全部工艺数据，并与制造厂工艺人员一起，对工艺文件内的数据进行比较，但工艺文件仅供查阅、不能拍照、也不扩散看到的数据，如果泄密了不得扩散的工艺文件，追究泄密者的责任。

海缆接头制作是质量控制的薄弱环节；但此处也是制造厂最核心的技术机密。制造厂不提供工艺文件，但监造方在不拍照前提下，由制造厂保密人员陪同，进行软接头实物的工序检验。

5. 提升标识与可追溯性管理要求

分供商管理是各海缆制造厂的薄弱环节；不仅缺乏分供商管理程序，而且对标识与可追溯性缺乏重视，为此，监造方提出了对制造厂制程标识与可追溯性工作进行检查的要求，检查内容归纳为：

1）要求各制造厂编制《标识与可追溯性管理程序》或《标识与可追溯性管理制

度》、或在舟山 500kV 项目的质量保证文件里编制相关内容，明确这一流程的管理机构、管理职责，提交监造方备案。

2）监造方对制造环境与生产设备的标识进行检查。

3）驻厂监造工程师对从原料入厂到成品出厂全过程检验、试验状态下的标识进行检查。

4）对受监设备生产和出厂过程中的标识进行检查。

5）对特殊采购物品的标识进行检查。

6）全程可追溯性检查。

实际操作中，2 个回路共 6 条 18km 海缆，除 500kV 海缆材料是专用的及本工程用的铅注料可以追溯外，其他 220kV 的海缆是通用的，追溯比较困难，所以我们只要求导体材料、绝缘材料与铅注料必须全程可追溯，其他材料的规格型号符合订货合同要求，并全数提供入场检验记录。

第 13 章
超高压海缆施工关键技术

海缆输电工程是跨海域联网工程建设的重要组成部分，在实现电网国际化、区域电网互联进程中起着重要作用。海缆工程被世界各国公认为复杂的系统工程，其建设受地域建设条件、海洋工程条件和施工设备等条件的限制。工程建设涉及技术领域广泛，投资规模较大，施工技术复杂。海缆敷设于海床后，还要根据海缆路由地质情况，对海缆进行的保护措施，包括海缆埋深、冲埋、套管、抛石等防护稳固施工，这是海缆工程建设的重点和难点。

海缆输电工程的建设主要应用于：各国电网跨海域互联、区域电网跨海峡联网、向海洋孤岛及海上石油钻探平台供电以及输送海上可再生能源的发电并网等。

13.1 超高压海缆敷设施工装备

海缆的敷设施工是指将海缆布放、安装在设定的路由上，以形成海缆线路的过程。海缆敷设前需要综合考虑路由环境、相关方影响、水文气象条件。敷设设备一般为专用海缆敷设系统。

海缆的敷设常因跨越水域不同，敷设方法差异较大。敷设应选用最佳敷设方法及相应装备，以满足具体工程的设计要求。目前，自世界第一条海缆敷设成功已有近 150 年的历史。至今，海缆的敷设技术主要经过 3 个发展阶段：

第一阶段，是采用木制或铁制的船舶，将海缆装载在船上，并以风帆和蒸汽涡轮作为动力，罗盘作为导航设备，将海缆直接抛敷在海床上。

第二阶段，是采用具有专用工具的铁制或钢制船舶，并在船的甲板上安装了敷设海缆专用的鼓轮装置，把海缆盘绕在鼓轮上，然后将海缆直接抛敷到海床上。

第三阶段，是采用钢制的海缆专用敷设船，应用拖曳式埋设装置、自行式埋设装置，将海缆埋设在海床下。

海缆敷设施工需要主敷设船及其配套船只，配套船只包括警戒船、拖轮、锚艇、交通船等。一般主敷设船与配套船只布置如图 13－1 所示。

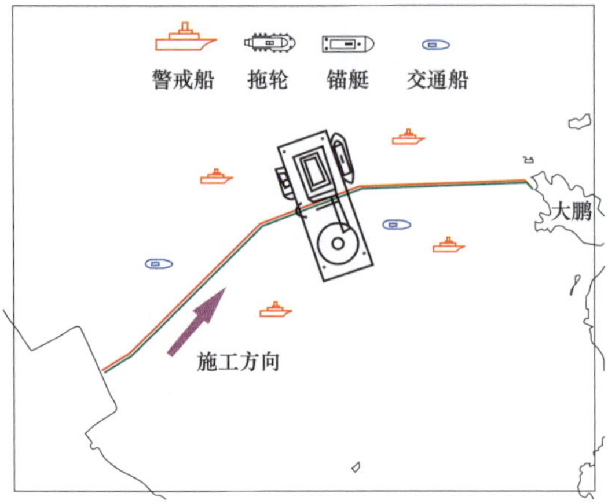

图 13-1　主敷设船与配套船只布置示意图

13.1.1　敷设施工船

海缆敷设施工船是海缆敷设施工作业的心脏，目前英、法、美、中等国都具有载缆量超过 5000t 的敷设船，如图 13-2～图 13-6 所示。上述敷设船设备齐全、工艺先进，满足全球范围内的海缆敷设施工作业需求。

图 13-2　英国 Team Oman 海缆敷设船（载缆量 8500t）

图 13-3　美国 GLOBAL SENTINEL 海缆敷设船（载缆量 7900t）

图 13-4　挪威 102 海缆敷设船（载缆量 7000t）

图 13-5　法国 C/S Nexans Skagerrak 海缆敷设船（载缆量 7000t）

国内海缆工程建设起步较晚，早期海缆敷设船大多通过驳船和供给船改造而来。近年来国内建造了比较先进的海缆敷设船如启帆 9 号、中天 5 号、东方海工 01 号等。

图 13-6　中国启帆 9 号海缆敷设船（载缆量 5000t）

舟山 500kV 海缆敷设施工由新型大容量专用海缆敷设船启帆 9 号完成，启帆 9 号三维示意图如图 13-7 所示。

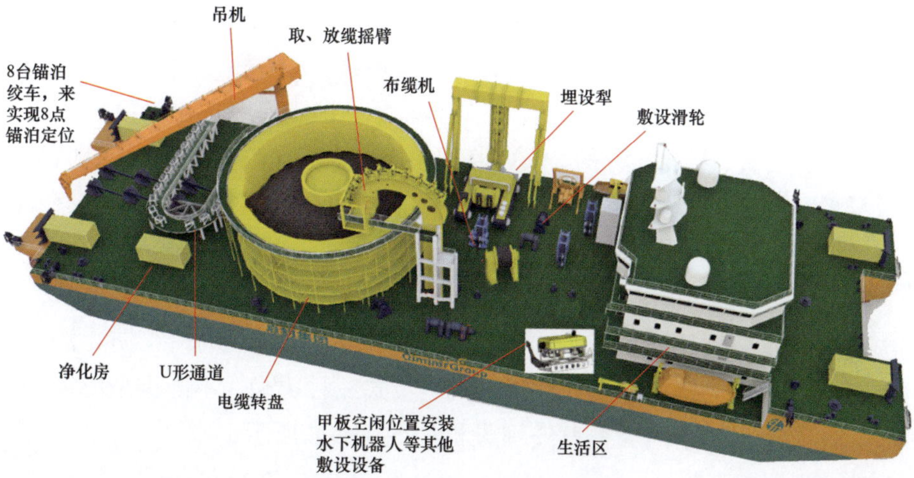

图 13-7　启帆 9 号三维示意图

海缆敷设船的敷设能力主要体现在载缆量和定位系统上。载缆量是指海缆敷设施工作业过程中，敷设船最大承载的海缆重量。海缆承载方式一般有电动转盘、固定储缆托盘、移动海缆盘。启帆 9 号采用的是电动转盘，可承载 5000t 海缆，并具有良好的退扭效果。

对于锚泊系统而言，其主要由锚泊线和锚泊基础构成。锚泊线是连接上部浮体和下部锚泊基础的荷载传递结构，其与海水、海床的静动力作用特性直接影响浮式平台运动响应；锚泊基础将上部荷载最终传递到海床，其承载力对于浮式平台的安全性起着重要作用。

锚泊基础是承受上部浮体环境荷载的最终结构物，其承载力由海床土体抗力提供。根据水深和锚泊形式，在浅水悬链线锚泊系统中，常采用抓力锚、重力锚等浅埋锚；在深水区域常采用吸力锚、法向承力锚、吸力式贯入锚和动力贯入锚等深埋锚。

浅水区锚泊常采用悬链线式，锚泊线存在躺底段，因此锚泊基础的受力以水平力为主。此时实际工程常使用拖曳锚，此类基础水平承载性能较优，抓重比（承载力与锚体重量的比值）可达 10 以上。拖曳贯入锚主要结构包括锚板、锚链系索或者锚胫。使用拖曳式安装，将其置于海床上后通过安装船运动或张紧缆绳使锚体沿着近似与锚板平行的方向嵌入土体。在承载时，通过角度调节器调整缆绳方向，使锚板转为法向受力状态。

启帆 9 号敷设船功能划分主要包括海缆接续区、海缆敷设区及生活区。其中海缆接续区主要用于海缆的接续工作；海缆敷设区主要用于海缆的敷设作业；生活区主要是用于海缆敷设施工人员的办公和休息。

启帆 9 号配备的主要敷设装备有布缆机、放缆/取缆摇臂、海缆通道、导轮、滑道、敷设滑轮、吊机、埋设机、水下机器人等，其布置如图 13－7 所示。

13.1.2 转盘

海缆转盘主要用于存储（释放）海缆，按动力方式划分主要有液压转盘和电动转盘。启帆 9 号采用的是电动转盘，可承载 5000t 海缆。

电动转盘主要构件包括：海缆盘、支架和轴承、控制海缆放出速度和张力的制动装置、履带牵引装置、导轮、滑槽、张力监视装置等。海缆盘在盘轴上转动释放海缆，海缆通过导轮、滑槽、布缆系统到达入水槽，然后由海缆埋设机将海缆埋设在海床下。

13.1.3 埋设机

海缆埋设机主要用于海底挖沟作业，同时将海缆埋设在海床下，防止海缆遭受外力破坏。海缆埋设机主要有射流式、机械式、犁式三种类型。不同类型海缆埋设机的特点如表 13－1 所示，不同类型海缆埋设机如图 13－8 所示。

表 13－1 不同类型海缆埋设机的特点

类别	优点	缺点
射流式	结构简单、造价低，操作简易	不能挖掘所有土质
犁式	故障率低、挖沟速度快、可挖掘各类土质	造价昂贵，对母船要求较高、不能间断作业
机械式	可挖掘各类土质、作业水深大	结构复杂、作业效率低

(a) (b) (c)

图 13－8 不同类型海缆埋设机

（a）射流式；（b）犁式；（c）机械式

射流式海缆埋设机应用历史最长，可追溯至 20 世纪 40～50 年代，是使用最普遍的一种海缆埋设机。它经历了人工射流、滑橇式射流、牵引式射流、自行式射流几个发展阶段。射流式埋设机利用两个独立的工作系统来挖沟铺设海缆。其中，射流系统由高压水泵产生高速水流，高速水流通过埋设机前端的喷嘴进行喷冲挖沟。另一个独立的工作系统则利用巨大的吸力将挖掘出的泥沙除去。埋设机在挖掘过程中，海沟的深度可能会根据要求有所改变，需要不断调整机械臂高度来控制挖掘深度。最大的可行挖掘深度取决于海底泥沙类型和挖掘速度。

犁式埋设机理念始于 20 世纪 50 年代末，在 20 世纪 70 年代第一台浅水挖沟机研制成功，至 20 世纪 90 年底末及 21 世纪初技术趋于成熟。犁式埋设机需要大马力动力定位船作为拖曳母船。犁式埋设机的发展一方面需要建造更大马力的敷设船，另一方面需要改进埋设技术减少埋设机对拖曳母船的动力需求。

机械式埋设机始于 20 世纪 70 年代。在 21 世纪初，深水机械式埋设机技术及设备获得快速发展，主要用于切割强度较强（如岩石）的海底土壤。通过机械切割设备（如链锯、柱状切割片等）将硬质土质切碎甚至液化，排泥系统将切碎的土质吸排出去，形成管线埋设所需的沟壑。机械式埋设机主要由主支架、铰刀系统、射流系统、排泥系统、履带、动力系统、监控系统组成。机械式埋设机结合了机械切割与射流切割技术，能适用海底任何土质，能弥补射流式埋设机不能切割硬质土质、犁式埋设机需大马力母船拖曳的不足。目前，按工作原理划分，机械式埋设机主要有链式埋设机、盘状旋削埋设机、柱状铣削埋设机三种类型。

启帆 9 号配备的是射流拖曳式海缆埋设机，埋设机重 20t，淤泥底质下海缆埋设深度可达 4m。其工作部件主要是挖掘臂，如图 13－9 所示。挖掘臂下方密布高低压喷嘴，低压喷嘴直径较大，布置在挖掘臂的前部；高压喷嘴直径较小，布置在挖掘臂的后部；高压水泵喷射水流切割土体形成沟槽，将海缆埋设其中。

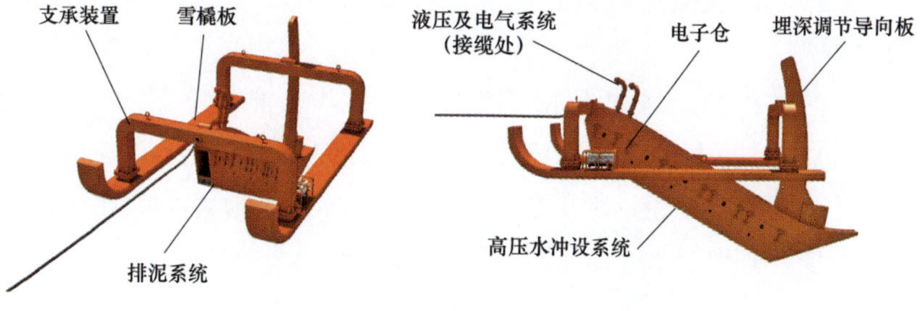

图 13－9　启帆 9 号配备的射流式海缆埋设机

13.1.4　水下机器人

海缆敷设过程中，有些区域需要依靠水下机器人辅助施工，工程级水下机器人如

图 13－10 所示。水下机器人是水下动力驱动工具的运载车，可以装备不同的操作器和各种工具，例如摄像机、声呐、多波束等水下探测设备。水下机器人的探测数据能为施工和后续海缆运行检修提供数据支撑。水下机器人可进行水下取物、海缆损伤检测及故障检修协助作业。

海缆敷设船上应有足够容纳整个水下机器人的空间，包含作业车辆停车空间，悬吊起重机、脐带海缆盘放置和操作空间，水下机器人操作船员的起居空间等。

图 13－10　具有夹持和摄像能力的工程级水下机器人

启帆 9 号配备的水下机器人重 200kg，工作水深 200m，运动速度 1.028 8m/s。其主要作业能力包括：

1. 海缆巡检

通过水下机器人搭载视觉摄像机和声呐设备进行海缆通道的巡视和检查。通过预先已知的线缆经纬度坐标和水下机器人的定位信息确定目标位置，并遥控至海缆上方。再通过水下机器人自带的磁力梯度仪和姿态传感器进行巡检。巡检过程中可通过返回的声呐、图像、位置信息对紧急情况进行处理。

2. 故障点探测

在巡视海缆的过程中，搭载于水下机器人的故障检测传感器一直处于工作状态，当发现线缆异常点时，船上工作人员将根据水下海缆探测系统异常信号分析原因并进行处理，继续巡视海缆或记录。水下机器人也会实时记录故障点的相关信息，如位置坐标、摄像头图像、声呐图像、故障点检测传感器值。

13.1.5　辅助船只

海缆敷设施工通常还需要其他船舶，比如警戒船、拖轮、锚艇、交通船等。在强风或海流情况下，海缆敷设船要靠一艘或多艘拖轮帮助定位。当海缆登陆操作时，往往要有较小型的船队操作拉绳、锚、浮胎、海缆。在复杂的路由情况下安装海缆时，用勘测船是必不可少的。在完成海缆保护前需要警戒船驱走捕鱼船以及防护海缆避免未经许可的船只靠近。

13.2　超高压海缆拖曳锚安装控制及施工关键技术

13.2.1　拖曳锚安装

船舶定位系统是海缆敷设船在海上稳定精准作业的保障，一般有锚泊和动态 DP 两种定位系统。启帆 9 号同时配备 DP－1 动力定位和八点锚泊定位系统，可抵御 10 级大风等恶劣海况。对于海缆敷设船而言，其最终荷载将传递到锚泊基础上。锚泊基础将上部荷载最终传递到海床，其承载力对于浮式平台的安全性起着重要作用。

在海缆敷设船作业时，一般采用拖曳锚进行临时系泊。法向承力锚（VLA）作为一种新型的拖曳锚（DEA），在海缆施工安装中可为安装设备进行锚泊定位。法向承力锚与传统的拖曳贯入锚的安装方式类似：首先，拖曳锚在较浅的深度切入海床（如图 13－11 所示），接着在锚泊线的持续张拉作用下逐渐贯入海床直至预定深度。拖曳锚体所受的持续张拉力依靠海面上的安装船（AHV）通过拖曳锚泊线提供。拖曳锚承载力不仅由安装深度决定，也受到自身转角的影响。

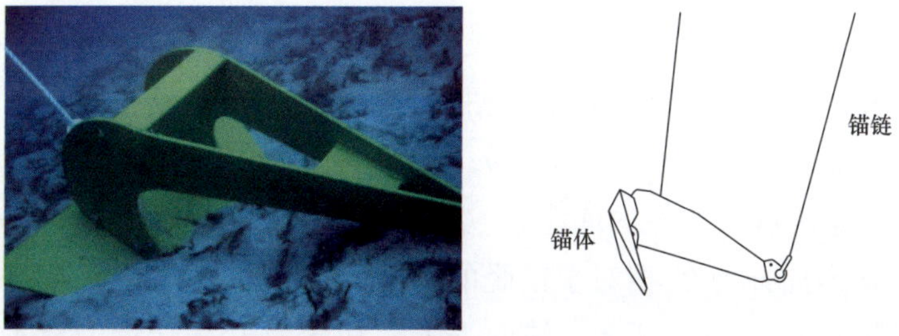

图 13－11　拖曳锚贯入海床

拖曳锚的安装系统包括海面处的安装船，锚泊线和锚体本身，如图 13－12 所示。在拖曳锚的拖曳安装过程中，锚泊线根据其形态可分为三段：悬链段，卧底段和反悬链段。拖曳锚的安装有两种工法：第一种，船动安装，安装船在海面上沿着一个固定的方向移动对锚进行拖曳直到锚体安装到预定的目标深度，在此过程中锚泊线的总长度保持不变；第二种，收链安装，安装船在海面上的位置保持固定不变，通过甲板上的绞车绞拉锚泊线使锚泊线的长度不断减小直至锚体安装完成。这两种安装工法产生的锚体贯入海床的轨迹有所区别，但在现有的研究当中尚未涉及。

为了评估锚泊线形态变化对拖曳锚安装带来的影响，以及模拟不同安装工法下拖曳锚的安装贯入轨迹，基于准静态分析模型和锚体渐进贯入理论建立了拖曳锚安装模型，由拖曳锚、锚泊线和安装船组成，如图 13－12 所示。

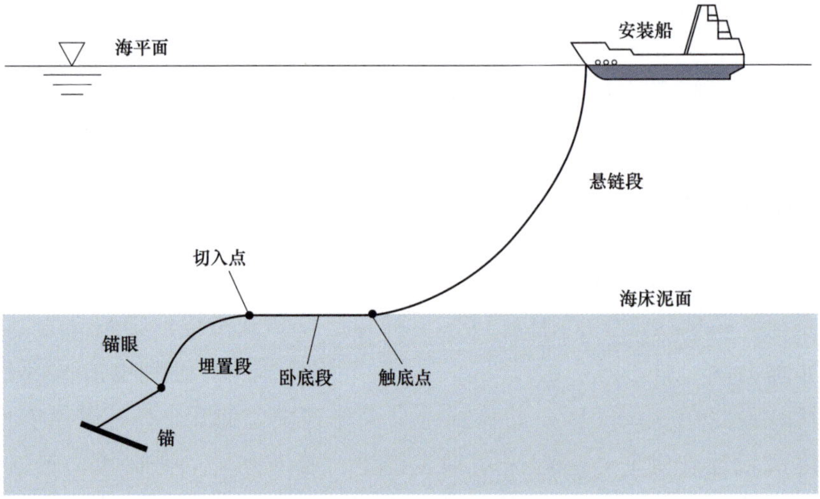

图 13－12　拖曳锚安装系统示意图

13.2.2　控制方程

采用了锚泊线的整体数值模型，将锚泊线离散为若干单元并数值求解，以此来分析锚泊线长度和形态对安装的影响。

1. 拖曳锚运动方程

锚体构型由一个矩形的锚板和锚胫组成（Aubeny 和 Chi，2010），如图 13－13（a）所示，其中锚板长度为 L_f，厚度为 t_f，锚胫长度为 L_s，锚板与锚胫之间的夹角为 θ_{fs}，锚板上锚胫连接点与端点的间距为 L_j。锚眼处锚泊线的提升力和角度分别为 T_a 和 θ_a，$\theta_{as}=\theta_a-\theta_s$ 为提升力 T_a 相对于锚胫的角度。提升力 T_a 作用于锚板中心的等效作用力和力矩如图 13－13（b）所示，法向力 F_n、切向力 F_t 和转动力矩 M 分别表示为：

$$F_n=T_a\sin(\theta_{fs}+\theta_{as})=T_a\bullet c_1 \tag{13-1}$$

$$F_t=T_a\cos(\theta_{fs}+\theta_{as})=T_a\bullet c_2 \tag{13-2}$$

$$\begin{aligned}M&=T_a\bullet L_f\bullet\left\{\sin(\theta_{fs}+\theta_{as})\left[\frac{L_j}{L_f}+\frac{L_s}{L_f}\cos\theta_{fs}-\frac{1}{2}\right]-\cos(\theta_{fs}+\theta_{as})\sin\theta_{fs}\frac{L_s}{L_f}\right\}\\&=T_a\bullet L_f\bullet c_3\end{aligned} \tag{13-3}$$

Aubeny 和 Chi（2010）给出了关于此类锚－土系统的屈服函数：

$$f=\left(\frac{|c_1N_e|}{N_{n\max}}\right)^q+\left[\left(\frac{|c_3N_e|}{N_{m\max}}\right)^m+\left(\frac{|c_2N_e|}{N_{t\max}}\right)^n\right]^{1/p}-1=0 \tag{13-4}$$

式中：$N_e = T_a / s_u A_f$ 为锚体的无量纲化承载力，其中 s_u 为土体的不排水抗剪强度，A_f 为锚板的面积。$N_{n\max}$，$N_{t\max}$，$N_{m\max}$ 分别为无量纲化法向、切向以及力矩承载力 N_n，N_t，N_m 的最大值，m，n，p，q 分别为相应的屈服函数参数。

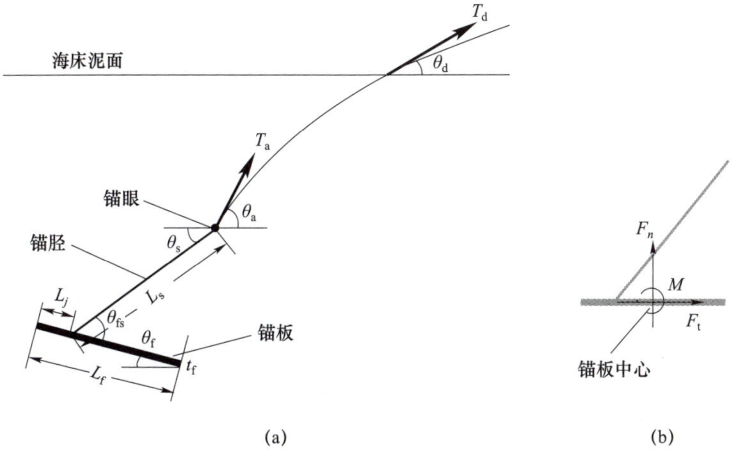

图 13-13　拖曳锚锚体示意图

（a）几何形状；（b）所受荷载

O'Neill 等（2003）通过有限元分析得到了这些参数最大值 $N_{n\max}$，$N_{t\max}$，$N_{m\max}$。为了考虑土体灵敏度 S_t 的影响（Chi，2010），采用上限法对无量纲化法向承载力参数进行了修正，得到修正的参数如下所示：

$$N_{n\max} = 3\pi + 2 + 2\frac{t_f}{L_f}\left(\frac{1}{S_t} + \frac{1+1/S_t}{\sqrt{2}}\right) \tag{13-5}$$

$$N_{t\max} = \frac{2}{S_t} + 15\frac{t_f}{L_f} \tag{13-6}$$

$$N_{m\max} = \frac{\pi}{2}\left[1 + \left(\frac{t_f}{L_f}\right)^2\right] \tag{13-7}$$

对于锚板长厚比 $L_f/t_f = 7$ 的拖曳锚，Murff 等（2005）给出了如下承载力系数：$m = 1.56$，$n = 4.19$，$p = 1.57$ 以及 $q = 4.43$。

在初始状态下，提升力和土体抗力在锚体上达到平衡。随着提升力 T_a 的增大，锚体克服法向力 F_n、切向力 F_t 和转动力矩 M 并逐渐旋转，锚板同时水平移动和向深处贯入。假设锚板沿自身长度方向移动距离 Δt，则相应的法向移动距离 Δn 和转角 $\Delta\theta_s$ 可以通过下式计算（Aubeny，2010）：

$$\Delta n = \Delta t \frac{(N_{t\max}/N_{n\max})(pq/n)(|N_e c_1|/N_{n\max})^{q-1}}{\left[(|N_e c_3|/N_{m\max})^m + (|N_e c_2|/N_{t\max})^n\right]^{(1/p-1)}(|N_e c_2|/N_{t\max})^{n-1}} \tag{13-8}$$

$$\Delta\theta_{\mathrm{s}}=\frac{\Delta t}{L_{\mathrm{f}}}\frac{c_3 m N_{t\max}(|N_{\mathrm{e}}c_3|/N_{m\max})m-1}{|c_3|nN_{m\max}(|N_{\mathrm{e}}c_2|/N_{t\max})n-1} \quad (13-9)$$

2. 锚泊线控制方程

模型中将总长度为 L 的锚泊线离散为若干单元，每个单元的长度为 $\mathrm{d}l=L/n$。假设锚泊线连续，其在张力作用下的伸长符合弹性胡克定律：

$$T=E\cdot A\cdot\varepsilon=E\cdot A\cdot\left(\frac{\mathrm{d}l}{\mathrm{d}l_0}-1\right) \quad (13-10)$$

式中：E 为锚泊线的弹性模量，A 为拉伸状态锚泊线瞬时的截面积，ε 为单位长度的伸长量，l_0 为原始未伸长锚泊线的初始长度。

图 13－14 所示为作用在嵌入土中段锚泊线和水中悬链段锚泊线受到的荷载。对于图 13－14（a）所示的土中段锚泊线，其切向和法向受力平衡方程如下式所示（Vivatrat 等，1982）：

$$\frac{\mathrm{d}T}{\mathrm{d}l_0}=F_{\mathrm{soil}}\left(1+\frac{T}{EA}\right)+w_{\mathrm{s}}\sin\theta \quad (13-11)$$

$$T\frac{\mathrm{d}\theta}{\mathrm{d}l_0}=-Q_{\mathrm{soil}}\left(1+\frac{T}{EA}\right)+w_{\mathrm{s}}\cos\theta \quad (13-12)$$

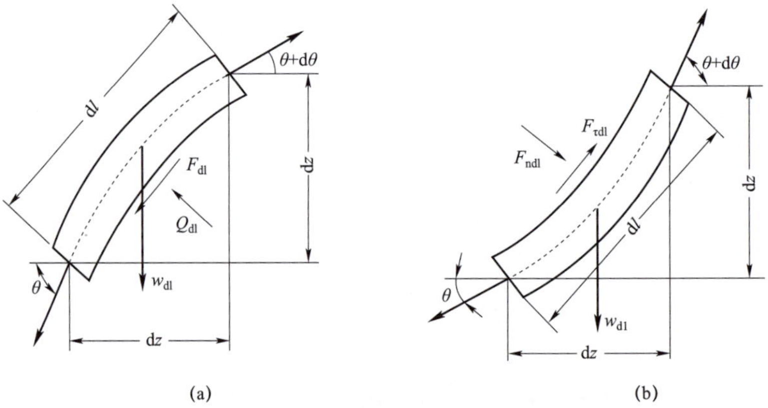

图 13－14 锚泊线单元受力

（a）嵌入土中段锚泊线；（b）水中悬链段锚泊线

式中：θ为锚泊线的提升角；w_{s} 为单位长度锚泊线在土中的有效重度；F_{soil} 和 Q_{soil} 分别为作用于锚泊线的切向和法向土反力，并表示为：$F_{\mathrm{soil}}=(E_{\mathrm{t}}d_{\mathrm{s}})S_{\mathrm{u}}$ 以及 $Q_{\mathrm{soil}}=(E_{\mathrm{n}}d_{\mathrm{s}})N_{\mathrm{c}}S_{\mathrm{u}}$，其中：$d_{\mathrm{s}}$ 代表了锚泊线的钢材直径（如图 13－14 所示）；E_{t} 和 E_{n} 分别为锚泊线面积在切向和法向的乘子；N_{c} 为锚泊线的承载力系数。对于钢绞线，其切向和法向乘子分别取 $E_{\mathrm{t}}=\pi$ 和 $E_{\mathrm{n}}=1$，承载力系数 $N_{\mathrm{c}}=12$（Aubeny 和 Chi，2010）。海床土体不排水强度 $S_{\mathrm{u}}=S_{\mathrm{u0}}+kz$ 随深度的增加而线性增加，式中：S_{u0} 为海床土表面强度，k

为强度 S_u 随深度的增长梯度。

对于图 13－14（b）所示的悬链段锚泊线，其微分控制方程如下：

$$\frac{\mathrm{d}T}{\mathrm{d}l_0}=-F_\tau(1+T/(AE))+w_w\sin\theta \tag{13－13}$$

$$T\frac{\mathrm{d}\theta}{\mathrm{d}l_0}=F_n\left(1+T/(AE)\right)+w_w\cos\theta \tag{13－14}$$

式中：w_w 为锚泊线在水中的有效重度；F_τ和 F_n 分别为锚泊线在切向和法向受到的流体拖曳力，与水流的流速有关，并可以通过莫里森公式来计算：

$$F_n=0.5\rho_w C_n d_e(U\sin\theta)^2 \tag{13－15}$$

$$F_\tau=0.5\rho_w C_\tau d_e(U\cos\theta)^2 \tag{13－16}$$

式中：ρ_w 为海水的密度，$d_e=E_n d_s$ 为锚泊线的法向有效直径，C_n 和 C_τ分别为法向和切向的拖曳系数，U 为海水流速。拖曳力系数 C_n 和 C_τ受到许多因素的影响，比如流体的雷诺数和锚泊线表面的粗糙度等。Wilson（1960）进行了一系列的试验并总结出，对于不同的圆柱体和锚泊线，系数比 C_τ/C_n 的范围位于 0.01～0.03。因此采用了 $C_n=1.20$ 以及 $C_\tau/C_n=0.02$ 作为典型值。

如图 13－15 所示，Degenkamp& Dutta（1989）基于试验结果，给出了各类锚链的切向和法向面积乘子的推荐值：$E_\tau=8.0$ 和 $E_n=2.5$。对于钢绞线，其横截面为圆形，则切向和法向面积乘子：$E_\tau=\pi$和 $E_n=1$。

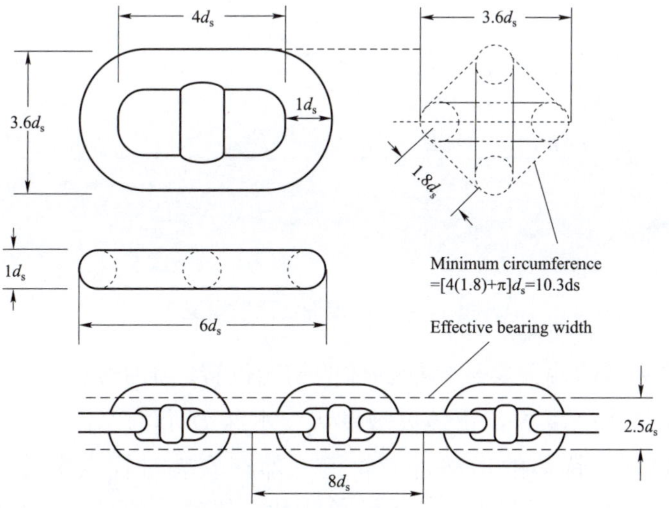

图 13－15 锚链与土体接触面积计算（Degenkamp& Dutta，1989）

锚泊线的几何控制方程如下式所示：

$$\frac{\mathrm{d}x}{\mathrm{d}l_0}=(1+T/(AE))\cos\theta \tag{13－17}$$

$$\frac{\mathrm{d}z}{\mathrm{d}l_0}=(1+T/(AE))\sin\theta \tag{13-18}$$

13.2.3 锚体拖曳贯入模拟算法

如图 13－16 所示，在安装的平面内建立全局坐标系 oxz，原点 o 位于锚板中心点正上方的海床泥面处。采用数列 i 对锚泊线的端点进行编号，序号从锚眼位置的 1 到安装船导缆孔位置的 $n+1$。锚体的初始形态预设为锚板水平并埋置于海床面以下一个较浅的深度。在锚泊线长度足够的情况下，一部分卧底段锚泊线会平铺于海床上。（θ_a，T_a）表示在锚眼位置的锚泊线提升角和提升力，（θ_d，T_d）表示在海床切入点位置的锚泊线提升角和提升力，（θ_t，T_t）表示在安装船导缆孔位置的提升角和提升力，即安装船的导缆孔位置。

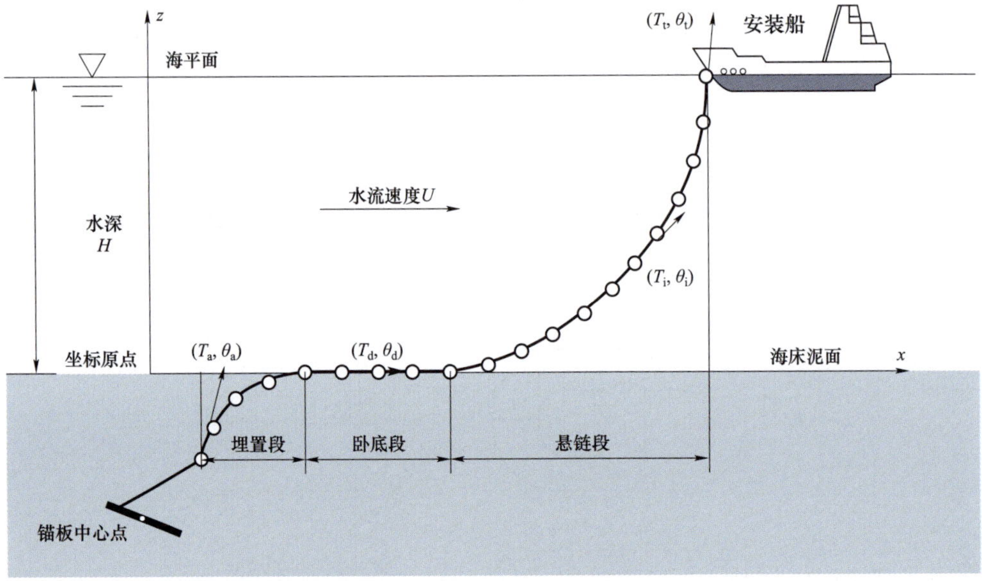

图 13－16 锚泊线离散模型

锚泊线计算模型的输入参数包括锚体的初始位置，锚泊线和锚体的参数以及随深度分布的海床不排水强度 S_u，土体灵敏度 S_t，水深 H 和海水流速 U。锚泊线计算模型的输出结果包括：锚体的运动贯入轨迹，即在安装过程当中每一步的锚体位置（$x(j)$，$z(j)$），$j=1\rightarrow m$。式中：m 为计算步数；锚泊线的形态，即每一个时间步的锚泊线各单元位置（$x(i,j)$，$z(i,j)$），$i=1\rightarrow n+1$，$j=1\rightarrow m$；锚泊线各单元的张力 T（i，j）和提升角 $\theta(i,j)$，$i=1\rightarrow n+1$，$j=1\rightarrow m$；以及受到拉伸的锚泊线总长度 $L'=\sum_{i=1}^{n}[1+T_i/(EA)]\mathrm{d}l_0$。

所述的算法包括两个计算模块：模块 1 用于模拟锚体的贯入过程，模块 2 用于分析安装过程中的锚泊线形态。

1. 拖曳锚计算模块 1

Aubeny（2008 年，2010 年）基于锚体的屈服方程建立了用于计算拖曳锚运动贯入轨迹的数值计算方法。锚体计算模块 1 在 Aubeny 模型的基础上，耦合了与锚泊线的相互作用来计算每一个时间步的锚体位移。模块 1 中，锚眼处的提升角和张力（θ_a，T_a）的计算需要与模块 2 进行迭代求解得到。详细的计算流程如下：

1）对锚体施加一个平行于锚板方向的位移 Δt；

2）由当前锚体的坐标（x，z）以及锚板倾角 θ_f，通过式（13－19）计算得到锚眼位置锚泊线提升角和张力（θ_a，T_a）的初始值；

3）由模块 2 通过公式（13－11）～式（13－19）计算上端点的坐标（x_t，z_t），计算得到的水深误差 $E_H = |z_t - H|$；

4）修正（θ_a，T_a）并重复步骤 3）直到水深误差满足 $E_H < \varepsilon$，式中：ε 为允许误差；

5）与位移增量 Δt 相应的法向运动距离 Δn 以及锚体的转动角度 $\Delta\theta_s$ 可以由公式（13－8）～式（13－9）计算；

6）由切向位移 Δt 与法向运动距离 Δn 计算更新锚体的坐标（x，z）；

7）锚板的转动角度 $\Delta\theta_f$ 与锚胫的转动角度 $\Delta\theta_s$ 相等；

8）重复步骤 1）～5）直到预定的锚板达到预定角度 $\theta_f = 0$。

2. 锚泊线计算模块 2

计算模块 2 用于计算在锚体每一个运动步时符合锚泊线长度和水深条件的锚泊线形态。如图 13－17（a）所示，对于每个土中埋置的锚泊线单元，其迭代方程为：

$$T_{i+1} = T_i + dl_i(w_{si}\sin\theta_i + Q_{\tau i}) \tag{13-19}$$

$$\theta_{i+1} = \theta_i + \frac{dl_i}{T_i}(w_{si}\cos\theta_i - Q_{ni}) \tag{13-20}$$

如图 13－17（b）所示，对于每个悬链段的锚泊线单元，其迭代方程为：

$$T_{i+1} = T_i + dl_i(w_{wi}\sin\theta_i - F_{\tau i}) \tag{13-21}$$

$$\theta_{i+1} = \theta_i + \frac{dl_i}{T_i}(w_{wi}\cos\theta_i + F_{ni}) \tag{13-22}$$

整段锚泊线的每个单元，其几何迭代方程为：

$$x_{i+1} = x_i + dl_i\cos\theta \tag{13-23}$$

$$z_{i+1} = z_i + dl_i\sin\theta \tag{13-24}$$

在安装初始阶段，锚泊线长度足够，其中卧底段锚泊线在海床上受到的摩擦力只考虑其底部，计算方程为：

$$F_s = (E_\tau d_s / 2)f = E_\tau d_s S_u / 2 \tag{13-25}$$

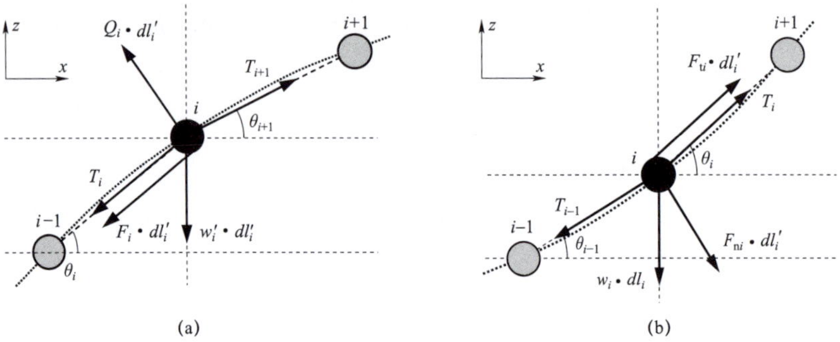

图 13-17　锚泊线单元受力平衡

（a）土中段单元；（b）悬链段单元

对于第一种安装方法（船动安装），当安装船 AHV 移动，锚泊线的总长度 L 保持恒定不变。对于第二种安装方法（收链安装），安装船 AHV 的位置保持不变，但锚泊线的总长度 L 在绞拉过程中不断缩短。

13.2.4　锚体拖曳安装案例

采用的锚体尺寸、锚泊线和海床参数如表 13-2 所示，水深为 500m，锚泊线类型为钢绞线。假设安装在平静的海况条件下进行，即流速 $U=0$。示例中的锚泊线选用钢绞线进行分析，锚体贯入深度 z_e 定义为海床泥面以下锚眼的垂直坐标。在安装开始时，锚体的埋置深度设为海床面以下 1m 深度，即 $z_e=1$m。

表 13-2　　模型基本参数

参数类型	名称	数值
锚体	锚板长度，L_f	2m
	锚胫长度，L_s	3m
	锚板厚度，t_f	0.28m
	锚胫点位置，L_f	0.5m
	锚胫直径，D_s	0
	锚胫-锚板夹角，θ_{fs}	50°
锚泊线（钢绞线）	单链环直径，d_s	0.073m
	法向面积乘子，E_n	1
	切向面积乘子，E_t	π
	承载力系数，N_c	12
	水中浮重度，w_s	0.28kN/m
	弹性模量，E	130MPa
海床土	表层不排水强度，S_{u0}	2kPa
	强度梯度，k	1.57kPa/m
	灵敏度，S_t	3

1. 船动安装分析

在第一种安装方式中：安装船 AHV 沿着海面移动，同时锚泊线的总长度保持不变，如图 13－18 所示。

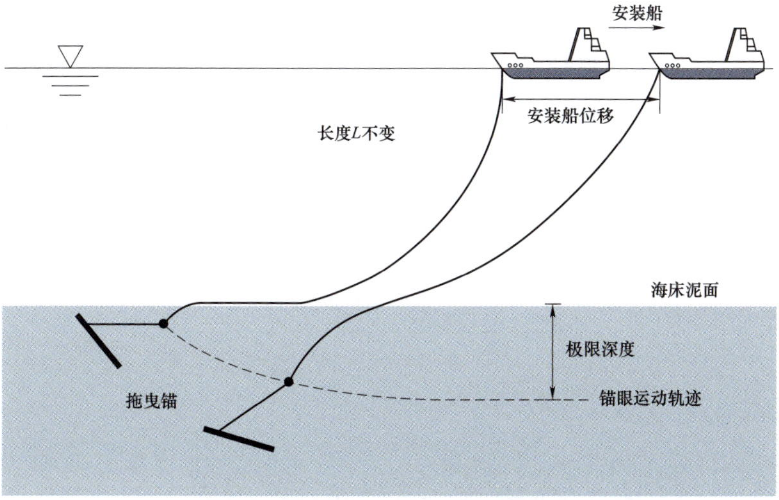

图 13－18　船动安装模型

在示例中，锚泊线的总长度取为水深的三倍，即 $L/H=3$。图 13－19 显示了锚体的贯入轨迹以及在贯入过程中的锚泊线形态变化，共选取了四个贯入深度时的锚泊线形态，即 $z_e=1$、11、21、32m。初始状态时，卧底段锚泊线平铺于海床上，随着安装的进行，锚泊线受到拉伸，卧底段也随之抬升。而土中段初始呈现反悬链状，随着张力的增加也逐渐拉直趋于直线。同时在贯入过程中，锚板逐渐发生旋转，直至水平。当贯入深度达到 32.8m 时，锚板与水平面夹角小于 1°，锚板水平运动而停止贯入。将此时达到的最大深度定义为极限安装深度。

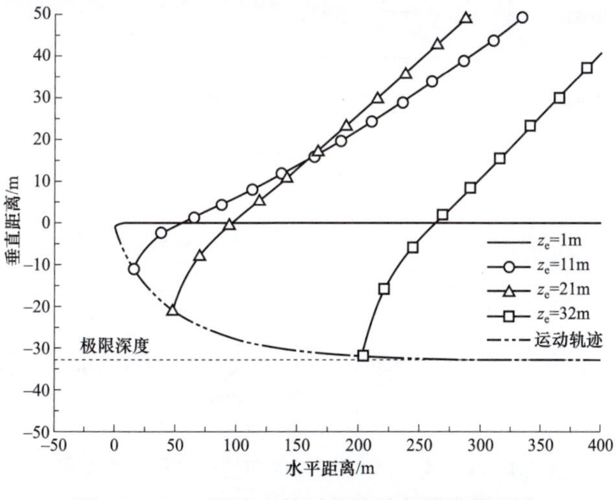

图 13－19　船动安装过程轨迹和锚泊线形态

在船动安装过程中的锚体角度变化和锚泊线张力发展如图 13－20 所示。其中锚板与水平面的夹角θ_f逐渐从 50° 减小到 0°，意味着锚板也从初始状态旋转到完全水平。并且，在安装的初期，曲线的斜率较大而后逐渐平缓，意味着初期锚板旋转速度较快。海床切入角θ_d在贯入深度为 6.45m 时出现了转折，由 0 变为正值，接着进一步增加到 16.34°。意味着此时锚泊线受到张拉，卧底段消失。从图 13－20（b）锚泊线张力变化可以看出，锚眼处张力 T_a 和切入点张力 T_d 之间的差值也随着安装的进行逐渐增加，这是因为锚体的埋置深度增加，土中埋置的锚泊线也越长，相应地作用于埋置段锚泊线的土抗力也增大。

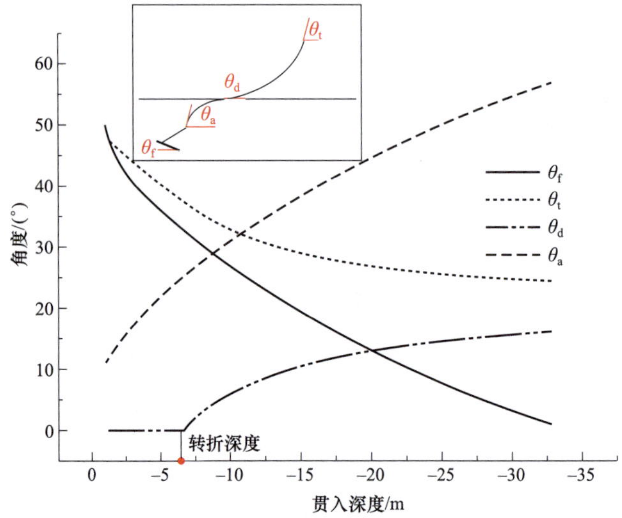

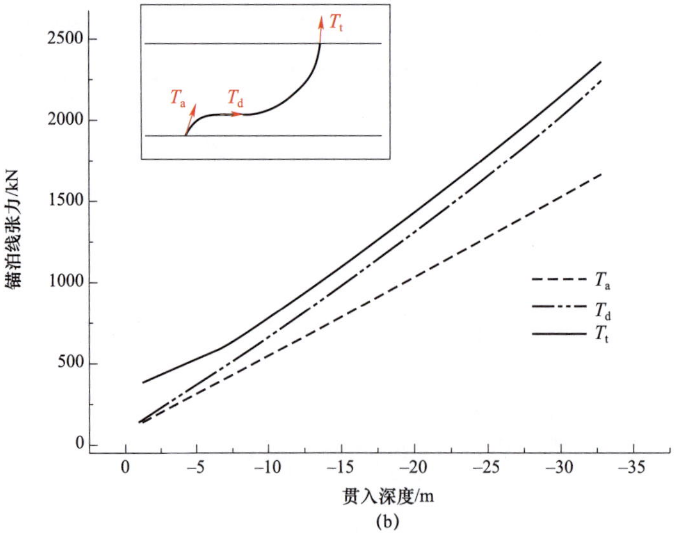

图 13－20 船动安装过程锚泊线角度和张力发展

（a）锚泊线角度变化；（b）锚泊线张力变化

锚眼处的锚泊线角度和张力（θ_a，T_a）直接控制拖曳锚锚体的转动和贯入。在此过程中，角度θ_a由 10.8°增加至 57.1°，而张力 T_a 相应地由 117.77kN 增加至 1681.35kN，随着贯入深度的增加而增加。

图 13－21 中展示了角度和张力（θ_a，T_a）对于锚体的作用以及安装过程中的影响。作用于锚体的力矩表示为$M=T_a \cdot s$，其中 s 为力的作用方向与锚板中心的距离。在锚泊线的持续张拉作用之下，（θ_a，T_a）不断增大，引起距离 s 增大，锚板上的力矩 M 也随之增加。此时原有的力矩平衡不能保持并出现未平衡的力矩$\Delta M=T_a' \cdot s' - T_a \cdot s$，从而引起了锚板的旋转。

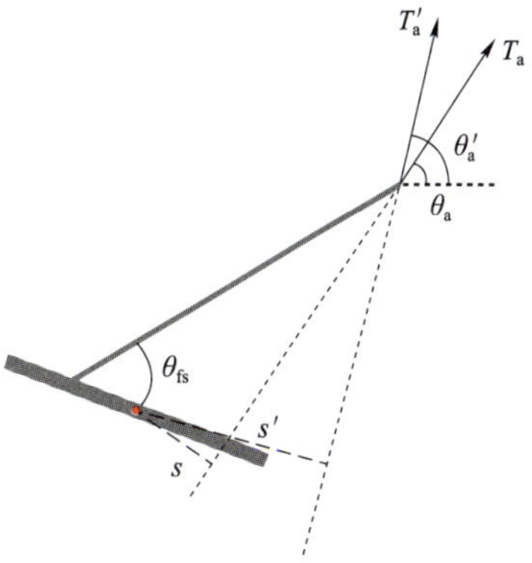

图 13－21　提升力对锚体的作用

对于安装船而言，锚泊线上的张力 T_t 以及其在水平方向和竖向的分量，随着船体拖曳距离的变化如图 13－22 所示。在安装的初期，上端点导缆孔处的张力 T_t变化缓慢，此时的锚泊线处于松弛状态，卧底段尚未被抬升。当安装深度超过转折深度，锚泊线被张紧，同时作用于土中埋置的锚泊线的土体抗力也进一步增加，导缆孔张力T_t迅速增长。在安装的末期，张力数值趋于稳定，意味着海床作用于锚泊线上的土体抗力也趋于稳定。在现场工程当中，导缆孔张力的水平分量比竖向分量更为重要，这决定了安装船所需要的拖曳力即船舶的马力，而竖向力影响了船舶的吃水深度。水平力 T_{th} 与竖向力 T_{tv} 的变化趋势相似，但是 T_{th} 的最大值（2151.8kN）比 T_{tv} 的最大值（981.5kN）更大。

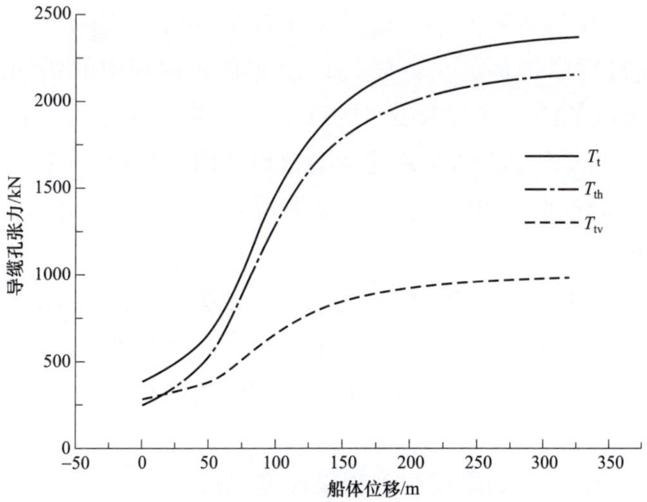

图 13－22　导缆孔张力随移动距离发展

2. 收链安装分析

在第二种安装方式（收链安装）中，安装船 AHV 在海面上保持固定，通过甲板上的绞车不断收紧锚泊线使得锚体逐渐贯入海床直至达到极限贯入深度，如图 13－23 所示。收链安装的海洋环境参数设置为与船动安装相一致，而安装半径（即安装船距离锚点的水平距离）设为水深的三倍，对于 500m 的水深条件，安装半径为 1500m。

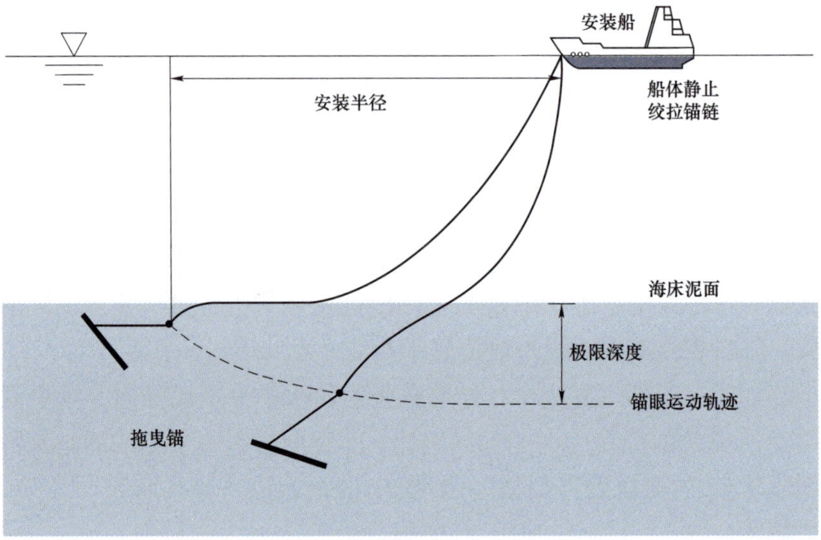

图 13－23　收链安装模型

在此算例中，拖曳锚收链安装的极限深度为 31.9m，而锚体总共的水平拖曳距离为 268.4m。安装过程中锚体的贯入轨迹以及在贯入过程中的锚泊线形态变化如图 13－24 所示，共选取了四个贯入深度时的锚泊线形态，即 z_e=1、11、21m 和 31m。安装前期锚体的运动轨迹与船动安装的运动轨迹类似，然而如图 13－24（b）所示，随着绞拉锚泊线的继续进行，锚体达到极限贯入深度以后反而会向上移动，同时锚板角度仍然趋近于 0。

在此安装过程当中锚泊线张力和角度的变化如图 13－25 所示。在图 13－25（a）中，切入角 θ_d 在达到转折深度以前保持为 0，随后持续增加。在图 13－25（b）的张力发展曲线中也存在一个转折点。安装的后期锚板角度 θ_f 小于 1°，认为此时达到锚体的极限贯入深度。

与船动安装不同的是，如果在达到极限深度以后继续绞拉锚泊线，其角度 θ_a，θ_d，θ_t 仍然会继续增加，反而贯入深度会逐渐减小。这种在达到极限深度以后的继续绞拉定义为“过度绞拉”。在此之前，拖曳锚锚体随着绞拉的进行逐渐向海床深处贯入；在“过度绞拉”的过程中，锚体随着绞拉逐渐向上移动，贯入深度由 31.9m 的极限值最终减小到 15.8m。同时，锚体埋深的损失也会导致锚泊线张力的减小，如图 13－25（b）所示。其中锚眼处张力 T_a 的衰减与加载过程曲线重合，而海床切入点张力 T_d 和导缆孔张力 T_t 则有所区别，这是由于锚泊线的长度减小引起的。在锚体达到极限深度时，导缆孔处张力 T_t 达到最大值，约为 2270kN。

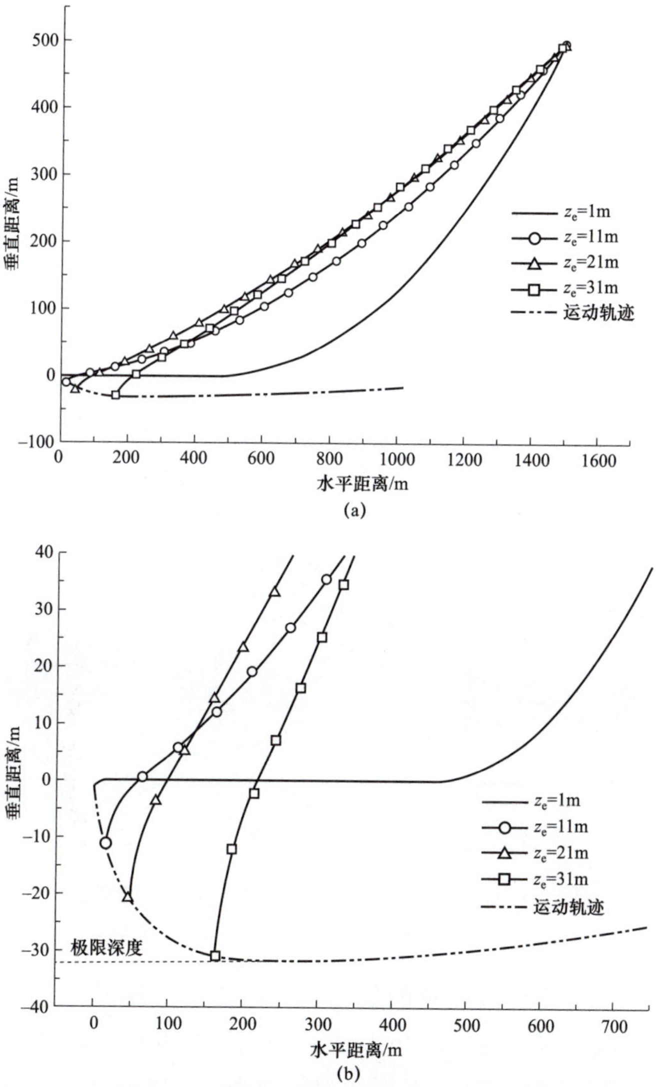

图 13－24 收链安装过程轨迹和锚泊线形态

（a）安装过程锚泊线形态；（b）锚眼运动轨迹

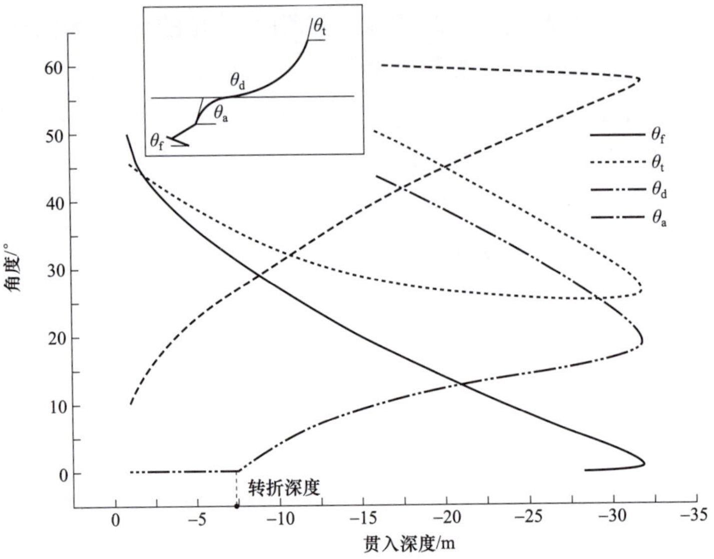

(a)

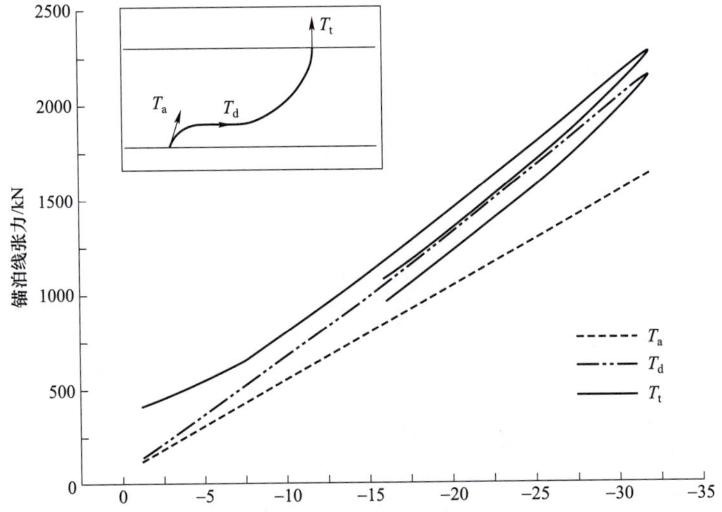

(b)

图 13-25 收链安装过程锚泊线角度和张力发展

（a）锚泊线角度变化；（b）锚泊线张力变化

导缆孔处张力 T_t 随着绞拉收链的长度发展如图 13-26 所示，在锚体达到极限深度时，绞拉的锚泊线长度约为 302.3m，大约是水深的 60%。随后导缆孔处张力 T_t 随着“过度绞拉”的进行逐渐减小。在现场安装当中，可以通过监测绞拉过程中导缆孔处张力的实时值来判断安装的状态。如张力达到峰值以后开始逐渐减小，则此时锚体已经达到极限深度，因及时停止绞车避免“过度绞拉”，否则会引起安装深度的损失。

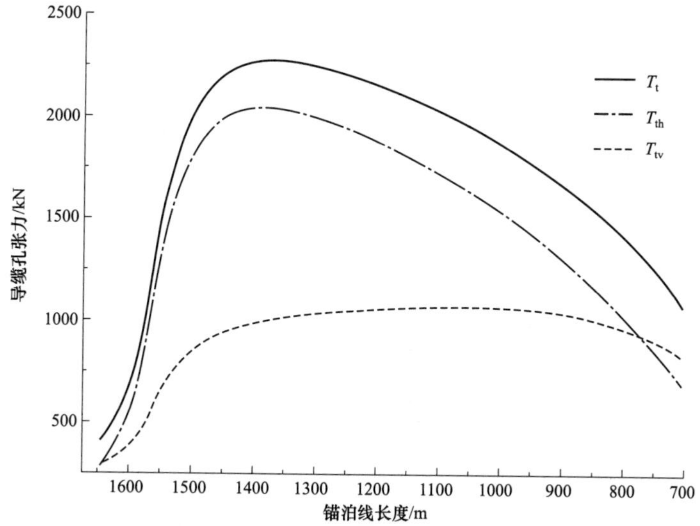

图 13-26 导缆孔张力随绞拉长度发展

3. 两种安装方式的比较

为了比较上文所述的两种安装方式的效果，这里选取四个安装工况进行分析比较。在每种工况当中选用相同的锚泊线长度和安装半径，如下所示：

1）工况 1：$L=1176.2\text{m}$，$R=1000\text{m}$；

2）工况 2：$L=1645.7\text{m}$，$R=1500\text{m}$；

3）工况 3：$L=2125.5\text{m}$，$R=2000\text{m}$；

4）工况 4：$L=2612.3\text{m}$，$R=2500\text{m}$。

相应的锚体贯入轨迹如图 13-27 所示。

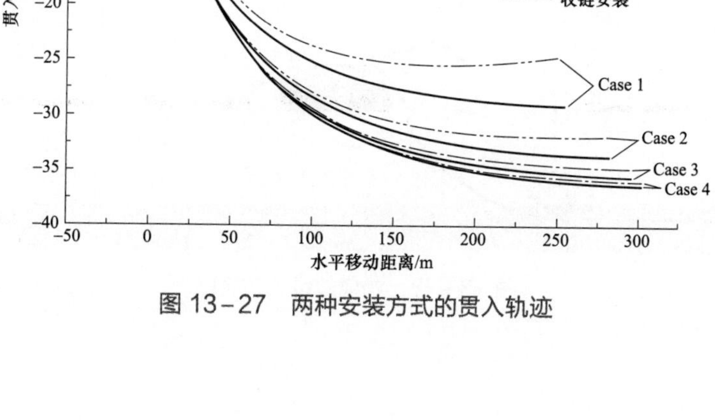

图 13-27 两种安装方式的贯入轨迹

在第一种船动安装方法当中，相比之下锚体可以贯入到更大的深度，尤其是当安装半径不大于4倍的水深时。当安装半径超过5倍水深，两种安装方式的差异很小。对于安装船而言，收链安装时的导缆孔张力会略小于船动安装时的张力。

在工程应用中，选取安装方式时需要考虑以下因素：

锚泊线的长度：当锚泊线长度较短（$R/H<4$）时，锚体在船动安装的方式下可以达到更大的贯入深度。但当锚泊线足够长时，两种安装方式的效果类似，都非常接近极限贯入深度。

安装船的马力：在船动安装当中，导缆孔处的张力随着锚泊线长度的增加而增加，从而需要更大的马力。但在收链安装时，不仅需要安装船具有足够的马力，同时要求绞车提供的拉力不小于导缆孔处的锚泊线张力。

13.3 超高压海缆线路敷设工法及施工关键技术

13.3.1 超高压海缆线路敷设工法

启帆9号利用射流式埋设机进行埋设施工，敷、埋同步进行，采用基于平面退扭技术的海缆埋设施工方法，最大埋设深度由埋设机性能、海床土质以及设计要求确定。该方法利用可旋转的海缆托盘，将托盘上的海缆依靠布缆机牵引通过过缆桥、滚轮装置、线缆入水槽至埋设机，埋设过程中控制托盘、布缆机、埋设机速度同步。该方法实现了海缆不打扭，可安全平稳地将海缆敷设至海床下，其原理图如图13-28所示。

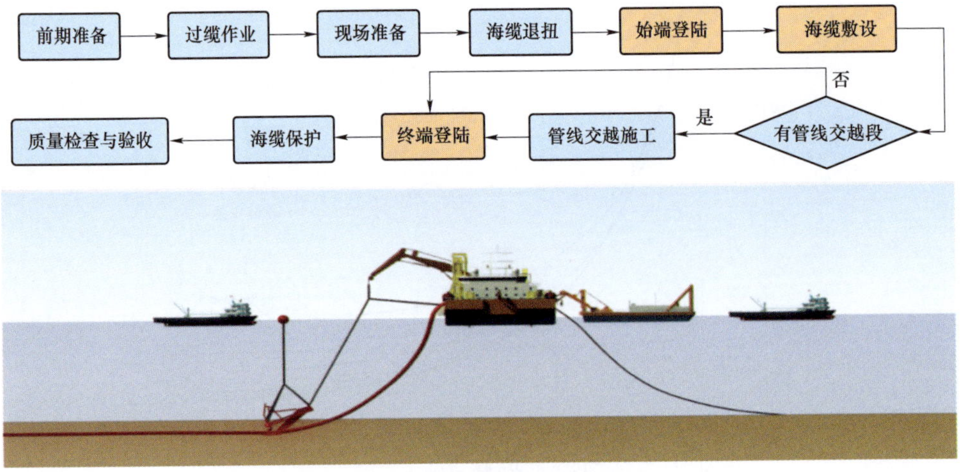

图13-28 海缆敷设工艺流程

1. 前期准备

施工船抵达施工现场前，利用 GPS 测量系统对路由两端登陆点、各拐点以及工程的各主要控制点进行测量复核。

在施工过程中的测量，利用海缆埋设监测系统对海缆的具体位置及埋设装置进行监控。施工有关数据的采集主要通过埋设犁倾角传感器、电子罗经、姿态传感器、水深传感器、计米器、水泵压力传感器、电缆张力传感器、GPS 导航定位等组成。以数据为依据，并根据实际情况来调整施工方法，确保海缆的安全以及施工的质量。施工前需对各测量设备进行调试及校准。

前期准备应编写周密详细的施工技术方案，并进行技术交底，同时需完成技术资料准备及报审，开工前需完成施工手续办理，各阶段完成需要准备的技术资料，如表 13－3 所示。

表 13－3　　主要技术资料准备一览表

序号	项目	技术资料名称
1	开工准备阶段	项目管理实施规划
2		安全文明施工实施细则
3		施工安全管理及风险控制方案
4		质量验收及评定范围划分表
5		质量通病防治措施
6		现场应急处置方案
7		水上水下施工许可证
8	海缆施工阶段	海缆施工作业指导书
9		海缆试验方案

2. 过缆作业

过缆地点为海缆生产厂家码头或施工现场。海缆在过驳前厂家须对海缆进行出厂检验，对装载上船的海缆进行性能检测，包括逐根进行交流耐压、绝缘电阻、电容等测试；待测试符合设计标准后方能进行过驳施工。

电缆厂方码头过缆，施工船靠泊在厂家码头，通过连接工厂车间和码头的传送带直接将电缆输送到电缆施工船上，再由施工船运输到施工现场后直接展放电缆，中间不需要再次转运，而且施工船上均设有退扭架和电缆盘，用来装载和敷设电缆。

具体为将海缆沿栈桥输送至海缆排线架顶，然后海缆头绑扎上钢绳网套，再与牵引钢绳联结，将海缆头经过排线架后，牵引至缆盘内。盘绕前海缆头部预留 3m 长度在海缆盘圈内，以方便海缆测试。此过程中，旋转电动排线架、限位排线装置、施工船上缆盘应保持同步转动。

注意要点：

1）施工船装备状态进行验标，诸如排水量、吃水及首尾吃水差，重心位置和初稳性高度。

2）根据缆盘底部结构计算缆盘对甲板的压强，必要时可在甲板上铺设垫木。

3）散装过缆时要注意退扭高度和弯曲半径满足海底电缆技术要求；单芯统包海底电缆弯曲半径不得小于其直径的 20 倍；退扭高度不得小于其弯曲半径的 1.5 倍。

4）盘绕前海缆头部预留 3m 长度在海缆盘圈内，以方便海缆测试。

5）过缆速度不宜过快，应控制在平均 900m/h 以内。

6）海缆盘绕方向应与海缆铠装的绕行方向一致，盘放顺序遵循先内后外，先下后上的总体原则。

7）装船结束后重新对海缆性能检查测试，确认各项性能指标（交流耐压、绝缘电阻等）满足其工程设计要求，防止应过缆不当造成海缆损坏。散装过缆现场图如图 13－29 所示。

图 13－29 散装过缆现场图

3. 海缆运输

1）海上运输前，先调查气象、海况，及时掌握短期预报资料，选择合适的运输时间，避开大风大浪、暴雨等恶劣天气；船舶航行作业的气象、海况控制条件根据船舶配置情况及性能、设备技术要求等确定。

2）海底电缆两个端头做好防水、防潮密封。

3）海底电缆及附件运输应符合现行国家标准《电气装置安装工程电缆线路施工及验收规范》（GB 50168—2018）的规定和电缆厂家的技术要求。

4. 现场准备

1）路由复测海缆施工前，须对海缆的设计路由进行复测，特别是海缆登陆点、海上管线交越点、路由拐点、海况复杂区域的坐标及水文参数复核，以确保施工的准确性。

2）试航施工船舶到达施工现场之后，首先安排在设计施工路由区域内进行试航，以熟悉施工区域内设计路由的各个关键点及潮水情况。然后对船上的所有埋设设备及后台监测设备进行模拟操作演练，确保所有施工设备及监测装置正常，保证施工顺利进行及工程质量。

3）扫海。该工作主要解决施工路由轴线上影响施工顺利进行的废弃缆线、渔网等小型障碍物。扫海过程中，锚艇尾系扫海工具，沿每条设计路由往返扫海多次，直至施工路由上无影响埋设机施工的障碍物。

5. 退扭

海缆施工过程中的退扭方式选取平面退扭，该方式最重要的部分是可旋转的电动转盘。电动转盘的下面装有回转机构，自身带有驱动装置，能够配合布缆机的海缆敷设速度，调节自身旋转速度，将海缆释放到海床上，此过程海缆所经由的机械设备如图 13－30 所示。利用平面退扭方式进行退扭，能保证施工船在受到风、流的影响时，即使晃动状态，也能确保在一定的晃动下保持平衡。

图 13－30 海缆退扭所经过的机械设备

6. 登陆

海缆始端登陆宜选择在登陆作业相对困难的一侧，登陆前在登陆点的路由轴线上挖设绞磨机地垅，在登陆的滩涂上按设计轴线敷设海缆登陆的牵引钢丝，登陆点位置搭设脚手架，两侧船舶无法进入的潮间带区域需预挖沟槽，并在海缆登陆路由沿途设置专用滑车及转角滑车，以减少海缆登陆时的摩擦力。海缆登陆应注意如下事项：

1）施工应在平潮时进行，施工船应尽量靠近登陆点，以减少登陆的距离。施工船只宜八字开锚固定在路由轴线上，同时要防止潮流变化使船位移动。

2）海缆应用气囊助浮，同时岸上用绞磨机牵引海缆登陆。对于光缆也可以采用人工牵引的方法上岸。登陆长度应满足设计要求，并留足够裕量。

3）海缆登陆完毕后在登陆岸边应用钢缆或绳子固定住海缆，以防海缆开始敷设时施工船只将登陆海缆牵引至海中。

（1）始端登陆

在始端登陆点处设置多台 5 吨绞磨机及布缆机。登陆时，海缆头从电动缆盘内拉出，从船头通过入水槽入海，根据电缆在水中的密度约为 50kg/m，单个充气内胎浮力约为 250kg，故水面段在海缆下方每隔 3m 以内垫以充气内胎进行助浮，充气内胎与海缆利用白棕绳绑扎固定；利用预先设置在始端登陆点处的绞磨机牵引海缆浮运登陆。在海缆牵引至滩涂处，人工解除助浮充气内胎，将海缆搁置在预先设置在海缆登陆路由的滑车上方滚动或滑动，减少海缆牵引的阻力。

完成海缆始端登陆施工后，在 GPS 定位下，由潜水员探摸清预先开挖的沟槽，然后沿登陆段海缆逐个拆除浮运海缆的轮胎，将海缆按设计路由沉放至海床上。

始端登陆流程为高潮位施工船就位、八点锚泊定位、登陆点设置绞磨机、充气轮胎助浮、牵引海缆入水、绞磨机牵引登陆、登陆点锚固并拆除浮胎、沉放海缆至设计路由海床，示意如图 13－31 所示。

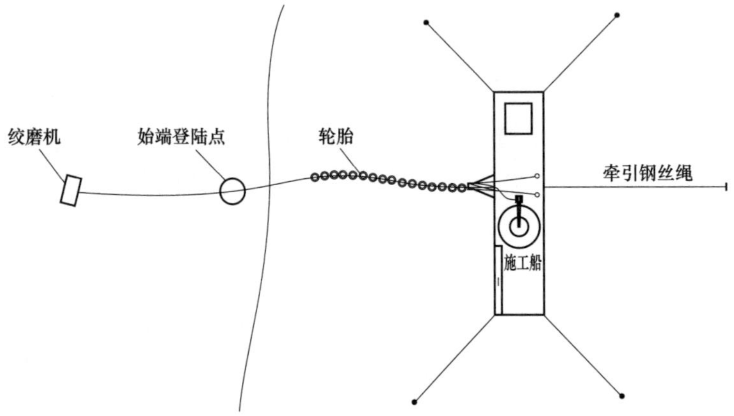

图 13－31　海缆始端登陆示意图

（2） 终端登陆。

海缆截断封堵结束后，采用双头登陆法进行海缆的终端登陆。登陆点登陆前需预先设置绞磨机，电缆沟内部每隔 5m 左右设置滑轮，并转角位置设置转角滑车及布缆机，海缆登陆上岸后，依靠布缆机提供动力牵引，裕量沟电缆待登陆进站后统一进行布置。若坡段坡度较陡，需在坡顶设置绞磨机及大型布缆机专门牵引，坡上滑轮通过膨胀螺丝加以固定，防止滑移。

主要程序如下：

1）主施工船下锚定位于海底电缆设计路由上，施工船应根据实际水深尽量向登陆点接近，并利用八字开锚将施工船调整至与岸线平行。

2）启动船上布缆机将海缆通过入水槽送入水中，在海缆入水段每隔 2m 垫以充气内胎助浮；并使用气囊助浮，使之在水面上呈“Ω”形状。

3）海缆不断送出后在水面上逐渐形成一个不断扩大的“Ω”形状，工作艇监视和控制海面上海缆弯曲情况，防止海缆打小圈。

4）放出的海底电缆长度满足登陆长度要求后，截断海底电缆并做防潮封堵处理，再用绞磨机或布缆机将海底电缆牵引至终端位置。

5）待海缆头牵引出施工船后，在海缆头上设置活络转头，并与设置在终端平台处绞磨机的牵引钢丝连接，启动绞磨机沿设计的登陆路由牵引海缆，同时施工船移动船位，避开海缆路由。海缆牵引施工时，沿海缆登陆路由设置滚轮，减少海缆牵引时的摩擦力。示意如图13－32所示。

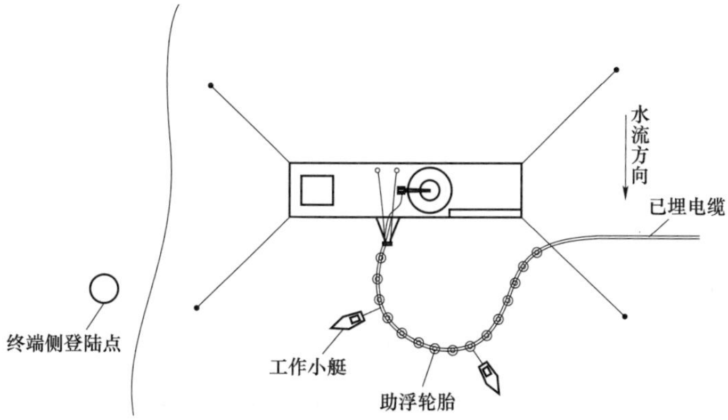

图13－32 海缆终端登陆示意图

7. 海中段埋设施工

大型船舶往来的海域需用海缆埋设机进行深埋敷设作业，深埋敷设作业如图13－33所示。目前国内水力机械埋设机的埋设深度可达2～4m深度，具有开沟宽度窄及回淤速度快的优点。海中段埋设需要注意以下几点：

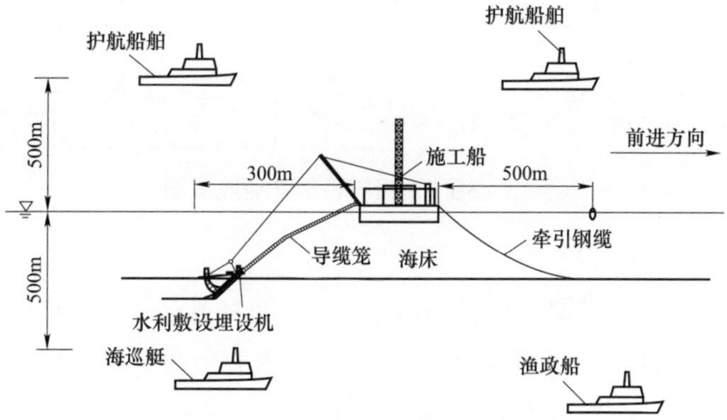

图13－33 海缆深埋敷设示意图

注：施工船前进方向500m，后方300m禁止通航。

（1）布置警戒船舶

现场所有施工船上均安装AIS（船舶自动识别系统），并设专人查看。敷设施工过程中需配备警戒船舶，必要时需“海巡艇”现场警戒辅助，警戒范围为施工船左右500m，前后500m，警戒船舶平面布置示意图如图13－34所示。

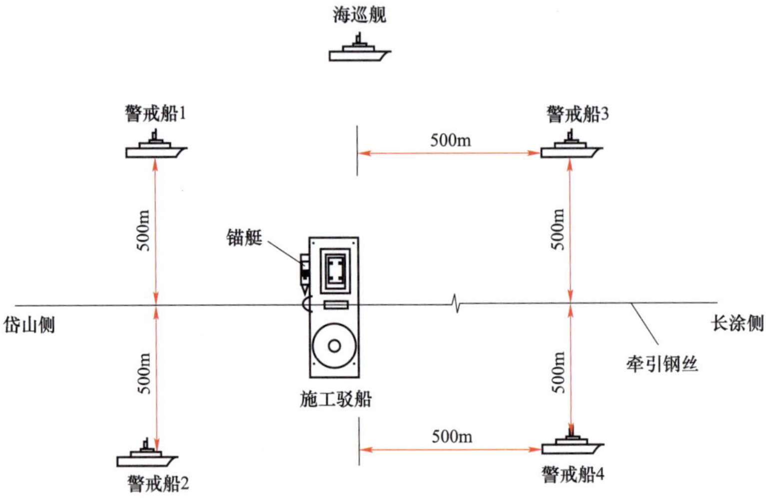

图 13-34　警戒船舶平面布置示意图

（2）埋设机投放

埋设机投放，首先海缆通过入水槽，进入埋设机腹部，关上门板。然后，利用扒杆吊机将埋设机吊入水中，缓缓搁置在海床面上。埋设机的投放操作流程如图 13-35 所示。

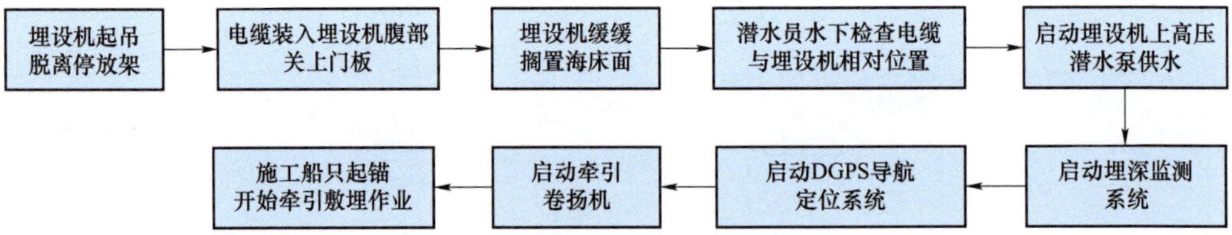

图 13-35　埋设机投放作业流程图

（3）敷设施工工艺

海缆敷设可分主施工船中间出缆和尾部出缆两种敷设方法，其中船尾出缆的敷设方法国内应用较少，启帆 9 号采用的是中间侧出缆的敷设方法。海中段敷设过程中对于浅水区域无法满足 DP 吃水深度的海域，采取“慢速绞锚牵引式埋设施工”工艺进行海缆敷设，即施工船上设置牵引卷扬机，收绞预先敷设在路由轴线上的牵引钢缆，牵引施工船前进。对于绝大多数的水深海域采用 DP 定位系统提供船舶前进及左右偏差的控制动力。以上两种方式均通过主施工船牵引水下埋设机，海缆通过导缆笼进入埋设机后，被埋设于海床上。埋设施工过程中由 DGPS（差分全球定位系统）定位、监控系统监测，埋设机监控系统显示海缆埋设深度，调节埋设机水压来控制埋设深度。对于施工船产生的路由偏差，前者利用绞锚、拖轮或锚艇顶推加以调整，将海缆准确敷设在设计路由上，后者水深满足 DP 吃水区域采用自航顶推敷设。对于水流较大水域或大风期间，主施工船需带牵引钢丝，以策安全。

（4） 水力喷射式埋设机主要性能

作业时主敷设船需要具备良好的抗流性能，在 6～7 节水流中能保持良好姿态；埋设深度通过变幅水力开沟刀调节，埋设深度可在 0～4m 之间变化；埋设机埋设深度 $d = L - s \times \sin\theta$，式中：$L$ 为埋设机水力刀长度；s 为埋设机水力刀转轴距泥面高度；θ 为埋设机水力刀与海床面角度；主敷设船的工作水深可以是 2～100m 的任何水深。

（5） 埋设调节与控制

施工过程中，根据不同土质情况，埋设机埋设速度需实时调节，由卷扬机的绞缆速度或 DP 前进速度来决定，一般埋设速度控制在 3～10m/min。

在施工过程中，海缆埋设深度可通过调节牵引速度、水泵压力、牵引力以及埋设犁姿态等手段来控制。埋设时施工船易偏离路由轴线，拟采用拖轮及锚艇，在施工船背水侧或背风侧进行顶推，以纠正埋深施工船的航向偏差。

海缆埋设施工时，海上作业时间较长，施工船容易受到风、浪、流、潮汐作用的影响，导致海缆偏离设计路由。

采用慢速绞锚埋设的施工方法，在施工船前方由钢缆牵引，后方的埋设犁（自重约 15t）相当于另 1 只稳船锚；此外，施工船由施工拖轮、锚艇在施工船背水侧或背风侧进行顶推、侧推动力定位，控制海缆埋设施工时的航向偏差。

因此，引导埋设犁铺埋海缆，主要是控制施工船船体在沿设计路由的左右方向的偏差。

在遇到水流方向或风向与设计路由斜交时（大多数情况如此），拖轮作为主要顶推动力船，控制船体的左右偏差；而锚艇可以及时调整顶推方向，以克服外力与设计路由斜交时对船体产生的扭矩，侧推系统可辅助调整船舶姿态。

施工中技术人员通过 DGPS 接收机采集当前船位坐标和铺缆偏差数据；经测深软件计算后可以及时反应船体所受外力大小与方向。偏差控制指挥人员根据实时监测数据及偏航趋势（在偏航达到 15m 左右时），及时指挥调节顶推动力船的顶推位置、顶推方向、进车速度，从而控制施工船的铺缆偏差。根据成功的实践表明，这种施工方法可将偏差控制在设计允许范围内。

如遇意外情况不能有效控制施工船偏移的趋势时（埋设犁偏离路由 20m 以上），将由现场总指挥下令就地抛锚稳定船只，待查明原因或等潮流和风达到施工要求时再继续埋设施工。

（6） 埋设犁的回收

待施工船施工至终端登陆点附近侧，开始海缆的终端登陆。

抛设四只“八”字开锚以固定船位，然后进行埋设犁的回收操作。严格按照以下操作规程：

1）调整牵引钢缆和埋设犁起吊索具将埋设犁移至距左舷甲板 7m 处。

2）逐件卸去导缆笼。

3）采用卷扬机将埋设犁吊出水面，调整牵引钢缆及起吊索具将埋设犁搁置在专用停放架上。

4）将海缆从埋设犁海缆通道内取出并放入水槽中，海缆从海缆通道内取出时，在埋设犁尾部海缆出口处设置 2 个吊点保持海缆的弯曲半径。

8. 管线交越段施工

对于设计路由与原有管线存在交越的施工海域，需要先将海缆抛敷后再进行交越段保护。施工之前，需取得交越路由精确坐标。施工中，距离交越点 200m 左右时，应认真核对 DGPS（差分全球定位系统）的定位及埋设机的姿态情况。密切观察水深及潮流状况；当主施工船将海缆埋设至距管线交越点 50m 处时，主施工船停止埋设施工，并原地定位；待平潮时缓缓提起埋设机，使埋设机离开海床面约 3m，然后启动施工船前进进行抛放施工；直至距离管线交越点 50m 处时停止抛放施工，并原地定位；待平潮时缓缓放下埋设机再进行海缆的埋设施工。

9. 海缆保护

在特殊地形冲刷区进行施工时，需采取防冲刷措施以对海缆进行保护。具体为抛石支撑及混凝土块压载法，如图 13－36 所示。该方法在海缆路由上礁石区段一定范围内抛填块石，代替块石的材料可以是沙袋，沙袋中装一定比例的粗砂和水泥。沙袋质量由冲刷条件和施工能力决定，做到不被冲刷运移。抛填沙袋完成后再在海缆上方用混凝土块覆盖，可提高覆盖层抗冲刷和锚钩等外力破坏的能力。

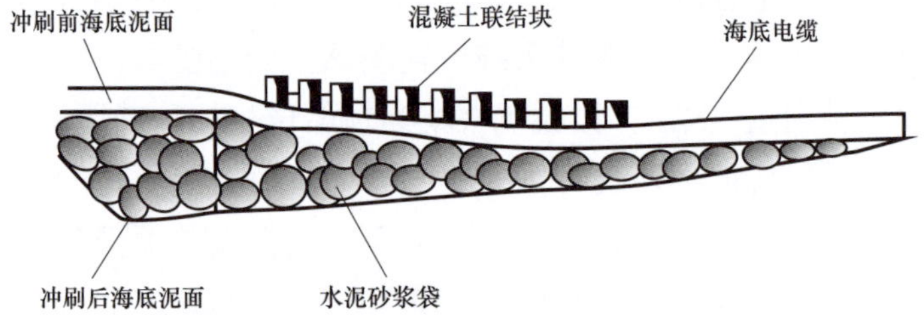

图 13－36 抛石支撑及混凝土块压载法

对于礁石段沟槽、潮间带、管线交越段海缆均可采用安装海缆专用护套管方式保护海缆，如图 13－37 所示。即在平潮时由潜水员在水下完成保护套管的安装工作，船上的施工人员做好上下联系及材料、工具的供应工作。为了防止保护套管受潮水影响来回移动，可对其进行水泥浇筑固定。

10. 海缆附件安装及配合

图13－37 礁石段保护套管保护海缆

海缆附件的安装要求：应在规定制作环境下，安装海底电缆接头和终端。必要时可设置专用的安装平台；海底电缆铠装层应采用锚固装置夹紧，锚固装置应符合防腐要求，单芯海底电缆锚固装置宜采用非磁性材料，固定或移动平台中悬挂海底电缆时应用锚固装置承载电缆自重；海底电缆的接地应良好可靠，符合设计要求。

（1）海缆终端要求及安装

1）海底电缆终端绝缘特性，应符合下列规定：终端的额定电压及其绝缘水平，不得低于所连接海底电缆的额定电压及其要求的绝缘水平；终端的外绝缘，应符合安置处海拔高程、污秽条件所需爬电比距的要求，并按操作过电压和雷电过电压进行校核。

2）海底电缆终端的机械强度，应满足最大机械负荷和最大静态、暂态油压的联合作用。

3）海底电缆终端布置，应满足安装维修间距，并应符合电缆允许弯曲半径的伸缩节配置的要求。

4）海底电缆终端支架机械强度应满足工作条件、抗震要求以及风载荷要求，其构成方式应利于电缆及其组件安装。

（2）电缆接头

待电缆上塔完毕后，进行各侧终端电缆头制作及光纤熔接工作。首先将电缆吊至终端平台上进行固定，搭建好施工用的脚手架，然后按照终端制作及光纤熔接工艺要求进行施工。待电缆终端制作完毕后进行绝缘测试和相位核对工作；光纤熔接完毕后进行衰减测试及各色相核准工作。待终端制作完毕后，两侧电缆沟内海缆利用抱箍进行固定。

电缆接头应满足以下要求：

1）海底电缆接头类型包括工厂接头、修理接头、过渡接头及塞止接头。

2）每根海底电缆宜整根连续生产，当工厂连续制造长度难以满足海底电缆线路的长度要求时，可采用工厂接头。特殊情况下可采用修理接头进行现场连接。

3）工厂接头应与海底电缆的机械和电气性能相一致。

4）修理接头根据现场条件可采用软接头式修理接头和刚性修理接头。

5）修理接头应具有完善的防水密封构件和防水浇注剂灌封工艺措施，光纤复合海底电缆修理接头的整体水密封构件中应包含光纤单元接线盒，同时应做好防水浇注剂灌封处理。

（3）过压保护及接地电缆要求。

1）与架空线直接相连的海底电缆终端应设置避雷器，直接进站的海底电缆终端可根据需要设置避雷器。

2）海底电缆金属护层和铠装层在电缆线路两端宜分别引出接地线，两者相互独立，分别三相互联后直接接地。

3）单芯海底电缆防腐层应能耐受金属护层上的感应电压，电缆线路较长时，应采取措施限制金属护层上的感应电压。外护层采用绝缘材料分段接地的形式时，登陆段和陆上段金属护层上的工频感应电压不应超过300V，海域段金属护层上的工频感应电压不宜大于1000V。

4）当陆上段海底电缆金属护层任一点正常感应电势小于第3）条的要求时，可采用海底电缆登陆点一端直接接地，末尾一端保护接地的方式。

5）海底电缆接地体应具有耐腐蚀性能。接地体应符合电缆金属护层电磁感应电流、电容电流、短路电流动稳定和热稳定的要求，接地点应校核接触电压和跨步电压，满足相关要求。

6）海底电缆的金属护层和架空线路的架空地线在终端站（塔）宜分开接地；在条件允许时，接地体可接入终端站接地网。

7）海底电缆锚固装置金属构件和海底电缆铠装层应直接接地。

8）海底电缆线路的接地箱箱体不宜选用铁磁材料，且密封良好，必要时应允许长期浸泡。

（4）海缆支持及锚固

一般要求：海底电缆的锚固装置应布置在地质稳定的浅滩、岸边或结构牢固的平台上；锚固装置应能有效固定海底电缆，并应具有较强的抵御风浪冲击的能力和较好的耐海水腐蚀性能，安装与维护方便、功能可靠；单芯交流海底电缆锚固夹具采用的金属材料应使用非磁性材料；连接海上平台、风机等的海底电缆应采用锚固等措施予以固定，减少电缆磨损。

本期三根海缆通过三条电缆沟接入终端站。每根电缆沟内敷设1根海缆。海缆在电缆沟内采用夹具固定于C16槽钢上。槽钢长550mm，插入墙体部分150mm，露出部分400mm。槽钢表面应无尖角和毛刺，槽钢预埋间隔一般为3m，表面进行热镀锌处理，可根据现场情况适当调整角钢底部距离沟底保证300mm以上，槽钢与工井预埋扁铁连通。

电缆夹具采用不锈钢夹具，夹具采用2个M12螺栓固定在角钢上，螺栓间距为220mm，夹具安装间隔一般为3m。海缆在电缆沟内采用垂直蛇形敷设方式，蛇形敷设偏移量100mm，蛇形节距为6m。爬坡段电缆沟中海缆每个支架均进行固定，水平段电缆沟中海缆仅固定弧顶处支架。

海缆跨越规划上塘河处，采用桥架型式，三根海缆并拢通过一条桥架跨越规划上塘河。海缆在桥架处采用夹具固定于角钢上，海缆水平间距为450mm，角钢预埋间隔一般为 2m，可根据现场情况适当调整。海缆桥架布置断面图如图 13－38 所示。

海缆在锚固工作井中采用专用锚固装置固定，锚固装置对电缆固定完毕后，锚固装置两侧的海缆铠装应保持电气连接，并对锚固装置接地。海缆锚固装置安装布置图如图 13－39 所示。

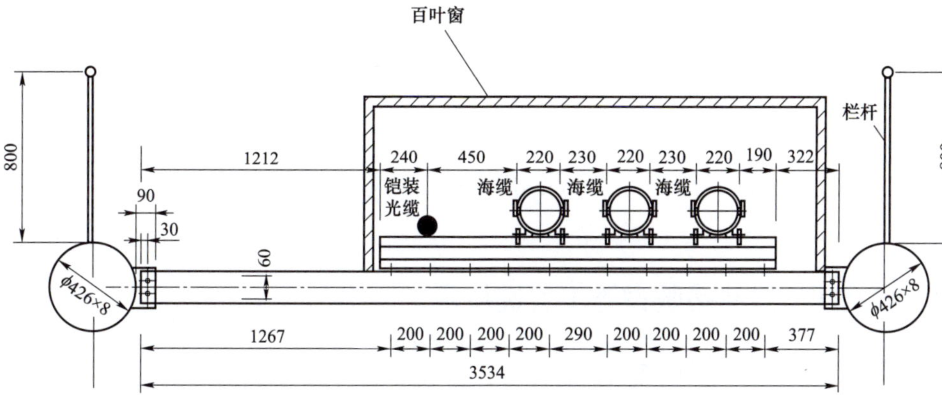

图 13－38　海缆桥架布置断面图

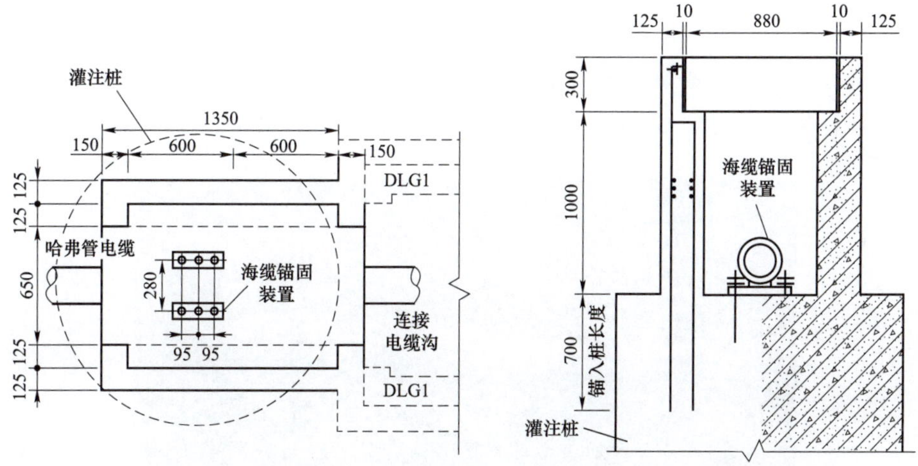

Z1型操作工井平面图　　操作工井电缆布置图

图 13－39　海缆锚固装置安装布置图

（5）海缆防火

电缆沟分支口及电缆沟与工井、桥架交接面应采用 PFB－720 型阻火包砌阻火分隔，缝隙及空洞用 DFD－Ⅲ（A）型防火堵料进行封堵。

电缆局部露出空气处、防火墙两侧各 1.5m 及引上段 6m 电缆用 ZFBD－6 型防火包带包裹防火。包带在绕包时，应拉紧密实，缠绕层数或厚度应符合防火包带使用要求，并不小于 1/2 搭盖。

（6） 海底电缆附件安装工艺

1）镇海侧与原油海缆平行段敷设工艺。

施工时应仔细核对路由设计资料和复测资料，在导航软件上注明需保护的海缆路由，并设定好施工船抛锚锚点坐标，与海缆保持一定的安全距离。施工期间若遇短时大风或急流，需抛设领水锚，紧急启动预先制定的应急措施，将锚位抛设在距离海缆50m以上的区域，以保证其运行安全。

2）中间软接头位置施工。

施工期间根据厂方在海缆上设置的米标，提前200m放慢敷设速度匀速前进，控制船舶顶推力度，确保船舶稳定性，防止海缆反复弯折及磕碰情况的发生，保证中间接头不受外力损伤。

13.3.2 超高压海缆线路敷设施工关键技术

1. 智能海底电缆敷设技术

（1） 高精度海底电缆敷设技术

海底电缆敷设精度控制主要涉及水上导航定位和水下导航定位两个部分，其中水上导航定位主要是海底电缆施工船通过DGPS定位+DP动力定位来实现，水下海底电缆敷设到海床上的位置信息主要是通过DGPS定位+超短基线水下定位系统来实现。海底电缆敷设精度控制示意图如图13－40所示。

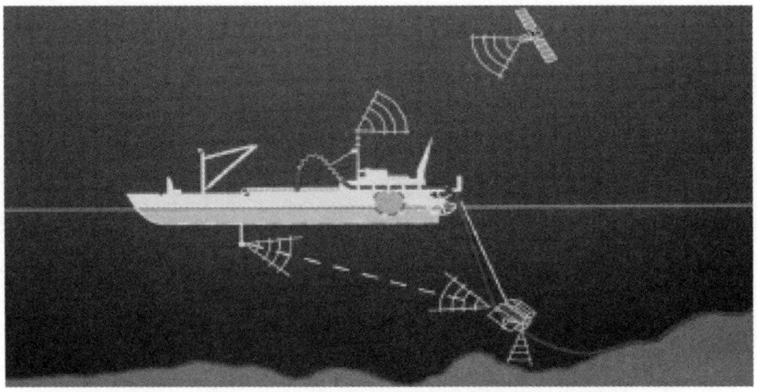

图13－40 海底电缆敷设精度控制示意图

1）DGPS导航定位。

根据海底电缆施工船导航定位系统配置情况，采用差分DGPS定位技术，极大提高了原GPS定位系统的定位精度。DGPS即差分全球定位系统，是目前GPS测量中定位精度最高的方式。采用实时动态差分法实现对船舶定位、转向角、航行速度等参数的计算，施工船定位精度可以达到亚米级，经多次工程实践，精度一般会达到20cm。

2）超短基线水下定位。

超短基线定位系统构成简单，操作方便，测距精度高。超短基线水下定位和 DGPS 定位的联合系统，利用水声相对定位技术将 DGPS 水面高精度定位能力向水下延伸，定位精度可以保证与 DGPS 水面定位精度在同一量级。

3）DP 动力定位。

DP 动力定位是一种可以不用锚系自动保持海上浮动装置的定位方法，是将导航定位系统、气象、船舶以及潮流等数据输入到计算机内，由计算机来控制船舶动力系统，包括螺旋桨、横向推进器和舵，来固定船位，实现船舶按照设计路由移动。

高精度定位控制技术将海底电缆敷设施工船上 DGPS、超短基线水下定位系统和 DP 动力定位系统集中在一个软件控制系统，可有效监控海底电缆施工船、水下埋设犁的准确位置，并根据实际情况动态调整敷设施工状态，提高海底电缆敷设精度。海底电缆位置信息控制软件如图 13-41 所示。

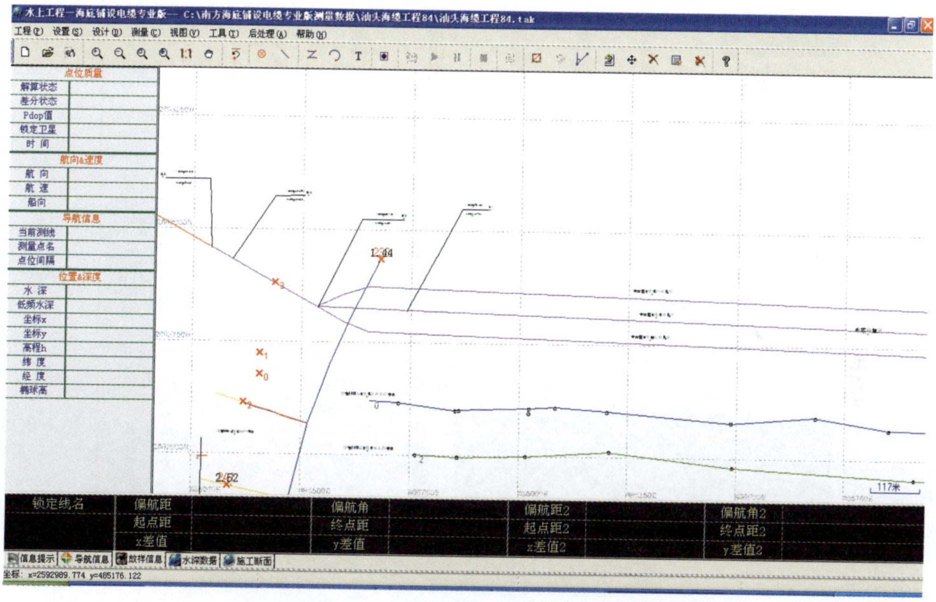

图 13-41　海底电缆位置信息控制软件

构建由 DGPS 定位和水声定位相结合的联合定位系统。通过集中监控系统，可有效监控海底电缆施工船、水下埋设犁的准确位置，并实时获取海底电缆实际敷设位置信息，可实现海缆敷设精度达 0.5m 以内。

（2）海底电缆施工智慧管理系统

海底电缆智慧管理系统主要是结合高精度海底电缆敷设技术、全过程受力控制技术，结合智能化、信息化手段研发相应的智能监控技术，实现施工船上的设备联合控制，集中监控，实时有效的修正、调整海底电缆的敷设精度、埋设深度、受力等情况。

该系统由 7 个子系统组成，实现 4 个主要方面的工程应用，极大地提升海底电缆敷设施工效率，大幅提升工程建设质量和智能化水平。

1）智慧监控管理系统组成。

① 动力定位系统。系统采集北斗、DGPS、Glonass 系统、激光定位系统、垂直参考系统、电罗经、风向风速仪等位置测量系统和环境传感器参数，通过自动控制系统，控制全船推进器。本系统具有 Joystick 模式、混合 Joystick/自动模式、自动艏向模式、自动定位模式、自动航迹模式、目标跟随模式、多目标模式等多种操作模式。

② 埋设犁监控系统。系统包括数据显示、埋设犁姿态显示和路由显示三部分内容。数据显示部分主要完成实时数据采集，处理、存储、显示等功能。埋设机姿态显示部分主要完成埋设机的空间状态的数据采集与姿态显示。埋设犁 3D 实时控制系统如图 13－42 所示。

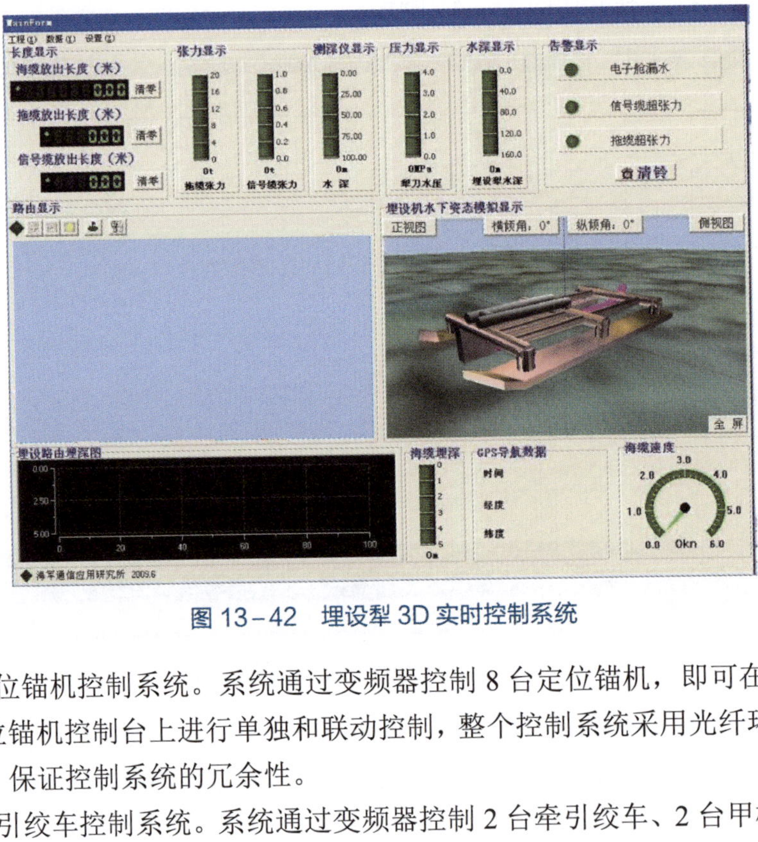

图 13－42 埋设犁 3D 实时控制系统

③ 定位锚机控制系统。系统通过变频器控制 8 台定位锚机，即可在就地控制，也可在定位锚机控制台上进行单独和联动控制，整个控制系统采用光纤环网和 CAT6 网线连接，保证控制系统的冗余性。

④ 牵引绞车控制系统。系统通过变频器控制 2 台牵引绞车、2 台甲板储缆绞车、2 台舱内储缆绞车，即可在就地控制，也可在定位锚机控制台上遥控。

⑤ 布缆控制系统。系统由电缆盘控制系统、埋设机控制系统、高压冲水泵控制系统等组成。其中电缆盘控制系统主要完成对水平转动电缆盘出缆速度、扭力释放状态进行实时检测，对释放数据进行实时地采集、处理、存储、显示与打印。

⑥ 全船监测报警系统。分布式的全监测报警系统，由机舱监测报警系统、阀门遥控和液位测量系统组成。机舱监测报警系统主要监测主发电机组、停泊发电机组、应急发电机组、柴油机驱动主推进器、各辅助设备、各舱液位开关等信息。阀门遥控和液位测量系统主要控制和监测施工平台电液阀门、监测各舱的液位传感器信息。

2）智慧管理控制平台的功能应用。

中央控制台作为全船集中监视和运行控制设备，主要将位置信息、角度控制、埋设深度、出缆速度、出缆张力、入水角度、入水张力、设置目标阈值和预警值等信息，同时将船上电罗经、船舶气象仪、雷达、测深仪、DPGS、电子海图、自动识别仪、雾笛、视频监视等导航设备接入，可在一个控制台完成所有设备的操作、监控。智能海底电缆敷设施工集控平台如图 13－43 所示。

① 船舶位置。海底电缆施工船位置是通过动力定位系统来实现的，该系统通过传感器收集风、浪、流等外部影响因素，通过控制舵桨，按照设计海底电缆敷设路由控制船舶位置。

图 13－43　智能海底电缆敷设施工集控平台

② 敷设位置。通过开发的海底电缆敷设位置控制软件，将 DGPS、水下定位系统、设计路由等信息集中一个控制界面，可实时监测海底电缆施工船、海底埋设机、海底电缆实际敷设位置等信息，实现海底电缆敷设路由位置误差在 0.5m 以内。

③ 埋设深度控制。通过 3D 模型建模、脐带缆传输信息的方式实现对其进行实时监控，埋设深度、水泵压力等均可进行远程控制，根据地质情况，实时调节相关技术参数，以达到设计保护要求。

④ 船上布缆受力控制。通过转动电缆盘和布缆机联合控制来实现的，即通过控制转动电缆盘转速、布缆机牵引力和压力等，实现与船舶敷设速度同步一致，保证海底电缆敷设速度和张力在可控范围。

⑤ 海底电缆水下受力监控。水下海底电缆受力主要是通过悬链线 3D 建模软件分析计算，可将水深、海底电缆技术参数、路由轨迹等信息预先输入到软件系统，可实现海底电缆受力全过程有效监控。

2. 退扭技术

海缆在盘圈与敷设过程中会产生扭力。扭力随着海缆盘圈与敷设长度的增加而积聚，严重时会损伤海缆金属铠装层，如图 13－44 所示。因此在海缆敷设过程中消除扭力是海缆敷设的关键技术之一。目前用于消除扭力的方法主要有高度退扭方法和平面退扭方法。

图 13－44　扭力造成的海缆铠装损伤

（1） 高度退扭

国内用于海缆敷设施工的海上平台大多采用高度退扭方式，这种退扭方式适合截面尺寸较小的海缆。

1）技术原理。

高度退扭利用有一定高度的退扭架将要敷设的海缆牵引至退扭架最高处后利用自重释放其内部的扭力。高度退扭方式的海缆盘常为固定托盘的形式，海缆逐层盘绕在固定托盘上，退扭过程为逆盘绕过程。高度退扭方式最重要的部分是退扭架，退扭架多为桁架结构，材质为无缝钢管，需强度好，结构稳定，便于安装和拆卸，高度退扭架如图 13－45 所示。海上敷设平台海缆高度退扭方式示意如图 13－46 所示，海缆过驳时，退扭架布置在海上平台海缆盘正上方，海缆通过牵引机盘绕至海缆盘里；海缆敷设施工时，通过布缆机将海缆牵引通过退扭架，通过入水槽、埋设机敷设至海床下。

图 13－45　高度退扭架

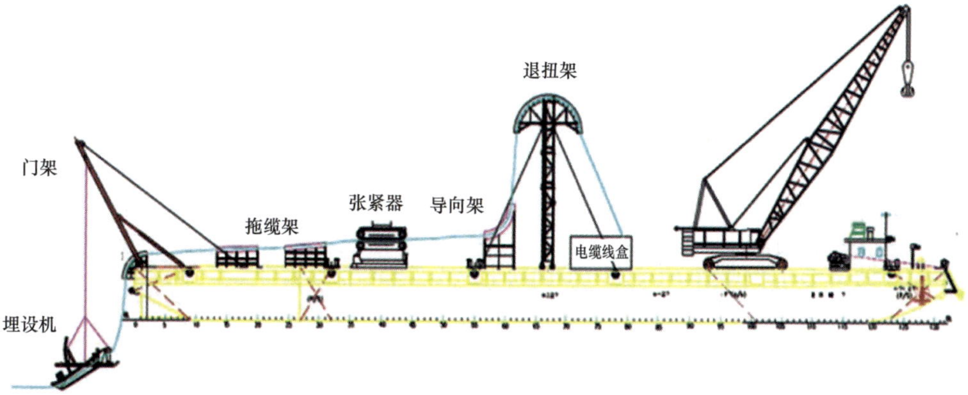

图 13－46　海上平台海缆高度退扭方式

2）技术特点。

海缆高度退扭方式的主要特点是海缆盘不发生转动，固定到海上平台的甲板上，把海缆抽高到一定的高度，使海缆释放掉盘绕时产生的扭力，然后通过布缆机的牵引，将海缆敷设到海床上。

高度退扭适用于中小截面的海缆敷设。高度退扭的缺点是大截面海缆需要很高的退扭架，海缆在退扭架上过渡可能会有所损伤；高退扭架庞大而笨重，安装和拆卸也很困难，费用很高；高度退扭后海缆上必然会有残余的旋转应力，不能实现海缆应力全部释放，应力累积到一定程度就会造成海缆损伤。

3）高度退扭架尺寸计算。

高度退扭方式退扭架计算式为

$$\begin{cases} L = h + H + R \\ h = n\varPhi \\ H = 2 \\ R = 20\varPhi \\ n = F / G \end{cases} \tag{13-26}$$

式中：L 为高度退扭架高度，m；G 为海缆单位重量，N；h 为海缆堆放高度，m；H 为退扭高度，m；R 为海缆最小盘绕半径，m；$\varPhi$ 为海缆外径，m；n 为海缆允许堆放最大层数；F 为海缆允许最大承载侧压力，N。

舟山 500kV 海缆设计外径为 190mm，单位质量 m 为 83.5kg/m。计算得海缆允许最大承载侧压力 F 为 14 800N，海缆允许堆放最大层数 n 为 18，海缆最小盘绕半径 R=3.8m≈4m，退扭高度 H 为 8m，海缆盘放最大允许高度 h 为 3.42m，若采取高度退扭方式，则高度退扭架的高度 L=15.42m≈16m。

（2）平面退扭

国外大截面海缆过驳和敷设都是采用平面旋转退扭方式，即海缆厂生产好的海缆直接存储在电动转盘内，电动转盘如图 13－47 所示。海缆交接试验完成后，直接通过导缆通道过驳至海上平台海缆电动转盘上，海缆敷设也是通过海上平台上的电动转盘将海缆输送到海床上，整个过程中海缆退扭均匀，自动化程度高，操作安全且效率非常高，不会发生因退扭不均造成的海缆损伤事故发生。

1）技术原理。

平面退扭即利用一个可旋转的电动转盘，将要敷设的海缆由电动转盘牵引至敷缆入水处，期间，海缆整个退扭过程不依赖高度退扭架，而是通过电动转盘的旋转逐层消除海缆内应力。海缆平面退扭方式的电动转盘是转轴的形式，电动转盘的下面装有回转机构，自身带有驱动装置，能够配合布缆机的敷设速度，调节自身旋转速度，将海缆释放到海床上。

图 13－47 电动转盘

2）技术特点。

平面退扭最大特点是海缆退扭为平面水平方式，无需搭建高度退扭架，并且退扭均匀、流畅，实现完全退扭，可以和布缆机、海上平台敷设速度协调一致，效率和自动化程度高。

（3）舟山 500kV 海缆退扭方式选择

舟联工程中海缆的截面积、外径、单重都比较大，海缆最小弯曲半径应大于 4m。若海缆采用传统高度退扭方式，退扭架高度为 16m，才能将退扭到一定安全范围内。16m 高的退扭架的搭建工作存在一定难度且如此高的退扭架显然对整个施工平台在海上工作的稳定性是极其不利的。

由于海缆单重比较大，届时海缆输送效率比较低下，且容易造成海缆退扭不均匀，当海缆打扭、绕圈，应力积累过于集中时，会造成海缆铠装膨胀或绝缘破损。

此外，由于舟山 500kV 海缆为大截面 500kV 海缆，单位比重大，需要非常大的牵引力才能将海缆提升到退扭高度，容易造成海缆布放速度与海上作业平台前进速度不一致，最终造成海缆受损，不利于工程的整体进行，因此舟联工程选用平面退扭方式。

（4）平面退扭转盘尺寸计算

在海缆敷设施工中，无论采用何种退扭装置，施工船采用哪种布局方式，海缆存放区一般都是一样的。都是利用大小两个缆圈，将海缆约束在一个环装区域内，储缆区的布置同高度退扭一样，依然要考虑到海缆的自重、最大允许侧压力和海缆最小弯曲半径。因此，储缆区的设计，必须在满足海缆容载要求的前提下，兼顾施工船甲板设备的布置，既要能盘放下所有的海缆，并使海缆所受侧压力在最大值以下，又要合理控制盘放海缆的最小弯曲半径，防止海缆内部铅包、绝缘层因过度挤压受损破裂，而且转盘本身的尺寸要严格控制，确保施工船主甲板有足够的空间承载。平面退扭方案中电动转盘尺寸设计如图 13－48 所示，海缆存放区内圈尺寸（海缆最小弯曲半径）计算为

$$R = 20\Phi \tag{13-27}$$

式中：R 为转盘最小允许盘绕半径，m；Φ 为海缆外径，m。

海缆允许堆放最大层数计算见式（13－28）

$$n = F / G \tag{13-28}$$

式中：n 为海缆允许堆放最大层数；F 为海缆允许最大承载侧压力，N；G 为海缆单位重量，N。

海缆存放区外圈尺寸计算见式（13－29）

$$2\pi\left(ri + D\frac{i^2}{2}\right) = \frac{L}{j} \tag{13-29}$$

式中：i 为海缆水平最大排列层数；j 为海缆垂直最大排列层数；L 为海缆总长，m；r 为存放区外圈尺寸，m；D 为海缆外径，m。

通过海缆基本力学参数，计算得到舟山 500kV 海缆允许堆放最大层数 $n=18$；最大允许高度 $h=3.42$m；转盘内径应不小于 4m，外径不小于 8.56m 时即可满足海缆载缆量需求。

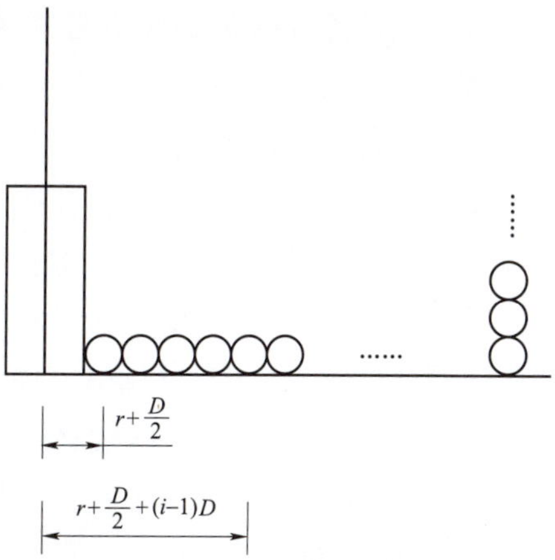

图 13－48　电动转盘尺寸设计

为了提高启帆 9 号持续作业时间，敷设船载缆量不应只满足舟山 500kV 海缆需求，而是扩大载缆量适用范围，适应不同载缆量工程的使用，以更好地服务于多种工程要求。因此在电动转盘建造时，为满足更小与更大截面尺寸转盘的

盘放，建造尺寸为内径 4m，外径 18m。

3. 接头制作净化房设计

为了应对舟山 500kV 海缆敷设、运维中可能出现的维修需求，在启帆 9 号敷设船上配套了海缆接头制作净化房。

（1）技术方案及要求

修理接头一般为刚性接头，在制作环境允许时也可采用柔性接头型式。刚性接头为圆柱形，两头需加装防弯器，其外形尺寸远大于柔性接头，接头制作净化房的设计尺寸以刚性接头为准。舟联工程可能需要的刚性接头总长度约 7m，外径约 0.6m，接头本体质量约 1t。建议接头制作房尺寸规格为 10m×3m×2.5m，净化房如图 13－49 所示。

图 13－49　海缆现场接头制作净化房

500kV 交流海缆接头制作需要昼夜连续为 10～15 天的时间才能完成，必须在洁净的封闭空间内来完成，以克服环境变化对接头制作的影响。其制作净化房技术要求应满足以下主要条件：

1）温度：20～26℃。

2）湿度：70%以下。

3）室内洁净度：1000 级以上。

4）配备海缆接头制作所需工器具。

5）平台前后左右倾斜度小于 10°。

6）具备照明、海缆除湿、导体熔接、加热、海缆固定和移位等功能。

海缆接头制作净化房布置在船体的中轴线上，避免海缆在布缆牵引过程中转弯过多，造成转弯牵引而发生的内部折弯。另外，净化房大多在布缆船上现场制作安装，安装制作速度慢，容易受制作环境影响。

海缆净化房设计方案包括船体、中央操作室、船体中部海缆盘、导缆架、船体中后部有布缆机、用于制作海缆接头的净化房和入水槽。所述的导缆架、布缆机、净化房和入水槽均设于船体前后方向中轴线的一侧。通过把导缆架、布缆机、净化房和入水槽设于船体前后方向中轴线的一侧，使海缆在侧向出缆后沿前后方向的直线进行传送、接头制作和布缆入水，减少了因传统的布缆机、净化房布置在船身的中轴线上而出现海缆多次转弯情况。该方法降低了因海缆转弯而出现的海缆故障概率，提升了布缆的操作方便性，加快了布缆速度，具体布置方案如图 13－50 所示。

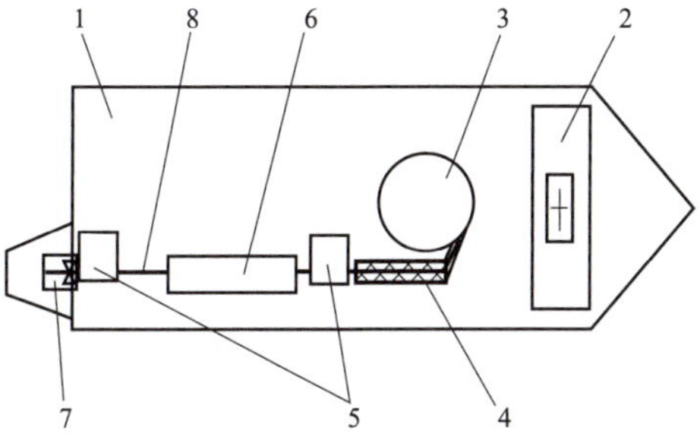

图 13－50　接头制作净化房设计结构示意图

1—船体；2—中央操作室；3—海缆储盘；4—导缆架；5—布缆机；6—接头制作净化房；7—入水槽；8—海缆

净化房布局包括可拆卸地紧固于船体甲板的房体、用于海缆接头制作的海缆固定双头模座、便于海缆移动支撑的海缆托架、用于对净化房进行换气的净化通风系统、用于对进入净化房的人及物品进行灰尘清除的风淋室、用于控制净化房温度和湿度的温度控制设备、用于对净化房的空气质量进行监测的空气洁净度检测系统。房体的可拆卸式固定便于房体在其他地方制作后整体吊装到船体上安装。一整套完善的净化房设备，能够高质量地完成海缆接头的制作。其中，净化房房体的结构布局如图 13－51 所示，包括净化接头室、与净化接头室相邻的办公室、与办公室相邻的仓库。所述的房体为全钢框结构，包括与船体的甲板密封处理的墙板、与墙板密封处理的顶棚，办公室朝向船体中轴线的一侧开设有推门，办公室、仓库朝向船体中轴线的一侧开设有移窗，净化接头室朝向船体中轴线的一侧开有固定窗，净化接头室设有工具放置区。通过合理地分割办公室、仓库及净化接头室的区域，便于工作时的物品存取和办公，通过设置窗户提高净化接头室、办公室及仓库的室内亮度，降低了房体内照明系统的应用。

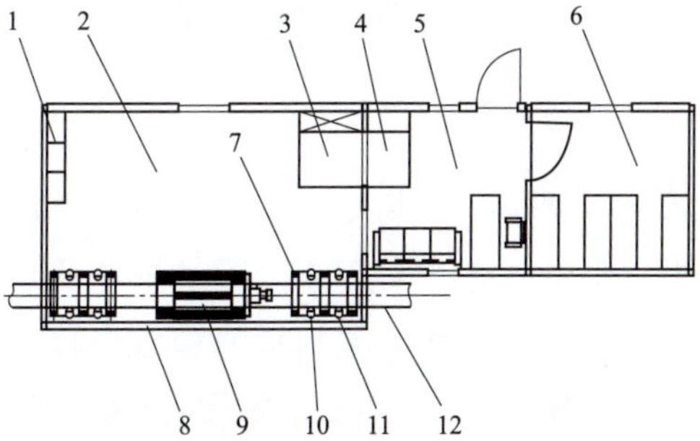

图 13－51　接头制作净化房结构布局示意图

1—工具放置区；2—净化接头室；3—风淋室；4—更衣室；5—办公室；6—仓库；7—水平滚动轮；8—密封防护窗；9—海缆固定双头模座；10—立式滚动轮；11—海缆托架；12—海缆

净化接头室、办公室、仓库在近船体中心轴线侧墙板平齐，净化接头室在近船体船舷侧的横向宽度大于办公室和仓库的宽度0.5m以上，净化接头室在近船体船舷侧的前后墙板设有用于海缆进出的开口、净化接头室与船舷相邻的侧面墙板设有侧向的开口，所述的开口设有上下可闭的密封防护窗，所述的密封防护窗通过气缸推拉开启。通过把净化接头室在近船体船舷侧的宽度大于办公室和仓库的宽度0.5m以上，便于设置前后方向的开口，侧向的开口有助于对海缆的进入净化接头室后的操作，便于检修，密封防护窗通过气缸推拉开启便于密封。所述的办公室设有进入净化接头室的净化门和进入仓库的仓库门，风淋室设置在净化门的净化接头室一侧，净化门的办公室一侧设有与风淋室相邻的更衣室。通过办公室进入净化接头室和仓库，便于对净化房进行整体的管理，并且方便仓库物品和人员进入净化接头室。所述的海缆固定双头模座包括底座、设于底座上的上下可合拢打开的2套对开模口，所述的2套对开模口均可移动地设于底座顶部的来回丝杆上。根据海缆的接头位置可以移动模口到相应位置，通过模口上下合拢固定海缆，便于制作接头。所述的海缆托架共2个，设于海缆固定双头模座的进出海缆方向的前后两端，所述的海缆托架包括采用矩形方管焊接的底架和设于底架上的多个均匀排列的水平滚动轮，每两个滚动轮之间位置的两侧竖向排列有立式滚动轮。采用滚动轮的海缆托架便于支撑海缆在其上的滑动，减少海缆移动摩擦阻力，竖向的立式滚动轮可以阻止海缆侧向移动。海缆固定双头模座和海缆托架的底部均配有4组滑动轮和定位锁。通过4组滑动轮和定位锁便于移动和锁定。船体上需布置2套布缆机，分别设于净化房的前后两端的船体甲板上。便于制作接头的前后海缆的牵引移动，方便接头制作时的定位。

净化房减少了因海缆转弯所需要的转向装置的数量，降低了成本，降低了因海缆转弯过多而可能出现的海缆故障概率，提升了布缆的操作方便性，加快了布缆速度，房体的整体吊装及可拆卸固定方式简化了安装，在海缆托架和海缆固定双头模座底部安装滑动轮和定位锁便于位置的定位和固定，使设备在外部制作完成后可以直接在船上移动后固定，便于安装移动，降低了劳动工作强度。

（2） 主要设备

1） 净化房房体。

净化房房体整体考虑海陆两用，可搬运移动，采用全钢性框式结构，高强度型钢制作，整体吊装、起吊搬运不变形，并配有4个起吊吊环及4根专用起吊绳，方便每次起吊搬运。房体正侧面设有开启通道，使整根海缆进出移动，并设有密封防护开启门，采用气缸推拉开启。双面覆塑料薄膜，壁板表面平整无划痕、无凹凸缺陷、色泽均匀，无明显色差，不脱落异物，耐强氧化剂腐蚀、易清洁，颜色为白灰色。彩钢复合板耐火极限不小于0.68h（有消防检测报告）。所有的型材材质为铝合金喷塑，厚度不小于1.2mm，马槽厚度不小于1.0mm，吊铝厚度不小于1.2mm。同一房间的彩钢板宜使用同一批号，缩小色差。壁板安装前必须严格放线，墙角应垂直交接，防止累积误差造成壁板倾斜扭曲，壁板的垂直度偏差不应大于 0.2%。墙壁与地面结合处，安装时须采取可靠密封措施，防止液体在不同工艺间相互渗透或影响彩钢板。吊挂、锚固件等与主体结构和楼面、地面的联结件的固定。墙壁与墙壁、墙壁与顶棚、墙壁与地面等交接处（阴阳角）全部使用硅胶密封处理并采用与彩钢板颜色一致的不小于 R50 铝合金圆弧过渡，铝合金材质厚度不小于 1.2mm，喷塑，色泽光滑，无缺陷。吊顶应按房间宽度方向起拱，使吊顶在受荷载后的使用过程中保持平整。吊顶周边应与墙体交接严密。板缝缝隙要均匀一致，板缝理论宽度为 2～3mm。彩钢板墙板可在现场开洞。板上各类洞口（风口、开关插座、消火栓、电话、压差表、风管洞口等），切割方正、边缘整齐，洞口四周需用铝合金封闭，避免填充材料外露，保证彩板的密封性。门上设观察窗（更洁净衣等人流通道除外），采用不锈钢 L 型锁，门与锁有加固处理，门框上的锁舌孔与门框结合处应密封处理，门下应有密封胶条等可靠密封措施。门锁采用柱式执手锁、品牌、名门或同等品牌。

2）净化通风系统。

舟山 500kV 海缆千级洁净实验室净化系统采用一台高效自动净化装置，对洁净车间内进行加压送风，换气次数达到每小时 50～52 次。洁净空气通过送风海缆送至洁净车间，室内正压。净化房间与普通空调房间保证正压大于 10Pa；非净化空调房间与室外保证正压大于 5Pa；洁净实验室噪声，净化区小于等于 65dB（A）；净化性能，粒径大于等于 5μm，大气尘效率大于 60%（G4）。配备空气洁净度检测系统 1 套，实时显示设定。气流组织，顶送侧下回（紊流）。结构装修，洁净实验室、更衣室内围护隔断和天花采用 50mm 厚的岩棉加芯彩钢板，吊顶高度为 3m。洁净实验室内采用铝合金彩钢板单门、双门。人员进入洁净区必须经过换鞋间、更衣室、缓冲间进入。洁净车间的地面采用防静电 PVC 地板。

3）风淋系统。

风淋系统经高效过滤器过滤后的洁净气流由可旋转喷嘴从各个方向喷射至人身上，从而有效而迅速地清除尘埃粒子。清除后的尘埃粒子再经由初、高效过滤器过滤后重新循环到风淋区域内。系统自动控制运行，双门电子互锁，并设有光电感应器。整体冷轧钢板制作，外表面静电喷塑处理。门、底板、喷嘴均采用不锈钢制造，美观大方。模块化组装方案，可以按实际需要拼装成各种长度的风淋尺寸，组装运输极为方便。风淋时间 0～99s 可调，采用初、高效两级过滤系统。为了达到最佳吹淋效果，风嘴出风口风速高达 25m/s 以上，吹到人体上风速 18m/s 以上，出厂初始风淋时间设置为 15s。采用 EVA 密封材料，密闭性能高。

4）温湿度控制系统。

千级洁净车间采用原结构的空调机。其制冷量为 10kW，以供应洁净实验室的温度和湿度要求。空调机组根据现场实际设置于夹层内，外机根据现场实际设置于室外。

5）供电照明系统。

洁净实验室和普通办公区域照明灯具均采用吸顶式净化荧灯。洁净实验室照度为250～300lx；更衣室、缓冲区照度为150～200lx；固定设备穿管敷线，活动设备现场动力箱配电。配电系统采用TN－S系统（三相五线制），电源电压380/220V/50Hz，单相插座回路加装漏电保护器。

4. 敷设船系泊稳定性设计

系泊稳定系统是海缆敷设船的重要组成部分，系泊系统不仅要控制敷设船在工作状态下保持稳定，也要保护船只在极端海况下（如台风来临，出现风暴潮，与较大波浪时）不被破坏，同时也要保证敷缆设备在实施投放、泊位、避风等海上作业时顺利进行。

对装置系泊系统进行设计，应满足以下几个原则：

1）稳定性。平台在风、浪、流的联合作用下，适应不同潮位、波高，能保持进行施工，有效限制船只整体的纵荡、纵摇等运动响应在一定范围内。

2）生存性。在极端海况下，系泊张力不应大于锚线破断力，锚线不应全部破断。

3）系泊半径限定及经济性。应尽量减小系泊半径，减少海域使用，节约成本。

目前，海洋工程中主要采用悬链式系泊系统和张紧式系泊系统两种系泊系统。悬链式系泊系统，由悬链线实现浮体的定位，通常适用于较浅海域，水深过大时，船体可变载荷变小。张紧式系泊则是通过缆索将平台直接固定于海底，其回复力由缆索的轴向刚度提供。张紧式系泊无沉重的卧链段，虽其锚线张力远大于悬链线式系泊，对材料强度和安全性要求较高。随着海洋工程与材料科学的不断发展，悬链线式系泊系统与张紧式系泊系统都被广泛采用，启帆9号采用了悬链式系泊系统。

关于系泊方式，辐射型系泊方式是海洋工程中常用的系泊方式，在系泊缆数目上采用八根系泊方案，如图13－52所示。为保证系泊缆绳结构上的对称性并根据实际海域风浪流来流方向的考虑，在舟联工程中对锚缆之间的夹角进行了研究。

图13－52　系泊系统设计三维图

（1）施工海域环境

舟山 500kV 海缆路由海底地形平缓，除大鹏山西侧潮流冲刷槽外，海底坡度不足 1°。施工海域一般水深 5～13m，冲刷槽内水深较大，实测最大水深为 50m，位于潮流冲刷槽底部，距本路由大鹏山登陆点约 1.4km。现以镇海登陆点为起点，以 KP 表示路由上某点至登陆点的距离，如 KP1.5 表示距离登陆点 1.5km，则推荐路由沿程海底的地形特征如图 13－53 所示，海缆路由地形剖面图如图 13－54 所示。KP0.03～KP2.0，为杭州湾口南岸浅滩，水深 0～5m，海底地形平坦，向东微倾。KP2.0～KP14.5，路由主体海域，为杭州湾口堆积冲刷平原，水深为 5～13m，海底地形整体平缓。路由中部和中东部各发育较强的冲刷微地形地貌，分别位于路由 KP8.9～KP9.8 和 KP13.1～KP13.8。

冲刷坑从地形剖面上看呈不规则“U”形，一般高差为 1～2m，但在 KP8.9～KP9.5 之间局部高差最大可达约 4m。此外，在 KP13.1～KP13.8 之间也一定程度上发育冲刷微地形地貌。KP14.5～KP16.0（大鹏山西侧深槽），该段为大鹏山潮流冲刷槽，水深为 15～47m。冲刷槽两侧边坡较陡，槽底较平坦，KP14.5～KP15.0 为冲刷槽西坡，水深在 15～48m，坡度为 3.8°，KP15.4～KP16.0 为冲刷槽东坡，水深为 3～45m，坡度为 4°。KP16.0～KP16.45，该段为大鹏山西侧浅滩，水深在 0～3m 之间，海底地形整体平缓。

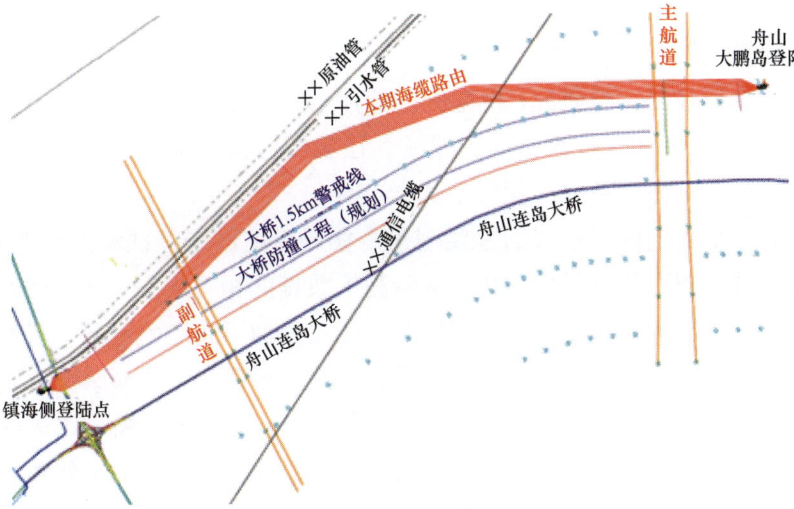

图 13－53 海缆路由示意图

结合施工海域自然环境条件，研究所设计的环境条件如下：风速 13.8m/s、流速 2.057 6m/s、有义波高为 1.5m、波谱采用 JONSWAP Spectrum，根据设计方案，本船能够在环境条件下较好的情况下，进行单个锚点移动船布缆作业，并利用拖船辅助作业，能满足的环境条件和作业能力见表 13－4。

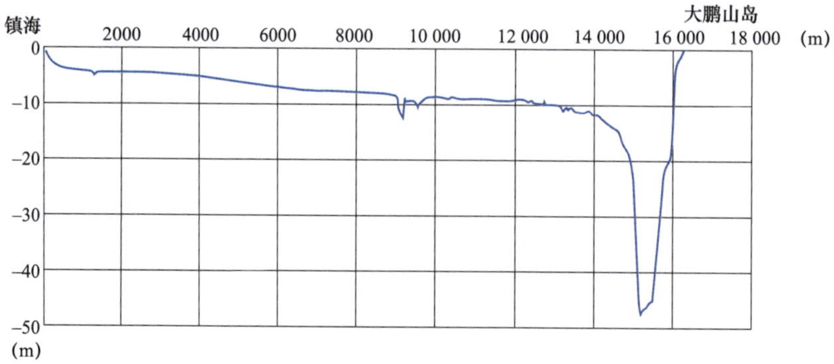

图 13-54 海缆路由地形剖面图

表 13-4 启帆 9 号满足的环境条件和作业能力

序号	环境条件	1	2	3	4
1	风速	4 级风（13m/s）			
2	波高 $H_{1/3}$	1.25m			
3	最大作业水深	100m			
4	流速	0.514 4m/s	1.028 8m/s	1.543 2m/s	2.057 6m/s
5	定位能力	全方向 360°	船首或船尾 40°～40°方向	船首或船尾−30°～30°方向	船首或船尾−20°～20°方向

（2）试验模型加工制作

采用缩比模型开展试验研究，根据国际船舶与海洋工程界的一般惯例，船舶模型试验的缩尺比为 40～80。针对具体的船舶，还应综合试验中的各项要求和试验水池本身的特点，以及对环境条件的模拟能力。

模型的大小是决定模型缩尺的首要因素。如果模型过小，试验的尺度效应突出，模型制作和模拟的相对精度降低，以及试验测量数据的相对误差增大；模型过大则会受到水池池壁效应影响，造成水池中过量的波浪反射而干扰正常结果。需考虑以下因素：试验水池的尺度，试验中要对响应海域的水深进行模拟，从水深模拟要求可以得到模型缩尺比的上限；水池中配置的造波能力均有一定的极限，缩尺比选取时不应超过该极限。此外，水池可以模拟的最高的波浪和最小的波浪（短波）分别决定了缩尺模型比的上限和下限，各类测量仪器的测量范围等。

基于以上几点考虑，确定本试验所采用模型和实际船舶的缩尺比为$\lambda=1:49$。在船模、系泊钢丝绳按照此缩尺比进行，其模型船的尺寸见表 13-5。船模采用防水板材进行加工制作，接缝处采用玻璃胶密封，船体内使用细沙进行填充并作为部分配重，所制作的船舶模型如图 13-55 所示。

表 13－5　　船模尺寸及参数

参数	实际船	模型船	备注
船长（m）	99	2.02	长度比尺 49:1
型宽（m）	32	0.65	长度比尺 49:1
型深（m）	6.5	0.134	长度比尺 49:1
最大吃水深（m）	4.8	0.098	长度比尺 49:1
最大排水量（t）	14 300	0.121 5	模型 69kg 配重 52.5kg
钢丝绳直径（mm）	50	1.02	长度比尺 49:1

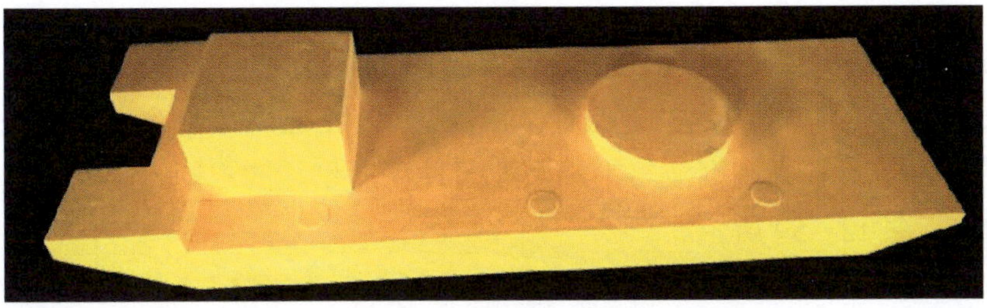

图 13－55　用于物理模型试验的船模

（3）试验工况设计

在进行物理模型试验工况设计时，需考虑以下几个因素，分别为水深、波高、波浪周期、船模系泊方式、荷载方向、缩比模型。

海缆敷设过程中海域最大水深约为 47m，海域平均波高约为 2m，波浪周期为 7～10s。经过比尺换算，最终确定试验水深为 1m，试验波高设定为 5～17.5cm，试验周期 1.5、1.75、2s。

船模系泊方式，考虑如下：辐射型系泊方式是海洋工程中常用的系泊方式，在系泊缆数目上采用八根系泊方案，为保证系泊缆绳结构上的对称性并根据实际海域风浪流来流方向的考虑，在物理模型试验中设计了两种辐射型系泊方案，分别为 10°、16.6°，具体可如图 13－56 所示。

以船体为基准构建坐标系，其中船舶的艏－艉（前后）方向称纵向，用 x 来表示，左－右舷（左右）方向称横向，用 y 来表示，船的上甲板－船舱底（上下）方向称垂直方向，用 z 来表示。入射波方向设计两种情况，分别为 0° 与 90°，即船首迎波与船体右舷迎波，具体可如图 13－57 所示。

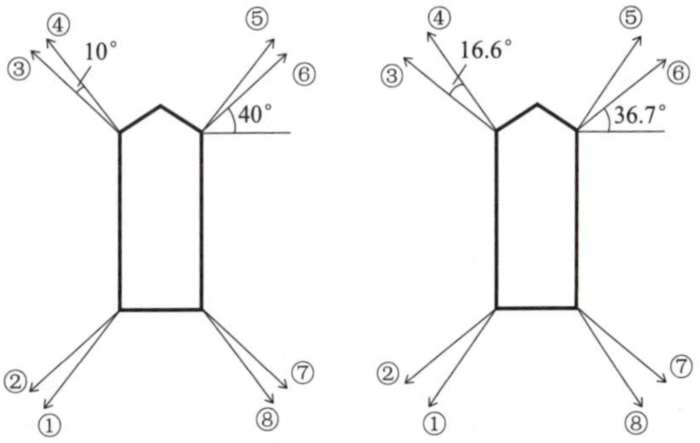

图 13－56　系泊方式设计

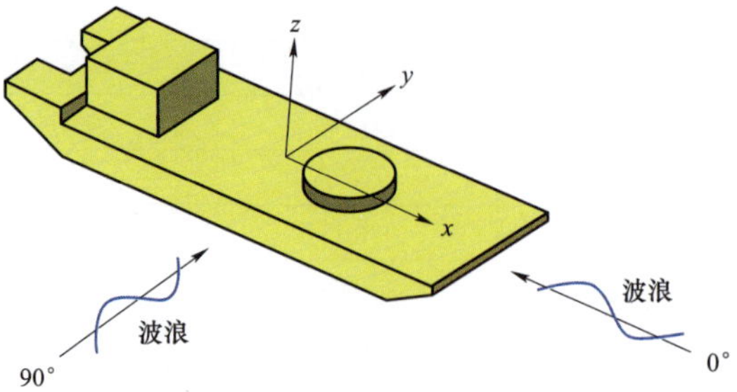

图 13-57 系泊方式设计

最终确定水深 1m、10° 与 16.6° 夹角系泊方式、0° 与 90° 来波方向、波高 5cm 与 17.5cm、周期 1.5、1.75s 与 2s 共计 24 个规则波工况以及 4 个不规则波工况。表 13-6、表 13-7 分别为规则波与不规则波条件下所设计的不同工况汇总，试验环境如图 13-58、图 13-59 所示。

表 13-6　　规则波工况

工况	系泊方式	荷载方向/°	波高/cm	周期/s
1	10° 系泊	0	5	1.5
2	10° 系泊	0	5	1.75
3	10° 系泊	0	5	2
4	10° 系泊	0	17.5	1.5
5	10° 系泊	0	17.5	1.75
6	10° 系泊	0	17.5	2
7	10° 系泊	90	5	1.5
8	10° 系泊	90	5	1.75
9	10° 系泊	90	5	2
10	10° 系泊	90	17.5	1.5
11	10° 系泊	90	17.5	1.75
12	10° 系泊	90	17.5	2
13	16.6° 系泊	0	5	1.5
14	16.6° 系泊	0	5	1.75
15	16.6° 系泊	0	5	2
16	16.6° 系泊	0	17.5	1.5
17	16.6° 系泊	0	17.5	1.75
18	16.6° 系泊	0	17.5	2
19	16.6° 系泊	90	5	1.5

续表

工况	系泊方式	荷载方向/°	波高/cm	周期/s
20	16.6° 系泊	90	5	1.75
21	16.6° 系泊	90	5	2
22	16.6° 系泊	90	17.5	1.5
23	16.6° 系泊	90	17.5	1.75
24	16.6° 系泊	90	17.5	2

表 13－7 不规则波工况

工况	系泊方式	荷载方向/°	有效波高/cm	有效周期/s
25	10° 系泊	0	4.1	1.43
26	10° 系泊	90	4.1	1.43
27	16.6° 系泊	0	4.1	1.43
28	16.6° 系泊	90	4.1	1.43

图 13－58 平面水池

图 13－59 系泊方式试验

对试验所得数据充分处理的基础上，得到以下结论：0° 荷载方向条件下，10° 系泊方式要优于 16.6° 系泊；90° 荷载方向条件下，16.6° 系泊方式要优于 10° 系泊。而在任意系泊方式条件下，综合比较，船艏迎波（荷载方向为 0° ）均比船舷迎波（荷载方向为 90° ）方案优，这与荷载作用面越小对作用物影响越小的结论是相符的。对于物模试验所设计的不规则波工况，10° 系泊方式、船艏迎波为最优方案。而对于规则波极限工况，即波高为 17.5cm 时，平台 16.6° 系泊时在某些工况下无法满足施工要求。故平台在实际极端海况海域中作业需要下锚时，应调整平台，使平台纵向（船长方向）顺着水流方向，并且采用小角度系泊方式，更有利于平台系泊稳定性。

综合物模试验研究结果，推荐敷设船在实际海域中作业需要下锚时，应调整平台，使平台纵向（船长方向）顺着水流方向，并且采用小角度系泊方式，此方案更有利于平台系泊稳定性；而在极端海况下应停止施工，紧急避险停靠，若无法停泊则需要开启平台动力系统或借助辅助推船等设备保持船体的稳定性，以防平台发生破坏。

13.4 超高压海缆敷设技术要求与分析理论

13.4.1 海缆铺设技术要求

1. 海缆敷设工序技术要求

（1）施工前准备

1）施工前应检查电缆的导体电阻性能是否完好，光纤的衰减是否符合要求，必要时做耐压试验。电缆型号、电压、规格应与设计符合。

2）按电缆端头的要求对电缆进行密封和安装牵引头或网罩。在牵引头或钢丝网套与牵引钢缆之间装设防捻器。

3）检查现场的辅助船只型号、数量、到位率是否符合施工方案要求及现场实际需求。

4）检查埋设机信号、传输系统及船只定位系统是否正常，并现场校正。

（2）试航、扫海

1）施工船舶到达施工现场之后，应在施工路由区域按设计路由进行一次试航作业，检验敷设用的各类机械运转是否正常，电气设备是否安全可靠，若有异常情况立即排除。

2）严格按照施工方案及施工路由扫海，并对扫海过程中所遇到障碍物情况（即障碍物为何物、经纬度等）进行详细记录。同时核对登陆点及路由坐标，熟悉施工区域的海况。

3）发现障碍物由潜水员水下清理。若遇到不能及时清理的大型障碍物，由潜水员水下探明情况后拟定解决方案。

（3）主牵引钢缆的抛放

1）分析牵引锚锚位对已敷设电缆是否会有影响，是否会因海洋条件影响产生移锚现象。

2）抛牵引锚前应检查锚坐标应与施工方案所设定的数据一致。

3）在转向点处，沿电缆路由方向延伸 180m 处下锚，确保施工时施工船只沿设计路由进行电缆的敷埋施工（转角处圆弧平缓过渡）。

4）严格按照路由抛放牵引钢缆，精度应控制在（±10）范围内。

（4）始、终端登陆施工

1）对绞磨机所用地锚受力情况及现场地质进行分析，合理布置；各滑车安放位置、间隔距离合理并安放牢固；对锚位进行分析，防止对已敷设电缆及原有电缆造成伤害；电缆锯断前应重新测量船只与登录点的距离，计算应施放的电缆长度，并有适当裕量；电缆锯断处端口封铅应由专业人员操作，封铅层应均匀、光滑，厚度符合工艺要求。

2）施工应在平潮的时候进行。施工船应尽量靠近登陆点，以减小牵引时电缆所受拉力。

3）根据电缆入水角和受力情况，随时调整放缆速度、牵引速度，以免出现过牵引或电缆打扭、弯曲半径小于电缆的最小弯曲半径的现象。

4）水面段在电缆下方每隔 2m 垫以充气内胎进行助浮，充气内胎与电缆之间的白棕绳绑扎应牢固。电缆 Ω 型放出后应有专门的辅助船只固定，以免电缆由于潮流影响而产生打扭现象。

5）牵引速度应缓慢、稳定，并根据受力情况随时调整。

6）施工过程中应保证通讯通畅，统一指挥。

7）电缆登录完成后应在终端（海陆接头）附近保留适当裕量，供电缆测试，终端（海陆接头）制作使用；在入海点也应保留适当裕量，作拆除浮运电缆的轮时电缆自由伸缩使用。

8）完成电缆登陆施工后，在 GPS 定位仪器的定位前提下，沿登陆段电缆逐个拆除浮运电缆的轮胎，将电缆按设计路由沉放至海床上。

（5）电缆敷埋施工

1）投放埋设机前应检查起吊钢丝、牵引钢丝与埋设机连接是否可靠，开启水泵检查水压正常，喷水口出水正常无堵塞现象。

2）投放埋设机时，根据电缆入水角及受力情况，随时调整放缆速度、牵引速度。投放完毕，应派遣潜水员下水检查电缆是否出现打扭或电缆和埋设机姿态信号传输线被埋设机牵绊现象。

3）中间海域敷设施工中，随时对电缆放出长度和敷设距离进行校对。

4）应有专人对埋设机姿态进行监控，发现偏差及时调整，使埋深达到设计要求。在埋深不足时可采用：减小埋设速度；增加水泵压力的方式。在埋深能达到设计要求时可适当提高埋设速度，或减小水泵压力。调节埋设速度时应观察电缆张力变化，敷埋速度一般控制在 3～10m/min。

5）应有专人测量埋设路由与设计电缆路由的偏离，利用拖轮及锚艇，在施工船背水侧或背风侧进行顶推，及时纠正施工船的航向偏差，保证电缆施放在设计路由上，并每隔 50m 记录敷设后的电缆坐标。本次施工路由偏差控制在左右±10m 范围内。

6）电缆敷设过程中要保持少许张力，要按不同的水深，船速来改变入水角，以保证电缆的最小允许弯曲半径符合设计、规程要求。

7）转角、更换牵引钢丝过程中应保持一定的牵引力，保证更换牵引钢丝过程中船只不后退，而引起电缆形成打扭倾向。

8）施工过程中应保证通讯通畅，统一指挥。

9）警戒船只应全程警戒，保证施工船只前后 500m 内无通航船只经过；AIS 值班人员保持警惕，随时监视海面船只航向，保持高频通畅。

（6）保护套管的安装

保护套管安装和连接应牢靠，不得有卡扣不紧、螺栓脱落等情况发生，安装长度应符合设计要求。

（7）光缆接续

1）作业前检查、记录 OPGW 的型号及端头密封情况。

2）阴雨天或空气湿度过大、有大风、沙尘时不宜作业。

3）光纤剥离：剥纤工具特别是光纤剥离钳，使用前应擦拭干净，不得使用生锈的切割工具。去除内层绞线及剥离套管及骨架时不得伤及光纤，掰断后应立即缠上胶布，防止割伤光纤。

4）光纤切割时，必须使用锋利的光纤切割刀并垂直于光纤截面切割，以保证其垂直度。

5）熔接质量目测合格后，用 OTDR 测试仪远端测量接续损耗。逐个记录远端测量接续损耗值。检查 OPGW 与引导光缆色谱一致。

6）裕缆盘放时应整齐，直径不宜过小。

2. 海缆敷设偏差标准

（1）海底电缆埋设的路由偏差标准

1）控制海底电缆的路由轨迹是通过 DGPS 来进行，由有相应资质的卫星定位专业公司来测量电缆的敷设轨迹，再与设计路由轨迹相比较，将其控制在设计允许的敷设偏差范围之内。

2）海底电缆严禁交叉、重叠，相邻的电缆应保持足够的安全距离，不宜小于平均最大水深的1.2倍。海底电缆与海缆之间的水平距离不宜小于50m，受条件限制时最小不得小于15m。

（2）海底电缆埋设深度偏差

1）抛牵引锚前应检查锚坐标应与施工方案所设定的数据一致。

2）在埋深不足时可采用：降低埋设速度；增加水泵压力两种方式。在埋深达到设计要求时可适当提高埋设速度，或减小水泵压力。

3）海底电缆的埋设质量检查，除了通过船上监测仪表监视水下埋设机在水下的工作姿态、挖掘张力和埋设深度等外，必要时应进行埋设效果抽查，这是因为埋设监测仪表的指示有时不能准确地反映实际的埋设深度。抽查的方法可以通过潜水员海底探摸或采用水下遥控装置等方式进行检查。

（3）海底电缆电气、通信性能

1）施工前电缆的试验项目主要包括：① 主绝缘交流耐压；② 局部放电试验；③ 电容测量；④ 光纤衰减测试；⑤ 成品海底电缆外观检测。

2）为有效海缆装船质量，确保海缆在装船输送过程中无异常，在海缆装船过程中进行光纤在线监测，输送回路安装实时监控，若有发生光纤断裂现象及异常现象，则应立即终止海缆装船，依据现场应急处置方案开展后续工作。

3. 海缆敷设技术措施

（1）电缆的检查验收

电缆的质量有时会出现一些问题。有些问题在生产过程及出厂试验时也未能发现，如果安装时不及时觉察，在投入运行后，就会造成严重的故障。所以在电缆敷设以前，应该详细检查电缆质量，进行船上交接试验，包括电气性能和物理性能检查。电气性能检查主要是通过电气试验来检定；物理性能主要是通过结果检查、工艺检查、材料检查等内容来检定。

（2）电缆始、终端登陆

1）准确测量登陆路由长度，计算登陆用缆长度。海缆终端制作的预留满足设计要求。

2）清除电缆登陆路由沿途尖锐障碍物。

3）登陆时电缆张力控制在允许范围内，防止牵引的突然启动和停止。

4）电缆的弯曲半径控制在允许的范围内。

5）登陆前，应仔细检查陆上牵引绞磨机是否固定牢固，并沿途设置滑车，以减小登陆时的摩擦力。

（3）海缆敷设

1）电缆通道由滑轮组成，表面光滑平整。

2）施工船上入水槽弯段弯曲半径控制不小于 20*D*。

3）埋设速度控制在 3～10m/min 内。

4）电缆入水角控制在 50°～80°之间。

5）电缆的埋设深度控制在不小于 2.5m，与航道交越段及冲刷区埋深不小于 3m。

6）埋设轨迹与设计路由偏差控制在设计允许范围内。

7）遇大风天气应检查和加固锚碇或撤至避风区，大雾天气能见度小于 2km 封航停止作业，并对水上设施悬挂强光（透雾）标志警示灯。

8）在施工期间配备相应的辅助船舶，拖轮、锚艇等，一旦在施工过程中突遇短时大风或极端水流情况，可利用锚艇临时抛设上水锚，固定船位或者拖轮临时顶推控制船位。如长时大风，则需固定入水角海缆，并适时移动船舶，防止船舶来回移动而造成某点海缆反复弯折而造成损坏。

（4）电缆附件安装

电缆终端制作完成后，需确认绝缘强度符合要求。同时电缆要做好回路标志和相位标志。电缆的裁剪长度要合适，保证电缆与高压柜母线及接线端子连接后不产生过大的机械应力。电缆标识沿电缆桥架敷设的电缆在其两端应挂标志牌。标志牌规格应该一致，并有防腐性能，挂设应牢固。标志牌上应注明电缆的编号、规格、型号及起始位置。

13.4.2 海缆铺设分析理论

在施工船作业过程中，海缆在水中形态如图 13－60 所示。海缆被分为两部分，一部分悬于水中，另外一部分铺设于海床上，两部分在 TDP 的连续性使两部分海缆成为一个连续的整体。本小节主要介绍一种海缆铺设的理论分析模型。为分析其中关键问题，该模型做出如下假设：

（1）对于水中段，忽略海缆的弯曲刚度。

（2）铺设于海床的海缆拉力为常量，忽略土体摩擦力对海缆拉力的影响。

（3）忽略海缆的轴向变形。

（4）仅限静力情况。

（5）假设铺设过程是一个平面问题。

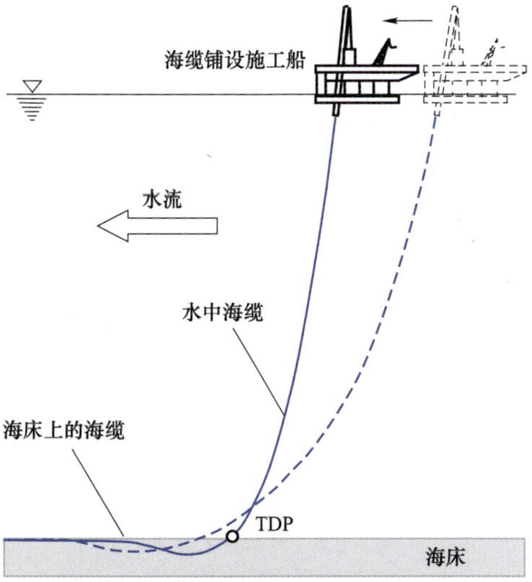

图 13-60　铺管过程中的海缆形态

1. 控制方程

（1）水中段海缆

对于水流和波浪的影响，采用常用的半经验的 Morison 公式。考虑一段长为 dl 的海缆微段，其受到重力，外部流体以及结构内力的作用，如图 13-61 所示。

通过对此微段竖向力 V，水平力 H 和弯矩 M 的平衡，并忽略高阶小量，得到海缆的控制方程：

$$\mathrm{d}V = F_\tau \mathrm{d}l\sin\theta - F_n \mathrm{d}l\cos\theta - w\mathrm{d}l \tag{13-30}$$

$$\mathrm{d}H = F_n \mathrm{d}l\sin\theta + F_\tau \mathrm{d}l\cos\theta \tag{13-31}$$

$$\mathrm{d}M = V\mathrm{d}l\cos\theta - H\mathrm{d}l\sin\theta \tag{13-32}$$

其中，θ 为倾角；dl 为海缆微元长度；w 为海缆微元浮重度。法向和切向的水流作用力 F_n 和 F_τ 可以通过 Morison 方程计算得到。水动力荷载的方向与水流方向密切相关。图 13-61（a）所示水流是沿着负 x 轴方向，如果水流方向变成正 x 方向，控制方程中相应的流体荷载就该用 $-F_n$ 和 $-F_\tau$，分别代替。

根据假设（1），水中段海缆不能承担弯矩。因此，从方程（13-33）可以直接得到角度 θ 和力之间的关系：

$$\frac{V}{H} = \tan\theta \tag{13-33}$$

其中 V 和 H 是轴向拉力在竖向和水平向分量。所以，倾角 θ 仅由轴向拉力控制。

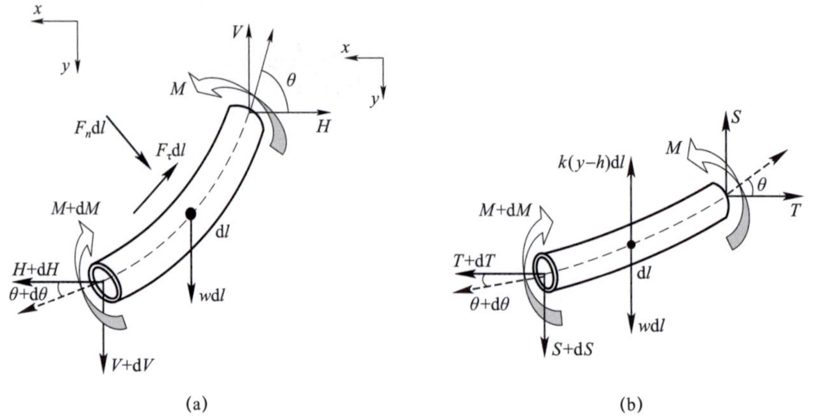

图 13－61 海缆单元受力图

（a）水中海缆；（b）海床铺设段海缆

忽略轴向应变和剪切应变，几何关系可以得到：

$$\mathrm{d}x=\mathrm{d}l\cos\theta \tag{13-34}$$

$$\mathrm{d}y=\mathrm{d}l\sin\theta \tag{13-35}$$

需要指出，尽管水中段海缆不能抵抗弯曲，实际的弯矩能近似地用弯曲刚度 EI 和曲率 κ 相乘得到：

$$M=EI\kappa \tag{13-36}$$

（2）海床铺设段

通常海床处的流速是非常小的，所以海床处海流对海缆的影响可以忽略。但是在靠近接触地点（TDP）处，这部分的弯矩却很重要，需要进行考虑。

为了保证在 TDP 处的连续性，认为海床表现出类似 Winkler 地基的性质，并针对图 13－61（b）所示海缆单元采用梁的基本理论求得其平衡方程：

$$EI\frac{\mathrm{d}^4y}{\mathrm{d}x^4}-T\frac{\mathrm{d}^2y}{\mathrm{d}x^2}+k(y-h)=w \tag{13-37}$$

其中 T 是一个常量。对于 $T>2\sqrt{EIk}$，方程没有实根，而对于 $T\leqslant 2\sqrt{EIk}$，其通解可以得到：

$$y=h+\frac{w}{k}+c_1e^{-\alpha x}\cos(\beta x)+c_2e^{-\alpha x}\sin(\beta x)+c_3e^{\alpha x}\cos(\beta x)+c_4e^{\alpha x}\sin(\beta x)$$

（13－38）

其中 c_1、c_2、c_3、c_4 都是未知量，且

$$\alpha=\frac{1}{2}\sqrt{2\sqrt{\frac{k}{EI}}+\frac{T}{EI}} \tag{13-39}$$

$$\beta=\frac{1}{2}\sqrt{2\sqrt{\frac{k}{EI}}-\frac{T}{EI}} \tag{13-40}$$

需要指出的是，不等式 $T\leqslant 2\sqrt{EIk}$ 需要在计算过后进行验证。

由于从 TDP 到锚桩的距离非常远，所以海缆可以认为是一根无限长的梁。在 $x\to\infty$，海缆埋深只受自重影响，埋深 y 近似 $h+\frac{w}{k}$，所以 c_3 和 c_4 都为 0。因此，式（13－38）能简化成：

$$y=h+\frac{w}{k}+c_1e^{-\alpha x}\cos(\beta x)+c_2e^{-\alpha x}\sin(\beta x) \tag{13-41}$$

其弯矩和剪力分别为

$$M=-EI\frac{\mathrm{d}^2y}{\mathrm{d}x^2} \tag{13-42}$$

$$S=-EI\frac{\mathrm{d}^3y}{\mathrm{d}x^3} \tag{13-43}$$

这部分海缆的几何关系和水中段海缆是一样的，即式（13－34）和式（13－35）。

2. 数值求解

数值计算的关键在于通过连续迭代求得一个合理的顶部拉力。如果顶部拉力确定了，海缆的形态和内力分布就容易求得。

（1）迭代过程

水中段海缆被划分成 n 个单元，这些单元沿着竖向具有相同的 dy，并且所有的微段都认为是没有曲率的直线段，如图 13－62 所示。海缆微段序号用 i 表示，

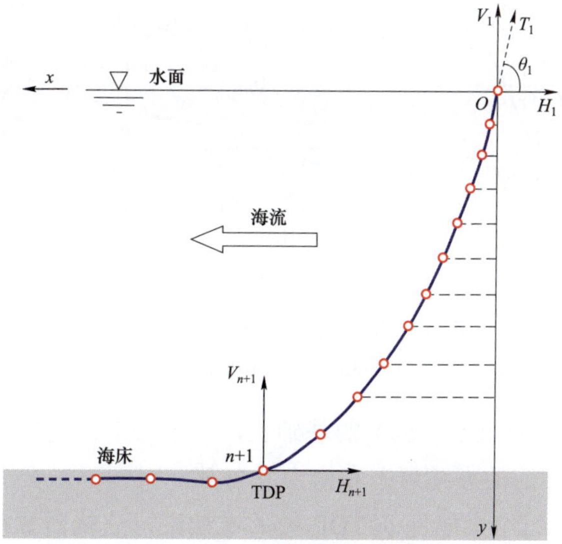

图 13－62　模型的单元划分

i 的变化范围从顶部开始为 1 到最后海床处为 n，相应的单元端点编号从 1 变化到 $n+1$。

考虑如图 13－63（a）所示的水中段任意单元 i，其几何及平衡关系可以得到：

$$x_{i+1} = x_i + \frac{\mathrm{d}y}{\tan\theta_i} \tag{13-44}$$

$$y_{i+1} = y_i + \mathrm{d}y \tag{13-45}$$

$$\mathrm{d}l_i = \frac{\mathrm{d}y}{\sin\theta_i} \tag{13-46}$$

$$V_{i+1} = V_i + F_{\mathrm{t}i}\mathrm{d}l_i\sin\theta_i - F_{\mathrm{n}i}\mathrm{d}l_i\cos\theta_i - w\mathrm{d}l_i \tag{13-47}$$

$$H_{i+1} = H_i + F_{\mathrm{t}i}\mathrm{d}l_i\cos\theta_i + F_{\mathrm{n}i}\mathrm{d}l_i\sin\theta_i \tag{13-48}$$

对于海床铺设段的海缆，需要两个边界条件求解方程（13－41），来确定两个参数 c_1 和 c_2。当这两个参数确定后，将铺设段的海缆沿着轴向划分成长度为 dl 的等份求得最后的结果，划分后的海缆单元如图 13－63（b）所示。考虑到方程（13－41）中 $x \to \infty$ 的边界条件已经得到满足，并为了保证 TDP 位置的连续性，采用坐标的连续性和角度的连续性条件

$$y_{\mathrm{TDP}} = h \tag{13-49}$$

$$y'_{\mathrm{TDP}} = \tan\theta_{n+1} \tag{13-50}$$

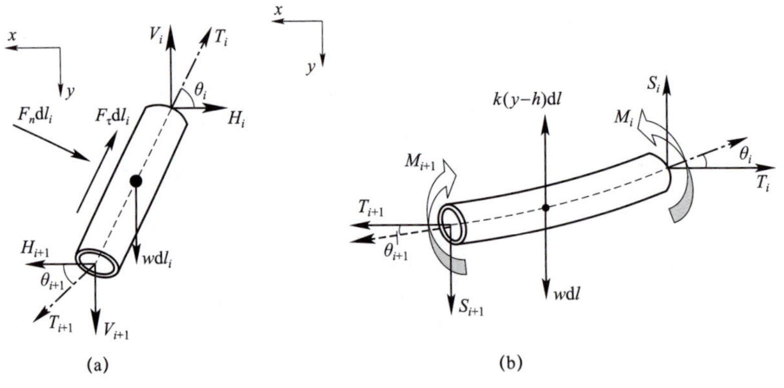

图 13－63　海缆计算单元的受力图

（a）水中海缆；（b）海床铺设段海缆

在方程（13－49）和（13－50）的基础上，对于一个给定的拉力 T_1，可以得到对应的 c_1 和 c_2，然后相应的海缆形态和内力分布都能得到。对于不同的 T_1，结果是不同的。然而，仅有一组结果能保证 TDP 处的连续性，这就需要在计算过程中进行检查判断。所以需要进行迭代确定一个合理的 T_1，并且当 T_1 确定后，海床铺设段的形

态和内力分布就能通过下式得到：

$$x_{i+1} = x_i + \mathrm{d}x \tag{13-51}$$

$$y_{i+1} = y\big|_{x=x_{i+1}} \tag{13-52}$$

$$T_i = T_{n+1} \tag{13-53}$$

$$M_i = -EI \times \left.\frac{\mathrm{d}^2 y}{\mathrm{d}x^2}\right|_{x=x_i} \tag{13-54}$$

$$S_i = -EI \times \left.\frac{\mathrm{d}^3 y}{\mathrm{d}x^3}\right|_{x=x_j} \tag{13-55}$$

式中：i 从 TDP 开始，初始值为 $n+1$，于计算终点（EP）结束。

（2）计算过程

计算开始前，首先将基本参数赋值给对水中段和海床铺设段海缆，其中包括顶角、水深，计算终点的位置，海缆和土体的基本参数。为了进行水中段海缆的计算，需要首先假定一个初始拉力 T_1，并且根据本章计算，推荐 $T_1=1.1wh$ 作为初始迭代拉力。这个拉力在计算过程中将通过数值迭代进行不断修正而得到。修正的过程分为两个阶段。首先，当水中段海缆计算结束，需要对海缆进行修正以确保拉力足够支持海缆的重力，如果出现 $V_i<0$，说明拉力 T_1 太小，所以需要在修正中增大拉力。随后，当 $V_i>0$ 满足的情况下，将 T_{n+1} 和 θ_{n+1} 输入到式（13－49）和式（13－50）中求得两个未知量 c_1 和 c_2。进一步通过递推计算求得每个节点位置的几何和内力参数。

接下来，海床铺设段的海缆弯矩可以由式（13－41）得到。为了保证弯矩在 TDP 处的连续性，不等式 $\left|M_{\mathrm{TDP}}^{+} - M_{\mathrm{TDP}}^{-}\right| < \delta$ 必须满足，其中 δ 是一个指定的小量。如果不等式满足，说明弯矩连续，计算过程可以一直继续直到终点（EP），计算终点是通过 l_{EP} 或者 x_{EP} 预先设定的。如果弯矩不连续，需要对初始拉力 T_1 进行进一步修正。

（3）参数输出

在海缆铺设过程中，各种力学要素对铺设的成功都起着重要作用，比如顶角，水深，海流，海床刚度等，所有这些要素都需要合理模拟并精确分析。上述计算能分析水深、海流、顶角和海床刚度的作用，来预测他们对内力分布和海缆形态的影响。能够预测海缆的内力分布，尤其是最大拉力和最大弯矩的分布。同样也能预测易发生疲劳破坏的 TDP 处内力。除此之外，也能够预测海缆的形态，包括 TDP 位置，从而帮助海缆定位。此外，海缆的埋深也同样能够预测，埋深决定了海缆未来工作状态下运动的初始状态。

第 14 章
超高压海缆运维检修

14.1 超高压海缆生产准备管理

生产准备是为保证工程建成后能及时投入正常运营而进行的各项准备工作，是尽早达到项目设计能力及竣工投产的必要桥梁。运维单位以 500kV 交联聚乙烯海缆建成后的安全可靠运维为根本出发点，从技术标准、技能培训、管理资源、装备资源四个方向入手，创新构建“四精一全”生产准备管理体系。通过精心准备技术标准、精准准备技能培训、精细准备管理资源、精益准备设备资源，以技术创新带动管理创新，发挥技术标准引领作用，创新开展海缆智能运维；理清管理边界，解决历史遗留问题的同时，建立内外部的协同工作机制；全程参与高压海缆监造、旁站和验收，在培养技术人才的同时助力生产移交，全面实现在生产准备阶段对运维的标准、人才、管理和技术支撑。

1. 精心准备技术标准，强化标准支撑

（1）编制高压海缆生产准备工作方案

运维单位根据建设进度节点，与生产准备工作建立同步映射关系，明确建设进度对运检人力资源、管理资源、装备资源、备品备件资源的需求，强化运检部与住建部、物资部、人资部等部门的协同配合，确保生产准备工作方案可控、能控、在控，从而按期、有序、高质量完成生产准备各项工作。

运维单位以建设里程碑计划为基础，编制生产准备人员培训专项方案、备品备件专项方案、项目验收专项方案、制度标准专项方案、运维抢修专项方案等生产准备子方案，明确计划节点和工作任务，确定责任人员，配置相关资源。确保 500kV 高压海缆运检相关各项资源，如人员、装备按时配置到位，具备投运后即可开展运检的能力。深度参与工程建设，提升基建工程质量，确保高压海缆工程高质量投产、长周期安全稳定运行。全面推进 500kV 海缆管理、技术研究，从管理和技术创新确保适应交联聚乙烯海缆运检要求。

生产准备过程中实施计划预警。应用项目管理软件和甘特图，录入基建、人力培

训、物资设备采购、招投标、资金等计划及实际进度，实现计划、进度、风险的可视化管理，实施预警管理，通过红色预警、橙色预警、黄色预警、蓝色预警来确定风险等级，实施进度风险不同等级的差异化管理。当出现风险时，根据不同风险等级采用例会、专题协调会、领导小组协调会等形式，确保生产准备进度与工程建设进度同步一致，确保各项方案落到实处。

（2）编制高压海缆运维检修规程

500kV 交联聚乙烯海缆为世界首次使用，现行《海底电力电缆运行规程》（DL/T 1278—2013）针对性不强，指导作用不明显。运维单位全程参与了《额定电压 500kV（$U_m=550$kV）交联聚乙烯绝缘大长度交流海底电缆及附件》《500kV 交联聚乙烯海缆监造导则》等技术标准的制修订工作，并在此基础上组织浙江省电力科学研究院、电力设计院等单位共同承担《500kV 交联聚乙烯海缆运行维护规程》的编制起草工作，涵盖海缆路由通道巡视、附属设备巡视、登陆点巡视等内容。

制定不同海域段海缆专项运维方案，根据海缆所处海域不同，分别制定《海缆检测作业船对海域中的海底电缆线路及其通道状态检测作业指导》，及时发现冲刷、淤积、移位、落锚等异常情况。制定《500kV 海缆镇海和大鹏岛登陆段的海缆保护措施》，通过使用保护套管、水泥加固等手段确保海缆登陆段不因海水侵蚀、冲刷而遭受破坏。

2. 精准准备技能培训，强化人才支撑

（1）明确运检人员技能要求

在全球能源互联网的战略背景下，通过考试、评测、考察等手段，利用柔性组织管理理念，在全公司范围内优选专业人才，建立运检人才储备库。针对 500kV 交联聚乙烯海缆运检经验为零的现状，根据 500kV 海缆运检技术特点和管理要求，构建运检人员标准技能矩阵表，对共性的技能要求进行归纳、合并，对不同专业的技能要求按照岗位、职级进行分类，明确不同水平、不同等级、不同专业运维人员的运维技术要求，并以此为基础开展针对性培训。

因制订培训计划时对各个岗位进行应知、应会的知识分析，针对内容的类型不同采取不同的培训方式。灵活运用授课、内部网、远程教育、自学、学徒制、讨论会、工作轮换、录像、模拟仿真等多种方式，确保培训工作生动、有效地开展，实现培训形式多样化、培训内容精准化和差异化。利用省公司、设备厂家、科研单位等资源，采取多种形式开展知识培训和现场实习，强化理论水平和实操水平，全力打造特高压高素质运检队伍。开展 500kV 海缆生产准备以来，共计开展海缆相关各类培训 930 人 • 次，其中邀请专家开展培训 4 次，厂家技术人员培训 16 次，内部培训 52 次（9 次驻站培训、17 次现场培训、25 次仿真培训）。

（2）打造海缆运维实训基地

运维单位以举办 2018 年“高压电缆运检技能竞赛比武”为契机，大力弘扬“精益求精、追求卓越”的工匠精神，挖掘培养一批“干一行、专一行”的技术能手，创新打造海缆运维实训基地。

运维单位依托原有的劳模工作室，开展实景教学的海缆运检实训基地，根据学员的知识技能水平，把学员置于真实工作场景中训练，切实提升学员实操技能和培训实效。实训基地涵盖常规作业、带电作业、学徒训练、工器具的使用与维护、VR 仿真训练、教练员评测等六大训练场景，满足高压海缆运维学员进行现场培训的需要。

其中 VR 仿真训练为系统内首次应用，该系统以舟山 500kV 交联聚乙烯海缆终端头制作为仿真对象，基于 VR 沉浸式显示互动技术，并采用三维虚拟仿真技术、虚拟互动技术、三维建模技术等，对 500kV 交联聚乙烯海缆终端头制作进行详细业务分析，深入检修业务流程，分析每一步骤的操作要点，并将操作要点与 VR 虚拟互动设备紧密结合，营造身临其境的虚拟互动操作效果，达到集仿真操作体验、检修业务培训于一体的教学培训目标，提高海缆运维检修人员的操作技能。

基地坚持以赛促训，通过交流经验、提高技能、选拔人才等方式，以提升高压海缆运维人员的运检管理水平、提高高压海缆带电检测技能水平、提高高压海缆设备的可靠运行水平为目标，从整体上提升高压海缆运维队伍整体素质。

（3）开展培训效果评估改进

生产准备工作组根据工程建设的里程碑计划，借鉴需求侧管理和闭环管理工作思路，创新生产准备期间运维人员培训管理模式，探索并实践了生产准备多种培训形式，针对工程不同建设时期、不同培训对象、不同培训课题、不同培训地点，因地制宜，因材施教，为工程顺利投运奠定基础。

生产准备组根据生产准备各个阶段的不同特点、不同培训内容，适时制定出相应的培训管理及考核办法。出台奖优惩劣的激励机制，并与职工月度绩效和年度绩效考核挂钩；制定培训期间劳动纪律、安全管理、文明生产、学习进度、外出管理等各方面的奖惩条例；各级岗位人员的岗位培训大纲和考核标准，其中培训大纲细致规定专业知识和专业技能的各个具体环节，考核标准包括基础知识、理论知识和实操技能等详细内容，对班长、副班长等基层管理岗位，还考核其对管理和调度知识的掌握。

3. 精细准备管理资源，强化专业支撑

（1）超前谋划运检组织机构

舟山电网原来以 220kV 输电海缆为主干网络，随着 500kV 交联聚乙烯海缆的建成投产，将从根本上改变当前舟山电网的网架结构。基于此，运维单位依托已有的国

家电网公司级海洋输电研究室，筹建专业的海洋输电运检室。经国家电网公司及国网浙江省电力有限公司批复，海洋输电运检室下设 1 个海缆运维班和 1 个海缆监控班共 2 个班组。海缆监控班负责舟山所辖海缆禁锚区船只违章锚泊预警处置。海缆运维班负责海缆的日常运维及检修工作。

（2）协调沟通确定管理边界

由于行政区划的原则，宁波港到舟山港的海事管理权限归属宁波海事局管辖，但是本段海缆运维的职责权限归属运维单位。在海缆运维过程中，需要由运维单位跨行政区域与宁波海事局进行交流沟通，极为不便。运维单位在省公司主持下积极开展协调工作，与宁波电力公司开展了关于管辖区域的多次交流，最终确定了政策处理职责归属宁波公司。理顺管理边界，明确相互职责，保障 500kV 海缆运维管理的顺利实施。

1）运维单位跨区域成立应急联动工作组，完善应急联动方案。当运维单位发现在法律规定的海缆保护区内有船只违规抛锚时，立即启动应急响应。在核实锚泊船只信息及海缆线路信息后，由运维单位应急值守船只现场进行处置，劝其砍锚并离开海缆保护区，并对违法船只进行备案；当现场出现不可控情况（如船舶出现故障失去动力、渔船发生大距离移锚等），极有可能引发海缆损坏事故时，应立即上报应急联动工作组，由应急联动工作组相关人员协助处置，渔船由宁波海洋局负责处置，商船、施工船舶由宁波海事局负责处置，处置的方式为电话警告，必要时派遣巡视船现场处置。

2）建立跨区域应急处置机制。与多家拖轮公司签订“拖轮紧急调用协议”，由宁波海事部门分区域负责紧急情况下的拖轮调用。同时加强进出船只的监控，一旦发现异常，立即启动应急处置措施。特别恶劣海况下，则由宁波海事部门通过 VHF－16 高频对其喊话提醒。

3）建立跨区域事故调查处理机制。如违规锚泊引起海缆受损并造成线路跳闸将启动追责处置流程，对船舶航行轨迹、视频监控、电话录音、海缆故障图像资料等信息的收集，并在第一时间向宁波海事部门提供海缆损坏事故的详细资料。并通过律师事务所向宁波海事法院申请办理相应的肇事船只扣押手续。如违规锚泊行为当时未引起线路跳闸，后续引起线路跳闸，经技术人员鉴定属于备案的违规船只造成的，宁波海事部门确认后，仍可追责肇事船只。

4）建立跨区域故障抢修机制。海缆锚损事故发生后，应立即启动海缆应急抢修，宁波海事部门开放绿色通道，简化审批流程，及时发布施工许可通告。

（3）筹建智能运维管理体系

针对海缆运维的特殊性，运维单位分析时代特征，结合公司现状，确定“依托国网公司级海洋输电研究室技术优势，为海缆运维管理提供技术支撑，构建完善的智能化运维管理体系”为总体管理框架，明确智能化运维管理的主要建设内容为“搭建一个平台，构建一道防线，建设一套数据，全面实施多种手段的智能化运维”，即搭建以“远程互动、实时监管、自动预警、辅助决策”为核心内容的智能化一体化的监控平台；构建以“人防、技防、制防为手段，运检、海事、渔业部门协同联动”的三维立体防线，建设以“标准条例、规程规范、基础台账、运行参数”为基础的标准化大数据库，实施无人机巡视、海底机器人巡线等多种智能化工具为手段的智能运维方式。

在智能运维管理体系中，三维立体防线是关键和核心。一是人防，运维单位在国内电力系统中成立了第一个海缆专业运维班组，组建了第一个海缆运行状态监控中心。高科技、好机制提升了运维技术团队技能水平，运维团队依托监控中心构成了高效、专业的人防体系。通过常态化开展技术培训、取证上岗、应急演练，打造了一支“会管理、懂技术、业务精”的海缆运维团队，胜任对海缆运行状态 24h 全天候海缆突发事件的预警和应急处理，为海缆“零”锚损事故的目标实现提供了坚强的人力保障。二是技防，运维单位从船舶领域中的 AIS 通用系统中得到启迪，在国内首次结合 AIS 系统开发海缆输电线路保护系统，并在实践中不断增加新的技术，逐步引入先进的雷达预警技术、热成像预警、大长度海缆温度与扰动监测等综合手段，建成了海缆防锚损一体化智能预警平台。该平台融合了各类技术的优点，实现了预警技术从“单兵作战”到“团队作战”的跨越式转变。平台能第一时间准确预警船舶违停，准确率高达 99.5%，在海缆防护领域已达到国内领先水平，为实现海缆“零”锚损提供了强有力的技术支撑。三是制防，当一体化平台成功准确预警后，即说明船舶在保护区内违停，此时运行人员通过《海缆突发事件应急处理机制》第一时间应急处理，同时运行值班人员通过视频监控系统加强对船舶的监控。如违章船舶听从值班人员指挥则警报解除；否则，就需通过《海缆突发事件应急联动机制》由具备海上执法权的海事、渔业等部门联动执法，及时驱离违章船舶。制防措施为海缆“零”锚损事故的目标实现提供了有效的制度保障。

（4）建立智能研判预警机制

运维单位在原有高压海缆报警机制上，通过生产准备优化实现三级分级预警机制。通过船舶轨迹智能分析识别在海缆保护区内有锚泊可能的船舶，不同的区域通过不同的预警机制提醒工作人员进行区别对待，及时发现险情。实现了告警预警信息短信智能化推送，当系统自动识别船舶出现风险并预警时，系统可自动向船主及船上工作人员发送短信，及时提醒船舶勿抛锚，此功能避免了人工发送信息造成的延迟，节省了人力输出，提高了工作效率。

智能研判风险热点，在《国际海上避碰规则》中，锚泊指船舶下锚后至起锚前锚牢固抓住水底的状态。由于风浪等外力或利用船舶自身动力而致使锚未抓牢水底时，不属于锚泊，而属于在航。结合舟山当地航行情况，系统通过对历史产生的锚泊事件进行分析，基于电子海图绘制出辖区内历史锚泊事件的分布图，实现抛锚与否的智能研判。同时通过对预警事件长时间的累积分析，运用大数据的风险分析方法，系统发布船舶风险热点分布图，便于分析监管及管理中的重点区域，提出差异化的管理策略。

4. 精益准备装备资源，强化技术支撑

（1）运检监控资源准备

高压海缆运维过程中，船舶违停抛锚对电缆的外力破坏是造成事故的主要原因，根据国际海事组织的统计和海缆运维的经验，船舶从违停抛锚到起锚一般要超过 1 小时，这段时间是对海缆防锚损事故进行预警和应急处置的“黄金 1 小时”。因此及时发现违停抛锚是防止外破的关键因素。500kV 海缆生产准备过程中，运维单位在原有基础上构建和优化海缆综合监控一体化平台，基于高压海缆监控报警流程进行设计，综合应用雷达监控、AIS、CCTV 视频监控、CCTV 视频联动、热成像视频智能分析、光电扰动、警示标志遥测、智能语音等多项专业技术，为 500kV 海缆安全运行提供从日常监控到事故预警、报警、事故分析、责任追查一系列的自动化管理手段，有效屏蔽各种因素引起的误报警，大大提高报警的真实率确保了海缆安全运行。

（2）运维数据资源准备

开展多业务数据存储。建设智能化运维数据库旨在为运维单位所辖的所有海缆线路建立档案，对海缆路由的海洋特性参数、海床特性参数进行存档，保存海缆的电流、功率等运行数据，对海缆的故障类型、故障次数、损坏程度等故障信息进行存档，为海缆线路的设计、施工和运行维护等方面服务。

开展多业务数据整合。数据整合是共享或者合并来自于两个或者更多应用的数据，创建一个具有更多功能的企业应用的过程，从整合手段来看，主要有三个方面的系统整合，其一为物理整合，即将多设备整合而为一部或较少几部更大型的设备，实现统一管理和快速反应。其二为逻辑整合，即通过系统管理软件等手段对物理上分散的设备资源和数据资源进行虚拟化的集中管理。其三是应用整合，主要有服务器整合、存储整合、数据库整合和数据整合等形式。本系统采用应用整合的方式整合了船舶动态数据（AIS）、光电扰动数据、船舶档案数据、通航要素等数据。

智能化运维数据库的建立，有利于提高海缆线路的运行、管理水平，提高线路的稳定性；有利于总结海缆故障类型，寻找故障原因，以便采取相应的防范措施，延长海缆的使用寿命；有利于考察不同参数对海缆运行性能的影响；有利于指导海缆线路的设计和施工工作；有利于从事海缆的科研和管理部门总结经验，提出技术改进措施，最终形成更加可行的技术方案。

（3）备品备件资源准备

运维单位确定备品备件生产准备工作坚持“保质、保量”的方针，确保检修及抢修所需备品备件种类齐全、数量充足、质量可靠，当发生故障时能快速恢复正常运行状态。依据“满足生产需要、经济合理”两项原则，按照发生故障时对500kV联网输变电工程运行的影响以及设备或零部件修复、购置的难度和周期确定备品备件范围、标准、数量以及仓储方式，同时明确不得列入备品备件计划的限制条件，形成500kV海缆运检备品备件清单。组织做好备品备件移交接收工作，积极统筹配置备品备件，认真做好生产工器具需求分析，严格按照规定使用生产准备费用。

5. 全程参与生产建设，确保工程质量

（1）实施设备入场监造

运维单位积极参与设备入场监造工作，按照入场监造的工作内容、技术要求以及监造计划和工作安排等要求，运维单位创新监督方式，发挥协同作用，积极协调物资部门，形成监造监督合力。加强海缆生产全过程质量管控，特别是关键工艺制作达到技术标准要求，确保海缆及附件的制造质量。联合电科院、检修公司等开展主要设备监造17次，共计2086人•天，发现并协调处理问题78项。

（2）建设过程旁站监督

根据近十年故障分析报告显示，高压海缆本体故障原因中施工工艺管控不到位的占比最高。为切实做好500kV高压海缆附件制作工作管控，提高安装质量，对高压电缆附件现场安装工作进行旁站监督。运维单位组建8人团队，负责500kV高压电缆附件制作的旁站和监督工作。按照《高压电缆附件制作工作旁站监督执行卡》，具体负责电缆预处理、绝缘件套装和封铅等关键工序检查。团队人员由浙江省电力科学研究院负责对团队开展电缆附件安装关键工艺理论、实操技能培训和考核。

旁站监督工作实施过程中，一人一终端进行全程跟踪旁站，建立旁站监督工作管控表，对电缆附件制作关键工艺检查拍照，并在执行卡内签字留档。旁站监督工作成果和进度在《高压电缆运行分析报告》中进行汇报。

（3）积极参与过程验收

运维单位组织提前参与500kV海缆工程验收，根据施工质量验收规范、施工质量验评规程、输变电工程验收管理办法、标准工艺等公司工程质量标准和制度，组织开展验收工作。工程建设管理单位（业主项目部）在隐蔽工程验收、重要交接试验项目和中间验收前5日通知运维检修部派员参加验收或旁站并督促问题整改闭环。

14.2 超高压海缆日常运维管理

14.2.1 高压海缆日常巡视管理

500kV 高压海缆及附属设备日常巡视应有书面或电子文档记录。在设备运行期间，应按规定的巡检内容和巡检周期对各类设备进行巡检，巡检内容还应包括高压海缆技术文件特别提示的其他巡检要求。

1. 高压海缆巡视周期

运维单位深入推进设备主人责任制，完善运检管理激励约束机制，提升运维质量。输电设备运维主人根据 500kV 海缆巡视周期（每周巡视一次）分配巡视任务，向巡视人员发放高压海缆巡视作业执行卡，按照执行卡对高压海缆终端、通道、桥架、水线、附属设备等逐项进行检查，发现问题拍照、记录并上报管理部门。

2. 高压海缆巡视内容

（1）警示标识

1）检查高压海缆警示标识及其附属设施有无损坏、丢失等情况。

2）检查高压海缆警告标识是否醒目，警告标识夜间发光是否正常。

3）高压海缆路由区域设有浮标警示标识的，也应检查其是否完好。

（2）登陆段

1）检查高压海缆路由周围有无水流冲刷、工程施工、水产养殖等可能危及海缆安全的情况。

2）检查高压海缆有无裸露、磨损等情况。

3）检查临近海岸高压海缆是否有潮水冲刷现象。

4）检查是否有新增海上排污口和倾倒物。

（3）海中段

1）高压海缆保护区内是否有施工作业船只。

2）高压海缆保护区内是否有船只停泊、抛锚等。

3）高压海缆停泊在保护区外的船只，应密切关注是否会移锚进入保护区。

4）密切关注高压海缆保护区内的同行船只、施工船只。

3. 高压海缆带电检测

高压海缆随着长期带负荷运行持续经受电、热、机械以及自然环境的影响，会引起老化、磨损，以致性能逐渐下降，可靠性逐渐降低。总的来说，高压海缆表面绝缘性能破坏是由于绝缘材料在高电压、高温度的长期作用下，成分、结构发生变化，介质损耗增大，引起高压海缆表面绝缘故障。高压海缆导电材料在长期热负荷作用下，会被氧化、腐蚀，使接触电阻增大，或机械强度下降，逐渐丧失原有工作性能。这些劣化的过程一般是缓慢渐变的过程。随着高压海缆运行期增长，性能逐渐下降，可靠性逐渐下降，设备故障率逐渐增大，可能危及电网系统的安全运行，必须对这些高压海缆运行状态进行带电检测。

带电检测是指在设备带电运行条件下，对设备状态量进行的现场检测，以设备存在缺陷时产生的“声、光、电、磁、热”等异常现象为突破口，重点监测“振动、超声波、电磁波、发热”等参数，在发现设备潜在性运行隐患中发挥了实际效用。根据先进的带电检测、状态监测和诊断技术提供的设备状态信息，能够及时开展高压海缆的健康状态评价，判断设备是否异常，通过试验仪器、仪表装置对被测的高压海缆电气设备进行检测，可发现运行的高压海缆电气设备存在的潜在性缺陷或隐患。运维单位依据《高压电缆带电检测技术规范》，结合 500kV 海缆运维现状开展带电检测工作。带电检测要求如表 14－1 所示。

表 14－1　　带电检测要求

检测项目	检测周期	检测要求
红外测温	每周一次	每次测温携带不同型号测温仪器 2 台，对高压海缆终端及避雷器进行测温，并形成测温分析报告
接地环流	每周一次	每次携带 2 台钳形电流表，对直接接地箱不同时间段测量接地环流，结合测量时负荷，形成报告，并与在线监测数据比对
超声波局放仪	每周一次	每次检测每相保存 3～5 个测试波形，并进行相间波形对比分析

4. 高压海缆在线监测

500kV 高压海缆终端站位于偏远岛屿，巡视人员到位检查路途时间较长，运维效率相对较低。为提高运维效率、提升运维智能化水平，两侧终端站内各安装一套智能巡检机器人（见图 14－1），巡检机器人依托站内围墙导轨，可环视 360° 自主巡视终端站内设备，可手动操作，也可根据预设程序自主执行巡检，每套自主巡检机器人均搭载全高清可见光云台摄像机、红外云台热像仪，实现对海缆终端本体、线夹连接金具等设备可见光、红外测温同角度检测，巡检图像、测量数据等信息可通过光纤远程内网传输、自主数据分析、自动生成报告。智能巡检机器人行驶速度 0～3m/s 连续可调、半个小时即可完成整座终端站设备全巡视；可连续工作 8h 以上，当电量较低时，自动报警并自动回到太阳能基站补给充电，实现白天巡检、夜间充电。

智能巡检机器人真正实现了“机器代人”，打通了高压海缆巡检工作“线下”和“线上”信息通道，提高了数据流通水平，使原本巡视、带电检测时间（含路程）由 8h 降低至 30min，且作业人员可远程对现场设备随时检测，提高了设备运维效率、弥补了人工巡视盲区。

运维人员通过定期对 500kV 高压海缆接地环流数据、登陆点视频监控、终端站内视频等在线监测设备进行查看，记录当时高压海缆运行情况及通道周边环境状况，发现异常及时上报并采取相应措施，大大提高海缆运维效率，确保了海缆安全运行。

图 14－1 海缆终端站轨道式智能巡检机器人

14.2.2 高压海缆日常检修管理

对高压海缆本体、附件、附属设备、附属设施进行检修，检修内容分为计划检修和故障检修两种，同时根据高压海缆的损坏程度，高压海缆的检修项目也有所不同。

1. 高压海缆计划检修项目

（1）警示标志检修

其检修内容主要是对警示标志及其他附属设施的完整性、突出性、功能性进行检修，保证海缆满足相关技术要求，具体内容如表 14－2 所示。

表 14－2 海底电缆警示标志检修内容要求

检修内容	技术要求
1）检查警示标志及其他附属设施有无损坏、部件丢失。 2）检查警示标志支架螺栓是否紧固，钢结构是否锈蚀。 3）检查警示标志供电系统是否完好。 4）检查警示标志及警示字是否明显、醒目。 5）检查警示标志及警示字夜间是否明显。 6）设有水中警示浮标的，应检查浮标是否完整	1）警示标志各部件是否齐全完整，外观无破损、无异物。 2）警示标志支架螺栓紧固，无松动、缺失。钢结构无锈蚀、变形。利用水泥电杆的按架空线路水泥电杆技术要求执行。 3）警示标志基础完好，无开裂、冲刷。 4）警示标志供电系统所用太阳能板、蓄电池、逆变器等设备符合其运行标准技术要求。 5）警示标志及警示字夜间发光明显，亮度充足，夜间成型无残缺，船只可明显识别。 6）水中警示浮标正常运行，符合海上航保部门的航标技术要求

（2）高压海缆终端站检修

其检修内容是对海缆终端站的相关设施是否能够满足海缆运行的相关要求，保证海缆的正常运行检修工作，具体内容如表 14－3 所示。

表 14－3　海缆终端站检修内容要求

检修内容	技术要求
1）检查终端站围墙是否满足海浪波溅高度。 2）检查终端站的运行和检修通道是否满足海缆测试、检修等设备运输要求。 3）检查终端站内附属用房是否完好。 4）其他项目同橡塑电缆终端	1）海底电缆终端围墙满足海浪波溅高度，最高波溅线应低于围墙 0.5m。 2）终端站的运行检修通道满足海缆测试、检修等设备运输要求，无明显损坏。 3）终端站内附属用房无雨水渗透情况，门窗完整

（3）潮间带高压海缆检修

其检修内容是对处于潮间带的海缆本体、埋深、保护套管情况进行查验，确保海缆可靠，具体内容如表 14－4 所示。

表 14－4　潮间带海底电缆检修内容要求

检修内容	技术要求
1）检查潮间带海底电缆保护措施是否完好，电缆是否裸露、磨损情况。 2）采用盖板式或套管式电缆沟敷设的潮间带海底电缆，应检查入海侧盖板是否有抵御海浪长期冲击的措施。 3）检查经过基岩或礁石的潮间带海底电缆保护措施是否可靠	1）潮间带海底电缆应埋深，埋深应大于 1m，无法埋深的应采用盖板或套管等防范措施。 2）盖板式或套管式电缆沟敷设的潮间带海底电缆，盖板或套管等能抵御海浪长期冲击。 3）经过基岩或礁石的潮间带海底电缆有固定防移装置，海浪冲击下也能避免与基岩或礁石摩擦

（4）登陆段高压海缆检修

其检修内容是对处于近海岸带的海缆的本体、埋深、保护套管情况进行查验，确保海缆可靠，具体内容如表 14－5 所示。

表 14－5　登陆段海底电缆检修内容要求

检修内容	技术要求
1）检查登陆段海底电缆周围有无水流冲刷、工程施工、水产养殖等可能危及海缆安全的情况。 2）检查登陆段海底电缆有无裸露、磨损情况。 3）检查临近水岸海底电缆保护措施是否有潮水冲刷现象，水中部分保护套管、盖板是否露出海面或移位情况。 4）检测登陆段海底电缆温度是否正常	1）登陆段海底电缆周围无水流冲刷、工程施工、水产养殖等现象。 2）登陆段海底电缆无裸露，防磨损保护措施齐全完好。 3）临近水岸海底电缆保护措施无有潮水冲刷现象，水中部分保护套管、盖板无露出海面或移位情况。 4）登陆段海底电缆温度应在额定值内

（5）高压海缆水中部分检修

其检修内容是对处于潮间带的海缆本体的检修，对海底电缆的外绝缘、接头等工艺进行检查，保证电缆本体部分正常安全运行。高压海缆水中部分检修内容及要求见表 14－6。

表 14-6 高压海缆水中部分检修内容及要求

检修内容	技术要求
1）探测海底电缆路由变化情况，并与投运时或上次探测结果进行比较。 2）探测深埋海底电缆埋深变化情况，并与设计值或上次探测结果进行比较。 3）检查海底电缆铠装腐蚀情况。 4）检查海底电缆水中附着物	1）海底电缆路由变化与上次探测结果进行比较，应不大于 50m，并与其他水底管线间距离应不小于设计值。 2）海底电缆埋深应不小于设计值的 80%。 3）海底电缆铠装无严重腐蚀情况。 4）海底电缆水中无长期附着物，当有长期性附着物时，应保证其不会影响电缆安全运行，否则应及时拆除

2. 高压海缆非计划检修的项目

在实际运行中根据海缆本体遭受损伤频率和损害程度不同，主要有海缆磨损、海缆腐蚀、海缆附着物海缆终端进水、警示标志和海缆保护设施损坏等检修项目。在实际运行过程中，通过状态检测仪器对设备的状态发出预警，根据警示状态的不同对不同类型的缺陷进行不同类别的检修。

（1）高压海缆磨损检修

高压海缆在实际运行中会存在不同程度的磨损，检修的内容可以根据磨损的程度不同采取跟踪、保护、移位等措施，具体内容如下，但一般加强集中巡视巡查等能够较直观地发现磨损现象，并采取措施将其检修控制在 D 类不停电检修范围内。高压海缆磨损检修项目分类见表 14-7。

表 14-7 高压海缆磨损检修项目分类

缺陷	状态	检修类别	检修内容
高压海缆磨损	注意	D 类	1）加强巡视检查； 2）跟踪电缆磨损变化情况
	异常	C 类	1）采取加装盖板、保护管等措施； 2）加装防电缆随水流移动措施； 3）深埋
	严重	C 类	1）采取加装盖板、保护管等措施； 2）加装防电缆随水流移动措施； 3）深埋； 4）在 1）至 3）条都不能满足情况下，对电缆进行移位

（2）高压海缆腐蚀检修

高压海缆因与海水直接接触，海水的腐蚀加上水压和其他流石的撞击，会严重降低海缆的使用寿命，一般情况下海缆受到腐蚀后也会有明显的外部显现，跟踪调查、及时维护，将此类检修控制在不停电检修范围内。高压海缆腐蚀检修项目分类见表 14-8。

表 14－8　　高压海缆腐蚀检修项目分类

缺陷	状态	检修类别	检修内容
高压海缆腐蚀	注意	D 类	1）调查腐蚀源，加强巡视检查； 2）跟踪电缆腐蚀变化情况
	异常	D 类	1）调查腐蚀源，加强巡视检查； 2）跟踪电缆腐蚀变化情况
	严重	A 类	1）由电缆原因造成的更换电缆； 2）由海缆运行环境造成的，改变海缆敷设路由

（3）高压海缆附着物检修

当海缆上存在附着物之后，若附着物是长期依存海缆且具有腐蚀作用，不及时清理可能会造成后续海缆进一步损坏的可能性，若对海缆本身不造成影响只需要跟踪观察。海底电缆附着物检修项目分类见表 14－9。

表 14－9　　海底电缆附着物检修项目分类

缺陷	状态	检修类别	检修内容
高压海缆附着物	注意	D 类	1）检查； 2）跟踪电缆附着物情况
	异常	C 类	1）检查； 2）跟踪电缆附着物情况； 3）清除电缆附着物
	严重	C 类	1）检查； 2）跟踪电缆附着物情况； 3）清除电缆附着物

（4）高压海缆警示标志工作异常检修

在实际中，高压海缆左右两侧会设立警示标志或是采取相关措施对海缆的位置进行标示和警示，大部分时候对海缆警示标志的检修工作都是不停电作业。高压海缆警示标志工作异常检修项目分类见表 14－10。

表 14－10　　高压海缆警示标志工作异常检修项目分类

缺陷	状态	检修类别	检修内容
高压海缆警示标志工作异常	注意	D 类	1）检查； 2）对缺陷部件进行保养维修； 3）对故障部件进行更换
	异常	D 类	1）检查； 2）对缺陷部件进行保养维修； 3）对故障部件进行更换
	严重	C 类	1）检查； 2）对缺陷部件进行保养维修； 3）对故障部件进行更换； 4）在 1）至 3）都不能满足情况下，更换电缆警示标志

（5）高压海缆终端站进水检修

高压海缆的终端站是海缆与陆地设备连接的端口，但海缆终端站由于受到海洋性气候的影响，受到海水冲击等会造成进水的可能。其优势在于建设位置在陆地，对其日常的巡视检修工作相对便捷，若出现异常状态即需要进行停电检修。高压海缆终端站进水检修项目分类见表 14－11。

表 14－11　　高压海缆终端站进水检修项目分类

缺陷	状态	检修类别	检修内容
海缆终端站进水	注意	D 类	1）检查； 2）在风浪大时进行巡视、检查和跟踪
	异常	C 类	1）检查； 2）在风浪大时进行巡视、检查和跟踪； 3）增高围墙
	严重	C 类	1）检查； 2）在风浪大时进行巡视、检查和跟踪； 3）增高围墙

（6）高压海缆保护设施损坏检修

高压海缆保护设施是维护海缆能够正常安全的重要外部防护措施之一，对其的检修工作需要及时停电检修。高压海缆保护设施损坏检修项目分类见表 14－12。

表 14－12　　高压海缆保护设施损坏检修项目分类

缺陷	状态	检修类别	检修内容
高压海缆保护设施损坏	注意	D 类	加强检查，密切跟踪保护设施损坏情况
	异常	C 类	1）加强检查，密切跟踪保护设施损坏情况； 2）对电缆保护设施进行修补
	严重	C 类	1）加强检查，密切跟踪保护设施损坏情况； 2）对电缆保护设施进行修补

14.3　超高压海缆智能监控管理

舟山电网是典型的海岛电网，主要通过海缆进行外部电力输入，海缆的安全可靠运维对舟山电网安全稳定运行至关重要。随着舟山群岛新区建设脚步的逐渐加快，岛屿间供电压力越来越大，对能源安全、可靠供电提出了更高的要求。随着舟山海洋经济的高速发展，海缆禁锚区内违法锚泊数量日益增多，由于海缆路由的特殊性，海缆路由多处于航道区域内，海缆防外力破坏压力与日俱增，严重影响其供电质量，进而无法满足客户的用电需求。基于此运维单位开展海缆监测管理工作，系统化、信息化剖析海缆现场数据，确保海缆预警发现准确及时，切实解决海缆运行安全隐患，避免和减少因海缆击穿造成大面积停电事故，大幅度提升海缆供电可靠性指标，从而提升服务能力。

14.3.1 构造四维精准管控路径

运维单位立足 500kV 海缆监测管理实际情况，运用大数据技术，集成水下机器人巡航、雷达光电、无人机航拍、海洋卫星宽带等先进信息化手段，融合 4G、AIS、卫星、雷达等信号，构建“海—陆—空—天”四维海缆管控平台（见图 14-2），实时监测海缆运行状态，增强了运维部门对海缆破坏的预警、告警及联动应急处置能力，实现了船舶、海缆、无人机等设备的智慧物联。

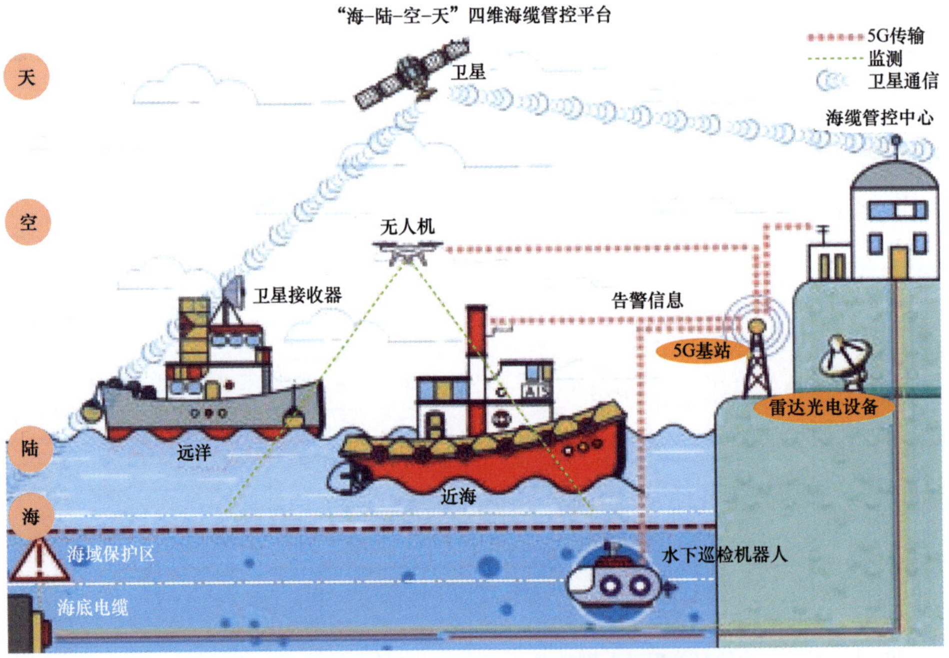

图 14-2 “海—陆—空—天”四维海缆管控平台

1. 引入水下巡检机器人进行“海洋”监测海缆

针对传统的人工潜水巡检受到多方面条件的约束，运维单位引入水下巡检机器人，搭载光学、声学、磁探和三维成像技术等多种类型的探测传感设备，并自带储备能源，进入远洋、深海以及危险水域执行作业任务。通过先进探测技术，同时融合水文气象数据，对舟山海域的海缆所辖区完成扫测，实现海缆路由走势、海底环境的周期变化及海底地貌的可视化监测，扫测数据通过 4G 专用网络或离线的方式传输至海缆管控平台，对海缆的辅助安保设施运行状态进行全面感识，识别危险地段的变化，通过人工智能分析环境因素对海缆的运行影响，进行环境缺陷预警，共计查找出裸露海缆 68 条。突破了深水区海缆无法监测的瓶颈，大幅度提高了海缆监测数据化、智能化水平，保障海缆安全稳定运行。

2. 创新水上电子围栏技术进行“陆地”监测海缆

针对传统巡航作业方式无法 24h 对海缆区域进行监测预警，海缆外破故障发生频繁，运维单位创新水上电子围栏虚拟技术，建立海缆路由电子围栏，针对海缆保护区不具有有形、显著标志进行界限标识的场景，运用 AIS 航标和 AIS 虚拟航标技术，通过多个 AIS 航标和虚拟航标设置海上管控或警戒水域，将无形变得“有形”，变无周界转换明确“界限”，形成智能监测海上电子围栏区域，在海图及导航仪显示系统上自动标识海缆禁锚区。解决了电子海图上无海缆警戒区标示、无法主动告知预警的问题，实现了运维从被动到主动干预的海缆警戒。同时集成高清热成像视频 98 路、雷达 20 座、海缆监控系统 AIS 信号基站 12 座，并在 10 条重要海缆加装海缆本体温度、扰动监控设备。通过 AR 增强视频现实技术船只联动跟踪系统平台（见图 14－3），实现测量船舶与海缆距离、查看船舶长度、视频联动跟踪灯功能。监控运维人员通过海缆监控系统的分级预警、锚泊热点分析、历史轨迹回放、AR 增强视频联动跟踪等先进手段，做到违章锚泊早发现、早介入，化被动为主动，对有锚泊趋势的船只及早预防，保障海缆正常运行。

图 14－3　基于 AR 增强视频现实技术船只联动跟踪系统平台

3. 借助无人机航拍技术“空中”监测海缆

由于人工监测海缆效率不高，卫星图清晰度不高，无法直接获取有效的海缆监测鸟瞰图。为此，运维单位借助无人机航拍的方式，综合利用先进的无人驾驶飞行器技术、遥感传感器技术、GPS 定位技术，自动化、智能化、专用化地快速获取海缆、船舶等空间遥感信息。通过清晰直观的鸟瞰图，多角度、全方位地实时得知海缆的运行状态和船舶的运行情况，利用近岛 5G 基站所提供近海高速率、低延时、大连接的数据传输通道将数据信息传输至海缆管控中心，在突发事件监测、预警的基础上，完成对船舶的跟踪，精准定位肇事船舶，并快速响应及时处理，由此大大提高了海缆监测效率，确保船舶正常安全运行。

4. 依托海洋卫星宽带技术"太空"监测海缆

在海缆通信盲区中，运维单位无法与进入海缆保护区的船舶即时通信，难以对海缆外破事件进行及时响应，造成一定的经济损失。运维单位依托海洋卫星宽带技术，通过在电力巡航船、岛屿上安装卫星宽带设备，根据拥有自主知识产权的寻星跟踪原理，实现对各类船舶的实时跟踪，打破船舶信息孤岛的现状。当海缆发生外破风险时，海缆管控中心依据海缆监测的数据信息，精准地定位海缆发生故障点，同时通过海洋卫星通信的方式联动海缆故障点区域的船舶，对船舶的类型、行为进行智能断定，对威胁目标实现多方位的联动监控，实现威胁事件早预警、预防措施早实施、处理过程自动化、人工智能保能效的全方位管理。实现船舶移动信号全覆盖，扫除海洋通信盲区。

14.3.2 建立多方协同运维机制

海缆运维监测精准管理点多、面广、线长、难度大，涉及专业多，运维单位构建了全业务覆盖、全过程控制、全环节管理的协同运维机制，有效推动了全过程管理工作的标准化、规范化管理，业务管理更加严谨，机制运转更加高效，工作成效更加凸显。

1. 建立多方联动机制

运维单位海缆智能监测正式入驻舟山海事局交管中心，综合完善运维单位现有的海缆监控设备系统及海事监控资源，包括海事雷达、视频及高频（VHF16）频道等，提升预警信息发现的准确率，开启政企、警企合作和联合执法新篇章。同时运维单位协同海洋渔业局、海事局、海警大队等海洋执法部门建立多方联动机制，共筑海缆安全网。以鱼山石化保障电力供应为契机，运维单位与渔业、渔政及海警大队签订了《警电联合执法协议》，对违章抛锚预警、告警及相关处置等进行了程式化规范。针对500kV联网线路、220kV鱼山线路及35kV中东线等重要海缆路由，协调渔政执法船进行现场驻点值守，同时联合开展定期和不定期的海上联合执法演练和巡检，确保联合执法的执行力度，对渔船、货船违章锚泊等形成了较强的威慑力。通过分析船只违章锚泊的历史数据，建立了科学的海缆保护区域，合理安排现场值班，保障了违章锚泊处置的及时性，大幅度减少了海缆受到外力损坏事故的发生，确保海缆安全运行。

2. 建立海缆监测应急机制

运维单位针对水下机器人巡航、雷达光电、无人机航拍、海洋卫星宽带等先进信息化手段存在的忙点技术，建立相应的海缆应急机制。公司牵头组织成立跨区域应急联动工作组，成员包括宁波海洋局、宁波海事局、宁波供电公司等。当船只违规抛锚造成不可控情况（如船舶出现故障失去动力、渔船发生大距离移锚等）发生时，由应急联动工作组协同进行针对性地处置，其中渔船由宁波海洋局负责处置，商船、施工船舶由宁波海事局负责处置。二是建立跨区域应急处置机制。海缆锚损事故发生后，由应急联动工作组协调宁波海事部门开放绿色通道，简化审批流程，及时发布施工许可通告。同时与多家拖轮公司签订“拖轮紧急调用协议”，由宁波海事部门分区域负责紧急情况下的拖轮调用。通过这种方式，提升海缆应急处置能力，强化海缆运维管控力度。

3. 建立事故处理机制

运维单位建立快速反应、运行有序的跨区域事故调查处理机制，规范海缆安全事故信息的报告和处理工作。当船舶违规锚泊引起海缆受损并造成线路跳闸等情况时，运维单位综合应用互联网技术、3S（GPS/GIS/RS）技术、智能分析等技术，通过部门协作、资源整合和信息共享，应第一时间明确海缆事故发生的时间、地点、海缆事故现场情况以及简要经过，通过对船舶航行轨迹、视频监控、电话录音、海缆故障图像资料等方式进行相关信息数据收集，并开展危机判定、决策分析、命令部署、实时沟通、联动指挥、现场支持等各项事故调查处理，做好海缆事故信息的核查、跟踪、处置、督导等工作。向海事部门进行报告，向海事法院申请办理相应的肇事船只扣押手续。保障海缆事故的快速、准确处理，提升海缆事故的处理效率，加强海缆运维管控。

第15章 超高压海洋输电关键技术体系的创立与应用展望

15.1 超高压海洋输电关键技术体系

针对海洋输电技术难题，国网浙江省电力有限公司开展“超高压交流海洋输电技术与应用”攻关，成功构建了以“超高压海缆”“特高塔”“滩涂变电站”为主体的、具有完全自主知识产权、国际领先的超高压海洋输电技术体系：

1）攻克大长度绝缘连续挤出、铠装腐蚀技术难题，成功研制首条交流 500kV 交联聚乙烯（XLPE）海缆；建立 500kV XLPE 海缆试验体系；创建大截面、大长度海缆敷设方法。

2）攻克大跨越塔高高、跨距长、抗风要求高，导地线防振设计难度大、要求高等难题，提出大跨越输电塔抗风、主材、节点和电气间隙设计方案；建立特高塔高精度加工体系，开发大尺寸构件互换制造技术，实现相同焊接构件可互换安装；开发复杂环境下特高塔组立、长距离不封航跨海架线技术。

3）通过对桩土荷载分担比、桩土沉降、桩身轴力、格栅拉力等发展规律的研究，揭示了桩网复合地基技术处理输变电工程软土地基的加固作用机理，提出了一套系统完整的沿海滩涂地区变电站桩网复合地基设计计算方法及处理技术。

15.2 超高压海洋输电技术的成功案例

超高压海洋输电技术已应用于舟山 500kV 联网输变电工程，实现舟山群岛与大陆电网超高压联网通道，填补了舟山 500kV 网架空白，进一步提升了舟山电网抵御自然灾害的能力和电网安全稳定水平。截至 2022 年，工程已输送电量超过 110 亿 kWh，占舟山市用电总量近 50%。在 2020 年舟山用电量爆发式增长 57.85%的情况下，有力保障了舟山海洋新区和绿色石化基地用电需求，为海上风电等新能源集中送出、海上石油平台等大型开发平台的能源供应提供坚强电力保障，为海洋经济战略的实施注入强劲动力。

同时，依托本工程形成的大长度海缆制造技术和大长度、大截面海缆高精度敷设技术，已推广应用至中广核阳江南鹏岛 400MW 海上风电等 20 个海上输电工程，产生直接经济效益 67.54 亿元，实现电力高精尖装备从“中国制造”走向“中国引领”，为我国海上风电等新能源远景集中送出、岛礁电网互联互通提供了切实可行的技术方案，为我国海洋强国建设重大战略落地实践提供了强力支撑。

15.3　超高压海洋输电关键技术体系应用展望

15.3.1　南海岛屿建设发展情况

中国南海主要由东沙群岛、西沙群岛、中沙群岛、南沙群岛四个岛群组成。其中东沙群岛有 4 个岛礁，西沙群岛有 40 个岛礁，中沙群岛有 26 个岛礁，南沙群岛有 230 个岛礁。

南海岛礁距离我国内陆距离较远，内陆对南海的管控能力不足。我国实际控制的岛礁面积狭小，岛上的设施设备极不健全，无法发挥应有的民事和军事功能。岛礁作为一个相对孤立的地理单位，通过扩大其面积，并完善交通设施等基础设施的建设，就能成为连接大陆与海洋的纽带，实现海陆优势与经济联系一体化的连接点。海陆经济一体化协同发展将进一步整合陆地和海洋经济的功能，而岛屿和岩礁的扩建是实现陆海经济一体化的重要环节，尤其是在南海海陆空间比严重失调的情况下，没有完善的岛礁功能建设就难以实现南海陆海经济一体化的目标。

自 2013 年 12 月以来，我国在享有主权并实际控制的美济礁、渚碧礁、永暑礁、华阳礁、南薰礁、赤瓜礁、东门礁以及永兴岛等 8 个岛礁上开展大规模建设活动，新造陆地共约 $13km^2$，并在岛礁上修建大型灯塔、遥感器/通信与雷达设备、地下储存设施、船舶起重机、行政中心和必要防御设施，在美济礁、渚碧礁、永暑礁、赤瓜礁上修建机场。

我国积极推进南海岛礁建设，南海岛礁城市化建设是将成为南海岛礁发展的主要前进方向。城市建设，电力先行。南海岛礁城市化建设过程中面临基础设施建设的严峻挑战，特别是电力设施缺乏，严重影响城市化建设。当前因南海岛礁远离大陆，海岛重要用电设施通常配置柴油发电机组作为保障供电电源，但其发电效率低、成本高，电网稳定性差，同时燃料运输受海况影响，燃料补充困难，并且发电存在一定的污染。

以南海永兴岛为例，每度电价格接近20元。

15.3.2 超高压海洋输电技术在南海岛屿联网工程应用的可行性研究

1. 超高压海洋输电技术适用性

超高压海洋输电技术以超高压海缆、特高塔、滩涂变电站技术为主体，实现海洋远距离输电。

超高压海缆技术：目前已掌握超高压交联聚乙烯海缆生产、制造、敷设、试验全链条能力，整体技术水平处于国际领先水平，可通过海缆实现南海岛礁与大陆之间联网，海缆生产、敷设、运维无需受制于国外力量。

特高塔技术：南海岛礁处于台风高发区，传统输电铁塔无法满足抗风要求。针对大风环境，提出了特高跨越塔超宽横担角度风吹分配系数、杆塔三维等效风荷载和考虑塔线体系影响的风振效应计算方法；提出了格构式钢骨钢管混凝土、高强薄壁加劲钢管新型主材承载力设计方法；研发了加劲相贯焊节点、内外法兰等新型节点，并给出节点设计方法。基于上述技术建设特高塔，可以满足在41m/s风速情况下，输电线路工程安全。

滩涂变电站技术：南海岛礁大部分为人工填海吹填形成，工程性质极差，在大面积高填方和建（构）筑物荷载下，场地沉降很大，特别易产生不均匀沉降，严重威胁变电站运行安全。滩涂变电站技术针对软土地基的加固作用机理研究，提出一套系统、完整的沿海滩涂地区变电站桩网复合地基设计计算方法及处理技术，可确保全寿命周期内500kV变电站场地沉降满足设计要求，完美适用于南海岛礁。

2. 应用场景

（1）岛礁与大陆联网

永兴岛距离海南省三亚市约300km，距离黄岩岛约600km，距离渚碧岛约670km，是西沙、中沙、南沙三个群岛的经济中心，也是南海的稳固的综合基地。

黄岩岛到渚碧岛约610km，渚碧岛到永暑岛距离约200km，渚碧岛到美济岛距离约为190km，永暑岛到美济岛距离约为290km。

而500kV电压等级输送距离为150～850km，利用超高压海洋输电技术可满足现永兴岛、渚碧岛等岛屿与海南岛联网以及岛礁电网互联互通需求，建设南海超高压电网。

（2）海上风电集中送出

南海海域蕴藏着较为丰富、适宜开发的风能资源，特别是离岸距离大于100km、水深超过50m的深远海域具有更为丰富的海域和风能资源，考虑资源潜力、消纳能力、近海海域用地紧张等因素，深远海风电必然是未来海上风电发展的重要方向。因此南海海上风电未来将呈现规模化、集群化、深远海化的特点。

“超高压海洋输电技术”为南海海上风电等新能源远景集中送出提供了切实可行的技术方案，探索推动远海吉瓦级风电建设，统一项目资源、电网规划，形成集中连片远距离送出的新态势，实现南海岛礁能源自给，推动岛礁城市化建设。

基于超高压海缆、特高塔、滩涂变电站为主体的，具有完全自主知识产权、国际领先的超高压海洋输电技术体系，为南海岛礁电网互联互通和海上风电集中送出提供了“中国方案”，为我国海洋强国建设提供了强力支撑。

参 考 文 献

[1] 杨元春，张克宝．输电跨越塔设计回顾与展望［J］．特种结构，2006，23（3）：70－76.

[2] 邱国富．华东电网 500kV 大跨越输电工程汇编［M］．上海：华东电力，2007（6）：1－753.

[3] 王裕霜．世界各国海缆输电工程发展综述［J］．中国电力教育，2012（3）：45－47.

[4] 赵健康，陈铮铮．国内外海缆工程研究综述［J］．华东电力，2013，39（9）：1477－1480.

[5] 陈铮铮，赵鹏，赵健康，等．国内外直流电缆输电发展与展望［J］．全球能源互联网，2018（04）：487－495.

[6] 宋卫东．世界跨国互联电网现状及发展趋势［J］．能源技术经济，2009，21（5）：62－67.

[7] 沈国辉，包玉南，钱程，等．角度风作用下多分裂导线的干扰效应和阻力系数［J］．湖南大学学报（自然科学版），2020，47（11）：83－90.

[8] 沈国辉，翁文涛，王轶文，等．某复杂山体的三维风场特征研究［J］．振动与冲击，2020，39（4）：75－80.

[9] 沈国辉，项国通，邢月龙，等．基于 EEMD 分解的输电塔阻尼特性识别［J］．振动与冲击，2014，33（21）：38－43.

[10] 戴刚平，包镇回，等．舟山联网 370m 跨海高塔焊接施工难点［J］．焊接技术，2011，40（增）：28－30.

[11] 舒芳，于振江，戴刚平，等．Q345B 大型双拼钢管焊接工艺［J］．科学与财富，2017（11）：57.

[12] 舒芳，于振江，戴刚平，等．大型钢管制作及其与平面法兰 T 形焊接技术研究［J］．焊接技术，2017，46（9）：9－11.

[13] 叶尹，郭勇．焊接空心球节点在输电线路大跨越钢管塔中的应用［J］．钢结构，2008，23（11）：35－39.

[14] 张建勋．现代焊接生产与管理［M］．北京：机械工业出版社，2005.

[15] 栾公峰，程传松，等．双法兰盘高强螺栓连接节点焊接变形控制技术［J］．焊接技术，2017，46（9）：105－107.

[16] 严亚飞，耿开通，刘清泉．人工岛超大直径钢圆筒制作技术［J］．焊接技术，2018，47（9）：42－45.

[17] 付瑶，樊亚斌．多层多道焊工艺开发与应用［J］．焊接技术，2018，47（9）：131－133.

[18] 郑坚．电力设备监造管理［M］．北京：中国电力出版社，2017.

[19] 郑坚．全球首制大跨越钢管塔关键技术和监造方法［J］．设备监理，2018（4）：11－15.

[20] 蔡绍怀．现代钢管混凝土结构［M］．北京：人民交通出版社，2003.
[21] 陈园，马杰，黄修林，等．自密实微膨胀高强钢管混凝土的施工工艺［J］．混凝土，2009，3：76－78.
[22] 程隽瀚，叶建云，石涛．座地井架配旋转式四摇臂抱杆在组立长江高塔中的应用［J］．超高压送变电动态报导，2000（3）：22－25.
[23] 窦忠孝，李宏涛．南昌生米大桥钢管混凝土泵压工艺［J］．桥梁建设，2006，A01：88－90.
[24] 段福平，余振刚，李银，等．近海深基础嵌岩灌注桩施工技术［J］．电力建设，2011，32（10）：93－96.
[25] 段天炜．浅谈等截面主角钢斜插式基础的施工［J］．贵州电力技术，2001（10）：28－29.
[26] 国家电网公司．苏通长江大跨越工程关键技术研究成果专辑［M］．北京：中国电力出版社，2018.
[27] 国家电网公司交流建设分公司．架空输电线路施工工艺通用技术手册［M］．北京：中国电力出版社，2012.
[28] 国网浙江省电力有限公司．跨海输电铁塔组立［M］．北京：中国电力出版社，2019.
[29] 韩林海．钢管混凝土结构－理论与实践［M］．3 版．北京：科学出版社，2018.
[30] 赖建军．角钢插入式基础施工工艺探讨［J］．浙江电力，1999（3）：50－51，53.
[31] 李立新．初述高压输电线路主角钢插入式基础施工方法［J］．内蒙古石油化工，2005（6）：49－51.
[32] 李琰．沈阳茂业中心Φ1300mm 钢管 C80 混凝土的高抛法施工技术［J］．建筑施工，2009，31（9）：770－772.
[33] 刘志强．输电线路插入式基础分坑及支模施工计算研究［J］．华北电力技术，2000（8）：20－22，30.
[34] 马雪英，彭春强，杨欣，等．高抛自密实钢管混凝土的配制与工程应用［J］．建筑技术，2009，40（1）：45－47.
[35] 邱强华，徐敏建，叶建云，等．输电线路 370m 大跨越高塔组立施工技术［J］．电力建设，2011，32（8）：111－115.
[36] 邱强华，叶建云，黄超胜，等．大型履带吊在高塔组立中的应用［J］．电力建设，2010，31（5）：122－125.
[37] 申斌，傅剑鸣，李勇，等．舟山与大陆联网大跨越工程施工关键技术［J］．电力建设，2011，32（3）：24－28.
[38] 孙伟军，段福平，彭立新，等．舟山与大陆联网工程大跨越塔安全组立方案［J］．电力建设，2011，32（4）：113－116.
[39] 王建平．转角塔插入式基础施工数据的分析与调整方法［J］．电力建设，2004，25（3）：35－38.
[40] 熊织明，钮永华，邵丽东．500kV 江阴长江大跨越工程施工关键技术［J］．电网技术，2006，30（1）：28－34.

［41］熊织明，邵丽东，吴建宏，等. 346.5m 输电高塔施工技术［J］. 特种结构，2004，21（3）：18－21.
［42］徐建国，叶尹，钱晓倩，等. 自密实混凝土在大跨越输电高塔应用中的试验研究［J］. 电力建设，2008，29（7）：20－24.
［43］杨杰. 关于斜柱式插入角钢基础施工中的计算方法［J］. 贵州电力技术，2002（12）：45，5.
［44］叶建云，段福平，俞科杰，等. 斜置式插入钢管基础施工的定位测量与控制［J］. 电力建设，2012，33（9）：101－105.
［45］叶建云，黄超胜，段福平. 座地井架配双平臂旋转抱杆的结构型式与应用［J］. 工程与建设，2009，23（3）：399－401.
［46］叶建云，李少华，郭勇，等.380m 特高塔高空作业平台的研制与应用［J］. 电力建设，2020，41（S2）：30－35.
［47］叶建云，邱强华，段福平，等. 输电线路世界第一高塔钢管混凝土施工技术［J］. 电力建设，2010，31（12）：38－42.
［48］张弓，邱强华，叶建云，等. 舟山与大陆联网输电线路工程螺头水道大跨越架线施工方案［J］. 电力建设，2011，32（8）：116－121.
［49］钟善桐. 钢管混凝土结构［M］. 3 版. 北京：清华大学出版社，2003.
［50］周焕林，叶建云，罗义华，等. 舟山大跨越抱杆现场试验［J］. 电力建设，2009，30（8）：63－65.
［51］周焕林，张国富，叶建云，等. 舟山大跨越抱杆型式试验方案［J］. 工程与建设，2009，23（1）：44－46.
［52］周卫平. 无站台柱雨棚钢管柱泵送混凝土顶升施工技术［J］. 铁道科学与工程学报，2008，5（2）：71－74.
［53］朱天浩，徐建国，叶尹，等. 输电线路特大跨越设计中的关键技术［J］. 电力建设，2010，31（4）：25－31.
［54］Gourvenec S，White D，Others.Consolidation around seabed pipelines［C］//Offshore Technology Conference.Offshore Technology Conference，2010.
［55］Carr M，Sinclair F，Bruton D A S.Pipeline walking-understanding the field layout challenges and analytical solutions developed for the safebuck JIP［J］. Spe Projects Facilities & Construction，2008，3（3）：1－9.
［56］Gao F P，Wang N，Zhao B.A general slip-line field solution for the ultimate bearing capacity of a pipeline on drained soils［J］. Ocean Engineering，2015，104（aug.1）：405－413.
［57］Fredsoe，Jorgen.Pipeline-seabed interaction［J］. Journal of Waterway Port Coastal & Ocean Engineering，2016，142（6）.
［58］Gao F P，Luo C C.Flow-pipe-seepage coupling analysis of spanning initiation of a partially-embedded pipeline［J］. Journal of Hydrodynamics，2010，22（4）：478－487.

［59］袁峰．深海管道铺设及在位稳定性分析［D］．浙江大学，2013.

［60］Bruschi R.，Bughi S.，Spinazzè M.，et al. Impact of debris flows and turbidity currents on seafloor structures，Nor.J.Geology，86：317－336，2006.

［61］Swanson R.C.，Jones W.T.Mudslide effects on offshore pipelines，Transp.Engrg.J.，108（6）：585－600，1982.

［62］Bruton D.A.S.，White D.J.，Carr M.，et al. Pipe-soil interaction during lateral buckling and pipeline walking-the Safebuck JIP，Offshore Technology Conference.OTC 19589，2008.

［63］Merifield，R.，White，D.J.，Randolph，M.F.The ultimate undrained resistance of partially embedded pipelines.Geotechnique，58（6）：461－470，2008.

［64］Randolph M.F.，Seo D.，White D.J.Parametric solutions for slide impact on pipelines.J.Geotech. Geoenviron.Eng.，940－949，2010.

［65］Zen K.，Yamazaki H.Mechanism of wave-induced liquefaction and densification in seabed[J]. Soils and Foundations，1990，30（4）：90－104.

［66］Jeng D S.Wave-induced seabed instability in front of a breakwater［J］. Ocean Engineering，1997，24（10）：887－917.

［67］Hsu J R C，Jeng D S.Wave-induced soil response in an unsaturated an isotropic seabed of finite thickness［J］. International Journal for Numerical and Analytical Methods in Geomechanics，1994，18（11）：785－807.

［68］Alfaro P，Degado J，Estevez A，et al. Liquefaction and fluidization structures in Messinian storm deposits（Bajo Segura Basin，Betic Cordillera，southern Spain）［J］. International Journal of Earth Sciences，2002，91：505－513.

［69］Molina J M，Alfaro P，Moretti M，et al. Soft-sediment deformation structures induced by cyclic stress of storm waves in tempestites（Miocene，Guadalquivir Basin，Spain）［J］. Terra Nova，1998，10：145－150.

［70］陈雅斌，贺育胜．软黏土次固结系数变化特性的试验研究［J］．岩土工程界，2008，11（6）：63－67.

［71］陈晓平，朱鸿鹄，张芳枝，等．软土变形时效特性的试验研究［J］．岩石力学与工程学报，2005，24（12）：2142－2148.

［72］高彦斌．一个软土各向异性弹塑－黏弹塑性本构模型［D］．上海：同济大学地下建筑与工程学院，2004.

［73］刘用海．宁波软土工程特性及其本构模型应用研究［D］．杭州：浙江大学建筑工程学院，2008.

［74］沈恺伦．软黏土结构性、塑性各向异性及其演化［D］．杭州：浙江大学建筑工程学院，2006.

［75］王立忠，沈恺伦．K0 固结结构性软黏土的旋转硬化规律研究［J］．岩土工程学报，2008，30（6）：863－872.

［76］余湘娟，董卫军，殷宗泽．软土次固结系数与压力的关系［J］．河海大学学报（自然科学版），2008，36（1）：63－66.

［77］喻维选，杨长安．深圳湾软土的次固结变形特性［J］．兰州铁道学院学报，1999，18（2）：39－42.

［78］张军辉，缪林昌．连云港海相软土流变特性试验及双屈服面流变模型［J］．岩土力学.2005，26（1）：145－149.

［79］钟辉虹．软土结构性及蠕变特性理论研究［D］．上海：同济大学地下建筑与工程学院，2003.

［80］Wheeler S J，Naatanen A，Karstunen M et al. An anisotropic elastoplastic model for soft clays［J］．Canadian Geotechnical Journal，2003，40：403－418.

［81］Mayne P W.Stress anisotropy effects on clay strength［J］．Journal of Geotechnical Engineering，ASCE，1985，111（3）：356－366.

［82］Chang M F，Teh C I Cao L F.Critical state strength parameters of saturated clays from the modified Cam clay model.Canadian Geotechnical Journal，1999，36：876－890.

［83］Graham J，Noonan M L，Lew K V.Yield states and stress-strain relationships in a natural plastic clay［J］．Canadian Geotechnical Journal，1983，20（3）：502－516.

［84］Ohta H，Nishihara.A Anisotropy of undrained shear strength of clays under axi-symmetric loading conditions［J］．Soils and Foundations，1985，25（2）：78－86.

［85］Shogaki T，Nochikawa Y.Triaxial strength properties of natural deposits at K0 consolidation state using a precision triaxial apparatus with small size specimens［J］．Soils and Foundations，2004，44（2）：41－52.

［86］Schmidt B.Discussion：Earth pressures at rest related to stress history［J］．Canadian Geotechnical Journal，3（4）：239－242.

［87］Mayne P W.Cam-Clay predictions of undrained strength［J］．Journal of Geotechnical Engineering，ASCE，106：1219－1242.

［88］Wood D M..Soil behaviour and critical state soil mechanics［M］．London：Cambridge University Press.

［89］Bjerrum L.Embankment on soft ground［C］．Proc Speciality Conf Performance Earth and Earth-Supported Structures，ASCE，Lafayete，Indiana，（2）：1－54.

［90］Bjerrum L.Problems of soil mechanics and construction of soft clays and structurally unstable soils［C］．Proc 8th ICSMFE，Moscow，（3）：111－159.

［91］Mesri G.et al. Compositon and compressibility of typical samples of Mexico city clay［J］．Geotechnique，25（3）：527－554.

［92］Hart E G.Analysis for Partially Penetrating Sand Drains，ASCE J.Soil Mech.Found.Div.，Oct，1958，1812－1815.

［93］Gray H.Simultaneous consolidation of contiguous layers of unlike compressible Soils.Trans.ASCE，1945，110：1327－1356

［94］陈根媛．多层地基的一维固结计算方法与砂井地基计算的改进建议［J］．水利水运科学研究，1984（2）：

［95］谢康和．层状土半透水边界一维固结分析［J］．浙江大学学报，1996，30（5）：

［96］凌道盛．冲击和地震荷载作用下的动响应分析［D］．浙江大学，1999.

［97］R.P.Chen，Z.Z.Xu，Y.M.Chen，et al. Field tests on pile-supported embankments over soft ground.Journal of Geotechnical and Geoenvironmental Engineering ASCE，2010，136（6）：777－785.

［98］R.P.Chen，Y.M.Chen，J.Han，et al. A theoretical solution for pile-supported embankments on soft soil［J］．Canadian Geotechnical Journal，2008，45：611－623.

［99］W.H.Zhou，R.P.Chen，L.S.Zhao，Z.et al. A semi-analytical method for the analysis of pile-supported embankments［J］．J Zhejiang Univ-Sci A（Appl Phys & Eng），2012，13（11）：888－894.

［100］R.P.Chen，W.H.Zhou，et al. Influences of soil consolidation and pile load on the development of negative skin friction of a pile［J］．Computers and Geotechnics，2009，36（8）：1265－1271.

［101］Y.M.Chen，W.P.Cao，R.P.Chen.An experimental investigation of soil arching within basal reinforece and unreinforced piled embankments［J］．Geotextiles and Geomembranes，2008，26：164－174.

［102］Aashto/Fhwa.Innovative technology for accelerated construction bridge and embankment foundations［J］．AASHTO/FHWA Preliminary Summary Report.Federal Highway Administration，United States Department of Transportation，Wash.

［103］Alzamora，D.E.，Wayne，M.H.，and Han，J.Performance of SRW supported by geogrids and jet grout columns.In Proceedings of Sessions of ASCE Specialty Conference of Performance Confirmation of Constructed Geotechnical Facilities.Edited by A.J.Lutenegeer and D.J.DeGroot.ASCE Geotechnical Special Publication 2000，94：456－466.

［104］British Standard.Code of practice for strengthened/reinforced soils and Other Fills.BS 8006.British Standard Institution，London.1995：162.

［105］Deutsche Gesellschaft fur Geotechnike E V.Entwurf der Empfeblung ‘Bewehrte Erdkorper Auf Punkf-Order Linienfomigen Traggliendern’.Berlin：Ernst & Sohn.2004.

［106］Han，J.，and Gabr，M.A..Numerical analysis of geosynthetic-reinforced and pile-supported earth platforms over soft soil.Journal of Geotechnical and Geoenvironmental Engineering，ASCE.128：44－53.doi：10.1061/（ASCE）1090－0241，2002，128：1（44）.

［107］Jones，C.J.F.P.，Lawson，C.R.，Ayres，D.J.Geotextile reinforced piled embankments.Proc.4th In Proceedings of 4th International Conference on Geotextiles，Geomembranes and Related Products，The Hague，The Netherlands，.International Geosynthetics Society.1990：155－160.

［108］NGG.Nordic handbook-reinforced soils and fills.Nordic Geotechnical Society，Stockholm.2002.

[109] Pham，H.，Suleiman，M.T.，and White，D.J..Numerical analysis of geosynthetic-rammed-aggregate pier supported embankments.In Proceedings of Geo-Trans 2004 Conference：Geotechnical Engineering for Transportation Projects，Edited by M.K.Yegian and E.Kavazanjian.ASCE Geotechnical Special Publication 2004，126（1）：657－664.

[110] Jun-Kai G，Zheng-Dong Z，Xiao-Jun T，et al. Theoretical solution for consolidation settlement of pile-net composite foundation under embankment load [J]. International Journal of Geosynthetics and Ground Engineering，2020，6（1）：1－11.

[111] 连峰. 桩网复合地基承载机理及设计方法 [D]. 杭州：浙江大学，2009.

[112] 黄宇华，徐林荣，周俊杰，等. 基于改进 Terzarghi 方法的桩网地基桩土应力计算 [J]. 岩土力学，2020，41（02）：667－675.

[113] Junkai Ge，Yongfeng Tan，Zhengdong Zhou，et al. Study on characteristics of pile-net composite foundation at 500 kV substation in China [J]. Geotechnical Research，2020，7（3）：153－160.

[114] Ariyarathne P，Liyanapathirana DS，Leo CJ.Comparison of different two-dimensional idealizations for a geosynthetic-reinforced pile-supported embankment.International Journal of Geomechanics，2013，13（6）：754－768.

[115] Blanc M，Thorel L，Girout R and Almeida M.Geosynthetic reinforcement of a granular load transfer platform above rigid inclusions：comparison between centrifuge testing and analytical modelling [C]. Geosynthetics International，2014，21（1）：37－52.

[116] Rowe RK and Liu KW Three-dimensional finite element modelling of a full-scale geosynthetic-reinforced，pile-supported embankment.Canadian Geotechnical Journal，2015，52（12）：2041－2054.

[117] van Eekelen SJM，Bezuijen A，Lodder HJ and van Tol AF Model experiments on piled embankments [J]. Part I.Geotextiles and Geomembranes.2012，32（1）：69－81.

[118] Yapage N and Liyanapathirana S Behaviour of geosynthetic reinforced column supported embankments [J]. Journal of Engineering，Design and Technology.2018，16（1）：44－62.

[119] 徐正中，陈仁朋，陈云敏. 软土层未打穿的桩承式路堤现场实测研究 [J]. 岩石力学与工程学报，2009（11）：2336－2341.

[120] 丁任盛.PHC 桩在温福铁路深厚软土地基处理中的应用与研究 [D]. 杭州：浙江大学，2009.

[121] 于进江，程谦恭，贺宏武，等. 超大面积深厚软土桩－网复合地基承载性状模型试验研究 [J]. 岩土力学，2012，33（11）：3323－3330.

[122] 吴九江，程谦恭，王寒冰，等. 超大面积深厚软土桩－网复合地基承载性状分析 [J]. 工业建筑，2012，42（05）：106－114.

[123] 钱可弭，陆莹，郑明，等. 海上风电场高压 XLPE 绝缘海缆可靠性评估的方法 [J]. 电线电缆，2016，59（01）：1－6＋9.

[124] 吴爱国，袁舟龙，公言强. 国内海底电缆深埋敷设施工技术综述 [J]. 浙江电力，2015，34（03）：57-62.

[125] 钟力生，任海洋，曹亮，等. 挤包绝缘高压直流电缆的发展 [J]. 高电压技术，2017，43（11）：1-17.

[126] 卢志飞，何旭涛，林晓波，等. 洋流冲刷下的海底电缆动力学有限元分析 [J]. 电线电缆，2017，60（05）：6-8+12.

[127] 李伯颐，崔厚坤，安增军，等. 单段高压电缆最大允许敷设长度研究 [J]. 电线电缆，2017，60（05）：42-46.

[128] 樊友兵，饶文彬，刘松华，等. 回流导体提升单芯海底电力电缆载流量研究 [J]. 电气应用，2017，36（11）：58-61+69.

[129] 陈良元，张咏，陈亮，等. 一种新型的 XLPE 电缆金属护套接地电流在线监测系统 [J]. 电气时代，2017，36（05）：90-92.

[130] 张磊，宣耀伟，乐彦杰，等. 110kV 单芯海缆的载流量计算、温度场仿真及其热循环试验研究 [J]. 高压电器，2016，52（06）：135-140+146.

[131] 刘磊，李斌，罗兵，等. 500kV 海底电缆损耗分析与节能措施 [J]. 南方电网技术，2015，9（09）：71-75+109.

[132] 崔琳靖，马勇虎. 带有屏蔽层的 BSCCO 电缆的交流损耗特性研究 [J]. 低温与超导，2017，45（08）：57-60.

[133] 梅文杰，杨洪亮，李春梅，等. 高压直流海底电缆异形单线圆形紧压导体的设计 [J]. 光纤与电缆及其应用技术，2016，（06）：13-15.

[134] 赵春丽. 阻水型导引电缆结构及性能的探讨 [J]. 工业设计，2016，（12）：156-157.

[135] 任思佳，狄健，宋程成，等. 大长度海底电缆铅套生产工艺控制要点 [J]. 电线电缆，2016，59（03）：21-23.

[136] 应启良，徐晓峰，孙建生. 海底电力海缆—设计、安装、修复和环境影响 [M]. 北京：机械工业出版社，2011：125-162.

[137] 陈育平. 国际海缆发展小史 [J]. 电信科学，1985（2）：65.

[138] 胡广. 海缆船的现状与发展 [J]. 广东造船，2007（3）：48-53.

[139] 肖立华，肖宗斌. 超长度、大截面海缆过缆的研究与实践 [J]. 电力建设，2003，24（3）：28-31.

[140] 张飞飞. 崇明-长兴岛 110kV 海缆敷设工程中的海缆过驳施工 [J]. 建筑施工，2006，28（10）：796-797.

[141] Zbinden K，Barragan E，Pederson R.150kV and 110kV XLPE submarine cable installations between Morcote and Brusino，Switzerland [J]. Electrical Insulation Magazine IEEE，1988，4（2）：11-14.

[142] 王文娟. 海洋平台浮托安装数值模拟研究 [D]. 青岛：中国海洋大学，2013.

［143］齐月才．FLNG-LNGC 旁靠外输过程的水动力特性分析［D］．大连：大连理工大学，2016.
［144］刘元丹．FLNG 系统转运卸载系泊特性研究［D］．武汉：华中科技大学，2013.
［145］田会元．基于海域环境特征的振荡浮子发电装置系泊设计及捕能预测［D］．青岛：中国海洋大学，2017.
［146］赵亮．漂浮式波能发电装置张紧式系泊系统研究［D］．青岛：中国海洋大学，2017.
［147］李金玉．起重铺缆船水动力性能研究［D］．上海交通大学，2010
［148］Paredes G M，Palm J，Eskilsson C，et al. Experimental investigation of mooring configurations for wave energy converters［J］．International Journal of Marine Energy.2016，15：56－67.
［149］黄祥鹿，陈小红，范菊．锚泊浮式结构波浪上运动的频域算法［J］．上海：上海交通大学学报，2001，35（10）：1470－1476.
［150］S.M.Wang，B.F.Shi，Z.N.Lin，et al. A Hydrodynamic analysis of offshore platform based on the AQWA［J］．Applied Mechanics & Materials，2014，615：301－304.
［151］J.H.Xu，Y.Q.Liu，C.H.Chen. Dynamic response analysis of small oil Tanker Based on AQWA［J］．Advanced Materials Research，2013，779－780，757－762.
［152］Y.H.Wang，X.Q.Bian，X.Y.Zhang，et al. A study on the influence of cable tension on the movement of cable laying ship［J］．Oceans 2010 MTS/IEEE Seattle，Washington，2010：1－8.
［153］陈鹏，马骏，黄进浩，等．基于 AQWA 的半潜式平台水动力分析及系泊性能研究［C］．船舶与海洋结构学术会议暨中国钢结构协会海洋钢结构分会理事会会议．西安，2012：16－21.
［154］沈侃敏．海洋锚泊基础安装与服役性能研究［D］．杭州：浙江大学，2017.
［155］郑坚铭．南海陆海经济一体化的岛礁建设探讨［J］．现代商贸工业，2019，40（19）：41－42.
［156］陈健，赵波，王成山，等．不同自平衡能力并网型微电网优化配置分析［J］．电力系统自动化，2014，38（21）：1－6.
［157］肖锐．含可再生能源的海岛微电网电源容量优化配置方法［D］．北京：华北电力大学，2013.
［158］Wang L.Z.，Yin Z.Y.Stress dilatancy of natural soft clay under an undrained creep condition［J］．International Journal of Geomechanics，2015，15（5）：A4014002.
［159］Wang，L.Z.，Kai-lun Shen，Sheng-hua Ye.Undrained shear strength of K0 consolidated soft soils［J］．International Journal of Geomechanics，ASCE.2008，8（2）：105－113.
［160］Wang L.Z.，Dan H.B.，Li L.L.Modelling strain-rate dependent behavior of KR0-consolidated soft clays［J］．Journal of Engineering Mechanics，2012，138（7）：738－748.
［161］Zhou W.J.，Guo Z.，Wang L.Z.，et al. Sand-steel interface behaviour under large-displacement and cyclic shear.Soil Dynamics and Earthquake Engineering.2020，138，106352.
［162］王立忠，李玲玲．未打穿砂井地基下卧层固结分析［J］．中国公路学报，2000，13（3）：4－8.

［163］但汉波，王立忠．基于弹粘塑性本构模型的旋转硬化规律［J］．岩石力学与工程学报，2010，29（1）：184－192.

［164］沈恺伦，王立忠．天然软黏土屈服面及流动法则试验研究［J］．土木工程学报，2009，42（4）：120－127.

［165］王立忠，但汉波，李玲玲．K0 固结软土的循环剪切特性及其流变模拟［J］．岩土工程学报，2010，32（12）：1946－1955.